한국의 균류
•담자균류•
⑤

KB140072

그물버섯목	그물버섯과	못버섯과	어리알버섯과
	버짐버섯과	황금그물버섯과	연지버섯과
	둘레그물버섯과	먼지버섯과	우단버섯과
	알버섯과	꾀꼬리큰버섯과	비단그물버섯과
꾀꼬리버섯목	비로드꾀꼬리버섯과	솜털고약버섯과	뿔담자버섯과
	볏싸리버섯과	수염버섯과	혹버섯과
방귀버섯목	방귀버섯과		
무당버섯목	방패버섯과	전분꽃구름버섯과	솔방울털버섯과
	뿌리버섯과	가시버섯과	기질고약버섯과
	껍질고약버섯과	꽃구름버섯과	무당버섯과

Fungi of Korea
Vol.5: Basidiomycota

Boletales	Boletaceae	Gomphidiaceae	Sclerodermataceae
	Coniophoraceae	Boletinellaceae	Calostomataceae
	Gyroporaceae	Diplocystidiaceae	Paxillaceae
	Rhizopogonaceae	Hygrophoropsidaceae	Suillaceae
Cantharellales	Aphelariaceae	Botryobasidiaceae	Ceratobasidiaceae
	Clavulinaceae	Hydnaceae	Tulasnellaceae
Geastrales	Geastraceae		
Russulales	Albatrellaceae	Amylostereaceae	Auriscalpiaceae
	Bondarzewiaceae	Echinodontiaceae	Lachnocladiaceae
	Peniophoraceae	Stereaceae	Russulaceae

한국의 균류 ⑤

: 담자균류

초판인쇄   2020년 4월 13일
초판발행   2020년 4월 13일

지은이   조덕현
펴낸이   채종준
편 집   양동훈
디자인   홍은표
펴낸곳   한국학술정보(주)
주 소   경기도 파주시 회동길 230 (문발동)
전 화   031) 908-3181(대표)
팩 스   031) 908-3189
홈페이지   http://ebook.kstudy.com
E-mail   출판사업부 publish@kstudy.com
등 록   제일산-115호(2000.6.19)

ISBN   978-89-268-9894-9 94480
        978-89-268-7448-6 (전6권)

Fungi of Korea Vol.5: Basidiomycota

Edited by Duck-Hyun Cho

© All rights reserved First edition, 04. 2020.

Published by Korean Studies Information Co., Ltd., Seoul, Korea.

한국의 균류
•담자균류•
⑤

그물버섯목	그물버섯과	못버섯과	어리알버섯과
	버짐버섯과	황금그물버섯과	연지버섯과
	둘레그물버섯과	먼지버섯과	우단버섯과
	알버섯과	꾀꼬리큰버섯과	비단그물버섯과
꾀꼬리버섯목	비로드꾀꼬리버섯과	솜털고약버섯과	뿔담자버섯과
	볏싸리버섯과	수염버섯과	혹버섯과
방귀버섯목	방귀버섯과		
무당버섯목	방패버섯과	전분꽃구름버섯과	솔방울털버섯과
	뿌리버섯과	가시버섯과	기질고약버섯과
	껍질고약버섯과	꽃구름버섯과	무당버섯과

Fungi of Korea
Vol.5: Basidiomycota

Boletales	Boletaceae	Gomphidiaceae	Sclerodermataceae
	Coniophoraceae	Boletinellaceae	Calostomataceae
	Gyroporaceae	Diplocystidiaceae	Paxillaceae
	Rhizopogonaceae	Hygrophoropsidaceae	Suillaceae
Cantharellales	Aphelariaceae	Botryobasidiaceae	Ceratobasidiaceae
	Clavulinaceae	Hydnaceae	Tulasnellaceae
Geastrales	Geastraceae		
Russulales	Albatrellaceae	Amylostereaceae	Auriscalpiaceae
	Bondarzewiaceae	Echinodontiaceae	Lachnocladiaceae
	Peniophoraceae	Stereaceae	Russulaceae

조덕현 지음

머리말

50년간 한라산에서 백두산까지 걸어 다니면서 균류를 채집하여 관찰하였다. 그 결과 나도 모르는 사이에 10만 점이 넘는 표본과 사진 자료를 확보할 수 있었다. 지금까지 휴식다운 휴식을 한 적이 없다고 할 만큼 일 년 내내 연구를 해왔다. 일하는 것이 곧 휴식이라 생각하면서 살아왔다.

그렇게 연구하여 온 방대한 자료를 바탕으로, 한국의 균류를 총 여섯 권으로 정리하려고 노력하였다. 이미 네 권을 출간하였고 이 책은 그 다섯 번째 책으로서 그물버섯목, 꾀꼬리버섯목, 방귀버섯목, 무당버섯목 등 570여 종의 균류를 담고 있다. 좀 더 자세히 보면, 그물버섯목(Bolbatales) 12개 과, 꾀꼬리버섯목(Cantharellales) 6개 과, 방귀버섯목(Geastrales) 1개 과, 무당버섯목(Russulales) 9개 과이다.

최근 생물의 분류가 분자생물학적 분류로 그 방식이 바뀌면서 이미 우리에게 익숙한 종들의 학명과 소속도 바뀌게 되었다. 특히 현 5권에서는 그물버섯목의 그물버섯속이 다른 속으로 바뀐 것들이 많다. 한국의 보통명도 바꾸어야 하므로 혼란이 일어날 수밖에 없다. 그에 따라 도감도 바뀌고 발전해야 하지만 그렇지 못한 현실이다. 균학을 공부하고 연구하는 사람들에게 많은 어려움이 따르게 되었다. 저자의 『한국의 균류』 도감이 이러한 애로 사항을 해결하는 데 많은 도움이 되리라 생각한다.

2020년까지는 계획했던 6권까지 마무리할 것이다. 그렇게 되면 균학을 연구하는 학생, 학자, 전문가에게 기초적 자료를 제공하게 될 것이다. 한국의 균학이 한 단계 발전하는 계기가 되리라 본다.

조덕현

감사의 글

· 균학 공부의 길로 인도하고 아시아 균학자 3명 중 한 사람으로 선정해주신 이지열 박사(전 전주교육대학교 총장)에게 고마움을 드리며 늘 무언의 격려를 해주시는 이영록 고려대학교 명예교수(대한민국학술원)에게도 고마움을 전한다.

· 정재연 큐레이터는 사진 촬영을 도와주었음은 물론 현미경적 관찰 및 버섯표본과 방대한 사진 자료를 정리해주었다.

· 사진의 일부는 이태수 박사(전 국립산림과학원), 박성식(전 마산 성지여자고등학교), 왕바이(王柏中國吉林長 白山國家及 自然保護區管理研究所)가 촬영한 것이다.

| 일러두기

· 분류체계는 Fungi(10판)를 변형하여 배치하였다.

· 학명은 영국의 www.indexfungorum.org(2018.12)에 의거하였다. 과거의 학명도 병기하여 참고
하도록 하였으며 등재되지 않은 것은 과거의 학명을 그대로 사용하였다.

· 그물버섯목 중 그물버섯과에 속한 그물버섯속 일부는 새로운 속(genus)으로 변경되었다. 변경
된 속은 다음과 같다.

> 부속버터그물버섯속 Butyriboletus
> 운그물버섯속 Caloboletus
> 청변그물버섯속 Crocinoboletus
> 청그물버섯속 Cyanoboletus
> 밤꽃청그물버섯속 Cyanoboletus
> 녹색그물버섯속 Chiua
> 붉은정원그물버섯속 Hortiboletus
> 반껄껄이그물버섯속 Hemileccinum
> 갈색그물버섯속 Imleria
> 점성그물버섯속 Mucilopilus
> 새그물버섯속 Neoboletus
> 헛남방그물버섯속 Pseudoaustroboletus
> 망그물버섯속 Retiboletus
> 황소그물버섯속 Rubinoboletus
> 빨강그물버섯속 Rubroboletus

· 밤그물버섯 일부는 연지그물버섯속(Heimioporus)이 되었다.

· 학명은 편의상 이탤릭체가 아닌 고딕체로 하였고 신칭과 개칭의 표기는 편집상 생략하였다.

· 한국 버섯의 보통명 상단에 해당 균류가 속한 생물분류를 일괄 표기하였다.

[예: ○○강(아강) 》 ○○목 》 ○○과 》 ○○속]

차 례

담자균문

Basidiomycota

∨

주름균아문

Agaricomycotina

황금그물버섯

Aureoboletus auriflammeus (Berk. & Curt.) G. Wu & Zhu L. Yang
Pulveroboletus auriflammeus (Berk. & Curt.) Sing.

형태 균모는 지름 2~5cm, 둥근 산 모양이다가 편평한 모양이 된다. 표면은 오렌지 황색-선명한 오렌지색, 다소 섬유상인 털이 빽빽이 덮여 있으며 약간 분상이다. 간혹 표면이 갈라지기도 한다. 살은 황백색, 변색성은 없다. 관공은 자루에서는 바르다가 후에 만입되고, 처음에는 담황색이다가 점차 탁한 녹색이 된다. 관공의 구멍은 소형-중형, 오렌지 황색이며 다소 둥글다. 상처를 받아도 변색하지 않는다. 자루는 길이 3~5cm, 굵기 5~13mm, 균모와 같은 색이다. 상하가 같은 굵기 또는 위쪽이 약간 가늘다. 밑동은 때에 따라서 뿌리 모양으로 가늘고 길다. 표면 상부로부터 거의 전면에 세로로 긴 요홈과 불명료한 그물눈이 있다. 포자의 크기는 9~12(15)×4~7μm, 류타원형, 표면은 매끈하고 투명하다. 포자문은 올리브색이다.
생태 여름~가을 / 참나무류 등의 활엽수림의 땅과 소나무와의 혼효림의 땅에 군생 또는 단생한다.
분포 한국, 일본, 북미

기적황금그물버섯

Aureobolets mirabilis (Murrill) Halling
Boletellus mirabilis (Murrill) Sing., Boletus mirabilis (Murrill) Murrill

형태 균모는 지름 5~16㎝, 어릴 때는 둥근 산 모양이며, 가장자리는 안으로 말린다. 노쇠하면 넓은 둥근 산 모양이 되며, 약간 톱니상이 된다. 표면은 습할 시 광택이 있고, 그렇지 않으면 건조하다. 성숙된 거친 털상은 갈라진 인편이나 거의 알갱이-인편이 된다. 검은 적색에서 적갈색을 거쳐 회갈색이 된다. 살은 두껍고 단단하며, 퇴색 또는 표피 아래는 포도주색이고 상처 시 변색하지 않는다. 건조 시 노란색, 냄새와 맛은 분명치 않다. 관공은 자루의 주위에 함몰하며 길이가 2㎝, 처음 창백한 색, 연한 노란색에서 나중에는 녹황색이 되며, 상처 시 노란색이 된다. 구멍은 둥글고 상처 시 노란색으로 물든다. 자루는 길이 8~12㎝, 꼭대기는 굵기 1~3.5㎝, 곤봉형이며 기부는 3~7㎝, 속은 차 있다. 꼭대기는 포도주색, 건조 시 노란색이며, 표면은 적색에서 적갈색이 되며, 자색의 끼도 가진다. 꼭대기는 그물꼴, 표피는 갈라지고 거칠다. 처음에는 얇은 코팅 같고, 표면은 거칠다. 손으로 만지면 기부는 흑적색이 된다. 포자는 19~24×7~9㎛로 타원형, 배불뚝형 등 다양하며, 표면은 매끈하고 투명하다. 포자문은 올리브-갈색. 담자기는 4-포자성, 36~42×10~12㎛다.

생태 여름 / 썩은 고목에 군생한다.

분포 한국, 북미

긴목황금그물버섯

Aureobolets longicollis (Ces.) N.K. Zeng & Ming Zhang
Boletellus longicollis (Ces.) Pegler & T.W.K. Young

형태 균모는 지름 5~6cm로 반구형-편평이며, 홍갈색 또는 흙빛의 홍갈색이나 처음에는 진한 색이다. 표면은 조잡한 요철상으로 붉은색이다. 가장자리에 균막의 잔존물이 매달린다. 살은 두껍고 옅은 황색, 표피 아래는 황갈색이며 색이 변하지 않는다. 관공은 옅은 황색에서 암녹갈색. 관공은 자루에 홈 파진 관공 또는 떨어진 관공으로 만곡진다. 자루는 길이 10~18cm, 굵기 0.5~0.8cm이며 원주형으로 가늘다. 표면은 점토색 또는 오백색으로 이랑의 줄무늬 선이 있다. 턱받이는 꼭대기에 있고, 막질이며 속은 차 있다. 포자는 연한 황갈색. 포자는 12~16×10~12μm로 타원형이다.

생태 여름~가을 / 숲속의 땅에 단생한다.

분포 한국, 일본, 중국

황소황금그물버섯

Aureoboletus moravicus (Vacek) Klofac
Boletus leonis D.A. Reid

형태 균모는 지름 3~5cm, 연한 황적색-황토색이다가 후에 담황갈색이 된다. 표면은 미세한 입자의 조각들과 미세한 솜털이 벨벳 모양으로 덮여 있다. 중앙 쪽이 약간 진하다. 살은 크림색, 자루의 밑동 쪽은 약간 레몬색을 띤다. 관공의 구멍은 미세한 레몬황색-선황색으로 길이가 긴 편이고, 구멍과 같은 색이다. 절단해도 색깔이 변하지 않는다. 자루는 길이 3~7.5cm, 굵기 9~14mm, 원주형으로 밑동의 끝이 뾰족하다. 균모와 같은 색 또는 다소 연한 색이다. 포자의 크기는 9~13×4.5~5.5μm, 아방추형에 가까운 타원형이다. 포자문은 황토색-레몬 황색이다.

생태 가을 / 참나무 숲의 땅 또는 참나무류가 자라는 공원에 난다. 드문 종.

분포 한국, 유럽

황소황금그물버섯(노란색형)

Boletus leonis D.A. Reid

형태 균모는 지름 3~5㎝, 밝은 노란색 또는 황토색이었다가 담황색이 된다. 표면에 불규칙한 솜 같은 막편이 중앙에 있고, 그 외는 밋밋하다. 자루는 길이 30~75㎜, 굵기 90~135㎜, 기부는 쭈리 모양이며, 꼭대기는 크림색, 아래는 황토색이다. 살은 크림색, 자루의 기부에 레몬-노란색 색조가 있다. 맛과 냄새는 분명치 않다. 관공의 관은 녹황색 또는 레몬과 같은 노란색이다. 구멍은 레몬 크롬 색이며 변색하지 않는다. 포자문은 황토색. 포자는 아방추형-타원형으로 크기는 9~13×4.5~5.5㎛이다.

생태 가을 / 참나무가 있는 공원 등에 군생한다. 식용 여부는 알려지지 않았다. 드문 종.

분포 한국, 유럽

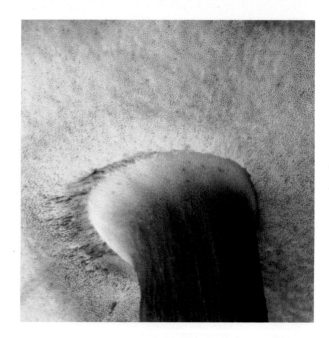

14

적갈색황금그물버섯

Aureoboletus thibetanus (Pat.) Hongo & Nagas.

형태 균모는 지름 2.5~7cm, 소형-중형이 있다. 처음에는 둥근 산모양이다가 차차 편평해진다. 표면은 점성이 있고, 특히 습할 때 점성이 심하다. 적갈색-갈색이나 오래되면 밝은 갈색, 오렌지 갈색, 드물게는 회홍색이 된다. 살은 연하고 다소 젤라틴 같다. 처음에는 약간 붉은색이나 후에는 거의 흰색이 된다. 공기와 접촉해도 변색하지 않는다. 관공은 자루에 대하여 바른 관공-홈 파진 관공이며, 선황색이었다가 성숙하면 다소 녹색을 띤다. 구멍은 지름 0.5~1mm 정도이다. 자루는 길이 5~8cm, 굵기 6~15mm로 위아래가 같은 굵기이거나 위쪽으로 다소 가늘며, 속이 차 있다. 표면은 밋밋하거나 때에 따라서 위쪽에 황색을 띠는 분말이 부착한다. 색은 회홍색이거나 균모보다 다소 연한 색이다. 흔히 세로로 진한 색의 줄무늬 선이 있다. 기부는 흰색의 균사가 덮여 있다. 포자는 크기 10~15(18)×4~5.5μm, 방추형이며, 표면은 매끈하고 투명하다.

생태 여름~가을/ 참나무류 등의 활엽수림 또는 소나무와의 혼효림 땅에 군생한다. 식용이다.

분포 한국, 일본, 중국, 말레이시아, 싱가포르, 파푸아뉴기니

점성황금그물버섯

Aureoboletus viscidipes (Hongo) G.Wu & Zhu L. Yang
Suillus viscidipes Hongo

형태 균모는 지름 1.5~3cm, 끈끈한 점액 물질로 덮여 있으며 계피색이다. 자루는 가늘고 길며, 표면이 점액 물질로 덮여 있다. 자루는 연한 살색-황색이다. 점액질의 턱받이는 쉽게 떨어진다. 포자는 크기 10~15.4×4~5μm로 류방추형이며 황갈색이다.

생태 가을. / 혼효림의 땅에 단생 또는 군생한다.

분포 한국, 일본

가는대남방그물버섯

Austroboletus gracilis (Peck) Wolfe
Tylopilus gracilis (Peck) Henn.

형태 균모는 지름 3~8cm로 둥근 산 모양이었다가 중앙이 편평한 산 모양이 된다. 표면은 미세한 털이 밀생하며 비로드상 또는 솜털상이다. 습기가 있을 때 끈적임이 있다. 표면은 밤갈색-적갈색 또는 오렌지색을 띤 갈색이며, 미세한 균열이 있고 때로는 쭈글쭈글한 맥상이 나타나기도 한다. 살은 연하고 백색 또는 연한 분홍색이다. 공기와 접촉해도 변색하지 않는다. 관공은 자루 주위에 함몰되어 떨어진 관공이며 처음에는 유백색, 이후 갈색-분홍색이 되었다가 포도주색이 된다. 상처가 나도 변색하지 않는다. 구멍은 0.5~1.5mm로 비교적 크고 길며, 원형 또는 약간 다각형이다. 자루는 길이 5~12cm, 굵기 7~10mm로 가늘고 길며 균모와 같은 색이거나 연한 색이다. 위쪽으로 가늘어지고 속이 차 있다. 표면은 비로드상이거나 거의 밋밋하고, 약간 융기된 세로줄의 쭈글쭈글한 선이 있거나 불명료한 그물눈이 국부적으로 나타난다. 밑동은 흰색이거나 때때로 황색의 얼룩이 생긴다. 포자는 크기 11.5~15×5~5.5μm로 타원형-방추형, 표면에 미세한 반점 모양의 돌기가 있다. 포자문은 적갈색이다.

생태 여름~가을 / 참나무류 등 활엽수림 또는 소나무, 전나무 등 침엽수와 혼효림의 땅에 단생한다.

분포 한국, 중국, 일본, 유럽, 북미

황색남방그물버섯

Austroboletus subflavidus (Murrill) Wolfe

형태 균모는 지름 3~10cm, 둥근 산 모양이었다가 거의 편평해지며 오래되면 보통 약간 가운데가 들어간다. 표면은 처음에는 미세한 벨벳이나 곧 그물눈 모양이 되고, 백색, 담황색 또는 연한 노란색에서 황회색이 되며, 흔히 연한 황토빛의 연어색을 띤다. 가장자리는 고르다. 살은 백색, 절단하여도 변하지 않으며 맛이 쓰다. 구멍의 표면은 처음에는 백색이나 회색, 성숙하면 분홍색이며, 상처 시 물들지 않는다. 구멍은 각형이거나 거의 원형이며, 지름 1mm이다. 관공은 길이 1~2cm. 자루는 4.5~14.5cm, 굵기 7~30mm이다. 위아래 굵기가 거의 같지만 약간 아래로 가늘다. 균모와 동색, 거친 그물꼴로 이랑이 작은 반점이 있다. 속은 차 있고, 기부는 드물게 부푼다. 살은 기부에서는 노란색이다. 턱받이는 없다. 포자문은 적갈색이며, 포자는 15~20×6~9㎛, 방추형이다. 표면에 미세한 미세 반점이 있고, 연한 갈색이다.

생태 여름~가을/ 참나무와 소나무림의 땅에 산생 또는 집단으로 발생한다. 쓴맛 때문에 식용하지 않는다.

분포 한국, 북미

점액남방그물버섯

Austroboletus subvirens (Hongo) Wolfe

형태 균모는 지름 4~8.5cm, 어릴 때는 반구형이었다가 둥근 산
모양-편평한 모양이 된다. 노숙하면 가장자리가 약간 처든다. 표
면은 다소 분상-비로드상이며, 습할 때는 점성이 약간 있다. 처
음에는 암록색-올리브색이나 퇴색하여 황토색이 된다. 흔히 거
북이 등 모양으로 균열이 있다. 어린 자실체의 가장자리에는 올
리브색을 띤 솜 모양의 찌꺼기 또는 약간 분상의 피막 찌꺼기가
부착된다. 살은 흰색, 연하고 쓴맛이 있다. 관공은 자루에 떨어진
관공이며 주위에 깊이 함몰된다. 관공은 백색에서 회홍색-홍자
갈색을 띤다. 구멍의 지름은 0.5~1mm로 원통형이거나 다각형이
다. 자루는 길이 6~11cm, 굵기 7~20mm, 위아래가 거의 같은 굵기
또는 위쪽으로 가늘다. 표면은 담황색 바탕에 녹색-올리브 녹색
으로 융기되어 있고 세로로 긴 그물눈을 갖는다. 나중에는 황토
색이 된다. 그물눈은 약간 분상이나 습할 때는 다소 점성이 있다.
기부는 흰색의 면모상. 포자는 13~19×6~8μm 크기에 방추형이
며, 표면에 미세한 사마귀 반점이 맥상으로 덮여 있다. 포자문은
포도주 갈색이다.
생태 여름~가을 / 참나무림이나 참나무와 소나무의 혼효림 땅
에 단생 또는 군생한다.
분포 한국, 일본, 파푸아뉴기니

19

밤그물버섯

Boletellus ananas (M.A. Curtis) Murrill

형태 균모는 지름 4~10cm, 처음에는 반구형이었다가 위가 편평한 둥근 산 모양이 된다. 표면은 건조성이며 인편이 있고, 인편은 털상의 겹친 인편으로 곧게 선다. 진한 포도주색이다가 오래되면 퇴색한다. 살은 백색에서 황색이 되며 상처 시 청색으로 물든다. 살은 냄새가 없고 맛이 온화하다. 관공은 자루에 떨어진 관공으로 자루 주위는 함몰한다. 관공은 길이 11~16mm, 구멍은 보통의 크기, 불규칙한 각이며 노란색 또는 적갈색으로 상처 부위는 청색, 황갈색 또는 적갈색이 된다. 자루는 길이 6~14cm, 굵기 8~15mm이며 위쪽으로 가늘고, 드물게 약간 둥글거나 아래로 가늘다. 때로는 위아래가 거의 같은 굵기이기도 하다. 속은 차 있으며 백색이거나 퇴색하며 꼭대기 근처의 적색 띠가 분홍색이 되기도 한다. 약간 섬유실이 있으며 드물게 턱받이 파편이 있거나 밋밋하다. 포자는 16~20×7.5~9.5μm 크기로 타원형이다. 표면에 길게 융기된 날개 같은 것이 있고, 꼭대기에는 불분명한 작은 발아공이 있다. 담자기는 크기 22.5~50×9.5~17μm, 2-포자성 또는 4-포자성이다.

생태 여름~가을/ 소나무와 참나무류의 혼효림 땅에 군생한다.

분포 한국, 북미

비로드밤그물버섯

Boletellus chrysenteroides (Snell) Snell

형태 균모는 지름 3.5~7cm로 둥글거나 중앙이 편평한 산 모양이지만 때때로 편평한 모양도 있다. 표면은 건조하면 약간 비로드상에서 불규칙하게 표면이 균열한다. 암갈색-갈색이며 때로는 암자갈색이다. 균열된 부분의 살은 탁한 황백색 또는 약간 붉은색이다. 살은 황백색에서 거의 백색이고, 절단하면 청색으로 변한다. 관공의 구멍은 비교적 크고 지름이 0.5~1.5mm이다. 다각형으로 진한 레몬색에서 녹황색-올리브색을 띤다. 관공은 처음에는 자루에 바른 관공-약간 올린 관공이나 나중에 자루 주변으로 함몰한다. 자루는 길이 5.5~9cm, 굵기 5~8mm로 흔히 L자형으로 굽어 있다. 위아래가 같은 굵기이거나 위쪽 또는 아래쪽으로 가늘다. 속은 차 있다. 표면은 가는 인편상(특히 위쪽)-섬유상인데, 섬유 무늬가 나타난다. 꼭대기는 황색, 아래쪽으로 암홍색-암갈색이다. 포자는 크기 11.5~13.5×7~7.5μm, 타원형이다. 표면에 세로로 달리는 뚜렷한 이랑 모양의 줄무늬가 있으며 분지한다. 포자문은 암갈색-올리브 갈색이다.

생태 여름~가을 / 오래 썩은 부후목 또는 숲속 부식토에 단생 또는 군생한다.

분포 한국, 일본, 북미

21

긴대밤그물버섯

Boletellus elatus Nagas.

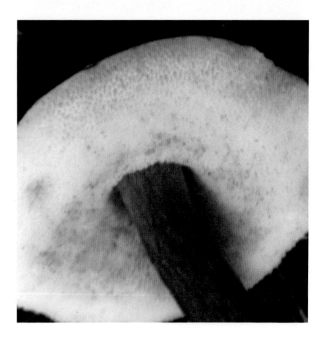

형태 균모는 지름 3~9cm에 반구형 또는 둥근 산 모양이며, 때로는 편평한 모양이 되거나 가장자리가 약간 치켜 올라가기도 한다. 표면은 건조하고 습할 때 약간 점성이 있다. 처음에는 다소 면모상이나 나중에 거의 무모가 된다. 적갈색-밤갈색에서 황갈색으로 퇴색한다. 살은 황백색-거의 흰색이고, 자루는 황백색에서 담홍색-갈색이 된다. 절단하면 청색으로 변한다. 관공의 구멍은 중형-대형, 처음에는 밝은 황색, 후에는 황녹색-올리브 녹색이 된다. 관공은 자루에 떨어진 관공이며 자루의 주위에 함몰한다. 색은 구멍과 같고 상처를 받아도 변색하지 않는다. 자루는 길이 9~23cm, 굵기 6~12mm, 아래쪽으로 굵어지고 기부는 약간 부풀어 있으며 폭은 14~40mm로 균모에 비하여 현저히 길다. 흔히 기부 부근에서 굽어 있다. 표면은 균모와 같은 색이거나 암색(흔하게는 갈색빛의 포도주색)이었다가 후에 칙칙한 황갈색으로 퇴색한다. 미세한 연모가 덮인 비로드상이며, 세로로 약간 융기된 주름이 있다. 때로는 꼭대기에 불명료한 그물눈이 있고, 기부는 흔히 백색 균사가 현저히 덮여 있다. 포자는 16~19×9~11μm 크기로 타원형-원주상의 타원형이며, 표면에 세로로 줄무늬 선이 있다. 포자문은 올리브 갈색이다.

생태 여름~가을 / 참나무류, 가시나무류 등 활엽수림 또는 소나무, 전나무 등 침엽수와의 혼효림 땅에 단생 또는 군생한다. 드문 종.

분포 한국, 일본

가죽밤그물버섯

Boletellus emodensis (Berk.) Sing.

형태 균모는 지름 5~10㎝, 구형이었다가 둥근 산 모양-위가 편평한 둥근 산 모양. 자라면서 표면이 갈라져 살이 드러난다. 표면은 포도주 적색이다가 적갈색, 오래되면 담회갈색-암갈색. 갈라진 부분의 살은 유백색-연한 홍색. 균모와 자루 사이에 같은 색 막질이 덮여 있다가 찢어지며, 균모 끝에 피막이 너덜하게 부착한다. 살은 절단하면 담황색-황백색. 관공은 1~2㎜, 다각형, 황색이다가 황갈색-올리브(회황) 갈색. 관공은 길고 자루에 올린 또는 거의 떨어진 관공. 상처가 나면 바로 청변한다. 자루는 길이 7~10㎝, 굵기 10~15㎜, 때로 기부가 약간 굵다. 속은 차 있고 단단하나 부러지기 쉽다. 표면은 건조하고 밋밋하거나 약간 섬유상, 적색-암포도주색이다가 탁한 황갈색. 가는 세로 홈선, 기부에 흔히 흰색 균사 덩어리가 있다. 포자는 20~24×8.5~12.5㎛, 긴 타원형, 세로 고랑 융기가 있거나 분지된다. 포자문은 암올리브 갈색.
생태 여름~가을 / 숲속의 땅, 수목 밑에 난다. 어린 자실체는 식용.
분포 한국, 일본, 중국, 인도, 파푸아뉴기니, 말레이시아, 보르네오

참피나무밤그물버섯

Boletellus linderi Sing.

형태 균모는 지름 5~8㎝, 둥근 산 모양이었다가 오래되면 편평해진다. 진홍색, 적갈색 또는 밤갈색이다. 표면은 밋밋하고, 가장자리 관공이 치켜 올려진다. 살은 단단하며, 유백색 또는 황색 기가 있거나 분홍 갈색 또는 적갈색 등등 다양하며 변색되지 않는다. 관공의 구멍은 1~1.5㎝로 크고 깊으며 각형이다. 오렌지 황색-누르스름한 색이며 변색하지 않는다. 자루와 접촉부가 함몰한다. 자루는 길이 12~25㎝, 굵기 2~4㎜에 기부 쪽으로 굵어진다. 곤봉 모양 또는 구근상이며 세로로 줄무늬 선이 있다. 건조하나 습할 때는 점성이 있다.
생태 여름~가을 / 침엽수림 또는 활엽수림의 땅에 단생하며, 드물게는 군생한다.
분포 한국, 유럽, 북미

꽃밤그물버섯

Boletellus floriformis Imazeki

형태 균모는 지름 6~7㎝, 두께 2.5~3.5㎝, 반구형이었다가 둥근 산 모양이 된다. 표면은 건조하고 장미색이며, 인편이 밀집해서 덮여 있고 뜨거울 시 모자이크 모양으로 갈라진다. 인편은 대형으로 압착되고 연기색이다. 가장자리는 둔하고, 막편이 부착한다. 살의 두께는 1~1.5㎝로 치밀하고, 담색 또는 황색이다. 관공은 자루에 끝 붙은 관공이며, 길고 자루에서 떨어지기 쉽다. 접촉하면 남색이 되지만 갈색이 될 때도 있다. 구멍은 넓고, 원형 또는 각진 형이다. 지름은 1~2㎜, 다소 담갈황색 또는 회황색이며, 상처 시 남색으로 변한다. 피막은 처음 관공 면을 덮고 있으며 막질이었다가, 후에 갈라져 가장자리에 막편으로 부착된다. 턱받이는 없다. 자루는 길이 7~10㎝, 굵기 1~2㎝, 위아래 굵기가 같다. 기부는 류구형의 뿌리 모양으로 연기색이다. 꼭대기는 홍자색에 밋밋하며 압착된 섬유상이다. 자루는 속이 차 있다. 포자는 20~24×8.5~12.5㎛ 크기의 방추형이며, 황갈색 표면에 세로줄 무늬가 있다.

생태 가을 / 숲속의 땅에 산다.

분포 한국, 일본

좀노란밤그물버섯

Boletellus obscurecoccineus (Höhn.) Sing.

형태 균모는 지름 3~6cm, 둥근 산 모양이다가 거의 편평한 모양이 된다. 표면은 주홍색-분홍색 또는 홍갈색. 건조하고 미세한 인편상에 흔히 가늘게 갈라지며, 때로는 다소 울퉁불퉁하게 요철이 생기기도 한다. 관공의 구멍은 보통 0.5~1mm 크기에 다각형이며, 처음에는 담황색-녹황색이었다가 후에 올리브색을 띤다. 관공은 자루의 주변으로 함몰한다. 구멍과 같은 색이고 상처를 받아도 변색하지 않는다. 살은 대체로 담황색이나 자루 아래쪽은 거의 흰색이다. 절단하면 균모 부분은 약간 청색을 띤다. 약간 쓴맛이 있다. 자루는 길이 3~7.5cm, 굵기 5~10mm, 위아래가 같은 굵기 또는 아래쪽으로 비대해진다. 속은 차 있다. 표면은 백색-연한 분홍색이며 조금 진한 색의 섬유문이 있다. 꼭대기에서 중간까지는 거의 비듬 모양의 분홍색 인편이 밀포되어 있다. 기부는 백색의 면모상이다. 포자는 14~20×5~7μm 크기에 긴 타원형인데, 표면에 희미하게 세로줄 무늬가 있다. 포자문은 올리브 갈색이다.

생태 여름~가을 / 참나무류 등 활엽수림 또는 소나무와의 혼합림 땅에 단생한다. 드문 종.

분포 한국, 일본, 중국, 인도네시아, 파푸아뉴기니, 콩고

털밤그물버섯

Boletellus russellii (Frost) E. J. Gilb.

형태 균모는 지름 4~10cm, 처음엔 반원형이다가 중앙이 편평한 둥근 산 모양으로 변하고 후에는 거의 편평해진다. 때로는 중앙 부분이 약간 오목해지기도 한다. 표면은 건조하고 비로드상이거나 거의 무모이며, 연한 회녹색-담황토색이다. 살은 황색을 띠며 절단하여도 변색하지 않는다. 관공의 구멍은 대형이고 다각형이다. 처음에는 담황색이다가 후에 올리브색-갈색을 띤다. 자루 주변이 함몰하고 구멍과 같은 색이다. 상처를 받아도 변색하지 않는다. 자루의 길이는 8~16cm, 꼭대기의 굵기는 10~15mm로 다소 길다. 아래쪽으로 굵어지며 기부는 20~30mm에 속이 차 있다. 표면은 적색인데 같은 색 또는 연한 색의 거칠고 큰 그물눈이 융기되어 있다. 약간 점성을 띤다. 포자는 15~20×7~11μm에 긴 타원형으로, 표면에 분명한 세로골 모양의 줄무늬가 있다. 포자문은 진한 올리브 갈색이다.

생태 여름~가을 / 참나무류 등의 활엽수림, 소나무와의 혼합림 등 부식질이 많은 땅에 단생 또는 군생한다.

분포 한국, 일본, 북미

26

구릿빛그물버섯

Boletus aereus Bull.

형태 균모는 지름 7~14cm로 처음에는 반구형이다가 후에 낮은 둥근 산 모양이 된다. 표면은 녹색을 띤 암갈색-진한 밤갈색 또는 흑갈색 등이다. 어릴 때는 미세한 융모 모양의 털이 표면에 덮여 있으나 후에 밋밋해진다. 살은 유백색, 치밀하고 공기에 접촉해도 변색하지 않는다. 관공은 유백색이었다가 후에 칙칙한 유황색-녹슨 색이 된다. 손으로 만지면 포도주색의 얼룩이 생긴다. 관공은 구멍과 같은 색이다. 자루는 길이 6~10cm, 굵기 2~4cm로 처음에는 난형이다가 후에 신장하면서 가운데가 뚱뚱해지거나 밑동이 굵어진다. 꼭대기는 갈색, 밑동 쪽은 녹슨 색으로 속이 차 있다. 자라면서 갈색의 그물눈 모양의 무늬가 위쪽에 생긴다. 포자의 크기는 12~15×4~5μm이고, 긴 타원형 또는 방추형에 황색이다.

생태 여름~가을 / 숲속의 땅에 군생한다. 주로 참나무류나 자작나무류 등이 있는 땅에 난다.

분포 한국, 일본, 중국, 유럽, 호주

흰구멍그물버섯

Boletus alboporus D.H. Cho

형태 균모는 지름 5~7.5cm, 둥근 산 모양이었다가 편평한 모양이
된다. 표면은 암회색, 작은 주름이 많이 있어서 오글쪼글하다. 관
공은 자루에 바른 관공이면서 다소 올린 관공이다. 관공의 구멍
은 백색 또는 유백색에 작고 다소 밋밋하다. 관공은 길이 5~6mm,
살은 백색에 두껍고 단단하다. 자루는 백색에 길이 12~15.5cm,
굵기 1.5~2.5cm이며, 아래쪽으로 굵어지고 밑동이 팽대해 있다.
속이 차 있고, 세로로 줄무늬 모양의 골이 생긴다. 오래되고 건조
할 때는 약간 적갈색이다. 포자는 14~17×4~5.5μm 크기에 방추
형 또는 긴 타원형이며, 벽이 두껍다. 드물게 3~4개의 기름방울
이 있다.

생태 여름 / 활엽수림의 땅에 군생한다.

분포 한국

붉은끈적그물버섯

Boletus aurantioruber (Dick & Snell) Both, Bessette & W.J. Neill
B. edulis f. aurantio-ruber (Dick & Snell) Vassilkov

형태 균모는 지름 8~15.5cm로 둥근 산 모양에서 차차 편평해지고 중앙부가 돌출한다. 표면은 마르거나 젖어 있을 때 끈적하며 녹슨 적색이다. 가장자리는 둔하고 색깔이 연하다. 살은 육질로 두껍고 단단하나 나중에 유연하게 되며, 백색에서 황백색이 된다. 관공과의 연접부는 약간 붉은색을 띠며, 상처 시 올리브 황색으로 변한다. 관공은 자루에 대하여 바른 관공 또는 홈 파진 관공이며, 백색에서 연한 올리브 황색이 된다. 구멍은 작고 둥글며 상처 시 올리브 황색으로 물든다. 자루는 길이 7~11.5cm, 굵기 3~4cm에 원주형이며, 기부는 다소 불룩하고 연한 갈색 또는 황갈색이다. 또한 전면 또는 ⅔ 이상 그물 무늬가 있다. 자루의 속이 차있다. 포자는 크기 11~18×4~6μm로 타원형이다. 표면이 매끄럽고 투명하며 연한 황색이다. 포자문은 올리브 갈색이다.

생태 여름~가을 / 분비나무나 가문비나무의 숲, 활엽수림 또는 침엽수림, 혼효림의 땅에 단생 또는 산생한다. 외생균근을 형성한다.

분포 한국, 중국, 일본, 북반구 온대

수원그물버섯

Boletus auripes Peck

형태 균모는 지름 6~15cm, 반구형에서 둥근 산 모양을 거쳐 편평하게 된다. 표면은 끈적임이 없고 어릴 때 가는 털이 있으나 곧 밋밋하게 되며 황갈색-오렌지 갈색이다. 살은 황색에서 연한 황색이 되며 공기에 접촉하면 색이 짙어진다. 쓴맛이 있다. 관공은 자루에 대하여 바른 또는 떨어진 관공이다. 구멍은 소형이나 각진 형, 처음에는 균사로 막혀있다. 상처 시 변색하지 않는다. 자루는 길이 7~12cm, 굵기 1.5~2.5cm, 상하가 같은 굵기지만 간혹 위쪽으로 가늘다. 표면은 황색-탁한 황색으로 위쪽은 가는 그물눈이 있고 균모와 같은 색이다. 만지면 갈색으로 변하기도 한다. 기부에는 백색 또는 황백색의 균사가 있다. 포자는 크기 10~13×3.5~5μm로 타원형 또는 류방추형이다. 표면이 매끈하며 노란색에 포자벽이 두껍다. 담자기는 35~45×9~13μm로 곤봉형에 4-포자성이다. 기부에 꺽쇠는 없다. 낭상체는 원통형으로 35~62×8.5~11μm 크기이다. 포자문은 올리브색을 띤 황갈색이다.
생태 여름~가을 / 활엽수림, 서어나무 숲의 땅에 단생 또는 군생한다. 식용이다.
분포 한국, 중국, 일본, 유럽, 북미

그물버섯

Boletus edulis Bull.

형태 균모는 지름 8~15.7cm로 둥근 산 모양에서 차차 편평해지고 중앙부가 돌출한다. 표면은 마르거나 젖어 있을 때 끈적임이 있으며 암갈색, 황갈색, 홍갈색 또는 황토색이다. 가장자리는 둔하고 연한 색깔이다. 살은 육질로 두껍고 단단하나 나중에는 유연해지며, 백색에서 황백색이 된다. 관공과의 연접부는 약간 붉은색을 띠며 상처 시에도 변색하지 않는다. 관공은 자루에 대하여 바른 관공 또는 홈 파진 관공으로, 백색에서 연한 황색이 된다. 구멍은 작고 둥글다. 자루는 길이 7~11.5cm, 굵기 3~4cm로 굵고 원주형이다. 기부는 다소 불룩하고 연한 갈색 또는 황갈색이며 전면 또는 ⅔ 이상에 그물 무늬가 있다. 속은 차 있다. 포자는 11~18×4~6㎛ 크기로 타원형에 표면이 매끄럽고 연한 황색이다. 포자문은 올리브 갈색이다. 낭상체는 백색에 곤봉상이며, 정단이 가늘고 뾰족하다. 크기는 32~40×12~14㎛이다.

생태 여름~가을 / 분비나무~가문비나무 숲, 활엽수림 또는 침엽수림, 혼효림의 땅에 단생 혹은 산생한다. 맛이 좋아 식용으로 사용되며, 항암작용이 있다. 소나무, 가문비나무, 분비나무, 잎갈나무, 신갈나무와 외생균근을 형성한다.

분포 한국, 중국, 일본, 유럽, 북미, 북반구 온대

과립그물버섯

Boletus granulopuncatus Hongo

형태 균모는 지름 2~7cm, 처음에는 반구형이며 점차 편평해져 둥근 산 모양이 된다. 표면은 습기가 있을 때 다소 끈적임이 있고, 처음에는 털이 없어서 밋밋하고 섬유상이 압착해서 가는 인편을 만든다. 특히 불규칙한 중앙이 낮으며, 잔금으로 갈라지는 것도 있다. 그을린 분홍색이나 나중에 중앙은 회황색-올리브색이 된다. 살은 황색으로 표피 아래는 회홍색, 또는 자루의 기부가 약간 회황색이다. 공기와 접촉하여도 변색하지 않으나 드물게 천천히 약간 청색으로 변하는 것도 있다. 특유의 맛이나 냄새는 없다. 관공은 자루에 끝 붙은 관공, 황색에서 녹황색이 되나 드물게 서서히 청변하는 것도 있다. 구멍은 짙은 적색, 지름은 0.5~1mm, 변색하지 않는다. 자루는 길이 2~5cm, 굵기 0.6~1.5cm로 거의 같은 굵기이나 아래로 가늘어지는 것도 있다. 표면은 황색 바탕에 적-회홍색의 가는 인편이 약간 분포하며 특히 위쪽이 심하다. 기부는 인편이 없고 회황색, 특히 백색의 균사가 덮여 있다. 포자문은 올리브색. 포자의 크기는 8.5~10.5×5~6μm로 타원형이다. 연낭상체는 28~40×6~8.5μm 크기에 곤봉형이다.

생태 여름~가을 / 활엽수림 또는 침엽수림과의 혼효림 땅에 단생 혹은 군생한다.

분포 한국, 일본

흑변그물버섯

Boletus nigromaculatus (Hongo) Har. Takah.
Xerocomus nigromaculatus Hongo

형태 균모는 지름 2~7cm, 어릴 때는 반구형-약간 원추형, 후에
둥근 산 모양-거의 편평한 모양이 된다. 표면은 건조하고 약간
입자 모양으로 거칠다. 갈색-담점토색, 상처를 입으면 흑색으로
변한다. 오래된 것은 때때로 전체가 흑색이 된다. 살은 백색-담
황색이며 연하다. 절단하면 청변하고 후에 적변하며 결국은 흑변
한다. 때로는 청변하지 않고 바로 적변하는 경우도 있다. 관공의
구멍은 크고 황색이다가 후에 올리브 갈색이 된다. 상처를 받으
면 청변, 후에 검게 변한다. 관공은 자루에 바른 관공-홈 파진 관
공이고 자루에 접하는 부분은 다소 내린 관공이며, 구멍과 같은
색이다. 자루는 길이 2~5cm, 굵기 5~10mm, 육질이 단단하고 부러
지기 쉽다. 표면은 균모보다 연한 색이며, 일반적으로 밝은 갈색
이다. 강하게 만지면 그 부분은 흑변한다. 꼭대기에는 관공과 연
결된 부분에 세로로 요철 홈이 있다. 밑동에 흔히 백색의 균사가
덮여 있다. 포자는 7.5~10.5×3.5~4μm, 타원상의 방추형이다. 표
면은 매끈하고 투명하다. 포자문은 올리브 갈색이다.
생태 여름~가을 / 참나무류 등의 활엽수림 또는 소나무와의 혼
합림 땅에 난다. 식용이다.
분포 한국, 일본

흑녹청그물버섯

Boletus nigrriaeruginosa D.H. Cho

형태 균모는 지름 12~14cm, 넓게 펴진 둥근 산 모양이며 약간 오목하다. 가장자리는 녹색을 띠며 중앙은 연한 녹색을 띤다. 표면은 다소 주름이 있고 오글쪼글하다. 살은 백색이며 두껍다. 관공은 자루에 바른 관공이거나 떨어진 관공이며 길이는 1.5~2.5cm다. 구멍은 작고 황갈색으로, 멍들거나 건조해지면 적갈색이 된다. 자루는 길이 3~7cm, 굵기 1.3~2cm, 백색이며 상처를 입으면 황색으로 변한다. 표면에 세로로 깊은 고랑이 있다. 속이 차 있거나 스펀지 모양의 구멍이 있기도 하다. 포자의 크기는 13~18.5×5~6.8μm. 방추형으로 벽이 두껍고, 간혹 3~4개의 기름방울이 있다.

생태 여름 / 활엽수림의 땅에 산생한다.

분포 한국

바랜그물버섯

Boletus pallidus Frost

형태 균모는 지름 4.5~15.5cm, 어릴 때는 둥근 산 모양이다가 넓은 둥근 산 모양을 거쳐 거의 편평하게 변한다. 때때로 오래되면 가운데 부분이 들어간다. 표면은 건조성으로 오래되면 보통 갈라지고, 습할 시에는 약간 점성이 있다. 백색에서 담황색 또는 어릴 때는 연한 회갈색, 칙칙한 갈색이다가 오래되면 붉은색을 띤다. 가장자리는 고르다. 살은 백색 또는 연한 노란색, 절단 상처 시 때때로 서서히, 약간 청색 또는 분홍색으로 변한다. 냄새는 불분명하나 맛은 온화하거나 약간 쓰다. 관공의 구멍 표면은 어릴 때는 백색-연한 노란색, 오래되면 노란색-녹황색이 되어 녹청색으로 물들며, 상처가 나면 회색이 된다. 구멍은 1~2개/mm로 원형이나 오래되면 거의 각형이 된다. 관공은 길이 1~2cm. 자루는 길이 5~12cm, 두께 1~2.5cm, 위아래가 거의 같은 굵기거나 아래로 부푼다. 속은 차 있고, 어릴 때는 백색에 때때로 꼭대기는 노란색이다. 오래되면 기부에 붉은 기가 생긴다. 표면은 밋밋하다가 꼭대기에서 약간 그물꼴을 형성, 흔히 기부에 백색 균사체가 있다. 절단 시나 상처 시 약간 청변하며 턱받이는 없다. 포자문은 올리브 또는 올리브 갈색이고, 포자는 9~15×3~5μm 크기에 좁은 난형에서 류방추형이다. 표면은 매끈하고 투명하며 연한 갈색이다.

생태 여름~가을 / 활엽수림 또는 혼효림의 땅에 단생한다. 집단으로 발생하기도 하며 특히 참나무 땅에 발생한다.

분포 한국, 북미

방망이빨강그물버섯

Boletus paluster Peck
Boletinus paluster (Peck) Peck

형태 균모는 지름 2~7cm, 처음에는 원추형이다가 편평해지지만 때때로 중앙이 볼록한 것도 있다. 표면은 적자색-장미색이며, 솜털상-섬유상의 모피가 있고, 보통 가는 털이 있다. 살은 황색, 균모의 표피 아래는 적색이고 상처 시 변색하지 않으며 다소 신맛이 있다. 관공은 짧고 길이는 2~3mm로 황색이다가 오염된 황토색이 되며, 방사상의 벽이 발달하여 주름살 모양이 된다. 구멍은 방사상으로 배열되며 다각형에 대형이다. 때때로 작은 구획으로 갈라진다. 관공과 구멍은 상처 시 변색하지 않는다. 자루는 길이 3~6cm, 굵기 1cm 이하로 가늘고 위아래가 같은 굵기다. 속이 차 있고, 꼭대기는 황색, 그물꼴 모양으로 거의 전체가 홍색-황색이다. 자루의 아래는 균모와 동색이며 약간 거슬림이 있거나 거의 밋밋하며, 솜털상 피막의 잔존물이 산재하지만 분명한 턱받이는 없다. 포자문은 어두운 와인색-자갈색. 포자는 7~8×3~3.5μm 크기로 타원형-류타원형이다. 연낭상체는 40~70×7.5~12.5μm 크기에 류원주형-류방추형이다. 측낭상체는 연낭상체와 비슷하나 약간 길다. 균사에 꺽쇠가 있다.

생태 여름~가을 / 소나무 숲 등의 땅, 고목에 군생한다. 식용이다.

분포 한국, 중국, 일본

솔송그물버섯

Boletus pinophilus Pil. & Dermek
B. pinicola (Vitt.) Vent., B. edullis var. pinicola Vitt.

형태 균모는 지름 8~20cm, 반구형이었다가 점차 둥근 산 모양이 된다. 표면은 적갈색-밤갈색, 처음에는 점성이 있고 미세한 털이 덮여 있으나 곧 건조하고 밋밋해진다. 살은 유백색, 절단하면 변색하지 않고 표피의 아래쪽만 포도주색으로 변한다. 관공의 구멍은 흰색이었다가 녹황색-올리브색을 띠게 된다. 관공은 구멍과 달리 황색이며 절단하면 녹황색으로 변한다. 자루는 길이 8~10cm, 중앙이나 밑동이 굵어지며 단단하다. 위쪽은 유백색 또는 계피색의 그물눈이 있다. 아래쪽은 적갈색의 미세한 반점들으로 뒤덮여 연한 적갈색 또는 진한 적갈색을 나타낸다. 포자의 크기는 15.6~20×4.5~5.5μm이고 원주상의 타원형이다. 표면은 매끈하고 투명하며 연한 황색, 기름방울이 들어 있다. 포자문은 암올리브색이다.

생태 초봄~늦가을 / 침엽수림의 땅에 난다. 식용이다.

분포 한국, 유럽

그물버섯아재비

Boletus reticulatus Schaeff.
B. aestivalis (Paulet) Fr.

형태 균모는 지름 6~20cm, 어릴 때는 반구형이며 이후 둥근 산 모양-위가 편평한 둥근 산 모양이 된다. 표면은 암갈색, 갈색, 또는 올리브 갈색이었다가 갈색, 담갈색이 된다. 어릴 때는 미세한 면모가 있고 다소 비로드상이나 후에 무모가 되어 밋밋해진다. 습할 때는 다소 점성이 있다. 또한 어릴 때는 쭈글쭈글하게 융기된 요철이 생기는 것도 있지만 성숙한 균모는 일반적으로 표면이 밋밋하고 가끔 균열이 있다. 살은 흰색이며 처음에는 단단하나 후에 연해진다. 절단해도 변색하지 않는다. 관공의 구멍은 원형으로 소형이며, 어릴 때는 흰색-회백색이다가 이후 담황색, 녹황색, 올리브 녹색 등으로 퇴색한다. 자루는 길이 9~15cm, 굵기 3~6cm이고 어릴 때는 방추형 또는 곤봉형, 이후에는 원주형으로 변하면서 밑동이 다소 굵어지기도 한다. 표면은 담갈색-담회갈색 바탕에 유백색-갈색의 그물눈이 있는데, 거의 밑동까지 달한다. 포자는 12.3~17.1×4~5μm 크기에 방추형으로, 녹황색에 표면이 매끈하고 투명하다. 기름방울을 함유한다.

생태 여름~가을 / 주로 참나무류 숲의 땅에 난다. 식용하며 맛이 좋다.

분포 한국, 일본, 유럽, 아프리카

큰그물버섯

Boletus speciosus Frost

형태 균모는 지름 5~10cm로 어릴 때는 반구형이었다가 이후 둥근 산 모양-중앙이 편평한 둥근 산 모양이 된다. 표면은 분홍색 또는 적갈색으로 건조할 때는 미세한 면모상이나 이후 거의 밋밋해진다. 살은 두껍고 담황색이며, 절단하면 밝은 청색이 된다. 관공은 자루에 바른 관공이면서 홈 파진 관공이거나 떨어진 관공이다. 구멍은 미세하고 2~3개/mm이다. 담황색-레몬 황색이며 문지르거나 상처를 받으면 청색으로 변한다. 관공은 구멍과 같은 색이다. 자루는 길이 5~10cm, 굵기 20~40mm, 흔히 기부 쪽으로 굵어지고 밑동은 한쪽으로 굽는다. 표면은 미세한 그물눈으로 덮여 있고 담황색 또는 다소 분홍색을 띤다. 성숙하면 밑동부터 포도주색을 나타낸다. 포자는 10.3~15.8×4.4~5.8μm 크기에 방추상의 타원형이다. 표면은 매끈하고 투명하며 연한 황색이다. 기름 방울이 들어 있다. 포자문은 올리브 갈색이다.

생태 여름~가을 / 주로 참나무류와 소나무류의 혼효림 땅에서 난다.

분포 한국, 일본, 중국, 유럽, 북미

산그물버섯

Boletus subtomentosus L.
Xerocomus subtomentosus (L.) Quél., B. lanatus Rostk.

형태 균모는 지름 4~11cm로 둥근 산 모양이다가 차차 편평하게 된다. 표면은 미세한 융모가 있어 비로드 같고, 성숙하면 표피가 가끔 거북이 등처럼 갈라진다. 색은 황갈색, 다갈색 또는 회갈색 등이다. 살은 단단하고 두꺼우며 백색 또는 연한 황색이나 표피 아랫부분은 갈색을 띤다. 상처 시 연한 남색으로 천천히 변한다. 관공은 자루에 대하여 바른 관공 또는 홈 파진 관공이다. 어릴 때 올리브 황색이었다가 황색이 되고 상처 시 남색으로 변한다. 구멍은 다각형에 지름 1~1.5mm이다. 자루는 길이 6~8cm, 굵기 0.8~2.5cm로 원주형이다. 위쪽에 미세한 그물눈 무늬가 있고 아래로 줄무늬 홈선이 있다. 연한 황색에 미세한 홍갈색 반점이 있으며 속은 차 있다. 포자는 크기 9~12×4~5μm로 방추형에 연한 황색, 표면은 매끄럽고 투명하다. 포자문은 남황색이다. 낭상체는 방추형 또는 곤봉상에 크기는 50~60×7~10μm, 백색 또는 황색이다.

생태 여름~가을 / 활엽수림과 침엽수림 등 혼효림의 땅에 산생한다. 소나무, 버드나무, 신갈나무와 외생균근을 형성한다. 식용으로 맛이 좋다.

분포 한국, 중국, 일본

산그물버섯(털형)

Boletus lanatus Rostk.

형태 균모는 지름 4~10㎝, 벨벳상이다. 황갈색이다가 연한 갈색이 되며, 문지르거나 상처를 내면 검게 변한다. 자루는 길이 80㎝, 굵기 10~15(20)㎜이며 꼭대기는 연한 색, 중앙은 거칠고 노란색이며 검은 벽돌색의 맥상이 불규칙한 그물꼴을 이루고 있다. 기부로는 다시 연한 색이다. 살은 관공의 관에서는 백색, 자루의 위로는 녹슨 색, 자루의 기부에서는 레몬-황색이다. 절단 시 청색으로 변하지만 전부 변하지는 않는다. 암모니아로 처리하면 균모의 표면은 곧 노란색 또는 청색-녹색으로 변한 다음 퇴색한다. 맛과 냄새는 분명치 않다. 관은 공기에 노출되면 레몬-크롬 청색이 된다. 관공의 구멍들은 같은 색으로 크고 각지며, 손으로 만지면 청색으로 변한 다음 퇴색한다. 포자문은 올리브 갈색이며 포자는 9~11.5×3.5~4.5㎛ 크기에 류방추형-타원형이다.

생태 여름 / 활엽수림과 혼효림, 특히 자작나무 숲의 땅에 군생한다. 식용 여부는 알려져 있지 않다. 드문 종.

분포 한국, 유럽, 북미

붉은줄기그물버섯

Boletus sensibilis Peck

형태 균모는 지름 10~20㎝, 어릴 때는 둥근 산 모양이었다가 위가 편평한 둥근 산 모양이 된다. 표면은 회적색-적갈색 또는 벽돌색이다. 가운데가 진하고 비로드상을 나타낸다. 살은 두껍고 담황색이며, 공기와 접촉하면 청색으로 변한다. 관공은 자루에 올린 관공 또는 홈 파진 관공이며 구멍은 처음에는 황색이다가 후에 올리브색이 된다. 만지거나 상처를 받으면 곧 청색으로 변한다. 자루는 길이 8~15㎝, 굵기 30~60㎜로 위쪽은 황색, 아래쪽은 적갈색인데 가는 반점상이 선상으로 밀생한다. 전체는 붉은색으로 보이며 만지면 곧 청색으로 변한다. 포자의 크기는 10~13×3.5~4.5㎛이고 긴 장방형-약간 배불뚝형이다. 표면은 매끈하고 투명하다. 담자기는 4-포자성에 크기는 20~26×7~10㎛다.

생태 가을 / 주로 소나무 등 침엽수림의 땅에 난다. 식용하며 맛이 좋다.

분포 한국, 일본, 유럽, 북미

빨간구멍그물버섯

Boletus subvelutipes Peck

형태 균모는 지름 6~13㎝, 둥근 산 모양이었다가 거의 편평해진다. 표면은 처음에 미세한 털이 밀생하고 비로드상이나 후에 무모로 밋밋해진다. 색깔의 변화가 매우 심하다. 적색-암갈색, 적갈색, 황갈색, 계피 적색 등이고 강하게 만지면 암청색으로 변한다. 살은 황색, 절단하면 진한 청색으로 변한다. 관공은 자루에 올린 관공-떨어진 관공이다. 구멍은 오렌지색이다가 곧 혈홍색-적갈색이 되며, 관공은 황색이다가 후에 녹색을 띤 황색으로 변한다. 구멍이나 관공 모두 만지거나 상처를 받으면 암청색으로 변한다. 자루는 길이 5~10㎝, 굵기 10~20㎜, 위쪽으로 약간 가늘어지거나 거의 같은 굵기이다. 밑동에 황색의 균사가 덮여 있다. 표면은 황색 바탕에 혈홍색-적갈색의 가는 반점이 밀포되어 있다. 간혹 꼭대기에 가는 그물눈이 있다. 상처를 받으면 곧 암청색으로 변한다. 포자는 11~12.5×4~5㎛ 크기에 아방추형으로, 표면은 매끈하고 투명하다. 포자문은 올리브색이다.

생태 여름~가을 / 참나무류의 활엽수림 땅에 군생한다.

분포 한국, 일본, 북미

담배색그물버섯

Boletus tabicinus D.H. Cho

형태 균모는 지름 2.5~8cm, 둥근 산 모양이다가 약간 편평한 모양이 된다. 표면은 레몬색을 띤 황색, 가장자리에는 미세한 털이 덮여 있다. 살은 황색이며 두껍다. 관공은 자루에 바른 관공이다가 떨어진 관공이 된다. 관공의 구멍은 황색이며 불규칙한 원형이다. 관공은 길이 0.5~1cm, 2~3개/mm이다. 자루는 길이 6.5~11cm, 굵기 8~13mm, 황색에 원주형이다. 다소 굽어 있고 밑동 쪽으로 약간 가늘어진다. 표면에는 세로로 크고 깊은 그물눈 모양이 있다. 속이 차 있으며 살은 표면과 같은 색이다. 포자는 크기 9~13.5×3.5~4μm, 방추형-긴 타원형이다. 벽이 두껍고 희미한 기름방울을 몇 개 함유한다.

생태 가을 / 활엽수림의 땅에 군생한다.

분포 한국

다색그물버섯

Boletus variipes Peck

형태 균모는 지름 6~20cm, 어릴 때는 둥근 산 모양이다가 점차 넓은 둥근 산 모양으로 변하면서 편평하게 된다. 표면은 건조하고 벨벳형이다. 색깔은 다양하여 크림색에서 노란색으로 변하거나 회갈색에서 황갈색 또는 갈색이 된다. 성숙하면 가끔 갈라진다. 가장자리는 고르다. 살은 백색으로 변색하지 않으며, 냄새와 맛은 분명치 않다. 관공 구멍의 표면은 처음에는 백색, 오래되면 노란색 혹은 노란 올리브색이 되며, 역시 변색하지 않는다. 구멍은 원형이며 1~2개/mm이다. 관공은 길이 1~3cm이고, 자루는 길이 8~15cm, 굵기 1~3.5cm이다. 자루는 위아래가 거의 같은 굵기거나 아래로 부푼다. 건조성으로 속이 차 있고, 백색에서 황갈색 또는 회갈색으로 변한다. 백색 또는 갈색의 분명한 그물꼴이 있으며 턱받이는 없다. 포자문은 올리브 갈색이다. 포자는 12~18×4~6μm 크기에 류방추형이다. 표면은 매끈하고 투명하며 노란색이다.

생태 봄~가을 / 혼효림의 땅에 산생 또는 집단으로 발생한다. 식용으로 좋다.

분포 한국, 북미

흑자색그물버섯

Boletus violaceofuscus Chiu

형태 균모는 지름 5~10cm, 어릴 때는 반구형이었다가 이후 둥근
산 모양-편평한 모양이 된다. 표면은 암자색-흑자색이다가 탁한
황색이 된다. 탁한 갈색 등의 얼룩이 나타나기도 한다. 표면은 밋
밋하고 습할 때는 점성이 있다. 살은 흰색이며 두껍고, 어릴 때는
단단하나 점차 유연해진다. 관공은 자루에 올린 관공 또는 홈 파
진 관공이며 구멍은 원형으로 처음에는 흰색 균사로 막혀 있다
가 후에 황색 혹은 탁한 황갈색이 된다. 자루는 길이 7~9cm, 굵기
10~15mm, 암자색-담자색으로 유백색 그물눈이 있다. 흔히 밑동
쪽으로 굵어진다. 포자의 크기는 14~18×5.5~6.5μm에 아방추형
이며 표면은 매끈하고 투명하다. 포자문은 올리브 갈색이다.
생태 여름~가을 / 참나무류의 숲속이나 참나무류와 소나무의
혼효림 땅에 군생한다. 식용으로 특히 어릴 때 맛이 좋다. 비교적
흔한 종.
분포 한국, 일본, 중국, 유럽

산속그물버섯아재비

Baorangia pseudocalopus (Hongo) G. Wu & Zhu L. Yang
B. pseudocalopus Hongo

형태 균모는 지름 4~15㎝, 처음에는 둥근 산 모양이다가 편평하게 펴지며, 가장자리는 안쪽으로 강하게 말린다. 표면은 건조하고 약간 면모상 또는 거의 무모이다. 때로는 얇은 균열이 생기기도 한다. 색깔은 환경 조건과 발육 단계에 따라서 변화가 많다. 적갈색-황갈색 또는 암갈색이나 부분적으로 담홍-암홍색을 띠기도 한다. 드물게는 전체가 담홍색을 띠는 것도 있다. 가장자리는 일반적으로 연한 색이다. 살은 두껍고 담황-황색이며, 상처를 입으면 청색으로 변한다. 단, 미숙한 자실체는 청변성이 거의 없거나 약하다. 청색은 신속하게 퇴색하고 후에 다소 회색을 띤다. 유독한 버섯으로 알려져 있다. 관공의 구멍은 황색을 띤 원형이었다가 이후에는 탁한 갈색의 각형이 된다. 문지르면 청변한다. 관공은 자루에 내린 관공 또는 바른 관공이고 구멍과 같은 색이다. 균모의 살은 두꺼운 편이다. 자루는 길이 4.5~13㎝, 굵기 15~30㎜이며 밑동이 굵은 곤봉형이다. 때에 따라서 밑동이 7.5㎝에 달하는 것도 있다. 자루의 꼭대기 부분과 상부는 황색, 아래쪽은 담홍색-암적색 또는 적갈색을 띤다. 꼭대기 및 위쪽에는 미세한 그물눈이 나타난다. 상처를 받으면 청변한다. 포자의 크기는 10~12.5×3.5~5㎛에 아방추형이며, 표면은 매끈하고 투명하다. 포자문은 올리브.갈색이다.

생태 여름~가을 / 참나무류 등의 활엽수림이나 소나무와의 혼효림 땅에 군생한다.

분포 한국, 일본

부속버터그물버섯

Butyriboletus appendiculatus (Schaeff.) D. Arora & J.L. Frank
B. appendiculatus Schaeff.

형태 균모는 지름 8~15cm, 어릴 때는 반구형이었다가 점차 낮은 반구형으로 펴진다. 표면은 밤갈색 또는 녹슨 색을 띤 황토-갈색이다. 처음에는 미세한 털이 덮여 있다가 나중에 밋밋해지고 가운데 쪽으로 미세한 균열이 생기기도 한다. 살은 유백색-연한 황색. 관공은 황색이었다가 녹색을 띤 황색이 되며 때로는 녹슨 색의 얼룩이 생긴다. 자르거나 만지면 청록색을 띤다. 구멍은 매우 미세하다. 자루는 길이 11~13cm, 굵기 3~4cm, 가운데가 약간 굵어지거나 때로는 기부 쪽으로 가늘어지기도 한다. 꼭대기 부근은 레몬 황색이며 그 아래쪽은 적갈색-갈색을 띤다. 그물눈은 미세하고 표면과 같은 색이다. 포자의 크기는 12~15×3~4.5μm이며 아방추형, 노란색이다. 표면은 매끈하고 투명하며 기름방울을 함유한다. 포자문은 올리브 갈색이다. 담자기는 곤봉형, 4-포자성이다. 기부에 꺽쇠는 없다.

생태 여름~가을 / 참나무류 등의 활엽수림 땅에 단생 또는 산생한다. 식용으로 맛이 뛰어나다.

분포 한국, 유럽

얼룩버터그물버섯

Butyriboletus fechtneri (Velen.) D. Arora & J.L. Frank

형태 균모는 지름 50~150mm, 처음에는 반구형이며 후에 둥근 산모양, 방석 모양으로 변한다. 표면은 둔하고 미세한 털상이며, 회백색이었다가 후에 황토-갈색, 회갈색이 된다. 상처 시 적갈색의 얼룩이 생긴다. 가장자리는 막질로 구멍 밖으로 돌출하였다가 후에 오므라든다. 살은 처음에는 백색, 이후 맑은 노란색이 되며, 표피의 밑은 처음에는 검은색, 이후 갈색이 된다. 절단 시 청변한다. 곰팡이 냄새가 나며 맛은 온화하여 견과류의 달콤한 맛이다. 관공의 구멍 입구는 어릴 때는 레몬색이었다가 황금색을 거쳐 녹슨 갈색이 되며, 상처가 나면 청색이 된다. 관공의 관은 길이 5~20mm, 구멍과 같은 색이나 오래되면 올리브색이 된다. 역시 상처가 나면 청변한다. 자루는 길이 70~120mm, 굵기 25~50mm이며 어릴 때는 배불뚝형, 후에 곤봉과 같은 원통형으로 변하여 기부로 가늘어진다. 표면은 꼭대기는 노란색, 기부는 연한 색이다. 띠가 있고 중앙 또는 기부에 약간의 적색 반점이 있으며, 꼭대기에서 아래로는 노란색에서 적색이다. 불분명한 그물꼴이 있으며 속은 차 있다. 살은 맑은 노란색이다. 기부는 단단하며 올리브색-갈색이고 절단 시 청색으로 변한다. 포자는 크기 8.8~15.7 × 3.8~6.3μm, 방추형-타원형에 맑은 레몬-노란색이다. 포자문은 올리브-갈색이다. 담자기는 곤봉형으로 28~36×10~13μm, 4-포자성이다. 기부에 꺽쇠는 없다.

생태 여름 / 단단한 나무숲, 석회석 땅에 단생한다. 드문 종.

분포 한국, 유럽

방버터그물버섯

Butyriboletus regius (Krombh.) D. Arora & J.L. Frank
B. regius Krombh.

형태 균모는 지름 6~15cm, 처음에는 반구형이다가 둥근 산 모양이 된다. 표면은 건조하고 무디다. 미세한 솜털상이며 밋밋한데, 오래되면 중앙부터 거칠어진다. 관공의 관은 자루에 바른 관공이며 구멍은 매우 작고 둥글다. 관공과 구멍은 연한 노란색이었다가 녹황색이 되지만 변색하진 않는다. 맛과 냄새는 불분명하다. 살은 비교적 단단하고, 연한 황노란색에서 짙은 노란색이며 때때로 균모 아래의 표피는 분홍색이다. 자루의 살도 가끔은 분홍색이다. 그러나 결코 청변하지 않는다. 자루는 길이 3.5~10cm에 단단하다. 방추상 모양 또는 위로 가늘고 아래로 백색의 뿌리처럼 생겼다. 미세한 노란색의 그물꼴로 덮여 있고, 상처 시 적갈색이 된다. 포자문은 올리브-갈색이다. 포자는 크기 12.5~15.5×4.5~5.5㎛, 방추 모양에 표면이 매끈하고 투명하다.

생태 늦여름~가을 / 숲속의 땅에 단생하거나 소집단으로 발생한다.

분포 한국, 유럽

튼고운그물버섯

Caloboletus calopus (Pers.) Vizzini
B. calopus Pers.

형태 균모는 지름 5~15cm, 어릴 때는 반구형이며 후에 둥근 산모양 혹은 거의 편평한 모양이 된다. 가장자리는 처음에 안쪽으로 강하게 말린다. 표면은 건조하고, 처음에는 미모가 있지만 후에는 거의 무모이다. 흔히 가늘고 많은 균열이 생기며, 녹색을 띤 황갈색-회갈색이다. 살은 담황색-거의 흰색에 단단하다. 공기와 접촉하면 신속하게 밝은 청색으로 변한다. 관공은 자루에 바른 관공, 후에 떨어진 관공이 된다. 관공의 구멍은 황색, 매우 소형이며 둥근 모양이다. 관공은 구멍과 같은 색이며 관의 길이가 매우 짧다. 관공 및 구멍은 상처 시 청변한다. 자루는 길이 7~10cm, 굵기 35~40mm, 매우 짧고 밑동 쪽에서 급격히 가늘어진다. 꼭대기는 레몬 황색이며 그 아래쪽은 적색이다. 위쪽에 다소 연한 색-황백색의 그물눈이 촘촘하게 덮여 있다. 포자는 크기 $10.8~15.6 \times 3.7~5.1 \mu m$, 방추상의 타원형, 표면은 매끈하고 투명하다. 연한 황색에 벽이 두꺼우며 기름방울을 함유한다. 포자문은 올리브 갈색이다.
생태 여름~가을 / 침엽수림 및 활엽수림 내 지상에 발생한다.
분포 한국, 일본, 중국, 러시아 극동, 유럽, 북미, 호주

뿌리고운그물버섯

Caloboletus radicans (Pers.) Vizzini
B. radicans Pers.

형태 균모는 지름 100~150mm, 어릴 때는 둥근 산 모양이며 후에 펴져서 방석 모양이 된다. 표면은 불규칙한 구멍 같은 모양이 있으며 결국 털상이 된다. 처음에는 백색이다가 맑은 베이지 갈색이 되며, 상처 부위는 처음에는 희미한 녹색-청색, 후에 갈색이 된다. 가장자리 표피 끝은 돌출한다. 살은 백색에서 맑은 노란색, 절단하면 청변하며 몇 분 후 다시 색이 바랜다. 살은 두껍고 냄새는 온화하나 좋지 않다. 맛은 다소 온화하며, 씹으면 쓴맛이 난다. 관공은 자루에 홈 파진 관공이며 구멍은 밝은 레몬색에서 황금-노란색, 후에 올리브색에서 황갈색이 되며, 상처 시 청변한다. 관공은 길이 10~25mm, 구멍과 같은 동색이며 역시 상처 시 청변한다. 자루는 길이 50~140mm, 굵기 40~70mm, 어릴 때는 부풀고 후에 배불뚝형-곤봉형이 된다. 기부는 자라면서 가늘어져 뿌리형이 되며, 어릴 때는 황색, 때때로 희미한 적색 띠가 있고, 오래되면 갈색이 되며 갈색 그물꼴이 있다. 적색의 반점은 상처 시 청변하며 위쪽의 살은 노란색에 청변, 아래는 분홍-갈색이며 청변은 없다. 단단하고 속이 차 있다. 포자는 크기 11~14.8×5.7~7μm, 타원형-방추형, 표면이 매끈하고 투명하다. 꿀색에 기름방울을 함유한다. 포자문은 흑올리브-갈색이다. 담자기는 곤봉형에 크기는 22~40×9~12μm, 4-포자성이다. 기부에 꺾쇠는 없다.

생태 여름~가을 / 단단한 나무나 공원, 길을 따라서 건조한 곳, 석회석, 흙, 나무숲 등에 단색하거나 군생 혹은 속생한다.

분포 한국, 유럽, 북미 해안

매운그물버섯

Chalciporus piperatus (Bull.) Bataille
Suillus piperatus (Bull.) O. Kuntze

형태 균모는 지름 2~6㎝, 반구형에서 둥근 산 모양을 거쳐 편평형이 된다. 표면은 매끄럽고 습기가 있을 때는 끈적임이 조금 있다. 연한 황갈색-계피색이다. 살은 황색, 자루 기부의 살은 짙은 오렌지색이고 상처 시 변색하지 않으며, 강한 매운맛이 있다. 관공은 자루에 대하여 바른 혹은 내린 관공으로 오렌지 갈색-녹슨 색이다. 관공과 구멍은 같은 색이다. 구멍은 넓고 각진 형-부정형이며 구리색에서 녹슨 색이 된다. 자루는 길이 4~10㎝, 굵기 0.5~1㎝, 기부로 가늘고 표면은 균모와 같은 색이다. 기부에는 황색의 균사 덩어리가 있다. 포자문은 계피색-갈색이다. 포자는 크기 8~11×3~4㎛, 방추상의 타원형, 황갈색이다. 연낭상체는 25~60×8~13㎛로 가는 곤봉형 또는 방추형이다. 황색-갈색의 부착물이 덮여 있다.

생태 여름~가을 / 침엽수림 혹은 풀밭에 발생한다. 식용이다.

분포 한국, 중국, 일본, 시베리아, 유럽, 북미

꾀꼬리청변그물버섯

Crocinoboletus laetissimus (Hongo) N.K. Zeng, Zhu L. Yang & G. Wu
B. laetissimus Hongo

형태 균모는 지름 4~8cm, 처음에는 반구형이나 점차 펴지면서 둥근 산 모양이 된다. 표면은 습할 때 점성이 있고 약간 면모상 또는 밋밋하다. 선명한 오렌지색-오렌지 적색이며, 상처를 받으면 청색으로 변한다. 살은 오렌지색이다. 관공의 구멍은 원형으로 미세하고 2~3개/mm, 오렌지색에 상처를 받으면 역시 청색으로 변한다. 관공은 자루에 올린 관공이고 구멍보다 다소 연한 색이다. 자루는 길이 5~7cm, 굵기 13~17mm, 표면에 털은 없고 밋밋하다. 색은 오렌지-오렌지 적색이고 속은 차 있다. 포자는 크기 9.5~12.5×4~5μm, 아방추형이다. 표면은 매끈하고 투명하다.

생태 여름~가을 / 참나무류 등 활엽수림의 땅에 난다.

분포 한국, 일본

52

밤꽃청그물버섯

Cyanoboletus pulverulentus (Opat.) Gelardi, Vizzini & Simonini
Xerocomus pulverulentus (Opat.) E.-J. Gilbert, Boletus pulverulentus Opat.

형태 균모는 지름 4~10㎝, 어릴 때는 반구형, 이후 둥근 산 모양-편평한 모양이 되고 때로는 중앙이 오목해진다. 표면은 어릴 때 미세한 털이 덮여 있으나 오래되면 사라진다. 습할 때는 점성이 있고 광택이 난다. 올리브 갈색, 흑갈색, 암다갈색 등 색이 다양하다. 손으로 만지면 곧 청색-흑색으로 변한다. 살은 레몬 황색-황색, 절단하면 곧 암청색이 된다. 관공의 구멍은 레몬 황색, 황금색, 올리브 황색 등으로 점차 변한다. 모양도 원형-각형에 소형이었다가 부정형으로 변하면서 크기도 0.5~1㎜ 정도로 다소 커진다. 만지거나 상처를 입었을 때 강한 청변성이 있다. 관공은 자루에 바른 관공-약간 홈 파진 관공이다. 자루는 길이 5~8㎝, 굵기 10~20㎜, 상하가 같은 굵기이거나 아래쪽으로 약간 가늘어진다. 표면은 황색 바탕에 가는 적색 반점이 밀포되어 있으며 그물눈은 없다. 상부는 선황색, 아래쪽은 적색-적갈색이다. 상처를 받으면 청변하며 후에 흑색의 얼룩이 된다. 포자는 크기 11.1~15.1×4.2~5.5㎛, 방추형, 표면은 매끈하고 투명하다. 연한 레몬색이며 기름방울이 있다. 포자문은 올리브 갈색이다.

생태 여름~가을 / 참나무류 등 활엽수림과 일부 침엽수림의 땅에 흔하게 군생 또는 속생한다.

분포 한국, 일본, 중국, 대만, 러시아 극동, 유럽, 북미, 아프리카

쓴맛녹색그물버섯

Chiua virens (W.F. Chiu) Y.C. Li & Zhu L. Yang
Tylopilus virens (Chiu) Hongo

형태 균모는 지름 4.5~6cm로 처음에는 둥근 산 모양이었다가 거의 평평해진다. 표면은 녹황색 또는 올리브 황색으로 중앙이 다소 진하며, 미세한 털이 있고 습기가 있을 때 끈적임이 있다. 살은 연하거나 짙은 황색이고 절단하여도 변색하지 않는다. 쓴맛은 없다. 관공은 자루에 대하여 올린 관공 혹은 거의 떨어진 관공이고 연한 홍색이다. 구멍은 소형이고 관공과 같은 색이다. 자루는 길이 8~9cm, 굵기 10mm 내외로 위쪽을 향해 약간 가늘다. 표면은 연한 황색이고 때로는 세로로 홍색이나 오렌지색이 섞여 있다. 포자는 크기 9.5~14×4~6μm, 약간 방추형에 표면은 매끈하고 투명하다. 포자문은 갈색-분홍색이다.

생태 여름~가을 / 참나무류 등의 활엽수림이나 소나무 숲의 땅에 단생하거나 군생한다.

분포 한국, 중국, 일본, 중국, 보르네오

노란대가루쓴맛그물버섯

Harrya chromipes (Frost) Halling, Nuhn, Oumundson & Manfr. Binder
Tylopilus chromipes (Frost) A. H. Smith et Thiers, Leccinum chromipes (Frost.) Sing.

형태 균모는 지름 5~10(12)cm로 처음에는 둥근 산 모양이었다가 차차 편평한 모양이 된다. 표면은 오렌지 갈색 혹은 황갈색이며 밋밋하지만 나중에 얕게 균열이 생긴다. 습기가 있을 때는 약간 끈적임이 있다. 살은 거의 흰색, 표피 아래는 황색을 띠고 매우 두터운 편이며 단단하다. 절단하면 천천히 옅은 분홍색에서 자갈색으로 변한다. 관공은 자루에 대하여 바른 관공 또는 약간 내린 관공이다. 관공은 비교적 짧지만, 갓의 살이 두꺼워 겉으로는 길어 보인다. 구멍은 중형~대형(0.5~1.5mm), 각진 형에 가깝다. 처음에는 거의 흰색이나 연한 황갈색이 된다. 관공은 구멍과 같은 색이고 상처를 받으면 탁한 갈색으로 변한다. 자루는 길이 2.5~12cm, 굵기 5~25mm로 대체로 짧고 굵다. 유백색-황색을 띠고 오래되거나 상처를 받으면 갈색을 띤다. 상하가 같은 굵기 또는 아래쪽으로 가늘며, 속은 차 있고 단단하다. 포자는 11~17×4~4.5μm 크기로 타원형에 표면이 매끈하고 투명하다. 포자문은 분홍-갈색이다. 연낭상체는 크기 17.5~40×5~10μm, 무색에 병 또는 곤봉 모양이다. 정단은 가늘고 뾰족하며 크기는 16~25×5~9μm이다.

생태 여름~가을 / 참나무류의 숲이나 소나무와의 혼효림에 난다. 식용이며 쓴맛이 있으나 요리하면 없어진다. 분비나무나 가문비나무 숲, 잣나무, 활엽수와의 혼효림 또는 신갈나무 숲의 땅에 산생하거나 군생한다. 소나무 또는 신갈나무와 외생균근을 형성한다.

분포 한국, 중국, 말레이시아, 싱가포르, 북미

습지정원그물버섯

Hortiboletus subpaludosus (W.F. Chiu) Xue T. Zhu & Zhu L. Yang
Xerocomus subpaludosus (W.F. Chiu) F.L. Tai

형태 자실체는 소형, 균모는 지름 3.5~4cm에 편반구형이며 진한 포도주 갈색이다. 표면에 약간 광택이 있고 밋밋하다. 살은 황색, 공기에 노출되면 남색으로 변한다. 관공의 관은 황색이며, 길이 4~5mm, 공기에 닿으면 청색으로 변한다. 관공은 자루에 내린 관공이다. 구멍은 관공의 관과 같은 색이며, 지름 0.8~1mm에 각진형, 약간 미로상이다. 자루는 길이 4~8cm, 굵기 0.4~0.6cm, 위아래가 거의 같은 굵기이나 기부로 약간 가늘다. 표면은 옅은 포도주 육계피색으로, 광택이 나고 밋밋하다. 보통 세로로 줄무늬 선이 있으며 만곡이 있다. 포자는 8~12×4~5μm 크기에 타원형 또는 난원형이다.

생태 여름~가을 / 혼효림의 땅에 군생한다.

분포 한국, 중국

붉은정원그물버섯

Hortiboletus rubellus (Krombh.) Simonini, Vizzini & Gerlardi
Boletus fraternus Peck, B. versicolor Rostk, Xerocomellus rubellus (Krombh.) Sutara

형태 균모는 지름 3~5cm, 어릴 때 반구형의 종형에서 둥근 산 모양을 거쳐 편평해지며 오래되면 물결형이 된다. 표면은 미세한 털이 있고 건조하다. 어릴 때 뚜렷한 혈적색에서 퇴색하여 적갈색이 된다. 가장자리는 고르다. 육질은 두껍고 부드러우며 노란색, 상처 시 청색으로 변한다. 냄새는 불분명하고 맛은 온화하나 신맛이다. 관공은 자루에 대하여 홈 파진 관공이고 가끔 융기로 된 내린 관공, 구멍의 입구는 레몬-노란색에서 황금 노란색이 되었다가 희미한 올리브색이 되며, 손으로 만지면 청색으로 변한다. 관은 길이 5~10mm로 녹황색이다. 자루는 길이 4~10cm, 굵기 7~15mm로 원통형에서 방추-곤봉형이다. 표면은 밝은 노란색, 꼭대기에 반점이 있으며, 아래로 적색-적갈색, 세로줄의 섬유실이 있다. 크롬-노랑의 균사체가 있고 약간 청색으로 변색하며 자루의 속은 차 있다. 포자는 크기 9.5~12.5×4.2~6μm로 타원형이다. 표면이 매끈하고 노란색이며 포자벽이 두껍다. 담자기는 곤봉형으로 크기는 35~45×9~13μm, 연-측낭상체는 원통형이며 크기는 35~62×8.5~11μm이다.

생태 여름~가을 / 활엽수림의 혼효림에 단생 혹은 군생한다. 드문 종.

분포 한국, 유럽, 북미, 아시아

붉은정원그물버섯(닮은형)

Boletus fraternus Peck

형태 균모는 지름 4~7cm로 어릴 때는 반구형이었다가 둥근 산 모양을 거쳐 평평한 모양이 된다. 표면은 건조하고 비로드상, 혈 홍색 또는 적갈색이며 가는 균열이 있어 황색의 살이 노출된다. 살은 공기와 접촉하면 서서히 청색으로 변한다. 관공은 자루에 대하여 올린 관공이고 황색이며, 구멍은 1mm 내외로 약간 크며 각진 형, 황색이다. 상처를 받으면 청색으로 변한다. 자루는 길이 3~6cm, 굵기 5~10mm로 상하가 같은 굵기 또는 위쪽이나 아래쪽 으로 약간 가늘어진다. 표면은 황색 바탕에 붉은 줄무늬 선이 덮 여 있다. 때로는 전체적으로 진한 적색이다. 밑동에 연한 황색의 균사가 덮인다. 포자는 크기 10~12.5×4.5~5.5 μm, 류방추형, 표면 은 매끈하고 투명하다. 포자문은 올리브 갈색이다.

생태 여름~가을 / 숲속이나 숲 가장자리의 땅, 정원 등에 군생한 다. 식용으로 맛이 좋은 편이다.

분포 한국, 중국, 일본, 유럽, 북미, 북반구 온대

붉은정원그물버섯(다색형)

Boletus versicolor Rostk.

형태 균모는 지름 3~6(6)㎝, 처음에는 반원형이었다가 둥근 산 모양을 거쳐 편평한 모양이 된다. 표면은 주홍색-적색 또는 적 갈색, 포도주색을 띠고, 때때로 가장자리는 다소 연한 색이다. 살 은 레몬 황색, 자루의 아래쪽은 적색이나 갈색을 띤다. 절단하 면 약간 청색을 띤다. 식용할 수 있으나 맛은 별로 좋지 않다. 관 공은 구멍이 다소 큰 편이고 각진 형이며, 레몬 황색이었다가 나 중에는 올리브색을 띤다. 만지거나 상처가 나면 청변한다. 자루 는 길이 4~10㎝, 굵기 7~15(20)㎜, 꼭대기 부분은 레몬 황색, 그 아래쪽은 적색 또는 적갈색, 밑동 쪽부터 녹슨 색으로 퇴색된다. 만지면 약간 청변하거나 적갈색으로 얼룩진다. 포자는 11~14× 4.5~5.5㎛ 크기에 류방추형이다.

생태 가을 / 활엽수림의 땅과 부근 풀밭에 난다.

분포 한국, 유럽

자작나무연지그물버섯

Heimioporus betula (Schwein.) E. Horak
Boletellus betula (Schwein.) E.-J. Gillbert

형태 균모는 지름 3~9cm, 둥근 산 모양 혹은 넓은 둥근 산 모양
이다. 가장자리는 고르다. 표면은 밋밋하고 습할 시 점성이 있다.
색상은 암적색, 적색, 오렌지색, 밝은 노란색, 황갈색이나 적갈
색, 때때로 가장자리만 노란색인 것 등 다양하다. 살은 황녹색에
서 오렌지 노란색이 되며 절단 또는 상처 시 청변하지 않는다. 냄
새와 맛은 불분명하다. 구멍의 표면은 노란색에서 황녹색이 되
며, 상처 시 물들지 않는다. 구멍은 원형에 폭이 1mm, 관의 길이는
1~1.5cm다. 자루는 길이 10~20cm, 굵기 6~20mm, 위아래가 거의
같은 굵기이다. 속은 차 있고 노란색에서 검은 적색 또는 무딘 적
색으로, 거친 그물꼴에서 털이 덥수룩한 모습으로 바뀐다. 융기
된 노란색 이랑이 있고, 흔히 기부에 백색의 균사체가 있으며 턱
받이는 없다. 포자문은 검은 올리브색에서 올리브 갈색이다. 포
자는 크기 15~19×6~10μm, 협타원형, 표면에 그물꼴의 장식이
있다. 미세한 반점이 산포하며 꼭대기에는 발아공이 있고 연한
갈색이다.
생태 여름~가을 / 참나무와 소나무의 혼효림, 자작나무 숲의 땅
에서 단생 혹은 산생한다. 식용이다.
분포 한국, 유럽

일본연지그물버섯

Heimioporus japonicus (Hongo) E. Horak
Heimiella japonica Hongo

형태 균모는 지름 5~8cm이고 처음에는 반구형, 이후 둥근 산 모양을 거쳐 편평한 모양이 된다. 표면은 매끄럽고 자홍색 또는 적 갈색이며, 습기가 있을 때는 끈적거리다가 나중에는 없어진다. 살은 연한 황적색이나 약간 청색으로 변색된다. 관공은 자루에 대하여 올린 관공 또는 끝 붙은 관공으로 노란색에서 올리브색이 된다. 구멍은 원형 또는 다각형이다. 자루는 길이 6~13cm, 굵기 7~12mm이고 속이 차 있다. 표면은 균모와 같은 색이며 미세한 반점과 뚜렷한 그물눈 모양이 있다. 포자는 9.5~15×7~8μm 크기에 올리브색, 타원형이며 그물눈 모양이 있다.

생태 여름~가을 / 활엽수림 또는 침엽수림의 땅에 단생 혹은 군생한다.

분포 한국, 중국, 일본

그물연지그물버섯

Heimioporus retisporus (Pat. & C.F. Balfer) E. Horak

형태 균모는 지름 5~8cm, 처음에는 반구형, 후에 둥근 산 모양-중앙이 편평한 둥근 산 모양이 된다. 가장자리 끝은 관공보다 약간 돌출된다. 표면은 밋밋하고 약간 보라색을 띤 주홍색 또는 갈색을 띤 적색이다. 습할 때는 점성이 조금 있지만 건조하면 곧 사라진다. 살은 담황색, 자루의 밑동은 적색을 띤다. 절단하면 대체로 변색하지 않지만 때로는 약간 청변한다. 관공의 구멍은 보통 크기가 0.5~1mm, 원형-약간 다각형이다. 처음에는 레몬 황색, 후에 올리브색을 띤다. 관공은 자루에 올린 관공-떨어진 관공이고 자루의 주위에 함몰되며, 구멍과 같은 색이다. 상처를 받아도 변색하지 않는다. 자루는 길이 6~13cm, 굵기 7~12mm(꼭대기 부분), 밑동 쪽으로 굵어져 때로는 30mm에 달한다. 자루가 길고 흔히 휘어진다. 속은 차 있다. 표면은 균모와 같은 색이다. 미세한 반점들이 덮여 있는데, 밑동 쪽으로 명료한 그물눈 무늬가 나타나지만 일부는 반점 모양으로 붙는다. 포자는 크기 9.5~15×7~8μm, 타원형, 표면은 망목상이다. 포자문은 올리브색이다.

생태 여름~가을 / 참나무류 등과 소나무의 혼효림 땅에 단생 혹은 군생한다.

분포 한국, 일본, 중국

갈색그물버섯

Imleria badia (Fr.) Vizzini
Boletus badius (Fr.) Fr., Xerocomus badius (Fr.) E.-J. Gilbert

형태 균모는 지름 8~12㎝, 처음에는 반구형이었다가 둥근 산 모양을 거쳐 편평한 모양이 된다. 표면은 밋밋하고 습기가 있을 때는 미끈거린다. 건조 시 미세한 털이 있으며 밤갈색이다. 가장자리는 구멍이 약간 돌출한다. 살은 백색 혹은 연한 노란색으로 두껍고, 상처 시 청색으로 변한다. 맛은 온화하며 견과류 맛이 난다. 관공은 자루에 대하여 홈 파진 관공, 간혹 약간 내린 관공이며 관은 구멍과 같은 색으로 길이는 1~2㎝이다. 관의 구멍은 연한 황색 혹은 푸른-노란색, 상처 시 청색으로 변한다. 자루는 길이 5~10㎝, 굵기 1~4㎝, 원주형이며 기부로 가늘어진다. 표면은 밝은 적갈색에 밋밋하고 미세한 세로줄의 섬유실이 있다. 기부쪽으로 약간 연한 백색이며 자루의 속은 단단하게 차 있다. 포자는 크기 11.5~16×4~6.5㎛, 방추형에 표면이 매끈하고 투명하며 노란색 또는 올리브색이다. 포자벽은 두껍다. 담자기는 곤봉형 혹은 막대형으로 30~45×8.5~11㎛ 크기에 4-포자성, 기부에 꺽쇠는 없다. 낭상체는 방추형이며 크기는 38~70×8.5~14㎛이다.
생태 여름~가을 / 침엽수림의 땅에 단생 혹은 군생한다. 식용이다.
분포 한국, 중국, 일본, 유럽, 북미, 시베리아, 아프리카

63

흑변모래그물버섯

Leccinellum crocipodium (Letell.) Della Magg. & Trassin.
Leccinum nigrescens (Sing.) Bresinsky & Manfr. Binder

형태 균모는 지름 5~10cm, 반구형이다가 둥근 산 모양을 거쳐 편평해진다. 표면은 밋밋하고 가루와 털이 있으며, 짙은 노란색을 거쳐 갈색이 된다. 오래되면 갈라지고 그물꼴이 되며, 가장자리는 예리하다. 육질은 밝은 노란색이나 백색. 두껍고 상처 시 검변한다. 살은 희미한 라일락색, 변색하지 않는다. 약간 불분명한 냄새와 온화한 신맛이 난다. 관공은 홈 파진 관공이며, 구멍 길이는 1.5~2cm, 입구는 레몬 또는 연한 노란색, 상처 시 라일락 갈색. 자루는 길이 6~10cm, 굵기 1~2.5cm, 원통형, 배불뚝형, 약간 막대형이며 땅 색 또는 백황색. 표면의 인편은 어릴 때는 노란색, 검은색을 거쳐 적갈색이 된다. 거친 그물꼴이 기부로 형성되며 세로줄 섬유실이 있다. 속은 차 있다. 포자는 12.5~18.5×6~7.7μm, 방추형, 표면은 밋밋하고 노란색. 벽이 두껍고 기름방울이 있다. 담자기는 곤봉형, 40~50×13~14μm. 연-측낭상체는 방추형 또는 로제트형, 60~70×8~10μm.

생태 여름~가을 / 숲속의 땅에 단생 혹은 군생한다.

분포 한국, 중국, 북미

적갈색모래그물버섯

Leccinellum corsicum (Rolland) Bresinsky & Manfr.Binder
Leccinum corsicum (Rolland) Sing.

형태 균모는 지름 9cm 정도로 어릴 때는 선명한 적갈색, 황토-갈색, 밤갈색이다. 어릴 때는 표면이 거칠고, 노쇠하면 부드러워진다. 습할 시 약간 미끈거린다. 살은 두껍다. 관공은 자루에 대하여 홈 파진 관공이며, 색은 노란색, 황색, 둔한 노란색, 눌린 갈색 등으로 아름답다. 자루는 길이 9~10cm, 굵기 2cm에 황색이다. 기부는 선명한 색이나 부분적으로 백색이 있다. 아래로 굵고, 세로로 약간의 줄무늬 선이 있다. 살은 약간 백색이며 주름살과 자루 쪽으로는 적색이다. 냄새는 좋지 않으나 맛은 온화하다. 포자의 크기는 14~25×5~7μm다.

생태 여름~가을 / 혼효림의 땅에 군생 혹은 산생한다.

분포 한국, 유럽

회색모래그물버섯

Leccinellum griseum (Quél.) Bresinsky & Manfr.Binder
Leccinum griseum (Quél.) Sing., Boletus griseus (Quél.) Sacc. & D. Sacc.

형태 균모는 지름 4.5~9cm로 어릴 때 다소 원추형-반구형에서 점차 둥근 산 모양이 된다. 표면은 습기가 있을 때 다소 끈적임이 있으며, 털은 없지만 요철이 있거나 우글쭈글하다. 색깔은 회갈색-황갈색 또는 암갈색이고 상처를 받으면 흑색으로 변한다. 오래되면 표면이 갈라져서 살이 노출될 때도 있다. 살은 흰색 또는 황색이며 절단하면 회홍색에서 회색(때로는 붉은색이 가미됨) 혹은 거의 흰색으로 변한다. 관공은 자루에 대하여 올린 관공 또는 거의 떨어진 관공이며, 구멍은 소형으로 각진 형에 가까운데 유백색에서 갈색을 거쳐 흑색으로 변한다. 어린 자실체에 상처를 입히면 약간 올리브색으로 변한다. 자루는 길이 6~11.5cm, 굵기 5~20mm로 위쪽으로 가늘어지며 드물게 중앙이 약간 굵다. 표면은 유백색이나 간혹 밑동 쪽으로 연한 황색 바탕에 회색에서 거의 검은색 알갱이 모양의 인편이 밀포된다. 포자는 크기 14~19×5~6μm, 류방추형이다. 연낭상체의 크기는 40~57.5×12.5~17.5μm이다.
생태 초여름~가을 / 활엽수림 또는 침엽수림과 활엽수림의 혼효림에 단생 혹은 군생한다.
분포 한국, 일본, 유럽, 북미

비늘모래그물버섯

Leccinellum pseudoscabrum (Kallenb.) Milksik
Leccinum pseudoscabrum (Kallenb.) Sutara, L. carpini f. isabellinum Lannoy & Estades

형태 균모는 지름 3~7(10)*cm*로 둥근 산 모양에서 점차 넓게 편평해져 흔히 덩어리 모양이 된다. 연한 색에서 비교적 검은 회갈색, 때때로 약간 올리브 색조를 띠며 건조성이 있고 둔하다. 처음부터 벨벳형-주름형 또는 맥상이며, 보통 오래되면 갈라지고 특히 가장자리에서 연한 분홍색 살이 드러난다. 관공의 구멍은 매우 작고 둥글며 1~2개/*mm*이고 연한 베이지색이다. 상처 시 회갈색으로 물든다. 자루는 원통형이었다가 약간 곤봉형으로 변하며, 때로는 휘어지기도 한다. 백색에서 연한 회색-황토색, 흑갈색의 섬유로 피복되고, 그것들이 기부에 거칠게 분포한다. 살은 처음에는 오백색이며, 절단 시 서서히 분홍색으로 물들다가 자색이 되며, 나중에는 회흑색이 되면서 자색이 약간 나타난다. 포자는 크기 13~18.5×4.5~6*µm*, 방추형이다.

생태 여름 / 숲속의 땅에 군생한다.

분포 한국, 유럽

등색껄껄이그물버섯

Leccinum aurantiacum (Bull.) Gray
L. quercinum (Pilat) Green & Watl., L. rufum (Schaeff.) Kreisel

형태 균모는 지름 5~12cm, 반구형이었다가 편평해지면서 중앙이 돌출한다. 표면은 건조하고, 매끄럽거나 짧은 융모가 있으며, 오렌지 홍색, 오렌지 갈색, 홍갈색 등을 띠지만 비를 맞으면 퇴색된다. 가장자리는 얇고, 내피막의 잔편이 붙어 있다. 살은 두껍고 단단하며, 연한 백색이었다가 연한 회색, 연한 황색, 또는 연한 갈색이 된다. 자루의 연접부는 가끔 남색을 띠며 맛은 유화하다. 관공은 자루에 대하여 바른 관공, 홈 파진 관공 또는 떨어진 관공으로 가늘고 길다. 색깔은 오백색 또는 회백색이었다가 오갈색이 되고 상처 시 살색이 된다. 구멍은 균모와 같은 색으로 작고 둥글다. 자루는 길이 8~13cm, 굵기 1.5~2.2cm, 원주형에 회백색이다. 기부는 상처 시 남색으로 변한다. 표면에 갈색, 회갈색 또는 흑색의 작은 인편이 밀포한다. 자루는 속이 차 있다. 포자는 13~16×5~6μm, 타원형 또는 방추형이며 표면은 매끄럽고 연한 갈색이다. 포자문은 연한 황갈색. 낭상체는 방추형에 30~50×9~12μm이다.
생태 여름~가을 / 사스래나무 숲, 분비나무나 가문비나무 숲, 잣나무, 활엽수 혼효림의 땅에 산생, 군생, 단생한다. 식용이며 외생균근을 형성한다.
분포 한국, 중국, 일본

67

등색껄껄이그물버섯(참나무형)

Leccinum quercinum (Pilat) Green & Watl.

형태 균모는 지름 8~15*cm*, 어릴 때는 반구형, 후에 둥근 산 모양-편평한 모양이 된다. 표면은 밋밋하고 건조할 때는 미세한 털이 있어 우단 같은 느낌인 반면 습할 때는 약간 매끄럽다. 벽돌색-밤갈색, 간혹 밝은 갈색을 띠는 것도 있다. 때로는 가장자리 쪽이 연하다. 균모가 펴지면 관공이 약간 가장자리 밖으로 튀어나오기도 한다. 살은 유백색이나 절단하면 연한 분홍-갈색이다. 관공의 구멍은 어릴 때는 유백색, 후에 회색-올리브 황색이 된다. 만지거나 멍이 든 곳은 갈색을 띤다. 관공은 미세하며 관의 길이는 2~3*cm* 정도로 길고 칙칙한 크림색이다. 자루는 길이 10~20*cm*, 굵기 2~4*cm*, 약간 곤봉 모양이나 가끔 방추상이 된다. 표면은 크림색. 처음에는 흰색이나 곧 갈색-흑갈색이 되는 점상 비늘이 덮여 있다. 포자는 크기 13.2~18.5×4~4.8*μm*에 방추형, 표면은 매끈하고 투명하며 녹황색으로 벽이 두껍다. 포자문은 황갈색이다.

생태 여름~가을 / 주로 참나무류 숲의 땅에 단생 또는 산생한다. 식용이나 드문 종.

분포 한국, 일본, 유럽

갈색가루껄껄이그물버섯

Leccinum brunneogriseolum var. **pubescentium** Lannoy & Estades

형태 균모는 지름 6~10㎝, 처음에는 반구형이다가 편평한 둥근 산 모양이 된다. 표면은 갈색, 밤갈색, 다갈색, 엷은 황갈색 등이 며 드물게 회색으로 변색되기도 한다. 표피는 펠트상, 펠트-비로 드상이며 드물게 미세한 인편이 있다. 살은 백색, 자루의 살은 백 황색. 관공은 자루에 대하여 홈 파진 관공으로 자루 근처는 함몰 한다. 구멍은 관과 같은 색. 자루는 길이 8~16㎝ 굵기 0.8~2.5㎝ 이며 기부 쪽으로 굵어지고, 솜털이 있으며 단단하다. 백색이나 오랫동안 만지면 황토 갈색, 장미색, 종종 올리브색, 녹색, 녹청색 이 된다. 인편은 백색이며 가운데에 밀집해 있다. 약간 거무스레 하게 되지만 결코 검게 변하진 않는다. 표면은 솜털로 덮여 있고 위쪽에 점선이 밀집되어 있다. 가끔 위쪽에 그물꼴을 형성하기 도 한다. 기부는 약간 청색이다. 포자는 크기 16~21.5×5~6.5㎛, 긴 방추형이다. 담자기는 크기 30~42×9~14㎛이고, 낭상체는 30~60×6~12㎛에 방추형이다.

생태 여름 / 혼효림에 군생한다.

분포 한국, 중국, 유럽

흰껄껄이그물버섯

Leccinum chioneum (Fr.) Redeuiln

형태 균모는 지름 10~12㎝로 처음에는 둥근 산 모양이다가 편평해진다. 약간 백색, 크림-적색, 또는 회-크림색이다. 표면에 미세한 펠트가 덮여 있으며 건조하다. 확대경으로 보면 아래는 필라멘트-펠트상이다. 습할 시에는 부드럽고 속살이 보인다. 가장자리는 고르지 않고 약간 거칠다. 관공의 관은 길고, 처음에는 백색 크림색이었다가 적색 크림색이 된다. 관공의 구멍은 작고, 관과 같은 색이나 손을 대면 갈색이 된다. 자루는 길이 5~15㎝, 굵기 1~3㎝, 약간 원통형에 위로 가늘어진다. 처음에는 약간 흰 인편이 있는데 이후 적색이 되며 결국 갈색, 흑색이 된다. 살은 적색-자색이 되고 나중에는 거무스름한 그을린 색이 된다. 자루의 기부는 녹청색이다. 포자는 크기 12~18×4~5.5㎛, 원형이나 한쪽 끝이 돌출되어 있다. 희미한 기름방울을 함유한다. 담자기는 크기 35~40×12~15㎛, 기부에 꺽쇠는 없다. 낭상체는 방추형 또는 곤봉형에 크기는 40~50×6.5~11.5㎛이다.

생태 여름~가을 / 숲속의 고목에 발생한다.

분포 한국, 유럽

굳은껄껄이그물버섯

Lecinum duriusculum (Schulzer ex Kalchbr.) Sing.

형태 균모는 지름 70~150㎜, 어릴 때는 반구형이다가 이후 둥근 산 모양으로 펴지거나 방석 모양이 된다. 표면은 밋밋하거나 미세한 굴절이 있으며 회갈색 혹은 적갈색이다. 습할 시 광택이 생기며, 건조 시 무디고 가는 털상이다. 가장자리는 무디다. 살은 백색, 절단 시 분홍색이 되었다가 검은 적색을 거쳐 결국 흑색이 된다. 살은 두껍고 버섯 냄새가 난다. 맛은 온화하다. 관공은 자루에 바른 관공이고, 구멍은 백색이었다가 후에 회색이 되는데, 상처가 나면 갈색이 된다. 관공의 관은 길이 15~30㎜, 백색이었다가 나중에는 회갈색이 된다. 자루는 길이 70~160㎜, 굵기 25~50㎜, 원통형 혹은 배불뚝형, 기부로 가늘어지면서 세로줄이 혈관처럼 뻗어 있다. 백색 바탕 위에 회색 그물꼴이 위쪽으로 나 있고, 갈색의 부스럼이 기부로 덮여 있다. 기부는 청색 또는 녹색 반점이 있다. 살은 절단 시 백색이나 윗부분은 적색으로 변한다. 속은 차 있고, 노쇠하면 작은 빈 구멍이 생긴다. 포자는 크기 9.2~12.6×3.4~4.8㎛, 타원형에 표면이 매끈하고 투명하다. 연한 노란색이며 기름방울을 함유한다. 포자문도 연한 노란색이다. 담자기는 곤봉형에 크기는 23~28×10~12㎛, 4-포자성이다. 기부에 꺽쇠는 없다.

생태 여름~가을 / 숲속의 변두리 땅에 단생 혹은 군생한다.

분포 한국, 유럽

흑백껄껄이그물버섯

Leccinum fuscoalbum (Sowerby) Lannoy & Estades

형태 균모는 지름 5~12cm, 처음에는 검은 흑갈색이다가 암갈색이 되며, 건조하고 섬유상에서 약간 매끈해진다. 구멍들은 상처 시 크림색에서 회갈색으로 변한다. 자루는 백색이고 단단하며 검은 회흑색 솜털을 갖고 있다. 살은 분홍색으로 물들고 나중에는 자회색이 된다. 이 종은 유럽 학자들 사이에서도 의견이 확실하게 일치하지 않는 종이다.

생태 여름~가을 / 혼효림의 땅에 군생한다.

분포 한국, 유럽

으뜸껄껄이그물버섯

Leccinum holopus (Rostk.) Watl.
L. holopus var. americanum A.H. Sm. & Thiers, L. nucatum Lannoy & Estades

형태 균모는 지름 3~6cm, 반구형이다가 둥근 산 모양을 거쳐 편평하게 된다. 표면은 습할 시 끈적임이 있고 밋밋하며, 미세한 털이 있거나 간혹 쭈글쭈글하다. 백색이다가 유백색, 오래되면 녹회색이 되며 손으로 만지면 황색이 된다. 가장자리는 고르고 가끔 물결형이다. 살은 백색 혹은 칙칙한 백색, 상처 시 변색하지 않으며 연하고 두껍다. 버섯 냄새가 약간 나고 맛은 온화하다. 관공은 심한 홈 파진 관공으로 길이는 5~10mm, 구멍은 둥글고 백색 또는 녹회색이다. 자루는 길이 5~12cm, 굵기 8~20mm로 원통형 혹은 원추형이며, 기부 쪽으로 두꺼워지고 하얀 바탕에 가는 백색 인편이 덮여 있다. 자루의 위쪽은 백색, 아래쪽은 갈색을 띠며, 성숙하면 자루의 기부는 청록색이 된다. 상처가 난 곳은 녹변하며, 살색의 세로줄 섬유실이 있고 속은 차 있다. 포자는 14.5~20.5×4.5~6.5μm, 원통형에서 타원형이고 연한 노란색이다. 표면은 밋밋하고 기름방울을 함유하며 포자벽이 두껍다. 담자기는 곤봉형으로 30~38×10~12μm, 기부에 꺽쇠는 없다. 연-측낭상체는 방추형, 배불뚝형으로 30~40×8~10μm이다. 포자문은 암적갈색이다.

생태 여름~가을 / 습지의 땅에 단생 혹은 군생하며, 자작나무 숲의 습한 땅에 단생하기도 한다. 식용이며 균근을 형성한다.

분포 한국, 유럽, 북반구 온대 이북

으뜸껄껄이그물버섯(북미형)

Leccinum holopus var. **americanum** A.H. Sm. & Thiers

형태 균모는 지름 4~12cm, 처음에는 좁은 둥근 산 모양이다가 넓은 둥근 산 모양으로 바뀌며 오래되면 거의 편평한 모양이 된다. 표면은 매끈하고 대부분 건조하나, 오래되면 점성이 생긴다. 어릴 때는 분명한 백색이지만 후에는 자줏빛의 담황갈색이나 때때로 회색이 된다. 살은 백색이다가 서서히 적색으로 물들고, 보통 노출되면 회색의 줄무늬 선이 나타난다. 냄새와 맛은 분명치 않다. 관공의 구멍은 표면은 백색 혹은 약간 회색, 연하고 칙칙한 갈색이며 절단하거나 상처가 나면 노란색 또는 갈색으로 물든다. 구멍은 원형으로 2~3개/mm, 관의 길이는 1~2cm다. 자루는 길이 6~12cm, 굵기 9~15mm, 위아래가 같은 굵기 또는 아래로 부푼다. 속이 차 있고 어릴 때는 백색에 인편이 있다가 오래되면 검은색, 갈색 또는 흑갈색이 된다. 가끔 아래쪽이 녹색으로 물들며, 턱받이는 없다. 포자문은 갈색이다. 포자는 크기 14~19×5~6μm, 류방추형에 매우 미세한 방공을 가진다. 표면은 매끈하고 투명하며 연한 갈색이다.

생태 여름~가을 / 고목의 이끼류가 난 곳, 습지의 나무 등에 단생 혹은 산생한다. 식용이다.

분포 한국, 북미

속적색껄껄이그물버섯

Leccinum intusrubens (Corner) Hoil.

형태 균모는 지름 5~8cm, 둥근 산 모양 혹은 편평한 산 모양이다. 표면에 점성이 없고, 처음에는 거의 털이 없지만 나중에는 약간 면모상이다. 암갈색으로 암색의 반점이 있고 때때로 국부적인 녹색 얼룩을 만든다. 살은 백색이며 공기에 노출되면 적색으로 변한다. 나중에는 서서히 회색, 흑색으로 변한다. 관공은 회황색에 상처를 받으면 적색으로 변한다. 구멍은 소형이며 관공과 같은 색이다. 자루는 길이 7~8cm, 굵기 1~1.7cm, 약간 아래로 가늘어진다. 표면은 거의 백색으로 암색 또는 거의 흑색인 미세한 인편이 있는데 인편은 특히 그물꼴로 배열되어 있다. 포자는 류방추형이며 크기는 9.5~15(16.5)×4.5~5.5㎛이나 때로는 21.5×7㎛에 달하는 것도 있다. 연낭상체의 크기는 17~43×6.5~12㎛, 측낭상체는 약간 대형이다.

생태 여름~가을 / 혼효림의 땅에 발생한다.

분포 한국, 일본, 말레이시아

검은껄껄이그물버섯

Leccinum melaneum (Smotl.) Pilat & Dermek

형태 균모는 지름 5~13cm, 처음에는 둥근 산 모양이다가 편평하게 펴지며, 대개는 불규칙한 모양이다. 갈색에서 검은 갈색, 때때로 맑은 색의 반점들이 있고, 매우 미세한 털상이나 차차 약간 점성이 생긴다. 관공의 구멍들은 회백색이며 상처 시 갈색이 된다. 흔히 갈색의 반점을 갖고 있다. 자루는 처음에는 원통형이다가 넓은 곤봉형이 되며, 회색이나 흑색, 검은 솜털로 덮인다. 꼭대기 부근은 피복이 적으며 기부로 갈수록 거칠고, 흔히 짧은 그물눈을 형성한다. 살은 백색이며 상처 시 분홍색으로 변하며, 몇 시간이 지나면 갈색이 된다. 포자의 크기는 14~19×5~6μm이다.

생태 가을 / 자작나무 숲에서 발생한다.

분포 한국, 유럽

예쁜껄껄이그물버섯

Leccinum pulchrum Lannoy & Estades

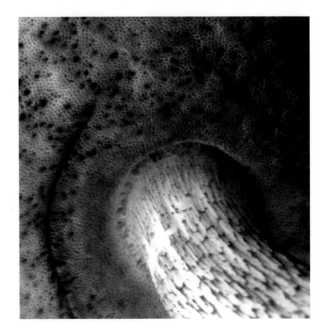

형태 균모는 지름 4~11cm, 처음에는 반구형이다가 둥근 산 모양을 거쳐 편평하게 된다. 맑은 갈색이다가 어두운 갈색, 회갈색, 황토-갈색 등이 되지만 드물게 초콜릿색이 되기도 한다. 표면에 띠를 형성하며, 퇴색하면 오렌지 노란색, 황토 노란색, 연한 황토색이나 나중에는 희미해져 오래되면 대부분은 거무스레한 갈색이 된다. 표면에 미세하고 부드러운 털이 나 있지만 오래되면 매끈해진다. 흡수성이며 가장자리는 돌출되어 있다. 관공은 백색 또는 크림색이나 황갈색 또는 연한 장미색도 있다. 구멍은 관공과 같은 색이며 만지면 다갈색으로 변한다. 자루는 길이 5~13cm, 굵기 0.8~2.8cm로 원통형-류원통형 또는 약간 굽은 막대형이다. 표면은 백색이었다가 엷은 회색이 되며 드물게는 장미색, 청색, 가끔 녹색이 되기도 한다. 만지면 어린 것들은 붉은 색이 나타났다가 사라진다. 미세한 인편이 위쪽에 점선으로 분포하며 기부로 밀생한다. 살은 백색에서 퇴색하며 자루의 기부는 노란색이다. 포자의 크기는 15~20×5.5~7μm, 담자기는 28~40×10~15μm이다. 낭상체는 곤봉형이고 끝에 젖꼭지 같은 돌기가 있다.

생태 여름 / 혼효림의 땅에 군생한다.

분포 한국, 유럽

거친껄껄이그물버섯

Leccinum scabrum (Bull.) S.F. Gray
L. oxydabile (Sing.) Sing., L. roseofractum Watling

형태 균모는 지름 5~6cm로 처음에는 둥근 산 모양이다가 차차 편평하게 된다. 표면은 습기가 있을 때는 끈적임이 있고, 마르면 매끄럽거나 융모가 있으며 주름이 있다. 회갈색, 회백색, 연한 황갈색, 암갈색 또는 흑갈색이다. 가끔 거북이 등처럼 갈라지기도 한다. 살은 두껍고 단단하며 백색, 연한 갈색 또는 붉은색을 띤다. 상처 시에는 분홍색이나 황색으로 변하며 맛은 유화하다. 자루의 살은 섬유질로 백색이나 잿빛으로 변하며 기부는 가끔 남색이다. 관공은 홈 파진 관공 또는 끝 붙은 관공이고 백색이나 연한 갈색이다. 상처 시 살색 또는 흑색으로 변한다. 관은 길고, 구멍은 둥글며 관과 같은 색이다. 자루는 길이 6~8cm, 굵기 1~2.5cm, 원주형이다. 기부는 가끔 둥글게 불룩하고 백색 또는 회백색이며 세로줄의 미세한 인편이 있다. 포자는 크기 13.5~18×4.5~7.5μm, 황색에 방추형이며 표면이 매끄럽다. 포자문은 연한 올리브 갈색이다. 낭상체는 곤봉형으로 크기는 22.5~49.5×6~8μm이다.

생태 여름~가을 / 사스래나무 숲, 분비나무나 가문비나무 숲, 잣나무, 활엽수림, 혼효림의 땅에 군생 혹은 단생한다. 식용이며 소나무, 가문비나무, 분비나무 또는 신갈나무와 외생균근을 형성한다.

분포 한국, 중국, 일본, 전 세계

거친껄껄이그물버섯(장미형)

Leccinum roseofractum Watling

형태 균모는 지름 4~11.5cm, 처음에는 둥근 산 모양이다가 오래되면 넓은 둥근 산 모양이 된다. 가장자리는 처음에는 안으로 굽고 고르다. 표면은 싱싱할 때는 회색이며 건조하다. 성숙하면 중앙은 그물눈이 덮이며, 검은 갈색에서 회갈색, 오래되면 황토색이 된다. 살은 백색, 적색으로 물들고, 공기에 노출되면 서서히 보라색에서 회색이 된다. 냄새와 맛은 불분명하다. 관공의 구멍 표면은 처음에는 백색이고 성숙하면 연한 황토색 또는 그을린 황토색이 된다. 상처 시 황토-갈색으로 물들고, 오래되면 자루 부근이 함몰한다. 구멍은 원형 혹은 각진 형이며 2~3개/mm이다. 관의 길이는 8~15mm다. 자루는 길이 5~9.5cm, 굵기 1.6~2.5cm, 아래로 부풀거나 위아래가 거의 같다. 건조성이며 속은 차 있고, 꼭대기에 연한 인편이 있다. 아래는 검은 갈색 또는 흑색의 인편이 있으며 턱받이는 없다. 포자문은 갈색이다. 포자는 연한 황토색이며 크기는 15~18×5~6μm, 둔한 방추형에 표면이 매끈하고 투명하다.

생태 여름~가을 / 활엽수림(자작나무 등)의 땅에 산생하거나 집단으로 발생한다.

분포 한국, 북미

말목껄껄이그물버섯

Leccinum subradicatum Hongo

형태 균모는 지름 5~6.5cm, 처음에는 반구형이다가 둥근 산 모양이 된다. 표면은 거의 백색이다가 연한 회갈색이 되며, 털이 없고 밋밋하다. 습할 시 끈적임이 있다. 살은 백색, 공기에 닿으면 자회색으로 변한다. 관공은 자루에 대하여 끝 붙은 관공. 처음에는 거의 백색이나 이후 황색-오황갈색이 된다. 구멍은 연한 색으로 소형이며, 상처 시 황갈색으로 변한다. 자루의 길이는 7~9cm, 굵기는 0.8~1.3cm이며 상하가 같은 굵기이나 간혹 아래로 가늘다. 기부는 구근상이다. 표면은 백색-유백색이며 세로줄의 선 또는 불분명한 그물꼴을 형성하거나 미세한 인편이 밀포되어 있다. 인편은 처음에는 백색이고 이후 회갈색 또는 암회색으로 변한다. 자루의 기부에는 때때로 녹청색의 얼룩이 있다. 포자는 크기 11.5~19×4~5μm, 류방추형이고 연한 황갈색이다. 연낭상체는 크기 25~36×7.5~10μm, 곤봉형 또는 방추형이다.

생태 가을 / 숲속의 땅에 군생한다.

분포 한국, 일본

다색껄껄이그물버섯

Leccinum variicolor Watl.

형태 균모는 지름 4.5~10㎝, 처음에는 구형이다가 차차 편평해진다. 색은 쥐회색-암갈색이며 표면에는 섬유상의 미세한 털이 있고 건조성이다. 나중에는 빛나고 밋밋하며 약간 미세한 끈적임이 생긴다. 살은 백색이며 비교적 두껍고, 부분적으로 분홍색으로 변색하며 자루 위쪽의 살도 분홍색이지만 기부는 납회색 또는 청록색이다. 관공은 자루에 바른 혹은 떨어진 관공이며 오백색 또는 황색에서 분홍 또는 포도빛 홍색으로 변색한다. 구멍은 크림 백색이고, 노란 갈색의 얼룩이 있다. 상처 시에는 갈색으로 변한다. 자루는 길이 10~18㎝, 굵기 1.5~2.5㎝로 원주형, 오백색이다. 표피에는 쥐회색 혹은 녹황색의 사마귀 점 같은 인편이 있다. 포자문은 갈색이다. 포자는 크기 13~18×4~6.5㎛, 방추형에 광택이 나며 표면은 매끈하고 투명하다. 측낭상체는 방추형이며 크기는 20~63×4~9㎛이다.

생태 여름~가을 / 자작나무 숲의 땅, 혼효림에 군생 혹은 산생한다. 식용이며 외생균근을 형성한다.

분포 한국, 중국

오렌지껄껄이그물버섯

Leccinum versipelle (Fr. & Hök) Snell.
L. atrostipitatum A.H. Sm., Thiers & Watling

형태 균모는 지름 6~15cm로 어릴 때는 반구형이다가 둥근 산 모양을 거쳐 낮은 둥근 산 모양이 된다. 표면은 오렌지 황색-오렌지 적색 또는 오렌지 황갈색이다. 가장자리는 막편 찌꺼기 모양으로 관공보다 약간 밖으로 돌출되나 나중에 소실된다. 살은 흰색이나 절단하면 연한 홍색-회색으로 변한다. 관공은 자루에 대하여 홈 파진 관공이며 길이는 1~3cm 정도다. 구멍은 작고 원형이며, 어릴 때는 칙칙한 유백색이다가 회색을 거쳐 황회색이 된다. 상처가 있는 부분은 회황색이 된다. 자루는 길이 10~20cm, 굵기 15~40mm로 위쪽은 가늘고 아래쪽으로 굵어진다. 유백색의 바탕에 흑갈색 알갱이 인편이 다수 덮여 있다. 포자의 크기는 10~13×4~5μm로 긴 방추형이며, 표면은 매끈하고 투명하며 연한 황색이다. 또한 기름방울이 있다. 포자문은 황토 갈색이다.
생태 여름~가을 / 활엽수림 및 침엽수림 땅에 단생 혹은 산생한다.
분포 한국, 중국, 일본, 유럽, 미국

오렌지껄껄이그물버섯(검은자루형)

Leccinum atrostipitatum A.H. Sm., Thiers & Watling

형태 균모는 지름 6~16㎝, 둥근 산 모양이다가 넓은 둥근 산 모양이 된다. 가장자리는 얇고 펄럭거린다. 표면은 건조하거나 약간 점성, 섬유상이다. 오래되면 갈라져서 털상의 막편 또는 작은 인편을 형성한다. 색은 둔한 오렌지색, 그을린 색 또는 갈색이다. 살은 백색이다가 분홍색, 노출되면 자회색, 흑색. 특히 균모와 자루의 접합점에서 심하다. 냄새와 맛은 불분명하다. 관공의 구멍 표면은 백색, 담황색이며 변색하지 않는다. 관공의 구멍은 원형으로 2~3개/㎜이고, 관의 길이는 1~1.8㎝이다. 자루는 길이 8~15㎝, 굵기 1~2.5㎝, 상하가 거의 같거나 아래로 부푼다. 속은 차 있고, 표면은 흑색 인편이 치밀한 층을 이룬다. 인편 아래는 백색 또는 그을린 색, 아랫부분은 청색 또는 청록색이다. 포자문은 갈색. 포자는 13~17×4~5㎛, 류방추형, 표면이 매끈하고 투명하다. 색은 연한 갈색.

생태 여름~가을 / 활엽수림, 보통 자작나무 아래서 단생 또는 산생한다. 식용이다.

분포 한국, 북미

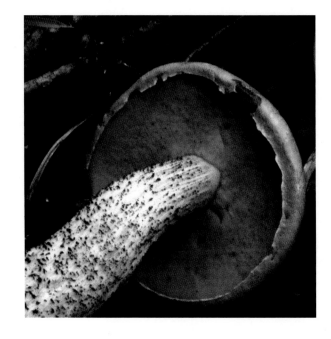

하늘색껄껄이그물버섯

Leccinum cyanoeobasileucum Lannoy & Estades

형태 균모는 지름 5~10㎝, 반구형이다가 둥근 산 모양. 색은 백색이다가 희끄무레하게 퇴색하며, 손으로 만지면 녹색을 띠는 올리브색 또는 퇴색한 다갈색이 되기도 한다. 표면은 무디고, 대부분이 살이 노출되어 있다. 가장자리는 약간 고르지 않고, 부속물도 없다. 살은 백색, 만지면 녹색이나 청색, 기부의 살은 황녹색으로 변한다. 관공은 자루에 대해 내린 관공, 희끄무레한 백색이다가 노란색, 베이지색이 되었다가 결국 갈색이 된다. 구멍은 관공과 같은 색이고 오랫동안 베이지색을 나타낸다. 자루는 길이 9~13㎝, 굵기 1~3㎝, 가늘고 짧으며 약간 굽어 있다. 류원통형 또는 약간 배불뚝형이다. 백색에 가깝거나 청록색 혹은 청색이다. 백색의 미세한 인편이 있고 연한 갈색 또는 다갈색이다. 포자는 16~21×5~6㎛, 원주형에 돌기와 기름방울이 있다. 담자기는 22~40×9~14.5㎛, 곤봉형. 낭상체는 30~65×6.5~12㎛, 방추형.

생태 여름 / 활엽수림 또는 혼효림의 땅에 군생한다.

분포 한국, 중국, 유럽

쓴맛점성그물버섯

Mucilopilus castaneiceps (Hongo) Hid.Takah.
Tylopilus castaneiceps Hongo

형태 균모는 지름 2.5~6cm, 처음에는 둥근 산 모양이다가 거의 편평한 모양이 된다. 표면은 어릴 때 분홍색이다가 이후 밤갈색-황갈색이 되고, 강한 점성이 생긴다. 때로는 표면이 쭈글쭈글하게 변하기도 한다. 살은 거의 흰색이고, 자루의 살은 황색을 띤다. 쓴맛이 있다. 관공의 구멍은 작고 원형-약간 다각형이다. 처음에는 흰색이다가 이후 보라색을 띤 살색이 된다. 관공은 자루 주위에 함몰하고 구멍과 같은 색이다. 자루는 길이 3.5~7.5cm, 굵기 8~12mm이며 거의 상하가 같은 굵기이거나 대개는 밑동이 가늘지만 간혹 굵은 것도 있다. 표면은 흰색-크림색이고 세로로 요철 홈선이 생기거나 그물눈이 나타난다. 때로 황색 반점이 있기도 하다. 포자는 크기 10~13×4~5㎛에 타원형이며 크림색이다. 포자문은 갈색이다.
생태 여름~가을 / 활엽수림의 땅에 군생 또는 단생한다.
분포 한국, 일본

84

붉은새그물버섯

Neoboletus erythropus (Pers.) C. Hahn
Boletus erythropus Pers.

형태 균모는 지름 5~15*cm*, 어릴 때는 반구형이며 이후 둥근 산 모양-편평한 모양이 된다. 표면은 미세하게 연한 털이 벨벳 모양으로 덮여 있다가 나중에는 밋밋하게 변한다. 습할 때 약간 점성이 있다. 색깔은 적색을 띤 암갈색-밤갈색이며, 벌레 먹은 자리는 흔히 황갈색이 된다. 살은 두껍고 치밀하나 나중에는 유연해진다. 황색이지만 절단하면 즉시 암청색으로 변한다. 관공의 구멍은 작고 둥글며, 오렌지 적색-혈적색이다가 나중에는 녹슨 색을 띠게 된다. 문지르면 녹흑색이 된다. 관공은 자루에 올린 관공-떨어진 관공이다. 관공의 길이는 1~3*cm*로 길다. 자루는 길이 5~12*cm*, 굵기 2~4*cm*로 매우 굵고 단단하며, 혈적색의 가는 입자가 밀포되어 있다. 입자 사이는 진한 황색이지만 적색으로 보인다. 밑동은 올리브 갈색이다. 포자는 크기 14~16.6×4.7~5.9*μm*에 타원형이며, 표면이 매끈하고 투명하다. 연한 황색 기름방울이 있다. 포자문은 올리브 갈색이다.
생태 여름~가을 / 침엽수림, 활엽수림 및 혼효림의 땅에 발생한다. 생식하면 소화 장애를 일으키기에 끓여서 식용한다.
분포 한국, 일본, 중국, 시베리아, 유럽, 북미

노란길민그물버섯

Phylloporus bellus (Mass.) Corner

형태 균모는 지름 3~6(7.5)cm, 처음에는 둥근 산 모양이나 곧 편평해지며 거의 역 원추형이 된다. 가운데가 약간 오목해지기도 한다. 표면은 갈색, 밤갈색. 황갈색 또는 올리브 갈색 등 매우 다양하다. 상처를 받은 곳은 흔히 암갈색-암적갈색 또는 흑색이 된다. 표면은 비로드 모양으로 미세한 털이 있으며 감촉이 있으나 나중에는 없어진다. 살은 거의 흰색-담홍색이었다가 황색이 된다. 청변성은 없다. 관공은 자루에 심한 내린 관공이다. 관공은 처음에는 선황색, 성숙하면 황갈색-올리브 갈색이 되고 상처를 받으면 청변하지만 정도는 보통 약한 편이다. 폭은 약간 넓고, 성기다. 자루와 가까운 부분에 성글게 맥상의 융기가 있고, 서로 연결되거나 때로는 그물 모양이 되기도 한다. 자루는 길이 3~7cm, 굵기 5~10mm, 상하가 같은 굵기이거나 아래쪽이 가늘다. 황색 또는 갈색을 띤 황색이다. 표면은 미분상-미세한 인편상인데 아래쪽은 다소 비로드상이다. 꼭대기에는 세로로 요철 홈선이 있다. 포자는 크기 9~11×4~4.5μm, 방추상의 타원형으로 표면이 매끈하고 투명하다. 포자문은 황토색이다.

생태 여름~가을 / 참나무류 숲속의 땅이나 소나무와의 혼효림에 단생 또는 군생한다. 흔한 종이며 식용이다.

분포 한국, 일본, 말레이시아, 싱가포르, 북미

청변민그물버섯

Phylloporus cyanescens (Corner) M.A. Neves & Halling
P. bellus var. cyanescens Corner

형태 대개의 버섯은 상처를 입히면 주름살만 청변하고 살은 청변하지 않으나 이 버섯은 주름살과 살이 모두 변한다. 포자의 크기는 9~13×3.5~4.5 μm로 노란길민그물버섯의 포자 9~11×4~4.5 μm보다 약간 길다.

생태 여름~가을 / 숲속의 땅에 단생 혹은 군생한다. 식용이다.

분포 한국, 일본, 북미

미친흑보라그물버섯

Porphyrellus fumosipes (Peck) Snell
Tylopilus fumosipes (Peck) Sm. & Thiers

형태 균모는 지름 3~7.5cm이며 처음에는 반구형이다가 편평하게 펴진다. 표면은 암갈색-회갈색인데 때로는 가장자리가 청록색을 띤다. 비로드상에 점성은 없고 성숙하면 통상 표면이 가늘게 균열된다. 살은 흰색, 관공의 위쪽은 약간 황색이다. 절단하면 관공의 위쪽이 회청색으로 변한다. 관공의 구멍은 소형이나 자라면서 약간 커지고, 흰색-크림색인데 때로는 약간 청록색을 띠기도 한다. 이후에는 담회갈색이 된다. 만지면 곧 청색으로, 결국에는 갈색으로 변한다. 관공은 자루에 올린 또는 거의 떨어진 관공이며 처음에는 거의 백색이다가 후에 담회황색-회갈색이 된다. 절단하면 청변 또는 다소 적변한다. 자루는 길이 5~12cm, 굵기 5~15mm이며 거의 상하가 같은 굵기이나 아래쪽으로 가늘어질 때도 있다. 표면은 균모와 같은 색이거나 연한 색이다. 흔히 세로로 줄무늬가 있다. 꼭대기는 흔히 푸른색이 물들고, 밑동은 흰색이다. 포자는 크기 10~12.5×5~6μm, 류방추형에 표면이 매끈하고 투명하다. 포자문은 암적갈색-누룽지 색이다.

생태 여름~가을 / 참나무류 등 활엽수림이나 이들과 섞인 침엽수림 땅에 단생 혹은 군생한다.

분포 한국, 일본, 북미

흑자색흑보라그물버섯

Porphyrellus nigropurpureus (Hong) Y.C. Li & Zhu. L Yang
Boletus nigropurpureus Corner, Tylopilus nigropurpureus Hongo

형태 균모는 지름 3~8cm, 처음에는 반구형이다가 편평하게 펴진다. 표면은 보라색을 띤 흑색-흑갈색으로 비로드상의 느낌이 있고 흔히 가늘게 균열된다. 살은 단단하고 회백색인데, 절단하면 신속하게 회홍색 또는 오렌지 갈색으로 변하다가 결국은 흑색으로 변한다. 쓴맛은 없다. 관공의 구멍은 소형이고 처음에는 회색이다가 둔한 회색-칙칙한 분홍색이 된다. 손으로 만지면 흑변한다. 관공은 처음에 자루에 대하여 바른 관공이나 후에는 거의 떨어진 관공이 된다. 구멍과 같은 색이며 상처를 받으면 곧 적변하고 후에 흑색이 된다. 자루는 길이 3~7cm, 굵기 5~15mm이며 거의 상하가 같은 굵기이지만 위쪽이나 아래쪽으로 가늘어지기도 한다. 표면은 미분상-약간 비로드상이고 균모와 같은 색 또는 약간 담색이다. 일반적으로 위쪽에 세로로 긴 그물눈 모양이 있다. 포자는 크기 8.5~12.5×3.5~5.5μm에 류타원형이며 표면이 매끈하고 투명하다. 포자문은 초콜릿색이다.
생태 여름~가을 / 참나무류 등의 활엽수림이나 이들과 섞인 소나무 숲속 땅에 단생 혹은 군생한다.
분포 한국, 일본, 중국, 싱가포르, 인도네시아

쓴맛흑보라그물버섯

Porphyrellus porphyrosporus (Fr. & Hök) E.-J. Gilbert
Tylopilus porphyrosporus (Fr. & Hök) Smith & Thiers

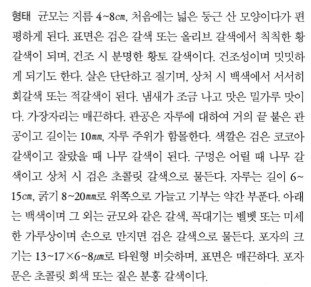

형태 균모는 지름 4~8cm, 처음에는 넓은 둥근 산 모양이다가 편평하게 된다. 표면은 검은 갈색 또는 올리브 갈색에서 칙칙한 황갈색이 되며, 건조 시 분명한 황토 갈색이다. 건조성이며 밋밋하게 되기도 한다. 살은 단단하고 질기며, 상처 시 백색에서 서서히 회갈색 또는 적갈색이 된다. 냄새가 조금 나고 맛은 밀가루 맛이다. 가장자리는 매끈하다. 관공은 자루에 대하여 거의 끝 붙은 관공이고 길이는 10mm, 자루 주위가 함몰한다. 색깔은 검은 코코아 갈색이고 잘랐을 때 나무 갈색이 된다. 구멍은 어릴 때 나무 갈색이고 상처 시 검은 초콜릿 갈색으로 물든다. 자루는 길이 6~15cm, 굵기 8~20mm로 위쪽으로 가늘고 기부는 약간 부푼다. 아래는 백색이며 그 외는 균모와 같은 갈색, 꼭대기는 벨벳 또는 미세한 가루상이며 손으로 만지면 검은 갈색으로 물든다. 포자의 크기는 13~17×6~8μm로 타원형 비슷하며, 표면은 매끈하다. 포자문은 초콜릿 회색 또는 짙은 분홍 갈색이다.

생태 여름 / 혼효림, 낙엽수림의 땅에 단생한다. 식용이다.

분포 한국, 중국, 북미

90

헛남방그물버섯

Pseudoaustroboletus valens (Corner) Y.C. Li & Zhu L. Yang
Tylopilus valens (Corner) Hongo & Nagas.

형태 균모는 지름 5.5~13.5cm, 처음에는 둥근 산 모양에서 편평한 둥근 산 모양이 된다. 표면은 회갈색이며 주변은 담색이다. 처음에는 면모이나 후에 거의 무모가 되며, 습할 시 다소 점성이 있다. 살은 백색이지만 자루, 특히 기부에 때로 황색의 얼룩이 있다. 또 표피 아래는 약간 분홍색이며, 그물꼴은 분홍색-칙칙한 황색, 올리브색이 된다. 신맛이 있고 공기에 닿아도 변색하지 않으며, 관공은 자루에 올린-거의 끝 붙은 관공으로 길이는 1~1.5cm이다. 처음에는 거의 백색이며 후에 분홍색, 나중에는 회등색이 된다. 구멍은 지름 1mm 정도에 류각형이며, 관공과 같은 색으로 상처 시에는 갈색이 된다. 자루는 길이 7~15cm, 굵기 1~4cm이며 아래로 굵다. 특히 기부는 뿌리 모양과 비슷하다. 표면은 약간 그물 모양, 융기된 망막 모양이 된다. 포자문은 둔한 계피 갈색이다. 포자의 크기는 11~16×4.5~5.5μm이며 류방추형이다.

생태 여름~가을 / 숲속의 땅에 단생 혹은 군생한다.

분포 한국, 일본

먼지헛남방그물버섯

Pseudoboletus astraeicola (Imaz.) Sutara
Boletus astraeicola (Imazeki) Har. Takah

형태 균모는 지름 3~5.5cm, 처음에는 둥근 산 모양이다가 거의 편평해진다. 표면은 점성이 없고 약간 비로드 모양이며 암갈색 또는 탁한 황토색-회갈색을 띤다. 살은 담황색, 절단하면 청변한다. 관공의 구멍은 1mm 정도로 약간 크고 방사상으로 신장하며 다각형이다. 황색이다가 후에는 올리브 갈색이 된다. 관공은 거의 자루에 바른 관공, 약간 내린 관공이며 구멍과 같은 색이다. 손으로 만지면 청변한다. 자루는 길이 4~5cm, 굵기 5~10mm로 표면 꼭대기 부분은 황색, 아래쪽은 균모와 거의 같은 색이며, 다소 섬유상이다. 절개지에 날 경우는 L자형으로 굽을 때도 있다. 포자는 크기 10~12(15)×4~5(6.5)μm, 류방추형이며 표면이 매끈하고 투명하다. 포자문은 올리브 갈색이다.

생태 여름~가을 / 땅속에 매몰된 먼지버섯(Astraeus hygromentricus)의 자실체 위에 난다.

분포 한국, 일본

분말그물버섯

Pulveroboletus ravenelii (Berk. & Curt.) Murr.

형태 균모는 지름 4~10cm로 처음 둥근 산 모양에서 차차 편평하게 펴진다. 또한 처음에는 레몬 황색의 솜 같은 분질물이 표면과 자루의 상부를 덮고 있다가 분리된다. 분리된 피막은 가장자리에 오래 남아 있다. 처음에는 레몬 황색이지만 중앙부가 적갈색-갈색을 띠게 되며 표면은 다소 균열된다. 살은 흰색 혹은 약간 황색을 띠며 절단하면 서서히 청색으로 변한다. 관공은 (성숙 시) 자루에 대하여 떨어진 관공, 구멍과 같은 색이고 상처를 받으면 청색으로 변한다. 구멍은 처음 연한 황색에서 암갈색이 된다. 자루의 길이는 4~10(15)cm, 굵기는 7~15mm로 표면은 레몬 황색이며 분질하고, 상부는 거미줄 모양의 피막 잔존물이 붙어 있으나 쉽게 소실된다. 포자는 크기 8~13.5×4.5~6μm, 방추상 또는 타원형이며, 표면이 매끈하고 투명하다. 포자문은 올리브 갈색이다.
생태 여름~가을 / 침엽수림의 땅에 단생 혹은 산생한다. 식용이지만 드문 종.
분포 한국, 중국, 일본, 동남아, 북미

93

녹색분말그물버섯

Pulveroboletus viridis Heinem. & Gooss.-Font.

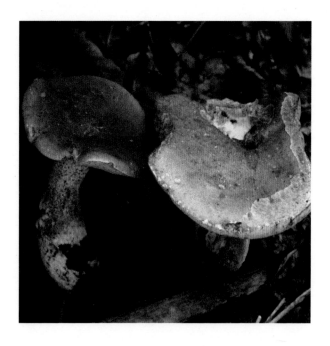

형태 균모는 지름 2~4㎝, 처음에는 둥근 산 모양이다가 다소 종모양, 후에는 거의 편평하게 펴진다. 표면은 케라틴질의 점성 물질로 덮여 있다. 이는 회올리브색-올리브 갈색, 주변으로는 담색이다. 표면에는 균모와 같은 색의 가는 점들이 산재한다. 바탕색은 거의 백색이며, 살은 유연하며 쓴맛이 있다. 관공은 자루에 끝붙은 관공이다. 관공의 길이는 5~11㎜, 처음에는 거의 백색이다가 담황갈색으로 변하며, 구멍은 작고 관공과 같은 색이다. 자루는 길이 2.5~6㎝, 굵기 0.3~0.6㎝, 상하가 같은 굵기 또는 위쪽으로 약간 가늘다. 속은 차 있으나 나중에 국부적으로 비게 된다. 포자의 크기는 11.5~15×4~5㎛, 류원주형-원주상의 방추형이다.

생태 여름~가을 / 숲속의 땅에 군생한다.

분포 한국, 일본, 중앙아프리카, 동남아시아

흑망그물버섯

Retiboletus fuscus (Hongo) N.K. Zeng & Zhu L. Yang
Boletus griseus var. fuscus Hongo

형태 균모는 지름 5~10㎝, 처음에는 반구형이다가 후에 둥근 산모양-편평한 모양이 된다. 표면은 건조하고 거의 밋밋하다. 어릴 때는 분말상 미모가 덮여 가죽 같은 촉감이다. 진한 회색-진한 회갈색이나 거의 흑색에 가까운 부분도 있다. 살은 흰색이며 치밀하다. 절단하면 담갈색의 오염이 나타나지만 청변진 않는다. 관공의 구멍은 작고 거의 각형이며 크기는 다소 다르다. 유백색-회백색을 띤다. 관공은 자루에 바른 관공이고 황색을 띠는 목재색이다. 자루는 길이 5~10㎝, 굵기 5~13㎜, 상하가 같은 굵기 또는 위쪽이 약간 가늘다. 위쪽은 회백색이며 아래쪽은 진한 회색-암갈색이다. 표면 거의 전체에 암갈색의 뚜렷한 그물눈이 있다. 밑동에는 흔히 황갈색을 띠는 얼룩이 생기며, 속은 차 있다. 포자의 크기는 11~16×4~5.5㎛이고 긴 타원형이며 표면이 매끈하고 투명하다. 색은 담황갈색이다.

생태 여름~가을 / 적송림에 땅에 발생하며 널리 분포한다.

분포 한국, 일본

회색망그물버섯

Retiboletus griseus (Frost) Manfr. Binder & Bresinsky
Boletus griseus Frost

형태 균모는 지름 4~8cm, 처음에는 반구형이다가 후에 둥근 산 모양-편평한 모양이 된다. 표면은 건조하고 거의 밋밋하다. 어릴 때는 분말상 미모가 덮여 가죽 같은 촉감이다. 어릴 때는 적보라색이며 울퉁불퉁하다. 진한 회색-진한 회갈색이나 거의 흑색에 가까운 부분도 있다. 살은 흰색이며 치밀하다. 절단하면 담갈색의 오염이 나타나지만 청변진하진 않는다. 가장자리는 희다가 검게 된다. 관공의 구멍은 작고 거의 각형이며 크기는 다소 다르다. 유백색-회백색을 띤다. 관공은 자루에 바른 관공이고 황색을 띠는 목재 색이다. 자루는 길이 5~10cm, 굵기 5~13mm, 상하가 같은 굵기 또는 위쪽이 약간 가늘다. 위쪽은 흰색 또는 회백색이며, 아래쪽은 진한 회색-암갈색이다. 어릴 때는 가운데가 적보라색이다. 표면 거의 전체에 암갈색의 그물눈이 있다. 밑동에는 흔히 황갈색을 띠는 얼룩이 있고 속은 차 있다. 포자의 크기는 10~13× 3.5~5μm이고 긴 타원형이며 표면이 매끈하고 투명하며 담황갈색이다.

생태 여름~가을 / 숲속의 땅에 난다.

분포 한국, 일본, 중국, 북미

96

검은망그물버섯

Retiboletus nigerrimus (Heim) Manfr. Binder & Bres.
Tylopilus nigerrimus (R.Heim) Hongo & M. Endo

형태 균모는 지름 6~14cm, 반구형이었다가 거의 편평하게 펴진다. 표면은 연한 올리브색을 띤 회색 혹은 거의 흑색으로 미모가 약간 있다. 살은 두껍고 단단하며 백색이다. 공기와 접촉하면 담적갈색-자색을 띤 갈색으로 변한다. 쓴맛이 있다. 관공은 자루에 급격히 함몰되어 있고 올린 관공-거의 떨어진 관공이다. 관공의 구멍은 다소 각형이며, 색은 관공과 같다. 상처를 입으면 흑변한다. 처음에는 단회황색-녹색을 띤 회색이고 후에 약간 붉은색 또는 오렌지색을 띤 회색-자회색이 된다. 자루는 길이 5~12cm, 굵기 1~3cm, 아래쪽으로 약간 굵어진다. 밑동은 다소 뾰족하다. 표면은 황색을 띤 녹색-회황색이며 전면에 융기된 뚜렷한 그물눈이 있다. 그물눈은 처음에는 자루와 같은 색이지만 나중에는 검은색이 되며 손으로 만지면 흑변한다. 포자는 크기 9~13×4~5µm, 원주상의 타원형이며 표면이 매끈하고 투명하다. 포자문은 상아색-베이지색이다.

생태 여름~가을 / 참나무류 등 활엽수림의 땅에 난다.

분포 한국, 일본, 북미. 파푸아뉴기니, 싱가포르, 보르네오

노란대망그물버섯

Retiboletus ornatipes (Peck) Manfr. Binder & Bresinsky
B. ornatipes Peck

형태 균모는 지름 4.5~8cm, 둥근 산 모양이다가 점차 편평하게 퍼지며 후에 가장자리가 치켜 올라가고 중앙이 오목해진다. 표면은 점성이 없고 약간 비로드상이며 어릴 때는 올리브 암갈색, 이어서 곧 올리브색-황색을 띤 갈색이 된다. 살은 단단하고 황색, 절단하면 천천히 녹황색이 되나 청변하지는 않는다. 관공의 구멍은 소형으로 모양은 원형-각형, 색상은 황색이다가 후에 회황색이 된다. 관공은 자루에 올린 관공, 바른 관공 또는 다소 내린 관공이고, 구멍과 같은 색이다. 상처를 받은 부분은 진한 색이 된다. 자루는 길이 5~11cm, 굵기 6~30mm로 상하가 거의 같은 굵기이며, 단단해서 부러지기 쉽다. 표면은 황색-올리브색, 거의 전면에 융기된 그물눈이 있다. 밑동은 흰색의 균사가 덮여 있는데, 균사는 상처를 입으면 등황색으로 변한다. 포자는 크기 11~3× 3.5~4.5μm, 원주상의 방추형으로 표면이 매끈하고 투명하다.

생태 여름~가을 / 참나무류 등 활엽수림의 땅에 난다.

분포 한국, 일본, 중국, 러시아 극동, 북미

밤색망그물버섯

Retiboletus retipes (Berk. & Curt.) Manfr.Binder & Bresinsky
Boletus retipes Berk. & Curt.

형태 자실체가 비교적 대형이다. 균모는 지름 3.5~9.6cm에 편반구형이며, 황색 또는 황갈색-올리브 갈색이다. 표면은 광택이 약간 나고 밋밋하다. 살은 청색이나 녹색, 상처를 받아도 변색하지 않는다. 맛은 쓰다. 관공의 구멍과 관은 담황색이다. 자루는 길이 5~9.8cm, 굵기 1~2.3cm에 원통형으로 위아래가 같은 굵기이거나 아래가 가늘다. 색상은 황색 또는 오황색이다. 위쪽 또는 전체에 그물눈이 있고 속이 차 있다. 자루의 색은 노란색에서 올리브 노란색, 표면에 그물꼴이 강하며 가루상이다. 포자문은 담갈색-갈색이다. 포자는 11~13×3.5~4.5μm 크기에 타원형-방추형으로 표면이 매끈하고 투명하며 담황색 또는 갈색이다. 담자기는 4-포자성, 크기는 22~37×8~8.5μm이다. 연낭상체가 많다.

생태 여름~가을 / 혼효림의 이끼류 속과 죽은 낙엽에 군생 또는 단생한다. 식용이며 외생균근을 형성한다.

분포 한국, 중국

99

속생황소그물버섯

Rubinoboletus caespitosus T.H. Li & Watling
Boletus caespitosus Cleland

형태 균모는 처음에는 넓은 둥근 산 모양이었다가 거의 편평해지며, 때로 가장자리가 올라가고 중앙이 약간 오목해지기도 한다. 갈색 또는 흑갈색이며, 가장자리는 좀 더 연하고 적갈색일 때가 흔하다. 살은 약간 붉은 기가 있다. 관공은 자루에 바른 관공 또는 약간 내린 관공이며 노란색이다. 관공의 구멍은 크고 각진 형이며 색은 관공과 같다. 자루는 짧고 고르며 미끈거리고, 위로 가늘다. 색상은 갈색 또는 적갈색이다. 포자는 크기 9~12× 4~5 μm, 표면이 매끈하고 투명하며 벽이 얇다. 발아공은 없으며, 정면은 난형 또는 약간 타원형, 옆면은 불규칙한 모양이다. 멜저액에서 노란색으로 염색된다. 담자기는 4-포자성이며 크기는 24~30×7~9 μm, 좁은 곤봉형이다.

생태 여름~가을 / 숲속의 땅에 군생한다.

분포 한국, 북미

100

붉은접시황소그물버섯

Rugiboletus extremiorientale (Lj.N. Vass.) G.Wu & Zhu L. Yang
Leccinum extremiorientale (Lj. N. Vass.) Sing.

형태 균모는 지름 10~26cm, 반구형이다가 거의 편평하게 된다. 표면은 오렌지 갈색-오렌지 황갈색으로 비로드 같은 촉감이 있다. 뇌 같은 주름살이 있고 균모가 펴지면 연한 황색의 살이 노출된다. 성숙한 자실체의 균모 표면은 보통 끈적임이 없으나 습할 때는 끈적임이 있다. 가장자리는 관공보다 약간 밖으로 돌출되나 나중에 탈락하며 처음에는 전연에서 불규칙하게 갈라진다. 살은 두껍고, 육질은 딱딱하다가 연해지며, 거의 백색 또는 약간 황색을 나타낸다. 절단하면 약간 연한 홍색-연한 자색으로 변한다. 관공은 올린 관공 또는 거의 끝 붙은 관공으로, 황색에서 올리브 황색이다. 구멍은 관공과 같은 색이고 작으며 상처가 나도 변색하지 않는다. 자루는 길이 5~15cm, 굵기 2.5~5.5cm, 위아래가 거의 같은 폭이고 아래쪽으로 굵어지는데 특히 중앙이 굵다. 표면은 연한 황색-황색, 짙은 황색, 오렌지색-황갈색 등이며 가는 반점 또는 인편이 덮여 있다. 포자문은 올리브 갈색이다. 포자는 크기 11~14×3.5~4.5μm로 원주상의 방추형이다.

생태 여름~가을 / 활엽수림의 땅에 단생하거나 때때로 군생한다. 식용이다.

분포 한국, 중국, 일본, 러시아 극동

진빨간명주그물버섯

Rubroboletus dupainii (Boud.) Kuanzhao & Zhu L. Yang
Suillellus dupainii (Boud.) Blanco-Dios, *Boletus dupainii* Boud.

형태 균모는 지름 6~10㎝, 어릴 때는 반구형, 이후 둥근 산 모양
이다가 거의 편평한 모양이 된다. 표면은 밋밋하고 습할 때는 점
성이, 건조할 때는 광택이 있다. 주홍색-혈적색이며 벌레 먹은
자리는 황색 반점이 생긴다. 살은 유백색-연한 황색이고 자르면
청변한다. 관공의 구멍은 어릴 때는 오렌지 적색, 후에는 적색-
황토색을 띤 녹색이 된다. 상처가 생기면 청변한다. 자루는 길이
5~8㎝, 굵기 3~6㎝, 위쪽은 황색이면서 그물눈이 있고 아래쪽은
붉은색 또는 전체가 선명한 적색이면서 표면에 붉은 반점상의
인편이 있다. 포자는 크기 8.8~17.1×3.4~7.8㎛, 타원형이며 표면
은 매끈하고 투명하다. 연한 황색, 기름방울이 들어 있다. 포자문
은 연한 올리브 갈색이다.

생태 여름 / 밤나무나 참나무류 등 활엽수림의 땅, 석회질 토양
에 난다. 식용이다.

분포 한국, 유럽

102

잔털빨강그물버섯

Rubroboletus legaliae (Pilat & Dermek) Della Magg. & Trassin
B. legaliae Pilat & Dermek

형태 균모는 지름 8~20cm이다. 표면은 밋밋하다가 펠트상이 되며, 색은 다양하다. 아이보리 백색을 거쳐 황토색, 다음에 분홍-자색, 결국 분홍-갈색이 된다. 상처 시 청색 또는 청-흑색으로 변한다. 관공은 노란색이며 구멍은 짙은 적색, 상처 시 청색이 된다. 자루는 원통형-곤봉형이며 연하고, 백색 또는 황백색으로 미세한 적색의 그물눈이 전체를 덮고 있다. 상처 시 청변한다. 살은 절단 시 백색에서 연한 청색이다. 냄새가 좋고, 맛이 온화하다. 포자의 크기는 11~13×4.5~5.5μm이며 류방추형, 올리브-갈색이다.
생태 가을 / 활엽수림의 땅에 난다.
분포 한국, 유럽

103

적황색빨강그물버섯

Rubroboletus rhodoxanthus (Krombh.) Kuan Zhao & Zhu L. Yang
Suillus rhodoxanthus (Krombh.) Blano-Dios, Boletus rhodoxanthus (Krombh.) Kallenb.

형태 균모는 지름 6~20cm에 둥근 산 모양이다. 백색-분홍색으로 가장자리는 짙은 색, 오래되면 노란색으로 변한다. 표면은 분홍-회색의 점성 물질로 덮여 있으며 분홍-적색이 나타나고 이 색은 손으로 만지면 다시 변한다. 자루는 길이 50~150mm, 굵기 20~50mm, 적자색의 그물꼴이 있으며 오렌지-노란색 위의 그물꼴은 기부에서는 분명치 않은 올리브-회색이다. 살은 레몬-노란색이며 절단 시 균모에서 청변하여 결국 노랑으로 퇴색한다. 맛은 달콤하고 버섯 맛이며 냄새가 강하다. 관공의 관은 노란색, 절단 시 청변하며, 구멍은 처음에는 황금색이나 밝은 혈적색이다. 포자의 크기는 10~16×4~5.5μm이다.

생태 가을 / 자작나무, 참나무 아래 땅에 난다. 독버섯이며 매우 드문 종.

분포 한국, 유럽

104

털귀신그물버섯

Strobilomyces confusus Sing.

형태 균모는 지름 3~10cm, 둥근 산 모양이다가 중앙이 편평한 둥근 산 모양이 된다. 표면은 회색-회갈색, 후에 흑색이 된다. 암회색-거의 흑색인 섬유질의 뿔 모양 또는 비늘 모양의 인편(중앙의 폭과 높이가 거의 3~5mm)이 밀포되어 있다. 인편은 비교적 영존성인데 크기에 변화가 많다. 균모의 가장자리에는 피막의 찌꺼기 막편이 부착되어 있다가 후에 탈락한다. 살은 흰색. 상처를 입으면 바로 적갈색으로 변하고 나중에는 흑색이 된다. 관공의 구멍은 지름이 1~1.5mm로 크고 다각형이며 처음에는 흰색-회백색, 후에 암회색-거의 흑색이 된다. 관공은 비교적 길고 자루에 바른 관공-약간 홈 파진 관공이며 구멍과 같은 색이다. 상처를 받으면 적갈색, 나중엔 흑색으로 변한다. 자루는 길이 5~10cm, 굵기 5~15mm, 대체로 상하가 같은 굵기이지만 때로는 위쪽이나 아래쪽으로 가늘어진다. 단단해서 부러지기 쉽다. 표면은 회색-암회색, 하부는 거의 흑색이다. 보통 위쪽에 세로로 길고 융기된 그물눈이 있다. 포자는 9~11.5×8.5~11μm, 아구형에 벽이 두껍다. 표면에 사마귀나 가시 모양의 돌출물이 피복되어 있다. 포자문은 거의 흑색이다.

생태 여름~가을 / 참나무류 등 활엽수림과 소나무, 전나무 등이 혼효된 숲속 땅에 단생하거나 간혹 군생한다.

분포 한국, 일본, 중국, 북미

105

마른귀신그물버섯

Strobilomyces dryophilus Cibula & N.S. Weber

형태 균모는 지름 3~12cm, 처음에는 둥근 산 모양이다가 넓은 둥근 산 모양이 되고, 오래되면 결국 편평하게 된다. 가장자리에 표피가 찢긴 백색의 솜털 파편이 붙어 있다. 표면은 건조하며 백색의 땅 색, 파편이 거칠게 피복되며, 털과 솜털이 압착되거나 곧게 선다. 분홍-회색, 그을린 분홍색, 분홍 갈색의 인편이 있다. 살은 백색이며 절단 또는 상처 시 오렌지색 또는 오렌지 적색이 된다. 냄새와 맛은 분명치 않다. 구멍의 표면은 어릴 때는 백색이다가 곧 회색이 되며, 결국 검게 된다. 오렌지 적색 또는 벽돌 적색이나 상처 시 검게 된다. 구멍은 각진 형이고 폭 1~2mm, 관공은 길이가 1~1.7cm다. 자루는 길이 4~8cm, 굵기 1~2cm이고 상하가 같은 굵기이며 그을린 분홍색 또는 갈색이다. 능선 또는 턱받이 위는 그물꼴이 있고 아래는 솜 같은 털이 있다. 턱받이는 남으며, 자루에 면모상 띠를 만든다. 살은 오렌지 적색으로 물들고, 공기에 노출되면 검은색이 된다. 포자문은 검은 갈색에서 흑색. 포자의 크기는 9~12×7~9μm, 짧은 타원형에서 류구형이다. 명료하고 완전한 그물꼴로 덮여 있으며 회색이다.

생태 여름~가을/ 참나무 밑의 모래땅에 단생, 산생, 집단으로 발생한다. 식용 가능하다.

분포 한국, 북미

피라밑귀신그물버섯

Strobilomyces polypyramis Hook

형태 자실체는 소형에서 중형이다. 균모는 지름 3~8.5cm로 반구형, 편반구형 또는 편평형이다. 오갈색, 흑색 내지 흑갈색의 각진 인편이 있고, 균막 아랫면에 인편이 있다. 막상의 잔편이 있으며, 살은 백색이다. 관공은 오백색이며, 길이는 6~8mm이다. 구멍은 지름 1~1.5mm이다. 자루는 길이 7~12cm, 굵기 1~1.2cm에 원주형으로 만곡이 있으며, 표면은 갈색이다. 사마귀 반점의 인편이 있고 속은 차 있다. 포자는 크기 9~14×7~10μm, 난형으로 불규칙한 흑색의 혹이 서로 융기되어 꼭대기가 왕관 모양이다. 측낭상체는 갈황색에 병 모양과 비슷하다. 크기는 27~80×9~15μm이다.

생태 여름~가을 / 혼효림 땅에 군생한다.

분포 한국, 중국

107

반벗은귀신그물버섯

Strobilomyces seminudus Hongo

형태 균모는 지름 3~7cm, 처음에는 반구형이었다가 후에 둥근 산 모양-낮고 펴진 둥근 산 모양이 된다. 표면은 면모상 또는 압 착된 작은 인편이 덮여 있다. 회갈색-암회색이며 상처를 입으 면 거의 흑색이 된다. 흔히 표면이 가늘게 갈라져서 회백색의 살 이 노출된다. 가장자리 끝에는 처음에 막편이 붙어 있지만 곧 소 실된다. 살은 백색이고 표피 아래는 회백색, 공기와 접촉하면 적 변하고 후에 흑색이 된다. 관공은 회백색이다가 후에 그을린 색 이 된다. 자루에 대하여 바른 관공이면서 때로는 홈 파진 관공이 다. 구멍은 다각형에 지름 0.5~1mm로 비교적 크다. 거의 백색-회 백색이며 상처를 받으면 살과 마찬가지로 변색된다. 자루는 길 이 4~15cm, 굵기 6~8mm, 상하가 같은 굵기이거나 때로는 아래쪽 으로 다소 굵어진다. 속이 차 있고 부러지기 쉽다. 표면은 균모와 거의 같은 색이며 위쪽에 세로로 그물눈이 있다. 하부는 펠트상 으로 털이 덮이고 때로는 뱀 무늬 모양이 나타난다. 막질의 고리 는 없지만, 꼭대기 부근에는 흔히 회색 면모상의 융기된 띠가 있 다. 포자는 크기 7~9.5×6.5~8.5μm로 거의 구형이며, 표면에 가시 모양의 돌출이 많다. 포자문은 흑색이다.

생태 여름~초가을 / 활엽수림의 땅에 단생하거나 간혹 군생한다.

분포 한국, 일본

귀신그물버섯

Strobilomyces strobilaceus (Scop.) Berk.
S. floccopus (Vahl) P. Karst.

형태 균모는 지름이 4~7cm이고 반구형을 거쳐 차차 편평하게 된다. 표면은 처음 회백색에서 연한 갈색을 거쳐 흑색이 되며 껄껄한 인편과 사마귀로 덮인다. 살은 두껍고 백색 또는 연한 백색이며 상처 시 연한 홍색을 거쳐 흑색이 된다. 관공은 자루에 대하여 바른 관공 또는 내린 관공으로 처음에는 내피막이 덮여 있다. 이후 내피막이 찢어져 일부는 가장자리에 붙고 일부는 자루에 턱받이로 남는다. 색깔은 백색에서 회백색을 거쳐 갈색 또는 연한 흑색으로 변한다. 구멍은 다각형으로 관공과 같은 색이다. 자루는 길이 4~6cm, 굵기 0.5~1.2cm이고 원주형이며, 가끔 기부가 다소 불룩하고 상부에 그물 무늬가 있다. 하부에는 인편 또는 융털이 있으며 균모와 동색이다. 포자는 크기 8~12×7.7~10㎛로 구형 또는 타원형, 표면에 그물 모양의 융기가 있으며 연한 갈색 또는 암갈색이다. 포자문은 갈색이다. 낭상체는 곤봉상이며 크기는 25~30×10~16㎛이다.

생태 여름~가을 / 잣나무, 침엽수, 활엽수의 혼효림의 땅에 산생한다. 식용이다.

분포 한국, 중국, 일본, 전 세계

은빛원추그물버섯

Sutrorius eximius (Peck) Halling, Nuhn & Osmundson
Tylopilus eximius (Peck) Sing.

형태 균모는 지름 5~12cm, 어릴 때는 반구형이며 후에는 둥근 산 모양-편평한 모양이 된다. 표면은 보라색을 띤 초콜릿 갈색-암적갈색이고 습할 때 점성이 있다. 어릴 때는 흰색의 분상이나 후에 무모가 되어 밋밋해진다. 살은 단단하고 연한 자회색-연한 자갈색이며 맛이 좋다. 관공의 구멍은 미세하고 소형이며 2~3 개/mm이다. 거의 흑색이었다가 약간 자색을 띤 둔한 갈색이 된다. 관공은 자루에 떨어진 관공이고 구멍보다 다소 연한 색이며, 자루 주변이 함몰된다. 자루는 길이 5~9cm, 굵기 15~30mm로 거의 상하가 같은 굵기이거나 때로는 아래쪽이 가늘어진다. 단단하고 표면은 자회색을 띤다. 흔히 세로로 요철 홈선이 생기며 거의 전면에 포도주 갈색의 가는 인편이 밀포되어 있다. 포자의 크기는 10.5~15.5×4~5.5µm이며 원주상의 방추형이다. 표면이 매끈하고 투명하며 보랏빛이 나는 갈색이다.
생태 여름~가을 / 소나무, 전나무 등 침엽수림이나 참나무류 등의 활엽수가 섞인 혼효림의 땅에 난다. 식용이다.
분포 한국, 일본, 중국, 미국, 파푸아뉴기니

110

융단쓴맛그물버섯

Tylopilus alboater (Schwein.) Murr.

형태 균모는 지름 5(3)~12(15)㎝, 어릴 때는 반구형이다가 후에 둥근 산 모양-편평한 모양이 된다. 표면은 밋밋하고 암갈색-흑갈색이며 흰색의 가는 털이 덮여 있어서 비로드상이며 점성은 없다. 상처를 입으면 흑색이 된다. 살은 회백색, 절단하면 홍색으로 변하고 결국 흑색이 된다. 관공의 구멍은 소형에 다각형이며, 처음에는 흰색, 후에 담홍색-흑색이 된다. 관공은 자루에 대하여 바른 관공, 후에 자루의 주위가 깊게 함몰한다. 담황갈색이다가 흑색이 되며 상처를 받으면 흑색으로 변한다. 포자는 크기 7~11×3.5~5㎛이며, 타원형이다. 표면은 매끈하고 투명하다. 포자문은 연한 분홍색이다.

생태 여름~가을 / 참나무류와 소나무의 혼효림이 땅에 난다.

분포 한국, 일본, 중국, 동남아, 북미

거북쓴맛그물버섯

Tylopilus areolatus Hongo

형태 균모는 지름 3.5~8cm, 처음 둥근 산 모양이다가 거의 편평형이 된다. 표면은 처음에는 벌꿀 색, 후에 탁한 황토색-올리브 황갈색이 된다. 습할 때는 다소 점성이 있다. 약간 비로드상이거나 무모, 흔히 표면에 불규칙한 균열이 있다. 살은 두껍고 흰색, 절단하면 약간 붉은색을 나타낸다. 관공의 구멍은 소형, 처음에는 흰색이나 후에 담홍색을 띤다. 관공은 자루의 주위에 깊게 함몰한다. 색은 구멍과 같고 상처를 입으면 적갈색으로 변한다. 자루는 길이 4.5~6cm, 굵기 8~18mm, 상하가 같은 굵기이거나 아래쪽으로 가늘고 다소 뿌리 모양이다. 표면은 미분상 또는 밋밋하며 거의 흰색 또는 약간 황토색을 띤다. 포자는 크기 9~11×4.5~5.5㎛이고 류타원형, 표면이 매끈하고 투명하다.

생태 여름~가을 / 참나무 숲의 땅, 소나무와의 혼효림의 땅에 난다.

분포 한국, 일본

112

붉은쓴맛그물버섯

Tylopilus badiceps (Peck) A.H. Sm. & Thiers

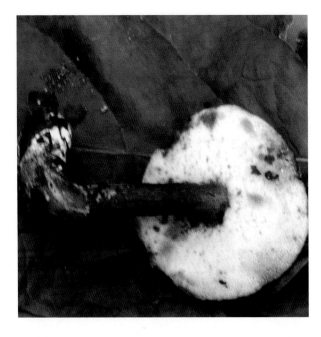

형태 균모는 지름 4~8㎝, 처음에는 둥근 산 모양이다가 넓은 둥근 산 모양으로 변하며 때때로 오래되면 가운데가 들어간다. 가장자리는 고르고, 오래되면 전형적으로 기울지만 비스듬하게 잘린 모양이 되기도 한다. 표면은 어릴 때는 밤색 또는 벨벳, 자갈색에서 검은 적갈색이 되고, 오래되면 둔하고 밋밋해진다. 살은 백색이며 변색하지 않는다. 다만 공기에 노출되면 서서히 분홍색-갈색이 된다. 냄새는 당밀처럼 달콤하거나 불분명하다. 맛은 불분명하다. 구멍의 표면은 백색이다가 뒤늦게 칙칙한 백색에서 갈색으로 변하는데, 성숙해도 분홍색이 되진 않는다. 상처 시 흔히 갈색으로 물든다. 구멍은 각진 형이며 1~3개/㎜이다. 관공의 길이는 7~12㎜이고, 자루는 길이 4~5㎝, 굵기 1.5~3㎝에 상하가 같은 굵기이나 어릴 때는 아래로 부푼다. 속은 차 있으며 완전한 갈색이다. 꼭대기는 보통 백색이며 손으로 만져도 올리브색으로 물들지 않는다. 때때로 꼭대기에 불분명한 좁은 그물꼴을 형성한다. 포자문은 분홍 갈색이다. 포자는 크기 6.5~10. 5×2.5~4㎛, 협타원형이며 표면이 매끈하고 투명하며 노란색이다.

생태 여름~가을 / 참나무 숲의 땅에 단생, 산생 때로는 집단으로 발생한다. 식용이다.

분포 한국, 북미

113

쓴맛그물버섯

Tylopilus felleus (Bull.) Karst.

형태 균모는 지름 5~10cm, 처음에는 편반구형이다가 차차 편평해진다. 표면은 마르고 연한 황토 갈색이다가 나중에는 엽색 또는 회자갈색이 된다. 어릴 때는 융모가 있으나 이후 매끄러워진다. 살은 백색, 두껍고 유연하며 상처 시 붉어진다. 맛은 아주 쓰다. 관공은 자루에 대하여 파진 관공이며 백색이다가 살색이 된다. 구멍은 중형 크기이고 모양은 원형 또는 다각형이다. 자루는 길이 3~4cm, 굵기 1~1.5cm로 원주형이다. 기부가 약간 불룩하며 그물눈 무늬가 있고 균모의 표면과 같은 색이거나 약간 연한 색이다. 속은 차 있다. 포자는 크기 14~15×4.8~5μm로 장타원형 또는 방추형에 분홍 갈색이다. 포자문은 분홍 갈색. 낭상체는 방추형 또는 피침형이고 크기는 14~15×4.8~5μm이다.

생태 여름~가을 / 잣나무, 활엽수림, 혼효림 또는 잡목림의 땅에 산생 혹은 군생한다. 맛이 매우 쓰며 문헌에 따르면 독이 있다고 한다. 소나무 또는 신갈나무와 외생균근을 형성한다.

분포 한국, 중국, 일본, 북반구 온대

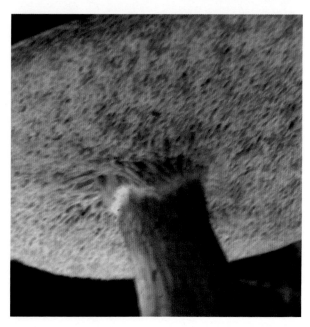

회갈색쓴맛그물버섯

Tylopilus ferrugineus (Kuntze) Sing.
Boletus ferrugineus Frost

형태 균모는 지름 4.5~9cm, 처음에는 둥근 산 모양이다가 편평한 모양이 된다. 표면은 황갈색-갈색, 때로는 올리브색이다. 약간 비로드상-면모상이고 후에 거의 무모가 된다. 습할 때는 점성이 있지만, 보통 점성이 없다. 살은 단단하고 흰색인데, 절단하면 담적갈색-보라색을 띤 갈색으로 변색한다. 쓴맛은 없다. 관공의 구멍은 소형이며 처음에는 거의 백색, 후에 점차 연한 살색이 된다. 관공은 자루에 대하여 바른 관공이다가 후에 거의 자루에 떨어진 관공이 된다. 색은 구멍과 같다. 자루는 길이 4~9cm, 굵기 10~15mm, 아래쪽으로 약간 가늘어지거나 약간 굵어진다. 단단하고 표면은 어릴 때 거의 흰색이나 손으로 만지면 갈색으로 변한다. 성숙한 자실체는 보통 거의 전체적으로 계피 갈색-적갈색으로 물들며 때로는 암녹색의 얼룩이 생긴다. 위쪽 또는 거의 아래쪽까지 바탕색보다 다소 진한 가는 그물눈이 덮여 있다. 포자의 크기는 8.5~12.5×3~4μm이며 류방추형에 표면이 매끈하고 투명하다. 포자문은 계피 갈색이다.

생태 여름~가을 / 주로 참나무류 등 활엽수림의 땅에 난다.

분포 한국, 일본, 북미

반쓴맛그물버섯

Tylopilus intermedius Smith & Thiers

형태 균모는 지름 6~15cm, 넓은 둥근 산 모양이었다가 거의 편평하게 된다. 가장자리는 안으로 말린다. 어릴 때는 백색이지만 연한 황색을 거쳐 서서히 햇볕에 탄 연한 색이 되며, 상처가 난 곳은 갈색으로 물든다. 표면은 고르지 않으며 홍조가 있거나 주름지기도 한다. 살은 두껍고 단단하며, 백색이다. 관공의 주위는 백색에서 갈색으로 변색한다. 버섯 냄새가 나고 맛이 매우 쓰다. 관공은 자루 주위에 깊게 파이며, 끝 붙은 관공이다. 구멍은 둥글며 길이 1~1.5cm, 백색이었다가 분홍 갈색이 된다. 자루는 길이 8~14cm, 굵기 1~4cm로 밋밋하며 백색인데, 손으로 만지면 칙칙한 황갈색이 된다. 속은 차 있고, 포자는 크기 10~15×3~5㎛로 좁은 보트 모양에 표면이 매끈하고 투명하다. 포자문은 엷은 황갈색이다.

생태 여름~가을 / 참나무류 숲의 땅에 군생한다. 식용할 수 없으며 드문 종.

분포 한국, 중국, 북미

116

제주쓴맛그물버섯

Tylopilus neofelleus Hongo

형태 균모는 지름 6~11cm, 처음에는 반구형이다가 거의 편평하게 펴진다. 표면은 올리브 갈색-보라색을 띤 갈색. 약간 비로드상이고 점성은 없다. 살은 처음에는 단단하나 후에 연해진다. 색은 흰색이며 공기와 접촉해도 변색하지 않는다. 맛은 극히 쓰다. 관공의 구멍은 소형, 처음부터 담자색-포도주색을 띠며 상처를 받아도 변색하지 않는다. 관공은 자루에 올린 관공-거의 떨어진 관공이고, 처음에는 흰색이나 곧 담자색 또는 담홍색이 된다. 자루는 길이 6~11cm, 굵기 15~25mm, 거의 상하가 같은 굵기 또는 아래쪽이 약간 굵어진다. 표면은 균모와 같은 거의 같은 색이고 꼭대기 부근에는 보라색을 띠는 가는 그물눈이 있으나 간혹 없는 것도 있다. 포자는 7.5~9.5×3.5~4μm 크기에 긴 타원형-아방추형이며, 표면이 매끈하고 투명하다. 포자문은 칙칙한 분홍색이다.
생태 여름~가을 / 참나무류 등 활엽수림이나 이들과 섞여 있는 침엽수림 내 땅에 단생 혹은 군생한다. 흔한 종이나 식용으로는 부적절하다.
분포 한국, 일본, 파푸아뉴기니

흑보라쓴맛그물버섯

Tylopilus plumbeoviolaceus (Snell & E.A. Dick) Snell & E.A. Dick

형태 균모는 지름 3~8cm로 반구형에서 차차 편평해진다. 표면은 옅은 자색, 자갈색이며 노후 시 회갈색 또는 자색이 되며 끈적임이 없어진다. 가장자리는 어릴 때 아래로 말린다. 살은 백색, 상처 시 변색하지 않으며, 치밀하다. 맛은 불분명하고 매우 쓰다. 관공은 자루에 대하여 바른 관공이며 유백색이었다가 분홍색이 되거나 연한 분홍 자색이 된다. 상처 시 변색하지 않는다. 구멍은 거의 원형으로 2~3개/mm개가 있다. 소형이지만 나중에 약간 커진다. 자루는 길이 6~8cm, 굵기 1~2.5cm로 원주형이며 어릴 때는 거칠고 자색 혹은 자갈색을 띤다. 기부 쪽으로 팽대하고 백색의 털이 있다. 속은 차 있다. 꼭대기는 옅은 색으로 약간 그물꼴이 있지만 불분명하다. 습기가 있을 때는 불분명한 그물꼴이 나타난다. 포자는 크기 9.5~13×3~5μm로 타원형에 광택이 나고 표면이 매끈하고 투명하다. 측낭상체는 황색이며, 꼭대기는 가늘고 길다. 봉형 또는 방추형으로 크기는 28~36×7~8μm이다. 포자문은 분홍 갈색이다.

생태 가을 / 숲속의 땅에 단생, 군생, 속생 혹은 산생한다.

분포 한국, 중국

118

헛비듬쓴맛그물버섯

Tylopilus pseudoscaber Secr. ex Smith & Thiers

형태 균모는 지름 5~15cm, 둥근 산 모양이다가 편평하게 된다. 표면은 처음에는 매우 검은 갈색에서 올리브 갈색 또는 포도주 갈색이 되며, 건조성이 있다. 살은 백색이며 상처 시 밝은 청색에서 적색을 거쳐 갈색으로 변한다. 냄새는 좋고 맛은 쓰다. 관공은 자루에 대하여 약간 내린 관공이고 길이 1.5~2cm로 주위가 함몰하며, 연한 회갈색으로 상처 시 녹청색으로 변한다. 구멍은 작고, 둥글고, 검은 황갈색이다. 자루는 길이 4~12cm, 굵기 1~3cm로 속이 차 있다가 나중에는 푸석푸석하게 비게 된다. 균모와 동색이며 오래되면 기부는 검은색이 된다. 표면은 건조성, 미세한 펠트상, 가끔 세로줄 무늬와 불규칙한 선이 있다. 포자는 12~18×6~7μm 크기에 타원형이며, 표면이 매끈하고 투명하다. 포자문은 적갈색이다.

생태 가을 / 활엽수림과 혼효림의 땅에 산생 혹은 군생한다.

분포 한국, 중국

적갈색쓴맛그물버섯

Tylopilus rubrobrunneus Mazzer & A.H. Sm.

형태 균모는 지름 8~30cm, 넓은 둥근 산 모양이다가 거의 편평해지며, 때로 오래되면 가운데가 들어간다. 가장자리는 고르고, 안으로 굽었다가 말린다. 표면은 건조하고 매끈하다가 약간 털상, 오래되면 갈라지기도 한다. 검은색이다가 밝은 자색을 거쳐 검은 적갈색, 둔한 갈색, 붉은색 등이 된다. 살은 백색. 냄새는 불분명하고 맛은 쓰다. 관공의 구멍 표면은 처음엔 회갈색, 이후 분홍색을 거쳐 성숙하면 칙칙한 분홍 갈색 또는 갈색. 상처 시 갈변한다. 관공의 구멍은 원형, 1~2개/mm. 관의 길이는 8~20mm, 자루는 길이 6~20cm, 굵기 1~5cm, 가끔 아래로 부푼다. 속은 차 있다. 기부 위쪽은 올리브색-갈색, 만지면 자실체 전체가 물든다. 꼭대기는 매끄럽거나 미세한 그물눈, 아래는 밋밋하다. 포자문은 적갈색 또는 둔한 분홍 갈색. 포자는 10~14×3~4.5μm, 류구형이다가 거의 방추형이 되며, 표면이 매끈하고 투명하다. 색은 연한 갈색이다.

생태 여름~가을 / 활엽수림에 산생하며 간혹 집단으로 발생한다. 식용할 수 없다.

분포 한국, 북미

단단한쓴맛그물버섯

Tylopilus rigens Hongo

형태 중형-대형균. 균모의 표면은 비로드상이고 끈적임은 없다. 색깔은 올리브색이 강하다. 관공의 구멍은 백색이었다가 황색이 되며, 자색을 나타내지 않는다. 살은 상처를 받아도 변색하지 않는다. 맛은 쓰다. 자루도 올리브색이 강하고, 올리브 갈색을 나타내기도 한다. 표면에 그물꼴이 없다. 포자의 크기는 8.5~14× 3.5~4.5 μm 이다.
생태 여름~가을/ 숲속의 땅에 발생한다. 비교적 드문 종.
분포 한국, 일본

진갈색멋그물버섯

Xanthoconium affine (Peck) Sing.
Boletus affinis Pk.

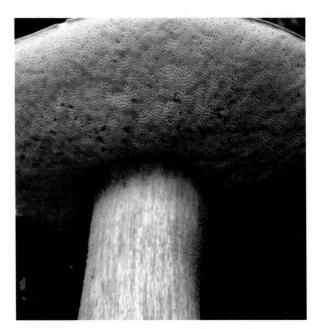

형태 균모는 지름 5~10㎝, 처음에는 둥근 산 모양이지만 차차 편평해진다. 암갈색 또는 코코아색에서 이후에는 갈색-황갈색 또는 약간 황토색이 된다. 습할 시 끈적임이 있고, 털이 없으며 밋 밋하다. 간혹 비로드상의 미세한 털이 덮여 있거나 불규칙한 얇은 균열이 생기고 살이 노출되기도 한다. 살은 백색, 표피 아래는 약간 황색이다. 벌레 먹은 자리는 녹황색을 띠며 절단하여도 변색하진 않는다. 관공은 자루에 대하여 홈 파진 관공으로 구멍은 작고, 유백색-옅은 오렌지색이었다가 오렌지 갈색-황갈색이 된다. 자루의 주위에서 함몰하며 상처 시 진한 색이 된다. 자루는 길이 5~12㎝, 굵기 8~12㎜로 상하가 같은 굵기, 표면은 약간 가루상-비로드상에 밋밋하다. 간혹 꼭대기 부분에 미세한 그물눈이 생긴다. 꼭대기와 기부는 그을은 암갈색-갈색으로 백색의 세로줄 무늬 선이 있다. 포자는 크기 10~13×3.5~5㎛에 방추상의 원주형, 표면이 매끈하며 밝은 갈색-황갈색이다. 측낭상체는 크기 32.5~60×10~15㎛, 가운데가 부푼 방추형이다. 연낭상체는 측낭상체와 비슷하나 소형이다. 포자문은 밝은 갈색-황갈색이다.
생태 여름~가을 / 낙엽활엽수림, 특히 자작나무 숲의 땅에 많이 발생한다. 식용이다.
분포 한국, 중국, 북미, 일본

주름멋그물버섯

Xanthoconium separans (Peck) Halling and Both

형태 균모는 지름 6~20cm, 처음에는 둥근 산 모양이었다가 넓은 둥근 산 모양이 된다. 표면은 건조하고 성숙하면 주름진 곰보 자국 모양에 주름이 생긴다. 색깔은 다양하지만 항상 라일락색을 띠거나, 검은 자갈색에서 적갈색이 되거나, 포도 자색에서 포도주 적색이 되거나, 라일락 갈색, 또는 연한 분홍 갈색, 때때로 연한 분홍색에서 오래되면 노랑-갈색이 된다. 가장자리는 고르며 매우 좁은 띠가 있다. 살은 백색으로 공기에 노출되거나 상처가 생겨도 색이 변하지 않는다. 맛은 달콤하고 견과류 맛이 나나 분명치 않고, 냄새 역시 분명치 않다. 구멍의 표면은 어릴 때는 백색에서 노란색이나 황토 노란색이 되며 오래되면 황토 갈색이 된다. 상처 시 색은 변하지 않는다. 관공의 구멍은 원형으로 1~2개/mm, 관의 길이는 1~3cm다. 자루는 길이 6~15.5cm, 굵기 1~3cm, 위아래가 같은 굵기 또는 아래로 부푼다. 속은 차 있고, 균모와 같거나 옅은 색 또는 검다. 성숙하면 분홍색, 라일락색 또는 와인 색이다. 꼭대기와 기부는 백색, 오래되면 분홍 갈색이다. 자루의 위쪽은 그물꼴, 절단하거나 상처가 나도 색깔은 변하지 않는다. 기부의 균사체는 백색이다. 포자문은 황토-갈색 혹은 연한 적갈색이다. 포자는 크기 12~16×3.5~5μm이며 좁은 류방추형에 표면이 매끈하고 투명하다. 색은 연한 갈색이다.

생태 여름~가을 / 활엽수림이나 혼효림의 땅에 단생, 산생, 또는 집단으로 발생한다. 식용 가능하다.

분포 한국, 북미

멋그물버섯

Xanthoconium stramineum (Murr.) Sing.
Boletus stramineus (Murr.) Murr.

형태 균모는 지름 4~9cm, 처음에는 둥근 산 모양이고 오래되면 넓은 둥근 산 모양을 거쳐 거의 편평하게 된다. 가장자리는 처음에 안으로 굽으며, 표면은 건조하고 매끈하며 오래되면 때때로 갈라지고 그물눈이 생긴다. 처음에는 백색-유백색이다가 연한 짚색 또는 갈색을 띠게 된다. 살은 백색이며 공기에 노출되어도 변색하지 않는다. 냄새는 불분명 또는 약간 과일향이 나며 맛은 분명치 않다. 관공의 구멍 표면은 처음 백색에서 유백색, 담황색이다가 오래되면 노랑 담황색 또는 연한 노랑-갈색이 된다. 상처 시 변색하지 않는다. 구멍은 원형에서 각진 형이고 2~4개/mm 이며 자루 근처에서 함몰한다. 관의 길이는 3~10mm다. 자루는 길이 3~7cm, 굵기 1~3.5cm로 아래쪽으로 부풀거나 위아래가 같은 굵기이다. 표면은 미끈거리고 백색이며 상처 시 물들지 않는다. 그물눈은 없다. 기부는 배불뚝형에 건조성이며 속이 차 있다. 포자문은 황갈색에서 노랑 녹슨 갈색. 포자는 크기 10~15×2.5~4µm, 원통형에 표면이 매끈하고 투명하다. 색은 노란색이었다가 투명해진다.

생태 여름~가을 / 모래땅 또는 풀 속에 단생하거나 산생한다. 때로는 집단으로 발생한다. 식용이다.

분포 한국, 북미

123

마른해그물버섯

Xerocomellus chrysenteron (Bull.) Sutara
Boletus chrysenteron Bull., X. chrysenteron (Bull.) Quél.

형태 균모는 지름 3~10cm, 어릴 때는 반구형, 후에 둥근 산 모양-거의 편평한 모양이 된다. 표면은 점성이 없고 비로드상이나 후에 매끄러워진다. 건조할 때는 표면이 심하게 갈라진다. 진한 자갈색, 암갈색, 회갈색, 칙칙한 갈색 등 색깔이 다양하고 갈라진 부분이나 벌레 먹은 곳은 연한 홍색을 띤다. 살은 담황색. 균모의 표피 밑은 담홍색이며 절단하면 청색으로 변한다. 관공의 구멍은 비교적 크고 불규칙한 다각형에 유황색-녹황색을 띤다. 관공은 자루에 바른 관공 또는 자루 주위로 다소 함몰하고 아래쪽으로 톱니 모양을 이룬다. 색은 구멍과 같으며 강하게 만지면 약간 청색으로 변한다. 자루는 길이 4~8cm, 굵기 6~12mm로 다소 가늘다. 표면은 혈적색-암적색이며 꼭대기는 레몬색에 세로로 줄무늬 선이 있다. 다소 가는 인편상이 있으며 속은 차 있다. 포자는 크기 12.3~16.1×4.1~5.6μm, 원주상의 방추형이다. 표면이 매끈하고 투명하며 올리브 황색에 벽이 두껍다. 포자문은 올리브 갈색이다.

생태 여름~가을 / 활엽수림의 땅에 군생 혹은 단생한다. 식용이다.
분포 한국, 북반구 온대, 호주, 아르헨티나

조각두메그물버섯

Xerocomellus porosporus (Imler ex Watling) Sutara
Boletus porosporus Imler ex Watling

형태 균모는 지름 4~8*cm*, 둥근 산 모양이었다가 편평하게 퍼진다. 표면은 암올리브 갈색, 후에 올리브색을 띤 담배 갈색이 된다. 자라면서 균모 표면이 많은 조각으로 갈라져 녹황색을 띤 살이 드러난다. 살은 연한 레몬 황색-담황갈색, 자루의 위쪽은 레몬 황색, 밑동 쪽은 적색이다. 관공의 구멍은 소형에 각형이고 어릴 때는 레몬 황색이다가 녹황색이 된다. 만지면 청변한다. 관공은 매우 길고 구멍과 같은 색이며 자루에 깊게 함몰한다. 자루는 길이 9~10*cm*, 굵기 20~30*mm*이며 꼭대기 쪽은 레몬 황색, 아래쪽은 올리브 갈색이다. 세로로 주름이 잡혀 있고, 위쪽에 갈색이나 적색의 선 모양이 보인다. 손으로 만지면 암색이 된다. 포자의 크기는 13~15×4.5~5.5*μm*이고 형태는 류방추형, 표면이 매끈하고 투명하다. 포자문은 올리브 황갈색이다.

생태 가을 / 활엽수림 또는 혼효림의 땅에 난다.

분포 한국, 유럽

서리해그물버섯

Xerocomellus pruinatus (Fr. & Hök) Sutara
Boletus pruinatus Fr. & Hök

형태 균모는 지름 4~10cm, 둥근 산 모양이었다가 편평하게 펴진다. 어릴 때는 암적갈색-밤갈색, 후에는 연한 적갈색이나 분홍 적갈색이 된다. 표면에 백색의 가루가 덮여 있다. 살은 레몬 황색, 자루의 밑동 쪽은 다소 갈색을 띤다. 절단하면 서서히 청록색으로 변한다. 관공의 구멍은 소형이며 레몬 황색, 후에 부분적으로 청색으로 변한다. 관공은 자루에 대하여 바른 관공이면서 올린 관공이며 색은 구멍과 같다. 자루는 길이 8~10cm, 굵기 20~30mm이며 꼭대기 쪽은 레몬 황색, 아래쪽은 불규칙하게 미세한 혈적색 반점들로 덮여 붉은색이다. 밑동에는 흰색의 균사가 덮여 있다. 포자는 크기가 11.5~14×4.5~5.5μm이고 류방추형에 올리브 황갈색이다.

생태 여름~가을 / 활엽수림의 땅에 난다. 식용이다.

분포 한국, 유럽

홀트산그물버섯

Xerocomus hortonii (A.H. Sm. & Thiers) Manfr. Binder & Besl.
L. hortonii (Sm. & Thiers) Hongo & Nagas.

형태 균모는 지름 5~11.5㎝, 반구형이었다가 둥근 산 모양이 되고, 때로는 거의 편평형이 된다. 표면은 습할 때 약간 점성을 띠고 무모 또는 약간 미분상이다. 표면이 현저히 쭈글쭈글하고 요철이 있다. 둔한 적갈색-계피 갈색, 후에 갈색-담황갈색이 된다. 살은 황백색-담황색이며 균모의 표피 밑은 갈색을 띠기도 한다. 절단해도 변색하지 않는다. 관공의 구멍은 황색이다가 후에 녹황색이 된다. 관공은 구멍과 같은 색이며 상처를 받아도 변색하지 않는다. 자루는 길이 4.5~10㎝, 굵기는 꼭대기 부분은 10~15㎜, 밑동은 15~25㎜으로 아래쪽으로 굵어진다. 처음에는 표면에 미세한 털이 밀포되어 있으나 거의 밋밋하다. 색상은 담황-황백색, 꼭대기 부분은 후에 황색이 된다. 자루의 표면도 세로로 다소 쭈글쭈글함이 나타난다. 포자는 크기 11~13×4~5㎛, 류방추형에 표면이 매끈하고 투명하다. 포자문은 올리브색-올리브 갈색이다.

생태 여름~가을 / 참나무류 등 활엽수림의 땅에 단생 혹은 군생한다. 드문 종.

분포 한국, 일본, 북미

흰홀트산그물버섯

Xerocomus hortonii var. **albus** (D.H. Cho) D.H. Cho
Leccinum hortonii var. albus D.H. Cho

형태 균모는 지름 3.5~6㎝, 둥근 산 모양이었다가 둥근 산 모양이 되며 후에 편평해진다. 표면은 작은 곰보형이며, 백색 또는 약간 갈색빛을 띠는 백색이다. 살은 얇고 노란색이며 가장자리가 불규칙하다. 구멍은 크며 자루에 떨어진 관공, 검은 노란색-갈색이다. 자루는 길이 4~6㎝, 굵기 4~5㎜, 속은 비어 있으며 황갈색이다. 섬유실의 백색 줄무늬 선이 위쪽으로 있다. 포자는 크기 7~13×4.5~5.8㎛, 방추형에 커다란 기름방울을 함유한다. 난아미로이드 반응이 있다. 담자기는 크기 15~20×7.5~10㎛, 곤봉형이고, 낭상체는 30~31.3×7.5~15㎛에 후라스코형 비슷하며 이물질을 함유한다. 균사는 크기 105~112×6.3~7.5㎛, 원통형이다. 균모의 낭상체는 55~92.5×6.3~15㎛ 크기에 불규칙하거나 원통형이며 이물질을 함유한다. 자루의 균사는 70~100×30~35㎛ 크기에 원통형이다.

생태 여름 / 참나무 숲의 땅에 군생한다.

분포 한국(전주)

붉은테산그물버섯

Xerocomus parvulus Hongo

형태 균모는 지름 1.5~5cm에 둥근 산 모양이다가 이후 거의 편평해진다. 표면은 건조하고 비로드상-거의 밋밋하며, 처음에는 황토색을 띤 올리브색이다가 후에 가장자리가 점차 분홍색을 띤 담갈색이 되어 테 모양이 보인다. 오래된 균모는 붉은색을 잃어버리고 탁한 갈색이 된다. 살은 담황색. 자루는 탁한 황색이다가 후에 갈색이 된다. 절단하면 다소 청변한다. 관공의 구멍은 지름이 1~3mm로 크고 다각형이며 담황색, 후에 레몬-황색이 된다. 관공은 자루에 대하여 바른 관공이거나 이후 다소 홈 파진 관공이 되고 색은 구멍과 같다. 상처를 받아도 보통 청변하지 않는다. 자루는 길이 2~5cm, 굵기 3~7mm, 표면이 탁한 황색-갈색이고 때로는 꼭대기 부근에 띠 모양이 나타나며 담적색으로 착색된다. 거의 밋밋하거나 섬유 무늬가 나타난다. 포자는 크기가 7.5~9 × 5~6.5μm로 타원형 또는 난형-약간 완두콩형이다. 표면은 매끈하고 투명하다. 포자문은 올리브색이다.
생태 여름~가을 / 참나무류 등의 활엽수림의 땅에 단생 혹은 군생한다.
분포 한국, 일본

129

형제산그물버섯

Xerocomus fraternus Xue T, Zhu & Zhu L. Yang

형태 균모는 지름 4~7cm, 어릴 때는 반구형이었다가 후에 둥근 산 모양이 되고 편평하게 된다. 표면은 건조하고 비로드상이며 혈홍색 또는 적갈색이다. 흔히 표면이 가늘게 균열되어 황색의 살이 노출된다. 살은 황색이며 공기에 접촉하면 서서히 청색으로 변한다. 관공의 구멍은 지름 1mm 내외로 다소 크며 각진 형에 황색이다. 관공은 자루에 올린 관공이고, 구멍과 같은 색인데 상처를 받으면 청색으로 변한다. 자루는 길이 3~6cm, 굵기 5~10mm, 상하가 같은 굵기 또는 위쪽이나 아래쪽으로 다소 가늘어진다. 표면은 황색의 바탕에 붉은 줄무늬가 덮여 있다. 때로는 전체적으로 진한 적색이 된다. 밑동은 황색의 균사로 덮여 있다. 포자는 크기가 10~12.5×4.5~5.5μm이며 류방추형에 표면이 매끈하고 투명하다. 포자문은 올리브 갈색이다.

생태 여름~가을 / 숲속이나 숲의 가장자리, 정원 등에 군생한다. 식용으로 맛이 좋다.

분포 한국, 일본, 북미

포도주못버섯

Chroogomphus jamaicensis (Murr.) O.K. Miller

형태 균모는 지름 2.5~9.5cm, 둥근 산 모양이나 중앙이 약간 들어가기도 한다. 노후하면 거의 편평하고 밋밋해지며, 습할 시 미끈거린다. 연한 자갈색이었다가 검은 자갈색이 되고, 위로 뒤틀려서 겹쳐진 인편이 있기도 하다. 살은 균모에서는 단단하고, 연한 연어 색이었다가 분홍색을 띤 연한 황색이 된다. 자루의 살은 연어 색에서 연한 황색. 주름살은 자루에 대해 내린 주름살, 약간 성기고, 폭이 넓고 활 모양이다. 살색-노란색 또는 분홍 노란색에서 회색이 된다. 자루는 길이 4~10cm, 굵기 3~15mm이며 기부로 가늘다. 속은 차 있다. 꼭대기는 표피 조각으로 된 섬유상이고, 건조성. 적황색 또는 분홍색에서 검은 적색이 된다. 기부는 적황색에서 밝은 황토색이 되거나 검은 노란색이 된다. 포자문은 회색. 포자는 17~20×4.5~6μm, 류방추형, 표면이 매끈하고 투명하다. 벽은 얇다. 담자기는 36~50×9~11μm, 곤봉 모양, 4-포자성.

생태 여름 / 숲속의 땅에 군생한다.

분포 한국, 중국

못버섯

Chroogomphus rutilus (Schaeff.) O.K. Miller
C. helveticus subsp. tatrensis (Pilat) Kunhan & Sing., Gomphidius rutilus (Schaeff.) Lundel

형태 균모는 육질로 지름이 2~10cm이고 처음에는 종 모양 또는 원추형이다. 이후 점차 편평해지며 중앙부가 돌출한다. 표면은 젖으면 강한 끈적임이 있고, 마르면 광택이 난다. 홍갈색이며 중앙은 암홍갈색이다. 가장자리 쪽으로 색깔이 점차 연해지며 때로는 홍자색이다. 살은 두껍고 처음에는 황갈색이나 나중에 홍색을 띠며 맛은 유화하다. 주름살은 자루에 대하여 내린 주름살로 두꺼우며 단면은 쐐기 모양이고 길이는 같지 않다. 처음 갈색에서 흑갈색이 된다. 자루는 길이가 4~9cm, 굵기는 1.2~2cm이고 원주형에 아래로 가늘어진다. 황갈색이며 황갈색 융털이 밀생, 기부에 난황색의 솜털 뭉치가 있으며 속이 차 있다. 황갈색 솜털 모양의 턱받이는 점차 없어진다. 포자는 크기 17.5~20×6.5~7μm로 방추형에 표면이 매끄럽고 투명하다. 포자문은 청갈색. 낭상체는 원주형에 막이 얇다. 크기는 100~125×12~15μm이다.

생태 여름~가을 / 소나무 숲의 땅에 군생한다. 소나무와 외생균근을 형성한다.

분포 한국, 중국, 일본, 유럽, 북미

못버섯(등갈색형)

Chroogomphus helveticus subsp. **tatresis** (Pil.)Kuthan & Sing.

형태 균모의 지름은 3~5(7)cm로 어릴 때는 반구형, 후에 둥근 산모양-편평형이 된다. 간혹 둔하게 중앙이 돌출된다. 표면은 습할 때 약간 점성이 있고, 미세한 털이 덮여 있다. 오렌지 갈색이다가 다소 자주색을 띠게 된다. 가장자리는 날카롭고 고르다. 살은 오렌지 황색. 주름살은 자루에 심한 내린 주름살이며 오렌지 황색-자주색을 띤 갈색이다가 후에 흑갈색이 된다. 폭이 약간 넓고 성기다. 자루는 길이 5~7(9)cm, 굵기 8~20mm에 원주형이며 아래쪽으로 약간 가늘어지거나 굵어진다. 자루의 상부에 턱받이 흔적이 있고, 표면은 세로로 섬유상이며 색은 균모와 비슷하다. 밑동에는 분홍색 균사가 있다. 포자는 크기 14.9~20.6×6~8.4μm, 방추상의 타원형에 표면이 매끈하고 투명하다. 색은 갈황색이고 기름방울이 있다. 포자문은 암올리브 갈색이다.

생태 가을/ 소나무나 분비나무 등 침엽수림의 땅에 단생 혹은 군생한다.

분포 한국, 유럽

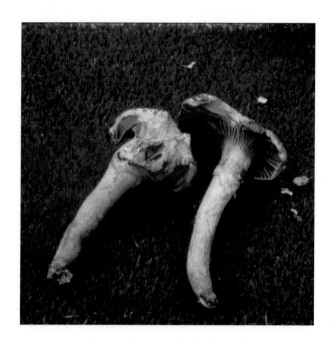

솜털갈매못버섯

Chroomgomphus tomentosus (Murr.) O.K. Miller

형태 균모는 육질로 지름 3~5cm이고 처음 원추형에서 점차 편평해지며 중앙부가 돌출하나 나중에는 오목해지면서 깔때기형이 된다. 표면은 젖으면 약간 끈적임이 있고 분홍색 또는 오렌지 갈색이다. 중앙부는 어둡고 마르면 홍갈색이 되며 압착된 미세한 인편 또는 융모상의 부드러운 털이 있다. 가장자리는 처음에 아래로 말리며 섬유상의 피막 잔편이 있다. 살은 유연하고 연한 갈색, 마르면 분홍색이 되고 맛은 유화하다. 주름살은 자루에 대하여 내린 주름살로 두껍고 성기다. 자루에서 갈라지며 처음 회백색에서 이후 회색이 된다. 자루는 길이가 5~9cm, 굵기는 0.5~0.7cm이고 위아래로 가늘어지며 균모의 표면과 색이 같다. 속은 차 있다. 섬유상의 피막은 평행균사로 조성되었으며 쉽사리 소실된다. 포자는 크기 16~20×6.5~7.5μm로 장타원-장방추형에 표면이 매끄럽고 투명하다. 포자문은 황색. 낭상체는 막이 두껍다.

생태 여름~가을 / 가문비나무, 분비나무, 잣나무 숲의 땅에 군생 혹은 단생한다. 식용이다.

분포 한국, 중국, 일본, 유럽, 북미

비단못버섯

Chroomgomphus vinicolor (Pk.) Miller

형태 균모는 지름 3~5cm, 어릴 때는 반구형이다가 후에 둥근 산 모양-편평한 모양이 된다. 간혹 둔하게 중앙이 돌출된다. 표면 은 습할 때 약간 점성이 있고 미세한 털이 덮여 있다. 오렌지 갈 색이었다가 다소 자주색을 띠게 된다. 가장자리는 날카롭고 고르 다. 살은 오렌지 황색. 주름살은 자루에 심한 내린 주름살로 오렌 지 황색-자주색을 띤 갈색이다가 후에 흑갈색이 된다. 폭이 약간 넓고 성기다. 자루는 길이 5~7cm, 굵기 8~20mm에 원주형, 아래쪽 으로 약간 가늘어지거나 굵어진다. 자루의 상부에 턱받이 흔적이 있고, 표면은 세로로 섬유상이며 균모와 비슷한 색이다. 밑동에 는 분홍색 균사가 있다. 포자는 크기 14.9~20.6×6~8.4μm, 방추 상의 타원형에 표면이 매끈하고 투명하다. 기름방울을 함유하며, 황갈색이다. 포자문은 암올리브 갈색이다.

생태 가을 / 소나무나 분비나무 등 침엽수림의 땅에 단생 혹은 군생한다.

분포 한국, 유럽

마개버섯

Gomphidius glutinous (Schaeff.) Fr.

형태 균모는 지름 4~10cm로 어릴 때는 못 모양 또는 도원추형
으로 위가 편평하지만 이후 낮은 둥근 산 모양을 거쳐 편평형이
된다. 간혹 중앙이 오목하게 들어가 낮은 깔때기형이 되기도 한
다. 표면은 끈적액 층으로 덮여 있어서 미끈거리며 회갈색, 회자
색 또는 적색을 띤 갈색 등의 반점으로 얼룩이 생긴다. 살은 두껍
고 유백색이며, 표피 아래는 갈색을 띠고 밑동은 레몬 황색을 띤
다. 주름살은 자루에 대하여 내린 주름살로 회백색에서 퇴색하
여 포도주 회색이 되며, 폭이 약간 넓고, 약간 성기다. 자루는 길
이 5~10cm, 굵기 6~20mm로 원주상이나 때때로 꼭대기 또는 밑동
부분이 굵어진다. 꼭대기 부근에 턱받이 흔적이 남으며 끈적임이
있다. 턱받이 위쪽은 유백색, 아래쪽은 회갈색, 밑동은 레몬 황색
을 띤다. 포자는 18.5~21.1×5.3~6.5μm 크기에 방추상의 타원형
으로 표면이 매끈하고 투명하다. 황갈색이며 기름방울이 들어 있
다. 포자문은 암적갈색이다.

생태 가을 / 침엽수림 땅에 군생한다.

분포 한국, 중국, 일본, 유럽, 유럽, 북미

점마개버섯

Gomphidius maculatus (Scop.) Fr.

형태 균모는 지름 2~6cm, 처음에는 원추형-둥근 산 모양, 후에 편평형-얕은 깔때기 모양이 된다. 표면은 밋밋하고 점성이 있다. 어릴 때는 거의 유백색, 이후 황토-황색, 황토-갈색, 회갈색 등 다양한 색이 된다. 표면에 흔히 검은 반점 모양의 얼룩이 생기고 특히 가장자리 쪽에 많다. 살은 흰색이며 자르면 분홍색이 된다. 주름살은 자루에 내린 주름살이며 처음에 연한 회색, 후에 회색-흑갈색이 된다. 폭은 보통이고 약간 성기다. 자루는 길이 4~8cm, 굵기 4~8mm로 다소 가늘고 길며 거의 상하가 같은 굵기이다. 표면은 점성이 없으며 가는 인편상이거나 섬유상이다. 흰색의 바탕에 검은색 또는 적갈색의 반점상 또는 줄무늬 모양의 얼룩이 다수 생기며 특히 밑동 가까이에 많다. 포자는 크기 17.1~19.7 × 5.9~6.9μm, 타원형-방추형에 표면이 매끈하고 투명하며 벽이 두껍다. 기름방울을 함유하며 갈색이다. 포자문은 회흑색이다.
생태 여름~가을 / 낙엽수림의 땅에 단생 혹은 군생한다. 식용이다.
분포 한국, 일본, 중국, 유럽, 북미

135

큰마개버섯

Gomphidius roseus (Fr.) Fr.

형태 균모는 지름 4~6㎝, 처음에는 원추형-둥근 산 모양이다가
후에 거의 편평해지거나 때로는 얕은 깔때기 모양이 된다. 표면
은 습할 때 점성이 있다. 담홍색-붉은 장미색이나 오래되면 검은
반점이 생긴다. 살은 흰색, 표피 아래는 단홍색이다. 주름살은 자
루에 대하여 내린 주름살로 처음에는 백색, 후에 회색-암회갈색
이 된다. 폭은 보통 약간 넓고 성기다. 자루는 길이 3~6㎝, 굵기
6~10㎜, 위쪽에 면모상의 불완전한 턱받이가 있다. 밑동은 약간
가늘다. 위쪽은 흰색, 아래쪽은 담홍-담홍갈색을 띤다. 포자는 크
기 15.8~20.8×4.6~6.6㎛, 타원상의 방추형이며 표면이 매끈하고
투명하다.
생태 여름~가을 / 소나무, 곰솔 등 침엽수림의 땅에 단생 혹은
군생한다. 식용이다.
분포 한국, 일본, 대만, 유럽

장미마개버섯

Gomphidius subroseus Kauffm.

형태 균모는 지름 4~6cm, 어릴 때는 반구형-둥근 산 모양이다가 후에 편평해지고 가운데가 오목한 깔때기 모양이 된다. 표면은 점성이 많고 밋밋하며 연한 분홍색-적색이다. 가장자리는 오랫동안 안쪽으로 말린다. 살은 흰색. 주름살은 자루에 대하여 내린 주름살로 백색에서 그을린 회색이 되며 폭이 넓고 약간 성기다. 자루는 길이 3.5~7cm, 굵기 6~18mm에 원주형이나 밑동 쪽이 다소 가늘며 점성이 있는 턱받이가 있다. 턱받이 위쪽은 백색이며 아래쪽은 크림색 및 황색을 띤다. 턱받이는 포자에 의해서 흑색으로 보인다. 포자는 크기 15~20×4.5~7.5㎛로 타원형에 표면이 매끈하고 투명하다. 포자문은 흑색이다.

생태 여름~가을 / 침엽수림의 땅에 단생 혹은 군생한다.

분포 한국, 북미

아교황금그물버섯

Boletinellus merulioides (Schw.) Murrill
Gyrodon merulioides (Schw.) Sing.

형태 균모는 지름 5~12cm, 둥근 산 모양에서 차차 편평해지지만 중앙이 들어간다. 표면은 건조성에서 약간 끈적임이 있어 미끈거리고, 미세한 섬유실이 있다. 색은 노랑 갈색에서 적갈색이 되며 상처 시 청록색이 된다. 가장자리는 고르고, 어릴 때 아래로 강하게 말린다. 띠가 있으며 성숙하면 물결형이다. 육질은 노란색으로 변색하지 않으며 상처 시 서서히 청록색으로 물든다. 냄새와 맛은 불분명하다. 관공은 자루에 대하여 내린 관공이며, 관은 길이 3~6mm로 연한 노란색에서 황금색 또는 올리브색이 되며, 상처 시 서서히 청색으로 (점차 적갈색으로) 변한다. 구멍은 관공과 같은 색이며 폭은 1mm 정도에 방사상으로 배열한다. 자루는 길이 2~4cm, 굵기 6~25mm로 원통형에 굽어 있으며 편심생 또는 측생이다. 속이 차 있으며 색은 균모와 같고 상처 시 적갈색이 된다. 턱받이는 없다. 포자문은 올리브 갈색. 포자는 크기 7.5~10.5 × 5.5~7μm로 광타원형-난형에, 표면이 매끈하고 투명하다. 색은 연한 노란색이다.

생태 여름~가을 / 정원이나 풀밭에 군생 또는 산생한다. 식용이다.

분포 한국, 중국

연지버섯

Calostoma japonicum Henn.

형태 버섯의 높이는 2~3cm, 공 모양의 머리 부분과 뿌리 같은 자루로 이루어져 있다. 머리 부분의 지름은 0.5~1cm이며 꼭대기가 별 모양으로 갈라지고 가장자리는 적색의 작은 구멍이 열려 있다. 껍질은 연한 황색이 도는 적갈색이고 표면에 백색의 가루가 덮여 있다. 머리 부분은 포자가 성숙하면 연한 크림색의 가루로 가득 찬다. 자루는 머리 부분과 같은 색깔이며 아교질의 미세한 실 모양을 가진 균사 여러 개가 다발을 이루고 있다. 포자는 타원형에 보통은 크기가 10~17×6~7µm이지만 다양한 편이다. 표면에 미세한 알갱이가 있으며 무색이다. 포자벽은 이중막, 여러 개의 막으로 나누어진다.

생태 여름~가을 / 숲속의 맨땅 또는 이끼류 사이에 군생한다. 발생할 때는 우무질로 되어 있으며 빨간 연지색이 없지만 성숙하면 단단해지고 꼭대기에 연지색이 나타난다. 약용이다.

분포 한국, 일본

쇠연지버섯

Calostoma miniata Zang

형태 자실체는 소형으로 높이 5~7mm, 폭은 6~8mm이다. 원형 또는 거의 원형에 가깝고, 바깥쪽 표피는 황갈색이며 돌기상의 요철 모양 또는 작은 과립이 있다. 자루는 없고, 가근이 있거나 혹은 여러 개가 있다. 자실체는 꼭대기에 별 모양으로 찢어지고 갈라진 구멍이 있다. 이는 붉은 색이며 5개로 갈라진다. 포자는 지름 17~20µm, 구형이거나 거의 구형이며, 포자벽은 요철과 같은 장식이 된다.

생태 여름 / 선태류 속에 군생한다.

분포 한국, 중국

황회색연지버섯

Calostoma ravenelii (Berk.) Mass.

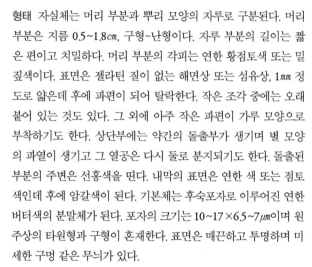

형태 자실체는 머리 부분과 뿌리 모양의 자루로 구분된다. 머리 부분은 지름 0.5~1.8cm, 구형-난형이다. 자루 부분의 길이는 짧은 편이고 치밀하다. 머리 부분의 각피는 연한 황점토색 또는 밀짚색이다. 표면은 젤라틴 질이 없는 해면상 또는 섬유상, 1mm 정도로 얇은데 후에 파편이 되어 탈락한다. 작은 조각 중에는 오래 붙어 있는 것도 있다. 그 외에 아주 작은 파편이 가루 모양으로 부착하기도 한다. 상단부에는 약간의 돌출부가 생기며 별 모양의 파열이 생기고 그 열공은 다시 둘로 분지되기도 한다. 돌출된 부분의 주변은 선홍색을 띤다. 내막의 표면은 연한 색 또는 점토색인데 후에 암갈색이 된다. 기본체는 후숙포자로 이루어진 연한 버터색의 분말체가 된다. 포자의 크기는 10~17×6.5~7μm이며 원주상의 타원형과 구형이 혼재한다. 표면은 매끈하고 투명하며 미세한 구멍 같은 무늬가 있다.

생태 여름~가을 / 산속의 습기가 많은 길옆이나 작은 계곡의 무너진 흙벽 등에 군생 또는 속생한다.

분포 한국, 일본, 동아시아, 북미

헌구두솔버섯

Gyrodontium sacchari (Spreng.) Hjortstam
Gyrodontium versicolor (Berk. & Br.) Maas Geest.

형태 자실체는 반원형, 때로는 배착생이거나 반배착생이다. 형성된 균모는 편평하고 폭은 5~8㎝, 표면은 흰색-황백색이다. 털이 거의 없으며 표피에도 광택이 없다. 살은 흰색-탁한 황백색, 유연한 육질인데 마르면 부러지기 쉽다. 두께는 0.5~1㎝. 하면층의 자실층탁은 길이 0.5~1㎝, 기부의 굵기 0.5㎜ 정도의 많은 침상돌기로 이루어진다. 침의 끝은 뾰족하지 않고 자른 것처럼 뭉뚝하다. 어릴 때는 난황색이나 후에 황토색-녹색을 띤 황색, 건조할 때는 암갈색이 된다. 약간 납질-아교질을 띤다. 포자의 크기는 4.5~5×2~2.5㎛이며 타원형에 표면이 매끈하고 투명하다. 색은 담황갈색이다.

생태 연중 / 지면에 떨어진 소나무 가지나 줄기에 발생하며 갈색부후를 일으킨다. 드문 종.

분포 한국, 일본, 호주, 아프리카

먼지버섯

Astraeus hygrometricus (Pers.) Morgan

형태 자실체는 지름 2~3cm, 처음에는 편평한 구형이고 절반은 땅속에 묻혀 있으며 거의 흑색이다. 성숙하면 두껍고 단단한 가죽질 외피가 7~8개 조각으로 쪼개져 바깥쪽으로 뒤집히고 내부의 얇은 껍질로 덮인 공 모양의 주머니를 노출시킨다. 주머니 속에는 포자들이 가득하며 성숙하면 꼭대기 구멍으로 포자를 날려보낸다. 별 모양으로 갈라진 외피는 습기를 빨아들이면 안쪽으로 세게 감기고, 이때 외피 끝이 주머니를 눌러서 포자의 방출을 돕는다. 포자는 지름이 8~11μm에 구형인데, 표면에 미세한 가시 사마귀 반점이 있다. 색은 갈색이다.

생태 연중 / 숲속 등산로의 길가 또는 무너진 낭떠러지에 군생한다. 약용이다.

분포 한국, 일본, 중국, 유럽, 북미

흑보라둘레그물버섯

Gyroporus atroviolaceus (Höhn) Gilb.

형태 균모는 지름 2.6㎝ 정도이며 편반구형이었다가 거의 편평하게 펴진다. 표면은 남자색이고 미세한 융모 털이 있으며 가장자리는 연한 홍갈색이다. 살은 오백색이고 중앙이 두껍다. 관공은 자루에 대하여 떨어진 관공이고 백색이다. 관의 길이는 약 3㎜, 구멍의 지름은 0.2㎜로 각진 형이며 백색이나 나중에 홍갈색으로 변색한다. 자루는 길이 3.5㎝, 굵기 0.4~0.9㎝로 상부는 균모와 같은 색이나 하부는 홍갈색으로 부풀며 속이 비어 있다. 표면은 과립상의 융모상이 있다. 포자는 크기 8~11×6~8㎛, 난원형 혹은 타원형에 광택이 나며 표면이 매끈하고 투명하다.

생태 여름 / 숲속의 땅에 군생한다. 식용이며 외생균근을 형성한다.

분포 한국, 중국

노랑둘레그물버섯

Gyroporus ballouii (Peck) E. Horak
Tylopilus ballouii (Peck) Sing., Rubinoboletus balloui (Peck) Hein. & Ramm.

형태 균모는 지름 5~10cm, 둥근 산 모양이었다가 거의 편평하게 된다. 보통 불규칙하며 가장자리는 고르고, 처음에 안으로 말린다. 표면은 건조성, 밝은 오렌지색에서 밝은 오렌지-적색이다가 퇴색하여 둔한 오렌지색이나 붉은색이 되며 더 오래되면 그을린 황갈색이 된다. 살은 백색이나 절단하거나 상처 시 그을린 분홍색이나 자갈색이 된다. 냄새는 불분명하며 맛은 온화하다가 쓰다. 구멍의 표면은 백색이다가 칙칙한 백색이 되며, 오래되면 그을린 황갈색 또는 약간 분홍색이 된다. 상처 시에는 갈색으로 물든다. 관공의 구멍은 각진 형으로 1~2개/mm이고, 관의 길이 8mm 정도다. 자루는 길이 2.5~12cm, 굵기 6~25mm이며 위아래가 같은 굵기이지만 기부의 위쪽은 부푼다. 속은 차 있고, 대체로 그물꼴은 없으나 꼭대기에는 미세한 그물꼴이 있을 수 있다. 표면은 백색 또는 노란색-오렌지색이며, 절단 혹은 상처 시 오래되면 갈색으로 물든다. 표면은 밋밋하고 간혹 비듬이 있다. 포자문은 연한 갈색, 그을린 황갈색 또는 적갈색이다. 포자는 5~11×3~5μm 크기로 타원형, 표면이 매끈하고 투명하며 연한 갈색이다.

생태 여름~가을 / 숲속의 땅, 풀밭에 단생, 산생하며 때로는 집단으로 발생하기도 한다. 식용 가능하나 맛이 쓰다.

분포 한국, 북미

흰둘레그물버섯

Gyroporus castaneus (Bull.) Quél.

형태 균모는 육질로 지름이 2~6㎝이며 둥근 산 모양이다가 차차 편평해지고 중앙부가 편평하거나 약간 오목하게 된다. 표면은 비로드 모양이며 계피색-밤갈색, 가장자리는 색깔이 연하다. 살은 단단하나 나중에 연하게 되며 백색 또는 연한 색깔이고 상처 시에도 변색하지 않는다. 관공은 자루에 대하여 바른 관공 또는 내린 관공, 연한 황색으로 마르면 색깔이 짙어진다. 관과 구멍은 같은 색이고 선점(腺点)이 있으며 각진 형이고 복식이다. 자루는 길이 5~10㎝, 굵기 1~1.5㎝로 위아래의 굵기가 같거나 기부가 약간 볼록하며 전체에 검은 선점이 있다. 속은 차 있다. 포자는 크기 8~10×3.5~4㎛로 타원형 또는 방추형, 표면이 반반하고 백색 또는 연한 황색이다. 낭상체는 곤봉형으로 정단이 둥글며 크기는 30~50×5~6㎛이다.

생태 여름~가을 / 잣나무, 활엽수, 혼효림의 땅에 산생한다. 식용이며 소나무와 외생균근을 형성한다.

분포 한국, 중국, 일본, 전 세계

둘레그물버섯

Gyroporus cyanescens (Bull.) Quél.

형태 균모는 지름이 5~10cm, 둥근 산 모양 또는 원추형이었다가 차차 편평해지거나 방석 모양으로 변한다. 표면은 건조성, 가는 털 또는 거친 털로 덮인 비로드상 또는 섬유상이고 칙칙한 백색, 연한 황색, 밀짚색, 회황색 등 색이 다양하다. 손으로 만지거나 상처 시 암청색으로 변한다. 살은 백색, 공기에 노출되면 진한 청색으로 변하며, 냄새와 맛이 좋다. 관공은 자루에 대하여 홈 파진 관공 또는 떨어진 관공이다. 구멍은 백색에서 청황색이 되고, 상처를 입으면 청색으로 변한다. 자루는 길이 8~11cm, 굵기 6~25 mm로 원통-막대형에 균모와 동색이다. 속은 비어 있거나 방처럼 생겼으며 부서지기 쉽다. 표면에 섬유상의 실이 있다. 포자의 크기는 8~16×4~8μm, 타원형이다. 포자문은 레몬 황색이다.

생태 여름~가을 / 침엽수, 낙엽수림의 맨땅에 단생 혹은 군생한다.

분포 한국, 중국, 일본, 시베리아, 유럽, 북미, 아프리카(모로코)

자주둘레그물버섯

Gyroporus prupurinus Sing. ex Davoodian & Halling

형태 균모는 지름 3~9cm, 둥근 산 모양이었다가 거의 편평형이 된다. 때로는 가운데가 약간 오목해지기도 한다. 표면은 건조하고 미세한 털이 벨벳 모양으로 덮여 있으며 진한 포도주색이다. 가장자리는 다소 연하다. 살은 흰색. 관공은 자루에 대하여 바른 관공이다. 관공의 구멍은 작고 흰색인데, 점차 황색이 된다. 관공은 구멍과 같은 색이며 자루 주변이 깊게 함몰한다. 자루는 길이 3~6cm, 굵기 3~10mm, 균모와 같은 색이거나 약간 적색 또는 갈색을 띤다. 속은 차 있다가 비게 된다. 포자는 크기 8~11×5~6㎛, 타원형에 표면이 매끈하고 투명하다. 포자문은 레몬색이다.
생태 여름~가을 / 참나무류나 기타 활엽수림의 땅에 난다.
분포 한국, 북미, 북반구 일대, 호주

재목꾀꼬리큰버섯

Hygrophoropsis bicolor Hongo

형태 균모의 지름은 2.5~6cm, 둥근 산 모양이다가 차차 편평해
지면서 얕은 깔때기형이 된다. 가장자리는 불규칙한 물결형이고
찢어지기도 한다. 표면은 오렌지색 및 암갈색으로 건조 시 가는
비로드상이다. 살은 얇고 부드러우며 특유의 냄새가 있다. 색은
거의 백색. 주름살은 자루에 대하여 긴 내린 주름살이며 포크형
에 폭이 좁고, 싱싱한 오렌지색이며, 밀생한다. 가장자리는 때때
로 물결형이다. 자루는 길이 1.5~2.5cm, 굵기 4~6mm로 약간 편심
생, 속은 비어 있다. 표면은 약간 비로드상이나 밋밋한 것도 있으
며, 오렌지색 또는 약간 암갈색이다. 포자문은 백색. 포자는 크기
4.5~7×2.5~3μm, 류원주형에 표면이 매끈하다. 거짓 아미로이드
반응을 보인다. 담자기는 4-포자형이며 포자문은 백색이다.
생태 가을 / 소나무 숲의 고목에 군생하거나 속생한다. 또는 혼
효림의 바위 밑의 땅에 군생한다.
분포 한국, 중국, 일본

꾀꼬리큰버섯

Hygrophoropsis aurantiaca (Wulf.) Maire

형태 균모는 지름 3~7cm, 둥근 산 모양이었다가 편평한 모양이 되지만 중앙이 오목하게 들어가서 깔때기형이 될 때도 있다. 표면은 난황색-오렌지색에서 오렌지 갈색이 되며, 미세한 털이 덮여 있다. 가장자리는 처음에는 안쪽으로 강하게 감겨 있으며 펴지면서 물결 모양으로 굴곡이 생긴다. 살은 크림색-연한 황색이며, 얇고 부드럽다. 주름살은 자루에 대하여 내린 주름살이면서 홈 파진 주름살로, 오렌지 황색이다. 폭이 좁으나 두껍고 약간 촘촘하며 주름살이 3~5회 분지한다. 자루는 길이 2~5cm, 굵기 5~15mm로 균모보다 다소 짧으며 상하가 같은 굵기이거나 아래쪽이 가늘다. 색은 오렌지 갈색이다. 포자는 크기 5.5~7.5×3~4.5 μm, 타원형에 표면이 매끈하고 투명하다. 연한 황색이며 기름방울을 함유한다. 포자문도 연한 황색이다.

생태 여름~가을 / 침엽수림의 땅, 드물게 활엽수림의 땅에 단생 혹은 군생한다.

분포 한국, 중국, 일본, 유럽, 동남아, 북미, 호주

누비이불버섯

Leucogyrophana pseudomollusca (Parm.) Parm.

형태 자실체 전체가 배착생이다. 기질에 느슨하게 부착하며 1~2mm 두께의 부드러운 막질을 형성하면서 수~수십 센티미터 크기로 퍼진다. 표면은 많은 주름이 잡히는 아교버섯형으로 연한 오렌지색이거나 오렌지 황색이다. 가장자리는 유백색이다. 솜털처럼 얇게 균사층이 퍼져 나간다. 신선할 때는 유연하고 밀랍질이며 건조할 때는 단단하고 깨지기 쉽다. 포자의 크기는 6~7.5(9)×4~5μm이고, 형태는 타원형이다. 표면이 매끈하고 투명하며 연한 황색이다. 포자벽은 두껍다.

생태 여름~가을 / 침엽수림의 죽은 둥치, 줄기, 가지 등에 나며 부근의 낙엽층에도 퍼진다. 때로는 침엽수 건축재에도 난다.

분포 한국, 유럽, 북미

줄그물버섯

Gyrodon lividus (Bull.) Sacc.

형태 균모는 지름 60~100mm, 둥근 산 모양이다가 차차 편평해진 다. 표면은 울퉁불퉁하다가 물결형, 미세한 섬유실의 솜털상. 습 기가 있을 때 미끈거리고, 연한 노란색에 갈색 섬유실이 있다. 오 래되면 검은 노란색-갈색. 가장자리는 예리하고 아래로 말린다. 육질은 스펀지상, 상처 시 특히 관의 위쪽이 청변, 이후 갈변한 다. 냄새는 시큼하며 맛은 온화하다. 관공은 자루에 대해 내린 관 공, 관의 길이는 짧고 황색이다가 올리브색-갈색이 된다. 구멍은 작고, 입구는 뒤얽힌 술 장식, 방사상으로 신장한다. 자루는 길이 3~7cm, 굵기 8~15mm, 약간 굽은 원통형, 꼭대기가 약간 넓다. 표 면에 적갈색 섬유실이 있다. 속은 차 있고 부서지기 쉽다. 포자는 4.9~6.5×3.5~4.7μm, 짧은 타원형-난형, 연한 황색이며 기름방울 이 있다. 담자기는 21~35×7~8μm, 가는 곤봉형, 기부에 꺽쇠. 연 낭상체는 적고 35~40×5.5~8μm, 방추형에서 송곳형. 측낭상체는 없다. 포자문은 올리브 갈색.
생태 여름~가을 / 숲속의 땅에 군생, 드물게 단생한다. 식용이다.
분포 한국, 중국, 유럽, 북미

우단버섯

Paxillus involutus (Batsch) Fr.

형태 균모는 지름 3~6cm, 둥근 산 모양을 거쳐 차차 편평해지며 중앙은 깔때기 모양으로 오목하게 된다. 표면은 젖으면 끈적임이 있고 마르면 광택이 있으며 연한 황토색 내지 청갈색이다. 가장자리는 처음에는 아래로 말린다. 살은 두껍고 연한 황토색, 상처 시 연한 갈색이 된다. 주름살은 자루에 대하여 내린 주름살로 밀생하며 폭이 넓고 황청색이다. 상처 시 갈색이 된다. 자루는 길이가 3~4cm, 굵기는 0.4~1cm로 원주형에 위아래의 굵기가 같다가 기부가 약간 불룩하다. 자루는 중심생이나 가끔 편심생도 있으며 속이 차 있다. 처음에는 연한 색깔이다가 탁한 황색 또는 계피색이 된다. 표면은 매끄럽거나 융털이 있다. 포자는 8~9.5×4~4.5μm 크기이며 타원형에 표면이 매끄럽다. 색은 녹슨 갈색이다. 포자문은 홍갈색. 낭상체는 많고 피침형으로 크기는 50~70×8~12μm이다.

생태 여름~가을 / 잣나무, 잎갈나무, 사시나무, 황철나무 숲 또는 활엽혼효림의 땅에 군생하거나 산생한다. 독버섯이나 중국 동북 민간에서는 말려서 식용이지만 맛은 없다.

분포 한국, 중국, 일본, 유럽, 북미

붉은우단버섯

Paxillus rubicundulus P.D. Orton

형태 균모는 지름 3~15cm, 둥근 산 모양이다가 차차 편평해진다. 중앙에 돌기가 있지만 이후 깔때기 모양이 되어 돌기는 사라진다. 불규칙하게 찌그러진 물결형이다. 표면은 밋밋하고 매끈하며 흑색, 방사상의 섬유실이 있다. 오래되면 갈라지고 인편이 된다. 색은 올리브 갈색, 황갈색이며 불규칙한 반점들이 있다. 가장자리는 아래로 말리기도 하며, 무딘 톱니상에서 갈라지며 검은 줄무늬 선을 나타내기도 한다. 육질은 밝은 황색에 두껍고, 향료 냄새가 난다. 맛은 온화하나 약간 시큼하다. 주름살은 내린 주름살로 폭이 좁다. 연한 색이었다가 짙은 노란색이 되며, 상처 시 적갈색으로 물든 반점이 생기며 포크형이다. 가장자리는 밋밋하다. 자루는 길이 15~50mm, 굵기 10~18mm로 원통형에 기부로 가늘어진다. 표면은 세로줄의 섬유실이 있고, 가끔 줄무늬 홈선이 있으며, 연한 황색이었다가 갈색이 된다. 상처 시 적갈색 반점들이 생긴다. 자루의 속은 차 있다. 포자는 크기 5.6~7.5×3.5~4.3μm로 광타원형, 표면이 매끈하고 황갈색이다. 담자기는 곤봉형이고 크기는 30~40×8~10μm, 1~4-포자성, 기부에 꺽쇠가 있다. 낭상체(연낭상체와 측낭상체)는 방추형으로 종종 굽어 있으며 크기는 35~60×4~10μm이다.

생태 여름~가을 / 숲속의 땅에 단생 혹은 군생한다.

분포 한국, 중국, 일본, 유럽

굳은우단버섯

Paxillus validus C. Hahn

형태 균모는 지름 7~20cm, 처음에는 둥근 산 모양이다가 편평해지며 중앙이 들어간다. 표면은 처음에는 아주 미세한 솜털-벨벳상이지만 가장자리로 밋밋해지며 흔히 찢어져서 인편을 형성한다. 강한 이랑이 있다. 습할 시 점성이 있고, 가장자리는 솜털상이다. 주름살은 자루에 대하여 내린 주름살이고, 촘촘하며, 황토색-갈색에서 적갈색이 되며 분지한다. 매우 강한 신맛과 신 냄새가 난다. 살은 연한 황토색에서 담황색이다. 자루는 길이 3~5cm, 굵기 2~3cm, 때때로 약간 편심생이나 매우 짧고 단단하며, 주름살이 땅에 닿을 정도로 퍼진다. 표면은 밋밋하다가 솜털상, 상처 시 불규칙하게 적갈색이 되며 기부는 크림-분홍색의 균사체가 있다. 포자의 크기는 7~11×5~7μm, 광타원형이며, 표면이 매끈하고 투명하다. 포자문은 적갈색이다.

생태 여름~가을 / 서나무가 있는 활엽수림, 공원의 석회석 땅 등에 단생 혹은 집단으로 발생한다. 드문 종.

분포 한국, 유럽 (영국)

서방알버섯

Rhizopogon occidentalis Zeller & C.W. Doge

형태 자실체의 지름은 15~65mm, 난형, 구형 또는 불규칙하다. 직물의 스펀지와 비슷하다. 피층은 두께 0.5~1mm, 섬유상이며 노란색이다가 황토색이 된다. 그을린 황갈색에서 녹슨 색 또는 적갈색의 균사속 그물꼴로 덮여 있다. 상처 시 노란색에서 오렌지색, 적갈색이 되며, 절단한 곳은 적색이 된다. 기본체는 미세하고 비어 있는 방들이며 연한 회색, 회 올리브색에서 올리브 갈색이 된다. 주축은 임성의 기부는 없다. 냄새는 약간 과일 냄새 또는 온화하며 맛도 온화하다. 포자는 크기 5~7×2~2.5μm, 타원형에 표면이 매끈하고 투명하다. 색은 올리브-노란색이다. 담자기는 6-포자성 또는 8-포자성, 기부에 꺽쇠는 없다.

생태 가을~겨울 / 소나무 숲의 땅에 단생 또는 속생한다. 식용이다.

분포 한국, 북미

노랑알버섯

Rhizopogon luteolus Fr.

형태 자실체는 지름 3.5~4cm 정도, 구형이었다가 측면이 압착된 모양이 되며 전체적인 모양이 불규칙하다. 표면은 건조하고 섬유상이며 압착된 균사속이 전체를 덮고 있다. 자실체가 싱싱하고 상처가 없을 때는 노랑-황토색이나 곧 짙은 황금색 또는 황금-그을린 황갈색이 된다. 균사속은 흔히 처음 그을린 황갈색. 싱싱한 피층(각벽)은 $FeSO_4$, KOH 용액에서 색이 변하지 않지만 서서히 약간 갈색이 된다. 기본체는 백색에 매우 작은 구멍으로 된 방이다. 성숙한 것에서는 올리브색이며 주축은 없다. 포자는 크기 7~9(10)×2.5~3.5(4)μm, 좁은 장방형에 벽이 약간 두껍다. 표면은 매끈하며 KOH 용액에서는 투명하고 멜저액에서는 노란색이 된다. 담자기는 16~20×6~7μm이며 4-포자성 또는 6-포자성인 것도 있다. 투명하며 벽은 얇다.

생태 여름 / 전나무 등 숲속의 썩은 낙엽이 있는 땅에 군생한다. 드문 종.

분포 한국, 북미

흑변알버섯

Rhizopogon nigrescens Coker & Couch

형태 자실체는 지름 2~6cm, 약간 구형 또는 편구형이며 어리고 신선할 때는 순백색이다가 성숙하면 여러 색깔로 얼룩덜룩해진다. 아래는 맑은 카드미엄색, 꼭대기는 녹슨 색이며 비비면 아래는 오렌지색, 위는 적갈색이 되었다가 흑색이 된다. 많은 섬유실로 되어 있으며 가늘다. 피층의 두께는 200~550μm, 균사속은 처음 백색에서 이후 담황색, 나중에 갈색이 된다. 작은방은 원형이나 불규칙하다. 포자는 크기 4.5~6.5×2.5~3μm, 장타원형에 표면이 매끈하고 투명하다.

생태 여름~가을 / 숲속의 땅에 반지상생으로 발생한다.

분포 한국, 중국, 북미

155

반지중알버섯

Rhizopogon reae A.H. Smith

형태 반지중 버섯으로 자실체는 지름 1.5~3cm, 구형에 가깝거나 불규칙한 모양이다. 처음에는 연한 오황색이거나 간혹 흑색이며, 흑색의 균사체가 있는 것도 있다. 균사체는 크게 부풀어진 세포가 된다. 포자문은 백색, 후에 약간 갈색이 된다. 포자는 크기 5.5~7×3~3.5㎛, 타원형에 표면이 매끈하고 투명하다.

생태 여름~가을 / 숲속의 땅에 반나생 혹은 군생한다.

분포 한국, 중국

붉은알버섯

Rhizopogon roseolus (Corda) Th. Fr.
R. rubescens (Tul. & C. Tul.) Tul. & C. Tul.

형태 자실체의 지름은 1.5~3cm, 겉은 각피로 덮여 있고 난형 또는 찌그러진 구형이며 유백색-연한 자갈색이지만 지표에 노출된 부분은 황갈색-적색을 띤다. 손으로 만지면 연한 적갈색으로 변한다. 특유의 냄새가 나는데 오래되면 악취로 변한다. 각피 표면에는 연한 적자색의 뿌리 모양 균사속이 달라붙어 있다. 살은 미로상-구형의 미세한 공간이 형성되어 있고 여기에 자실층이 생긴다. 처음에는 흰색이다가 후에 황갈색이 된다. 포자는 크기 8~10×3.5~4μm, 긴 타원형이며 표면이 매끈하고 투명하다. 기름방울이 들어 있다.

생태 봄~가을 / 곰솔 또는 소나무 숲의 땅에 흔히 난다. 길가의 강둑, 모래언덕 등에서도 난다. 땅속에서 자라지만 후에 반만 땅속에 묻혀 노출된다. 때로는 반만 땅속에 묻힌 반지중 버섯이다. 식용, 약용으로도 사용된다.

분포 한국, 북반구 일대

황갈색알버섯

Rhizopogon superiorensis A.H. Sm.

형태 자실체의 지름은 2~3.5cm, 타원형, 편구형, 거의 구형에 가까우나 불규칙하다. 표면은 황갈색 또는 회갈색이다. 포자는 지름 8~12㎛, 구형 또는 타원형, 장타원형이며 표면이 매끈하고 투명하다. 광택이 나며 연한 황갈색이다.

생태 가을 / 숲속의 땅에 나는 반지중 버섯이다. 식용이다.

분포 한국, 중국, 북미

모래밭버섯

Pisolithus arhizus (Scop.) Rausch.
P. tinctorius (Pers.) Coker & Couch

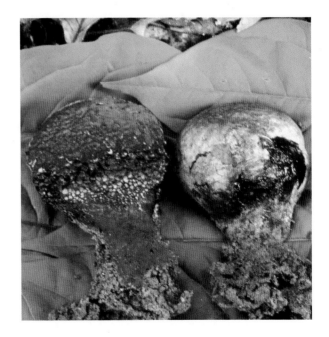

형태 자실체는 불규칙한 구형 또는 서양배 모양이다. 지름은
2~6cm. 표면은 어릴 때는 백색에 민둥하다가 점차 암적황색, 갈
색. 흑갈색이 된다. 표면에 작은 주름이나 그물눈 모양으로 요철
이 생기기도 한다. 노숙하면 상부가 붕괴되면서 황갈색-갈색의
분상포자가 비산한다. 각피는 매우 얇다. 밑동 쪽으로 굵은 줄기
모양의 자루(가짜 자루)가 형성된다. 단, 자루가 없을 때도 있다.
기부에는 굵은 뿌리 모양의 균사속이 분지되어 있으며 암갈색을
띤다. 기본체를 절단하면 어릴 때는 백색 또는 황색의 알갱이 같
은 입자가 촘촘히 차 있고 그 입자 사이를 채운 암갈색의 균사 맥
상이 있다. 이 알갱이 같은 입자는 성숙하면서 자황색 또는 흑색
으로 변한다. 기본체 윗부분의 알갱이 같은 입자는 3~4mm 정도
의 대형으로 커지고 아랫부분의 미숙한 입자는 1~2mm 정도의 소
형인데 연한 담색을 띤다. 포자는 지름 7~12μm로 구형이며 미세
한 침 모양의 돌기가 덮여 있다.
생태 봄~가을 / 소나무 숲이나 잡목림 또는 나지의 모래땅에 난
다. 소나무 뿌리에 균근을 형성하면서 토양으로부터 양분을 공급
해 어린 소나무의 성장을 돕는다.
분포 한국, 일본, 유럽, 북미, 남미, 호주

점박이어리알버섯

Scleroderma areolatum Ehrenb.

형태 자실체의 지름은 1~5cm, 구형 또는 편평한 구형이고 자루
는 짧다. 표면은 연한 갈색 또는 황갈색 바탕에 갈라진 줄무늬 선
이 있다. 표면에 어두운 갈색 또는 적갈색의 작은 인편이 붙어 있
으며 손으로 만지면 적색이 섞인 갈색이 된다. 성숙한 버섯을 자
르면 0.7mm가 표피이고 그 속에 기본체가 있다. 기본체는 처음에
는 백색이지만 포자가 성숙하면서 자갈색이 된다. 자루는 짧으며
때로는 눈에 잘 띄지 않는다. 포자는 가시 길이를 제외하고 지름
11~13μm, 갈색의 구형이다. 가시의 길이는 2μm이다.
생태 여름~가을 / 숲속의 땅 또는 활엽수림 및 미개간지의 땅에
군생한다.
분포 한국

갯어리알버섯

Scleroderma bovista Fr.

형태 자실체의 머리 부분은 구형-아구형, 지름 2~6cm이다. 황갈색의 표면에 황토색-적갈색의 미세한 눌린 비늘 모양-점 모양의 비늘이 덮여 있다가 밋밋해진다. 각피는 1mm, 비교적 얇고 가죽질에 다소 질기다. 각피는 성숙하면 정상부에서 불규칙하게 갈라져 포자가 비산된다. 자루 부분은 처음에 1cm 내외의 길이로 흙 속에 묻혀 있는데 점차 구형의 머리 부분에 흡수되어 구분되지 않는다. 하부에는 크림색 또는 황백색의 균사속이 뿌리 모양으로 형성된다. 기본체는 단단하며 어릴 때는 흰색이지만 갈색을 거쳐 후에는 흑색이 된다. 성숙하면 가루 모양이 된다. 포자는 지름 10~12.5μm에 구형이며 그물 모양이다. 표면에 돌기물이 덮여 있다.
생태 여름~가을 / 숲속의 땅, 풀밭, 공원 등에 단생 혹은 군생한다.
분포 한국, 전 세계

161

양파어리알버섯

Scleroderma cepa Pers.

형태 자실체는 편구형-구형, 흔히 콩팥 모양 또는 강낭콩 모양으로 아래쪽이 일그러져 있다. 폭은 2~4(5)*cm*, 높이는 대체로 폭보다 좁다. 각피는 단단하고 질긴 편이며 1~3*mm*로 다소 두꺼워 보인다. 표면은 아주 어릴 때는 오백색이다가 점차 가죽색, 밀짚색 또는 연갈색이 된다. 성숙하면 외표면이 가늘게 갈라져서 미세한 부스럼 딱지처럼 된다. 정상부가 불규칙하게 갈라져 포자가 비산되며, 외피가 열편 모양으로 찢어지면서 그 끝은 바깥쪽으로 약간 감긴다. 밑동에는 균사속이 뿌리 모양으로 형성되어 흙이나 부엽에 들러붙는다. 기본체의 내부는 아주 어릴 때는 흰색이다가 자흑색이 되며 다소 광택이 난다. 이후 가루 모양이 되면 다소 갈색을 띠며 비산이 된다. 포자는 지름 8~12*μm*, 구형이다. 표면에 가시 모양의 돌기가 덮여 있다.
생태 여름~가을 / 숲속의 땅, 길가, 정원, 잔디밭 등에 단생 또는 군생한다.
분포 한국, 일본, 북반구 전 지역

황토색어리알버섯

Scleroderma citrinum Pers.

형태 자실체의 지름은 2~3*cm*, 기부에는 백색의 균사 덩어리가 있으며 자루는 없다. 표피는 두께 0.1*cm*이고 표면은 대부분 인편 상 또는 사마귀 같은 반점이 있다. 각피는 황토색 또는 갈색이며 절단하면 연한 홍색으로 변색한다. 기본체는 백색의 균사가 있고 어두운 자색이었다가 흑색이 된다. 포자는 지름 8~11*μm*, 흑갈색 의 구형이다. 표면에 불규칙한 그물 모양의 돌기가 있다.

생태 여름~가을 / 숲속의 부식토에 군생하며 식물과 공생한다. 식용과 약용으로 이용하나 독성도 가지고 있다. 외생균근을 형성 한다.

분포 한국, 일본, 유럽, 북미, 아프리카, 호주

볏짚어리알버섯

Scleroderma flavidum Ell. & Ev.

형태 자실체는 지름 3~4.5cm, 높이 2~2.5cm로 위가 약간 편평한 공 모양이고 기부에 백색의 균사가 부착되어 있다. 표면은 매끄러우나 꼭대기 부분에 작고 얕은 균열이 별 모양으로 생긴다. 색은 연한 황색 또는 황갈색이며 꼭대기는 약간 흑색이다. 각피는 두께 0.7~1mm에 백색이며 성숙하면 불규칙하게 터져서 포자를 날려 보낸다. 기본체는 회자색의 살로 되어 있고, 그물꼴의 반짝거리는 기층판이 있다. 그물눈은 구형 또는 다각형이고 성숙하면 황색이 된다. 포자의 지름은 10~14μm로 구형에 갈색이며 1개의 기름방울이 있다. 표면에는 가시가 있다.

생태 여름~가을 / 숲속의 땅에 군생한다.

분포 한국, 중국, 일본, 유럽, 북미, 호주 등

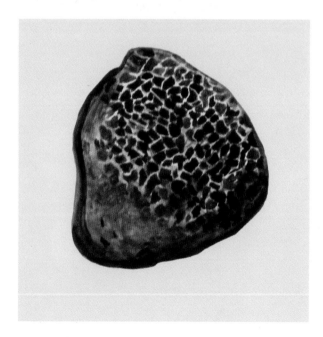

뿌리어리알버섯

Scleroderma polyrhizum (J.F. Gmel.) Pers.

형태 자실체는 지름 4~8㎝로 거의 구형이며 꼭대기의 끝이 열려서 갈라지기 전에는 부정형이다. 표피는 두껍고 단단하며, 처음에는 옅은 황색이다가 옅은 황토색이 된다. 성숙하면 암갈색이다. 표면은 거북이 등처럼 되거나 반점의 인편이 있고, 성숙 시 별꼴 모양으로 갈라진다. 열편은 반대로 말린다. 포자는 지름 6.5~12㎛로 구형이다. 갈색 표면에 작은 사마귀 점과 불완전한 무늬가 있다.

생태 여름~가을 / 숲속의 땅에 단생 혹은 군생한다. 어릴 때는 식용이다. 외생균근을 형성한다.

분포 한국, 중국

어리알버섯

Scleroderma verrucosum (Bull.) Pers.

형태 자실체는 지름 2.5~5(8)㎝, 아구형 또는 폭이 넓은 편구형
이다. 때로는 위쪽이 편평하다. 표피는 두껍고 오갈색-암갈색, 표
면의 미세한 균열로 암색의 알갱이 모양이 덮이기도 하고, 불규
칙하게 거북이 등처럼 갈라지기도 한다. 성숙하면 위쪽이 불규
칙하게 갈라진다. 자루는 거의 없고, 밑동에는 흔히 오백색의 굵
은 뿌리 또는 잔가지 모양의 위근이 형성된다. 각피는 절단하면
안쪽보다 위쪽이 얇다. 기본체는 암갈색이다. 포자는 지름 10~
14㎛, 구형이며 표면에 무딘 가시가 덮여 있다. 색은 암갈색이다.
생태 여름~가을 / 숲속 모래땅에 군생하거나 때로는 총생한다.
약한 독성이 있다.
분포 한국, 일본, 중국, 유럽, 아시아, 아프리카

방점좀그늘버섯

Boletinus punctatipes Snell & E.A. Dick
Boletinus pinetorum (W.F. Chiu) Teng

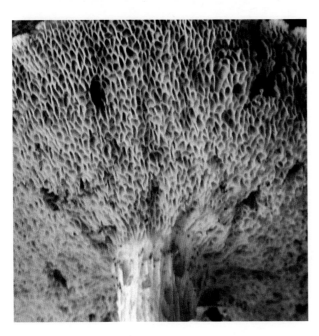

형태 자실체는 소형에서 중형이며, 균모는 지름 4~10㎝, 처음에는 편반구형이다가 후에 거의 편평해진다. 색은 육계색이며 가장자리는 연한 색, 담황갈색이다. 표면은 광택이 나고 밋밋하다. 점성이 있다. 살은 백색, 표피는 분홍색이다. 자루는 길이 3~7㎝, 굵기 4~10㎜, 원주형에 색은 균모와 비슷하며 위쪽은 옅은 황색이다. 속은 차 있다. 관공은 자루에 내린 관공이며 황색이고 방사상으로 배열된다. 구멍은 황색에 다각형이며 지름이 1~1.5㎜이다. 때때로 구멍의 가장자리에 갈색의 작은 점이 있다. 포자는 크기 7~10×3.5~4㎛, 타원형에 표면이 매끈하고 투명하며 광택이 난다. 색은 황색이다.

생태 여름~가을 / 소나무 숲의 땅에 군생한다. 외생균근을 형성한다.

분포 한국, 중국

167

독명주그물버섯

Suillus luridus (Shaeff.) Murrill
B. luridus Shaeff.

형태 균모는 지름 6~14㎝, 어릴 때는 반구형이다가 후에 둥근 산 모양-편평한 모양이 된다. 표면은 눌어붙은 면모가 있어서 우단 같은 감촉이 있으나 밋밋하다. 어릴 때는 오렌지색을 띤 황갈색, 후에는 적색을 띤 올리브 갈색-칙칙한 갈색이다. 살은 레몬 황색, 절단하면 청변한다. 관공의 구멍은 작고 어릴 때는 오렌지 황색, 나중에는 오렌지 적색-적색이다. 관공은 길이가 짧고 상처를 입으면 암청색으로 변색한다. 자루는 길이 5~14㎝, 굵기 10~30㎜이며 어릴 때는 밑동이 굵으나 후에 원주상의 방추형이 되며 밑동 쪽이 가늘어진다. 꼭대기 부분은 황색, 아래쪽은 오렌지 적색이다가 후에 포도주 적색이 된다. 흔히 붉은색이나 갈색의 그물눈이 부분적으로 덮여 있다. 상처를 입으면 청흑색이 된다. 포자의 크기는 11~15×4.5~6㎛, 광타원형이다.

생태 여름~가을 / 참나무류 및 자작나무 등 활엽수림의 땅에 난다. 독버섯이지만 끓이면 식용할 수 있다고 한다.

분포 한국, 일본, 중국, 시베리아, 유럽, 북미, 호주

곡괭이명주그물버섯

Suillus pictiformis Murrill
Boletellus pictiformis (Murrill) Sing. var. fallax

형태 균모는 지름 3~6cm, 류구형이었다가 둥근 산 모양이 되며 표면은 처음에는 오황토색 내지 암갈색, 후에 황토색 바탕에 흑갈색의 가느다란 솜털 같은 모피가 생긴다. 건조 시 점성은 없고, 살은 약간 두꺼우며 무미건조하고 황색이다. 상처 시 청변한다. 나중에는 오회색 내지 회흑색이 된다. 관공 부위는 처음에는 선황색, 후에 오황색이 되며 두께 5~8mm이다. 관공은 자루에 바른 관공이며 미세하게 내린 톱니상이다. 구멍은 관공과 같은 색으로 크기는 중~대형이다. 모양은 원형 내지 각진 형이며 상처 시 청변, 후에 암갈색 내지 흑색이 된다. 자루는 길이 4~5cm, 굵기 0.6~0.8cm에 위아래가 같은 굵기이거나 아래로 약간 가늘다. 위쪽은 선황색이며 아래쪽은 암홍갈색, 가는 점상 혹은 분상, 작은 인편으로 덮여 있다. 세로로 종선의 줄무늬가 있으며 바탕은 황색이다. 하부에 두꺼운 백색의 균사 덩어리가 있으며 속은 차 있다. 때때로 아래쪽에 적갈색의 오반점이 있고 섬유상의 줄무늬를 만든다. 포자는 크기 12~14×5.5~7μm, 장타원형이며 표면에 세로로 융기된 줄무늬가 있다. 포자문은 올리브 흑색이다. 담자기는 4-포자성이며 크기는 37~44×12~15μm이다.

생태 봄~가을 / 혼효림 또는 이끼류의 땅에 단생, 군생한다.

분포 한국, 일본

감명주그물버섯

Suillus Quéletii (Schulz.) Vizzini, Simonini & Gelardi
Boletus Quéletii Schulz.

형태 균모는 지름 5~15cm, 반구형이었다가 둥근 산 모양-편평한 모양이 된다. 표면은 적갈색-벽돌색, 눌어붙은 솜털이 있었다가 후에는 밋밋해진다. 손으로 만지면 청흑색으로 변한다. 살은 황백색, 밑동 가까이는 적색을 띤다. 절단하면 곧 연한 청색이 되고 자루 아래쪽은 흑자색이 된다. 관공의 구멍은 어릴 때 황색이나 곧 오렌지색, 오렌지 적색-녹슨 색이 된다. 미세하고 상처가 나면 암청색이 된다. 관공은 짧은 편이고 자루에 바른 관공, 홈파진 관공이다. 자루는 길이 7~10cm, 굵기 25~45mm, 위쪽은 분홍색을 띤 황색, 중간이나 아래쪽은 오렌지색이나 적색의 반점상인데, 밑동 쪽은 더 적색을 띤다. 포자는 9.5~14.5×4.8~6.1μm 크기에 원주상의 타원형이며, 표면이 매끈하고 투명하다. 색은 연한 올리브색, 기름방울을 함유한다.

생태 가을 / 참나무, 자작나무 등 활엽수림의 땅에 단생 혹은 군생한다. 균륜을 이루기도 한다.

분포 한국, 유럽

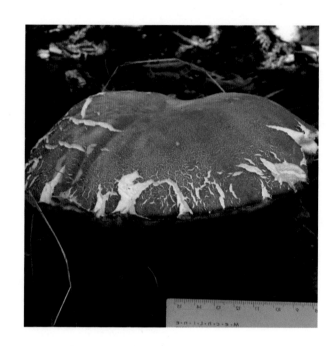

신맛비단그물버섯

Suillus acidus (Peck) Sing.
S. subalutaceus (A.H. Sm. & Thiers) A.H. Sm. & Thiers

형태 균모는 지름 3~9cm, 둥근 산 모양이다가 편평해진다. 가장자리는 흔히 부속물이 있고, 표면은 끈적한 물질로 덮여 있다. 분홍 담황색에서 포도주 담황색 또는 연한 분홍 붉은색이 된다. 살은 백색이며 표피 아래도 백색이다. 관공의 관은 노란색이다가 서서히 포도주 갈색으로 물든다. 냄새는 분명치 않다. 맛이 온화하며 싱싱하지 않을 때는 신맛이 있다. 구멍의 표면은 처음에는 연한 노란색에서 연한 갈색으로 변하며, 상처 시 포도주 적색으로 물든다. 관공은 자루에 때때로 내린 관공이다. 구멍은 원형이거나 불규칙하며, 2개/mm이다. 관의 길이는 3~6mm이다. 자루는 길이 4~10cm, 굵기 1~15cm, 상하가 거의 같은 굵기이다. 흡수성 또는 건조성이며 성숙하면 속이 빈다. 색은 둔한 백색에서 노란색인데 꼭대기는 겉과 속이 모두 노란색이다. 표면은 포도주 적색, 부분적으로 표피는 막질, 점질층으로 덮여 있다. 포자는 노란색, 8~11×3~3.5μm, 류방추형이며 표면이 매끈하고 투명하다. 포자문은 갈색이다.

생태 여름~가을 / 혼효림의 땅에 산생 또는 집단으로 발생한다.

분포 한국, 유럽

미국비단그물버섯

Suillus americanus (Peck) Snell
S. sibiricus(Sing.) Sing., S. sibiricus ssp. helveticus Sing.

형태 균모는 지름 3~10cm로 어릴 때는 다소 원추형이었다가 둥근 산 모양을 거쳐 편평한 모양이 된다. 표면은 연한 황색에 끈적임이 있고 흔히 계피색이나 적갈색의 인편이 큰 반점 모양으로 붙어 있다. 균모와 자루는 처음에는 두꺼운 연한 황색 막질의 피막이 감싸고 있지만, 곧 피막이 찢어지고 균모가 펴지면서 피막 파편은 균모의 가장자리에 부착된다. 살은 황색. 관공은 자루에 대하여 바른 관공 또는 약간 내린 관공이며 녹황색으로 구멍색과 같다. 구멍은 처음에는 소형인데 때로는 물방울을 분비하며 나중에 대형(1~2mm)의 다각형이 된다. 상처를 입으면 약간 갈색으로 변한다. 자루는 길이 3~9cm, 굵기 3~10mm로 상하가 같은 굵기이거나 약간 밑동 쪽이 굵어진다. 표면은 연한 황색 또는 황갈색이며 연한 갈색이나 흑갈색의 미세한 반점 모양 알갱이가 있다. 턱받이는 황색의 막질로 어린 자루에 일부가 붙기도 하지만 턱받이 모양은 되지 않는다. 포자는 크기 9~12.5×3~4μm로 장타원형 또는 류방추형이다. 포자문은 황갈색이다.

생태 가을 / 잣나무, 스트로브소나무 등 오엽송의 나무 밑에서 발생한다.

분포 한국, 중국, 일본, 북미

미국비단그물버섯(빨간얼룩형)

Suillus sibiricus (Sing.) Sing.

형태 균모는 지름 1.4~5cm에 둥근 산 모양이다. 전형적으로 밝은 노란색으로 빨간색의 얼룩이 있고, 점성이 있으며 가장자리에 큰 적갈색의 파편 조각 및 테가 있다. 구멍은 둔한 황금색, 지름 1~2mm이며 방사상으로 배열된다. 자루는 길이 2.5~3.5cm, 굵기 1cm 이며 위아래가 거의 같지만 기부로 폭이 좁다. 턱받이 위쪽은 노란색, 아래는 백색, 기부로 분홍빛의 백색이다. 큰 흑색의 알갱이가 많이 있으며 턱받이는 백색, 점성이 있다. 이는 어린 자실체에서는 분명하고, 후에 균모의 가장자리에 백색 조직으로 남는다. 살은 칙칙한 백색 또는 노란색이다. 균모는 상처 시 갈색이며 냄새는 분명치 않다. 포자는 크기 8~11×3.8~4.2㎛, 타원형에 표면이 매끈하고 투명하다. 포자문은 갈색이다.

생태 여름~가을 / 소나무 숲의 땅에 군생한다.

분포 한국, 북미

미국비단그물버섯(유럽형)

Suillus sibiricus ssp. **helveticus** Sing.

형태 균모는 지름 40~80(100)*mm*, 반구형이었다가 편평해진다. 중앙은 볼록하며 불규칙한 물결형. 어릴 때 점성이 강하고, 이후 끈적거린다. 적갈색 얼룩이 있으며 가장자리로 압착되거나, 작은 섬유상의 인편이 있고 미세한 연한 노란색이다. 검은 섬유실이 있다. 가장자리는 전연, 어릴 때 베이지색의 표피가 매달린다. 살은 연한 노란색, 절단 시 갈색. 비교적 두껍고, 어릴 때 단단하며 이후 스펀지상. 냄새가 좋고 맛은 온화하나 시다. 관공은 홈파진 관공-내린 관공, 진흙-노란색. 구멍은 난형-방사상으로 늘어지며, 관은 길이 3~7(10)*mm*. 자루는 길이 50~70*mm*, 굵기 6~15(20)*mm*, 원통형이나 굽었으며 기부는 약간 가늘고 분홍색의 균사체가 있다. 위쪽에 턱받이 같은 것이 있고, 털상의 표피 막질, 속은 차 있다. 포자는 8.7~11.1×3.9~5*μm*, 타원형에 노란색이며 기름방울 함유한다. 포자문은 올리브-갈색. 담자기는 가는 곤봉상, 20~30×6~8*μm*, 4-포자성. 꺽쇠는 없다.

생태 여름~가을 / 소나무 숲의 땅에 단생하거나 군생한다. 드문 종.

분포 한국, 북미

황금비단그물버섯

Suillus cavipes (Klotzsch) A.H. Sm. & Thiers
Boletinus cavipes (Klotzsch) Kalchbr.

형태 균모는 지름 2~8*cm*, 처음에는 약간 원추상이다가 둥근 산 모양을 거쳐 편평하게 된다. 표면은 황갈색이거나 갈색 또는 적갈색이며 부드러운 섬유상의 가는 인편으로 덮여 있다. 끈적임은 없다. 살은 연한 황색이고 상처 시에도 변색하지 않는다. 관공은 자루에 대하여 내린 관공, 황색이다가 올리브 황색 또는 오황토색이 된다. 구멍은 방사상으로 배열되며 크고 작은 것이 있다. 큰 것은 지름이 3~4*mm*이다. 자루는 길이 1.5~8*cm*, 굵기 0.5~1*cm*로 속은 비어 있고, 꼭대기에 백색 막질의 턱받이가 있다. 턱받이는 위쪽은 황색, 아래로 거친 그물꼴이 매달린다. 아래쪽은 거의 균모와 같은 색이며 가는 인편상이다. 포자문은 올리브 황색. 포자의 크기는 6~10×3~4*μm*로 타원형~방추형이다. 연-측낭상체는 크기 50~80×7~10*μm*, 원주상의 방추형 또는 곤봉형이다.

생태 가을 / 소나무 숲의 땅에 군생한다. 식용이다.

분포 한국, 중국, 북반구 온대

황소비단그물버섯

Suillus bovinus (L.) Rouss.
Boletus bovinus L.

형태 균모는 육질이 두껍고 지름 3~10*cm*로 둥근 산 모양이다가 차차 편평하게 된다. 중앙부는 편평하거나 약간 오목하다. 표면은 젖으면 끈적임이 강하다. 건조 시 광택이 나며 황토색, 황갈색, 홍갈색이고, 마르면 계피색이다. 가장자리는 처음 아래로 감기고 나중에는 물결 모양이 된다. 살은 유연하고 탄력성이 있으며 백색 또는 연한 황색이다가 오래되면 홍갈색이 된다. 맛은 온화하다. 관공은 자루에 내린 관공으로 살과 분리하기 어려우며 짧고 연한 황갈색이다. 구멍은 크고 각진 형, 복식이며 방사상으로 배열된다. 구멍의 가장자리는 톱니상에 황녹색이다. 자루는 길이 3~7*cm*, 굵기 0.4~1.4*cm*로 원주형에 표면이 매끄러우며 때로는 기부가 약간 가늘다. 속은 차 있다. 상부는 균모보다 색깔이 연하고 하부는 황갈색, 기부에 백색의 융모가 있다. 포자는 크기 8~11×3~3.5*μm*로 장타원형 또는 타원형이며, 표면이 매끄럽고 연한 황색이다. 포자문은 황갈색. 낭상체는 총생하고 곤봉상 또는 방추형이며 크기는 26~35×5~7*μm*이다.

생태 여름~가을 / 소나무 또는 침엽수와 활엽수의 혼효림 땅에 군생하거나 속생한다. 식용이며 외생균근을 소나무, 가문비나무 또는 신갈나무와 형성한다.

분포 한국, 중국, 일본, 전 세계

청변비단그물버섯

Suillus caerulescens A.H. Sm. & Thiers

형태 균모는 지름 6~14cm, 둔한 둥근 산 모양이었다가 낮고 넓은 산 모양을 거쳐 편평한 모양이 된다. 표면은 밋밋하고, 신선할 때는 끈적임과 습기, 압착된 섬유실과 줄무늬 선이 있다. 색깔은 황토-갈색, 적갈색, 연한 황갈색이며 가장자리 쪽은 노란색, 가끔 검은 녹색으로 물든다. 살은 연한 노란색, 상처 시 간혹 분홍색으로 물든다. 냄새와 맛은 불분명하다. 자루의 살은 노란색이고 외부로 노출 시 기부가 녹청색으로 물든다. 관공은 자루에 대하여 바른 관공에서 약간 내린 관공, 구멍은 각진 형에서 불규칙형으로 방사상으로 배열한다. 구멍은 지름 1mm 정도, 관은 길이 6~10mm 정도이다. 표면은 노란색이다가 연한 황토색이 되며 오래되면 검게 된다. 상처 시 서서히 칙칙하게 자갈색으로 변한다. 자루는 길이 2.8cm, 굵기는 2~3cm로 위아래가 같은 굵기이다. 건조성이며 속은 차 있다. 기부에서 턱받이까지 압착된 섬유실이 분포하며, 꼭대기에 그물꼴이 흔히 있고, 과립은 없다. 표피는 부분적으로 건조성, 섬유실이 있으며 백색이다. 위쪽에 고르지 않은 턱받이가 있다. 포자문은 적갈색. 포자는 크기 8~11×3~5㎛로 타원형이다. 처음에는 투명하다가 황토색이 되며, 표면이 매끈하고 투명하다.

생태 여름~가을 / 이끼류 속에 군생 혹은 산생한다. 식용이다.

분포 한국, 중국, 북미

175

진흙비단그물버섯

Suillus collinitus (Fr.) Kuntze

형태 균모는 지름 8~11cm, 어릴 때는 반구형이다가 둥근 산 모양을 거쳐 약간 편평한 모양이 된다. 표면은 밋밋하며, 습기가 있을 때 끈적임이 있고 미끈거린다. 건조할 때는 비단실 같으며, 방사상의 섬유실이 있고 적갈색 또는 밤갈색이다. 가장자리는 아래로 말리고 오래되면 물결형이 된다. 육질은 두껍고 밝은 노란색이나 자루 위쪽은 진한 노란색이고 아래쪽은 적갈색이다. 신 냄새 와 버섯 냄새가 나고 맛은 온화하다. 관공은 자루에 대하여 홈파진 관공, 구멍은 어릴 때 노란색이다가 올리브 노란색이 된다. 자루는 길이 40~70mm, 굵기 10~20mm로 원통형에 속이 차 있으며 기부가 굵고 굽어 있다. 꼭대기는 레몬-노란색으로 미세한 적갈색의 반점이 있다. 아래는 갈색이며 기부에는 분홍색의 균사체가 있다. 포자는 크기 7.6~9×3.4~4.6μm, 타원형에 표면이 매끈하다. 색은 밝은 노란색이며 기름방울을 함유한다. 담자기는 가는 곤봉형이며 크기는 21~27×5~6μm. 연낭상체도 곤봉형으로 크기는 33~52×5.5~10μm이다.

생태 여름~가을 / 소나무 숲의 아래에 단생하거나 군생한다.

분포 한국, 중국, 유럽

노랑비단그물버섯

Suillus flavidus (Fr.) J. Presl

형태 균모는 지름 2.5~8cm, 원추형이었다가 둥근 산 모양을 거쳐 차차 편평해진다. 중앙은 볼록하다. 표면은 방사상으로 주름지며 습기가 있을 때 끈적임이 있어서 미끈거린다. 건조할 때는 끈적임이 없어진다. 황토 노란색에서 레몬 노랑, 오래되면 황갈색이 된다. 표피는 벗겨지기 쉽다. 가장자리는 예리하고 어릴 때 끈적이는 껍질 조각이 붙어 있다. 육질은 노란색으로 중앙이 두껍고 가장자리는 얇다. 살은 약간 좋은 냄새가 나며, 맛은 온화하다. 관공은 자루에 대하여 떨어진 관공, 구멍은 황금 노란색이다가 칙칙한 황갈색이 되며, 비교적 크다. 구멍의 길이는 4~10mm, 칙칙한 노란색이나 상처 시 변색하지 않는다. 자루는 길이 3~8cm, 굵기 3~8mm, 원통형으로 굽어 있다. 때때로 턱받이 위쪽은 노랑 바탕색에 끈적임이 있다. 아래쪽은 노랑 바탕에 갈색 세로 줄의 섬유실이 있으며 습기가 있을 때 미끈거린다. 자루의 속은 차 있다. 포자는 크기 7.3~8.8×3.1~3.9μm로 타원형이며, 표면이 매끈하고 투명하다. 기름방울이 있다. 담자기는 곤봉형으로 크기는 23~30×6~7.5μm, 기부에 꺾쇠가 있다. 연-측낭상체는 원통형에서 곤봉형, 크기는 40~70×4~9μm이다.

생태 여름~가을 / 숲속의 이끼류에 단생 혹은 군생한다.

분포 한국, 중국, 유럽

177

젖비단그물버섯

Suillus granulatus (L.) Rouss.

형태 균모는 지름 5~14cm, 육질로 두꺼우며 둥근 산 모양이었다가 차차 편평하게 된다. 표면은 젖으면 강한 끈적임이 있고, 마르면 광택이 난다. 색은 황토색, 황갈색, 홍갈색 등이고 표피는 쉽사리 벗겨진다. 어릴 때는 가장자리에 섬유상의 내피막 잔편이 있다. 살은 두껍고 단단하며 백색, 자루의 관에 인접한 부분은 연한 황색이다. 오래되면 갈색이 되고 맛은 유화하다. 관공은 자루에 대하여 바른 관공 또는 내린 관공으로 처음에는 연한 황색이다가 황갈색이 된다. 자루는 길이 3~7cm, 굵기 0.7~2cm로 원주형에 위아래의 굵기가 같다. 가운데와 위쪽은 황색이며 황갈색의 작은 가루 줄무늬가 있으나 아래로 갈수록 적어진다. 오래되면 갈색 무늬가 되며 속은 차 있다. 포자는 크기 8~10×2.5~3μm로 장타원형 또는 타원형이며 표면이 매끄럽고 투명하다. 색은 연한 황색이다. 포자문은 황갈색. 낭상체는 총생하며 곤봉상, 크기는 31~55×5~8μm이다.

생태 여름~가을 / 소나무 또는 침엽수와 활엽수의 혼효림 땅에 군생하거나 산생한다. 식용이며 맛이 좋다. 소나무, 가문비나무, 분비나무와 외생균근을 형성한다.

분포 한국, 중국, 북반구 온대 이북, 호주, 뉴질랜드, 아프리카

큰비단그물버섯

Suillus grevillei (Klotz.) Sing.

형태 균모는 육질로 두껍고 지름 4~10cm, 둥근 산 모양이다. 중앙부는 약간 돌출하거나 오목하다. 표면은 매끄러우며 광택이 나고 강한 끈적임이 있으며, 황색 또는 홍갈색의 아교질이지만 마르면 방사상의 가루상 줄무늬 선이 생긴다. 가장자리는 내피막 잔편이 붙어 있다. 살은 유연하고 두꺼우며, 황색 또는 레몬 황색. 맛은 유화하다. 관공은 자루에 대하여 바른 관공, 내린 관공 또는 홈 파진 관공. 연한 색이었다가 황금색으로 변하며 노후 시 갈색이 된다. 상처 시 연한 자홍색 또는 갈색이 된다. 구멍은 작고 각진 형, 부분적으로 복식이다. 자루는 길이 4~7cm, 굵기 1~1.5cm로 원주형이다. 황색이었다가 갈색이 되며, 줄무늬 선은 없지만 꼭대기에 그물눈 무늬가 있다. 턱받이는 위쪽에 있고 두꺼우며 짙은 밤 갈색이다. 막질로 얇으며 백색에서 갈색이 된다. 포자는 크기 7~11×3~4μm, 장타원형 또는 방추형이며 표면이 매끄럽고 투명하다. 색은 올리브 황색이다. 포자문은 밤 갈색. 낭상체는 곤봉상이며 연한 갈색, 크기는 25~43×5~7μm이다.

생태 여름~가을 / 잎갈나무 숲의 땅에 군생, 속생, 산생한다. 식용으로 맛이 좋다. 잎갈나무와 외생균근을 형성한다.

분포 한국, 중국

호수비단그물버섯

Suillus lakei (Murr.) Smith & Thiers

형태 균모는 지름 6~14cm, 넓은 둥근 산 모양이다가 편평해진다. 색은 노란색, 마르면 적갈색의 박편을 가진다. 표면에 인편이 있고 끈적임이 있다. 살은 노란색, 노출된 부위는 분홍색이 된다. 냄새와 맛이 없다. 가장자리는 아래로 말리고, 표피가 끝에 매달린다. 관공은 자루에 대하여 바른 관공 또는 내린 관공이며 주위가 움푹 파인다. 색은 오황색이다. 구멍은 크고, 상처 시 갈색이 된다. 자루는 길이 3~9cm, 굵기 1~2cm, 위쪽은 노란색, 아래쪽은 갈색 인편을 가진다. 속은 차 있고 기부로 부푼다. 어린 버섯은 상처 시 약간 녹색에서 청색으로 변한다. 표면은 백색이었다가 연한 노란색이 되며, 털이 있고 자루의 꼭대기에 턱받이 흔적이 있다. 포자의 크기는 8~11×3~4μm이며 타원형이다. 포자문은 희미한 적갈색이다.

생태 가을 / 혼효림의 땅에 산생 혹은 군생한다. 식용으로 맛이 좋다.

분포 한국, 중국, 북미

비단그물버섯

Suillus luteus (L.) Rouss.

형태 균모는 지름 5~15*cm*, 반구형이다가 편평해지며 중앙부가 약간 돌출한다. 표면은 매끄럽고 광택이 나며 강한 끈적임이 있다. 끈적한 액이 마르면 줄무늬 선이 나타난다. 색깔은 회갈색, 황갈색, 홍갈색, 계피색 등이며 노후 시 색이 진해진다. 살은 유연하고 자주색의 윤기가 있는 상태가 된다. 백색이었다가 레몬 황색이 되며, 상처를 받아도 변색하지 않는다. 맛은 유화하다. 관공은 바른 관공, 내린 관공 또는 홈 파진 관공으로 살과 잘 분리된다. 색은 황색인데, 오래되면 짙어진다. 구멍은 각진 형으로 작으며, 물방울이 분비된다. 자루는 길이 4~7*cm*, 굵기 0.7~2*cm*로 원주형이다. 기부는 약간 불룩하고 턱받이 상부는 황색이다가 갈색이 되며, 미세한 갈색의 알맹이가 있다. 턱받이 아래는 연한 갈색이고 기부는 유백색, 속이 차 있다. 턱받이는 막질로 얇고 백색이나 나중에 갈색이 된다. 포자는 크기 7.5~9×3~3.5*μm*, 장타원형 또는 방추형에 표면이 매끄럽고 투명하다. 색은 황색이다. 포자문은 갈색, 낭상체는 총생하며 곤봉상이다.

생태 여름~가을 / 소나무 숲 또는 혼효림의 땅에 군생한다. 식용으로 맛이 좋다. 잎갈나무, 소나무, 가문비나무, 분비나무와 외생균근을 형성한다.

분포 한국, 중국, 일본, 북반구 온대, 호주, 뉴질랜드

붉은비단그물버섯

Suillus spraguei (Berk. & M.A. Curtis) Kuntze
S. pictus (Peck) Kuntze

형태 균모는 지름 5~10㎝, 처음에는 둥근 산 모양-약간 원추상이다가 거의 편평한 모양이 된다. 표면은 거친 섬유상의 인편이 밀생하고 신선한 것은 짙은 적색-보라색을 띤 적색이나 오래되면 퇴색하여 갈색-황갈색이 된다. 다소 진한 인편이 붓털 모양으로 모여서 산재되어 있다. 어릴 때는 균모와 자루 사이에 흰색 피막이 연결되어 있으나 나중에 균모가 펴지면 피막의 일부만 가장자리에 남고 소실된다. 살은 크림색이며 절단하면 서서히 붉은색이 되고, 자루는 때에 따라서 청색으로 변한다. 관공은 자루에 대하여 내린 관공이며, 구멍과 같은 색이고 상처를 받으면 갈색이 된다. 구멍은 크고, 크기가 다양하며 약간 방사상으로 배열된다. 처음에는 황색이다가 황갈색이 된다. 자루는 길이 3~8㎝ 굵기 8~15㎜, 상하가 같은 굵기 또는 아래쪽이 약간 가늘다. 자루의 위쪽에는 회색의 솜털 모양의 턱받이가 있다. 턱받이 위쪽은 황색, 아래쪽은 균모와 같은 색이고, 섬유상의 밀모가 분산되어 덮인다. 포자는 크기 8~11.5×3~4.5㎛에 협방추형이며, 표면이 매끈하고 투명하다. 포자문은 점토색-올리브 갈색이다.

생태 여름~가을 / 소나무, 잣나무 등의 침엽수림에 군생한다. 때로는 균륜을 형성한다.

분포 한국, 일본, 중국, 북미

평원비단그물버섯

Suillus placidus (Bon) Sing.

형태 균모는 지름 4~8(10)㎝로 둥근 산 모양이다가 차차 편평형이 되며, 가운데가 약간 볼록하게 돌출되기도 한다. 표면은 밋밋하고 끈적임이 있으며, 처음에는 흰색이다가 황색 또는 황갈색이 된다. 살은 흰색이다. 관공은 자루에 대하여 바른 관공, 또는 약간 내린 관공이며 구멍과 같은 색이다. 구멍은 소형이고, 흰색이다가 황색이 되며 흔히 연한 홍색의 액체를 분비한다. 자루는 길이 4~10(12)㎝, 굵기 5~15㎜로 상하가 같은 굵기 또는 밑동이 가늘며 흔히 굽어 있다. 표면은 흰색 혹은 연한 황색이며 자갈색이나 회갈색 알갱이가 산포되어 있다. 포자는 크기 7.2~9.7 × 3.1~3.6㎛로 타원형이며, 표면이 매끈하고 투명하다. 색은 연한 황색이며, 기름방울이 들어 있다. 포자문은 탁한 황토색이다.
생태 여름~가을 / 잣나무, 스트로브잣나무 등 오엽송의 땅에 군생 혹은 산생한다.
분포 한국, 중국, 일본, 러시아 극동, 유럽, 북미

섬유비단그물버섯

Suillus plorans (Roll.) Kuntze

형태 균모는 지름 40~100mm, 반구형이다가 둥근 산 모양을 거쳐 차차 편평해지지만 때때로 원추형이 될 때도 있다. 표면은 방사상의 섬유실이 약간 그물꼴로 만들어진다. 습기가 있을 때 끈적임이 있고, 건조할 때는 무디다. 노란색이다가 오렌지 갈색이 된다. 가장자리는 예리하다. 육질은 노란색이다가 황노란색이 되며, 상처 시 청변하지 않는다. 부드럽고 두껍다. 냄새가 나며 맛은 온화한 버섯 맛이다. 관공은 자루에 대하여 홈 파진 관공으로 구멍은 불규칙한 둥근형이다. 자루는 길이 6~10cm, 굵기 1.2~2cm로 원통형에 기부로 굵다. 건조 시 노란색에서 황갈색이 된다. 표면에 적갈색 과립이 있는데 이것들은 가끔 늘어져 줄무늬를 만든다. 습기가 있을 때는 회색 분비물을 배출한다. 자루는 속이 차 있으며 살색-노란색이다. 부드럽고, 기부 쪽은 갈색이다. 포자는 크기 7.4~10×3.9~4.6μm, 타원형이며 표면이 밋밋하고 투명하다. 색은 밝은 갈색, 기름방울이 있다. 담자기는 곤봉형으로 크기는 23~30×6~8μm. 연낭상체도 곤봉형이며 색소가 있고, 거칠게 엉킨다. 크기는 40~80×7~11μm이다. 측낭상체는 원통형 또는 곤봉형으로 크기는 35~50×6~8μm이다.

생태 여름~가을 / 혼효림의 풀밭에 단생하거나 군생한다.

분포 한국, 중국, 유럽

옥수수비단그물버섯

Suillus decipiens (Peck) O. Kuntze

형태 균모는 지름 3.5~7cm, 둥근 산 모양에서 차차 편평해지며 색은 노란색, 연한 노란색, 분홍빛의 붉은색, 연한 그을린 색 등 다양하다. 압착된 인편이 있다. 습기가 있을 때 검은색을 가끔 나타낸다. 살은 밀짚색 또는 노란색으로 대부분 변색하지 않으나 가끔 군데군데 분홍빛의 황갈색으로 변한다. 살의 냄새는 보통이고 맛은 온화하다. 관공은 자루에 떨어진 관공이다. 관은 길이 5mm, 꿀과 같은 노란색이다. 구멍은 불규칙하며 관과 동색이다. 자루는 길이 4~7cm, 굵기 7~15mm로 속이 차 있고, 아래로 가늘다. 기부는 갈고리 형태이며, 노란색이다가 붉은 황갈색이 된다. 아래쪽은 붉은 분홍색, 솜털상의 인편이 있다. 표피는 초(鞘) 모양으로 옅은 회색 또는 백색의 턱받이를 형성한다. 포자는 크기 9~12×3.5~5μm로 원통형 혹은 류타원형이며 표면이 매끈하다. 포자문은 황토-갈색이다.

생태 여름~가을 / 습지 또는 혼효림의 땅에 군생한다. 식용이다.

분포 한국, 중국, 북미

끈적비단그물버섯

Suillus punctipes (Pk.) Sing.

형태 균모는 지름 3~10cm, 둥근 산 모양이다가 차차 편평해지며 희미한 황토색 또는 연한 노란색이다가 오래되면 갈색이 된다. 어릴 때는 약간 털이 있고, 끈적임이 있어서 미끈거리다가 나중에는 매끈해진다. 살은 연하고, 연한 노란색이다가 황토색이 되며, 상처 시 갈색이 된다. 과실 냄새가 나며 쓴 아몬드 맛이 나거나 온화하다. 관공은 자루에 대하여 바른 관공 또는 약간 내린 관공이며 회갈색이다가 꿀색-노란색이 된다. 구멍은 성숙하면 둥근형에서 각진 형이 되며, 갈색에서 꿀색 또는 황토 노란색이 되고, 상처 시 변색하지 않는다. 자루는 길이 4~10cm, 굵기 1~1.5cm로 원통형이지만 아래는 막대형으로 희미한 황토색에서 오렌지 황토색, 갈색으로 변색하며 끈적액이 두껍게 피복한다. 표면은 알갱이와 갈색 반점들이 분포하며, 손으로 만지면 황토색으로 물든다. 포자는 크기 8~9.5×2.5~3μm, 류방추형에 표면이 매끈하고 투명하다. 포자문은 올리브 갈색이다.

생태 여름~가을 / 가문비나무 숲의 땅, 이끼류 사이에 군생한다.

분포 한국

포도주비단그물버섯

Suillus subluteus (Peck) Snell

형태 균모는 지름 3~10cm, 둥근 산 모양이었다가 거의 편평한 모양이 된다. 표면에 현저한 점성이 있으며, 처음에는 분홍색을 띤 황색, 이후 황토-갈색, 나중에는 암 황갈색이 된다. 균모의 아래쪽은 어릴 때 두꺼운 막질로 덮여 있다가 떨어진다. 살은 유백색-담황색이다. 관공의 구멍은 처음에 미세하나 후에 다각형이 되고 비교적 소형이다. 색은 황색이다가 후에 녹색을 띤 황색이 된다. 성숙한 자실체에는 다수의 갈색 얼룩이 있다. 관공은 약간 자루에 내린 주름살-바른 주름살이다. 자루는 길이 3.5~6.5(10)cm, 굵기 5~15mm, 상하가 같은 굵기 또는 아래쪽으로 약간 굵어진다. 꼭대기는 담황색, 아래쪽은 오렌지 황토색인데 포도주색을 띤 알갱이 반점이 밀포되어 있다. 턱받이는 두꺼운 막질인데 오래되면 용해되어 불분명해진다. 포자는 크기 8~13×3~4μm, 타원형-타원상의 방추형에 표면이 매끈하고 투명하다. 포자문은 황토-갈색이다.

생태 가을 / 잣나무 등 오엽송 숲속의 땅 또는 소나무 숲의 땅에 난다.

분포 한국, 일본, 북미

186

솔비단그물버섯

Suillus tomentosus Sing.

형태 균모는 지름 4~10cm, 다소 원추상-둥근 산 모양이었다가 편평해진다. 표면은 연한 황색-오렌지 황색으로 솜털상의 인편이 있고 비교적 영존성이다. 습기가 있을 때는 끈적임이 있다. 처음에 회백색 또는 균모의 바탕색과 거의 같은 색이며 오래되면 갈색-암적갈색이 된다. 살은 황색 또는 거의 백색으로 상처 시 서서히 또는 빨리 청색으로 변하지만 강하지는 않다. 관공은 홈 파진 관공, 또는 바른 관공으로 길이는 비교적 짧고, 녹황색-황갈색에서 올리브색이 된다. 구멍은 소형 또는 중형으로 다각형이며, 처음에는 진한 갈색-암 황갈색 또는 자갈색에서 연한 색이 된다. 자루는 길이 3~10cm, 굵기 1~2cm, 상하가 같은 굵기이며, 기부 쪽으로 다소 굵은 것도 있다. 표면은 균모와 같은 색이거나 녹황색이었다가 황갈색-암갈색이 되며 미세한 알갱이가 밀포되어 있다. 끈적임은 없다. 자루 기부의 균사는 백색 또는 오렌지 백색. 턱받이는 없다. 포자문은 암올리브 갈색. 포자는 크기 8~9×3~3.5μm, 타원상의 방추형-류방추형이다. 연낭상체는 크기 27.5~62.5×5~10μm, 긴 곤봉형-류원주형이며 갈색이다. 측낭상체는 연낭상체와 같은 모양이다.

생태 가을 / 숲속의 땅에 발생한다. 식용이다.

분포 한국, 중국, 일본, 대만, 북미

이빨비단그물버섯

Suillus tridentinus (Bres.) Sing.

형태 균모는 지름 4~10(14)*cm*, 처음에는 반구형이었다가 약간 둥근 산 모양이 된다. 어릴 때 점성이 있고 이후 점성이 있는 적색 또는 오렌지색이 되며 약간 주름지고 검은 섬유상 인편을 가진다. 자루는 길이 5~10*cm*, 굵기 1~2.5*cm*, 상하가 같은 굵기거나 약간 아래로 부푼다. 때때로 굽어 있고 녹슨 색의 맥상 또는 위쪽에 그물꼴이 있다. 확실치 않은 또는 쉽게 탈락하는 턱받이가 있거나 턱받이 흔적이 있다. 기부의 균사체는 백색에서 희미한 적자색이 된다. 관공은 자루에 약간 내린 관공, 살은 단단하고 오렌지색이며 절단 시 살구색, 상처 시 검은색으로 변한다. 구멍은 크고 각진 형이며 (살색)-오렌지색이다. 맛과 냄새는 희미하고, 불확실하다. 포자문은 검은 짚색. 포자의 크기는 9.5~12.5×4.5~7*μm*이고 약간 방추형에서 길게 늘어진 타원형이다. 표면은 매끈하고 투명하다.

생태 여름~가을 / 숲속의 땅에 단생 또는 작은 집단으로 난다.

분포 한국, 유럽

궁뎅이비단그물버섯

Suillus umbonatus E.A. Dick & Snell

형태 균모는 지름 3.5~6cm, 넓은 둥근 산 모양이었다가 편평해지나 중앙에 낮은 혹이 있다. 표면은 밋밋하고 끈적임이 있으며, 갈색이다가 올리브-연한 황색이 된다. 살은 연한 황색에서 분홍색이 된다. 관공은 깊이 2mm, 지름 2mm, 밝은 노란색이며 상처 시 갈색으로 변한다. 구멍은 각진 형이고 방사상으로 배열한다. 자루는 길이 4cm, 굵기 7mm 정도이고 표면에 산재된 적색의 반점이 덮여 있다. 턱받이는 갈색에서 분홍색-갈색으로 영존성이다. 포자문은 백색에서 연한 적황색. 포자는 크기 7~10×4~4.5μm로 협타원형 또는 장방형, 표면이 매끈하고 투명하다. 색은 노란색이다.

생태 여름~가을 / 소나무 아래에 군생한다.

분포 한국, 중국

189

벨벳비단그물버섯

Suillus variegatus (Sw.) Richon & Roze

형태 균모는 지름 8~15㎝, 어릴 때 가장자리가 안으로 말린 반
구형이었다가 차차 펴진다. 가장자리는 예리하다. 표면은 어릴 때
는 털이 밀집되어 있고 나중에는 털의 인편 같은 것으로 덮인다.
색은 황토색-노란색을 거쳐 올리브 갈색이 되고, 습기가 있을 때
는 끈적거린다. 육질은 백색에서 노란색, 상처 시 약간 청색으로
변하며 특히 관공의 위쪽에서 변화가 뚜렷하다. 암모니아 반응 시
칙칙한 회색-라일락색을 보이며, 냄새가 약간 난다. 관공은 자루
에 대하여 홈 파진 관공이고, 길이 8~12㎜, 황토 노란색이며 상처
시 약간 청색으로 변한다. 구멍은 각진 형. 자루는 길이 4~10㎝,
굵기 1.5~3㎝로 원통형이다. 표면이 매끈하고 약간 미세한 털이
있다. 색은 밝은 노란색, 기부로 진하다. 자루는 속이 차 있고 살
색-백색이다. 포자는 크기 7.9~10.6×2.1~3㎛로 타원형에 밝은
노란색이다. 표면이 매끈하고 투명하며 기름방울이 있다. 담자기
는 곤봉~원통형, 크기는 20~27×6~7.5㎛이다. 연-측낭상체는
원통형에서 곤봉형이며 크기는 30~60×5~7.5㎛이다.
생태 여름~가을 / 숲속의 땅에 단생 혹은 군생한다.
분포 한국, 중국, 유럽, 아시아

녹슨비단그물버섯

Suillus viscidus (L.) Rouss.
S. aeruginascens Secr. ex Snell, S. larcinus (Berk.) O. Kuntze

형태 균모는 지름 3~10cm, 반구형으로 중앙부가 돌출하였다가
차차 편평하게 된다. 표면은 젖으면 끈적임이 있고, 가는 주름이
있으며 백색, 황갈색, 연한 갈색이다. 살은 두껍고 백색이었다가
연한 황색이 되고, 상처 시 변색이 명확하지 않거나 연한 남색이
된다. 관공은 자루에 대하여 바른 관공 또는 내린 관공으로 백색
이다. 구멍은 크고 각진 형이며 약간 방사상으로 배열되고, 상처
시 희미하게 남색으로 변한다. 자루는 길이 3~10cm, 굵기 1~2cm
로 원주형, 기부가 약간 부풀며 때로는 조금 구부정하다. 색은 균
모와 같거나 백색이며, 껄껄하고 꼭대기에 그물눈 무늬가 있다.
자루는 속이 차 있다. 내피막은 얇고 잿빛 턱받이를 남긴다. 포
자는 크기 9~11×4~5㎛, 장타원형 또는 타원형에 표면이 매끄
럽고 투명하며 연한 황색이다. 포자문은 회갈색 또는 녹슨 갈색.
낭상체는 곤봉상이며 백색 또는 연한 갈색으로 크기는 30~45×
7~9㎛이다.
생태 여름~가을 / 잎갈나무 숲의 땅에 산생 혹은 군생한다. 식용
이며 잎갈나무와 외생균근을 형성한다.
분포 한국, 중국, 일본, 러시아 연해주, 유럽, 북미

191

녹슨비단그물버섯(청록색형)

S. aeruginascens Secr. ex Snell

형태 균모는 지름 3~12cm, 구형에서 넓은 둥근 산 모양을 거쳐 거의 편평해지며 때때로 약간 볼록하다. 표면은 점성, 섬유상, 섬유상-인편이 있고, 건조 시 갈라지며, 연기색 같은 회갈색이며 보통 연한 녹색, 노란색이나 오래되면 백색이 된다. 검은 점들이 있고, 가장자리는 안으로 말리며 표피 조각이 매달린다. 살은 백색에 단단했다가 백황색에 부드러워지며, 노출되면 청록색으로 변한다. 맛은 과실 같고 온화하며 냄새는 불분명하다. 관공은 자루에 바른 또는 약간 내린 관공이며 주위가 함몰된다. 크기는 6~9mm 정도이고 백색, 연한 갈색 또는 회색에서 성숙하면 갈-회색에서 엷은 회색이 된다. 구멍은 관공과 같은 색이며 둥글다가 오래되면 각지고 불규칙해진다. 자루는 길이 4~6cm, 굵기 8~12mm, 위아래가 같은 굵기 또는 위로 가늘다. 속은 차 있고, 보통 그물눈이 있으며, 턱받이 위는 연한 색에서 백녹색, 아래는 연기색 같은 회색, 턱받이 아래는 회갈색 또는 갈색이다. 표피는 막질이며 회색에서 노란색이다. 포자문은 자갈색이며, 포자는 크기 8.5~12×3.5~5μm, 타원형에서 약간 방추형, 표면이 매끈하고 투명하다.

생태 여름~가을 / 숲속에서 산생 혹은 군생한다.

분포 한국, 북미

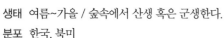

흑황털그물버섯

Sutorius obscureumbrinus (Hongo) G. Wu & Zhur L. Yang
Boletus obscureumbrinus Hongo

형태 균모는 지름 5~11(15)cm, 반구형이었다가 편평한 모양이 되며 가장자리는 안으로 분명하게 말린다. 건조성이며 미세한 털 상에 검은 황갈색이고 단단하다. 포자는 부드럽고, 냄새가 좋다. 관공은 자루에 바른 관공 또는 약간 들어간 관공이며 황색이다. 주위가 함몰하며 길이는 3~9mm이다. 구멍은 작고 둥글며, 2~3 개/mm, 약간 점토색이다. 자루는 길이 5~10cm, 굵기 2~3cm, 기부는 3~4.5cm이다. 난형의 부푼꼴이며 속이 차 있고 미세한 털이 있다. 꼭대기는 황색, 가운데는 균모와 같은 색이거나 퇴색한 색이다. 일부는 그물꼴이다. 포자는 9.5~11×4~5μm 크기에 타원형이다. 담자기는 4-포자성이다.

생태 가을 / 활엽수림의 땅에 난다.

분포 한국, 일본

193

혁질비로드버섯

Aphelaria deflectens (Bres.) Corner

형태 자실체는 높이 1.5~8cm로 비교적 소형이며 분지한다. 상부
는 회백색 내지 회색이고 하부는 회색 내지 회갈색이며 가죽질
이다. 자실체의 자루의 폭은 0.2~1cm이고 원주형 또는 편평형으
로 흑갈색이다. 표피는 회백색의 분말이 있으며, 편평하다. 1~2
차 또는 여러 번 분지하고, 관 모양이며 분지의 끝은 둔하다. 담
자기는 봉상에 2-포자성이다. 포자는 무색이다. 크기는 3.8~7×
2.8~3.6μm이며 타원형에 표면이 매끈하고 투명하다.
생태 여름~가을 / 활엽수의 고목에 단생 또는 산생한다.
분포 한국, 중국

194

황토융단고약버섯

Botryobasidium isabellinum (Fr.) P.D. Rogers
Botryohypochnus isabellinus (Fr.) Erikss.

형태 자실체 전체가 배착생이며, 기질에 얇고 느슨하게 부착되어 있다. 면모상 막질인 자실층은 수 센티미터 크기까지 퍼진다. 표면은 면모상이고 색은 담황토색-암황토색. 가장자리는 미세한 균사가 얇게 퍼지며 유연하다. 포자는 지름 7~9.5㎛로 구형이며 약간 연한 황색이다. 끝이 둔한 침이 덮여 있고 어떤 것에는 기름방울이 들어 있다.

생태 여름~가을 / 가문비나무, 전나무 등 각종 침엽수의 썩은 등치나 가지의 지면 쪽에 생긴다. 낙엽 등에 피복하기도 한다. 때로는 활엽수에도 난다. 드문 종.

분포 한국, 유럽

뿔헛뿌리담자버섯

Rhizoctonia pseudocornigera (M.P. Christ) Oberw,. R. Bauer, Garnica & R.Kirschner
Ceratobasidium pseudocornigerum M.P. Christ.

형태 자실체는 얇고 미끈거린다. 자실층은 밋밋하고 회색이다. 균사 조직은 1-균사형, 균사는 간단한 격막을 가지며, 얇은 또는 약간 두꺼운 벽을 갖는다. 폭은 5~9μm. 담자포자는 크기 10~12×3~4μm, 류원주형에서 류방추형이며 표면은 매끈하고 투명하다. 낭상체는 없다. 담자기는 크기 12~16×6~10μm, 류구형에서 난형이며, 4-포자성이다. 경자는 길이 10~12μm에 간단한 기부격막이 있다.

생태 연중 / 각종 수목의 표면에 배착하는 균이다.

분포 한국, 유럽

자수정볏싸리버섯

Clavulina amethystina (Bull.) Donk

형태 자실체는 산호 모양으로 높이 2~8cm, 다발은 폭 2~6cm에 분홍 자색-라일락 자색, 밑동 쪽은 연한 색이다. 밑동에서 많은 분지가 생기고, 자루의 위쪽도 분지되며, 끝은 가는 침 또는 열편 모양이 되어 다발 모양을 이룬다. 살은 라일락색. 포자는 크기 7~12×6~8μm, 아구형이다.

생태 여름~가을 / 활엽수림의 땅에 난다.

분포 한국, 유럽, 미국

자주색볏싸리버섯

Clavulina amethystinoides (Peck.) Corner

형태 자실체는 높이 3~8cm로 가늘고 긴 대가 1개의 단일 개체로 나거나, 위쪽의 자루가 불규칙하게 분지되어 사슴뿔 모양이 되기도 한다. 표면은 연한 회자색-황갈색, 오래되면 끝부분이 검은색을 띤다. 자루는 다소 납작하게 눌려 있다. 살은 흰색에 유연하고, 자루의 아래쪽은 다소 질기다. 포자는 크기 7~8×6~8μm로 구형이며, 표면이 매끈하고 투명하다.

생태 가을 / 숲속의 땅 또는 이끼 사이에 난다.

분포 한국, 중국, 일본, 북미

볏싸리버섯

Clavulina coralloides (L.) Schroet.
C. cristata (Holmsk.) Pers.

형태 자실체의 높이는 3~8cm, 여러 개의 가지가 나뭇가지 모양으로 분지된다. 상단이 가늘고 뾰족한 가지로 많이 분지되어 닭볏 모양이 된다. 전체가 흰색-담황토색이었다가 후에 회백색-담회갈색 등이 된다. 다발 모양의 밑동은 2~5cm, 개개의 밑동은 아래쪽이 0.5~1(2)cm 정도이며 다소 눌려 있다. 살은 흰색이며 다소 부서지기 쉽다. 포자는 크기 7~9×6~7.5μm에 광타원형-아구형으로, 표면이 매끈하고 투명하며 큰 기름방울을 함유한다.

생태 여름~가을 / 침엽수림, 활엽수림의 땅 또는 수풀 사이의 나지에도 난다.

분포 한국, 일본 등 전 온대 지방

볏싸리버섯(백색형)

C. cristata (Holmsk.) Pers.

형태 자실체는 높이 3.5~7.5cm에 나뭇가지 모양으로 분지하지만 가지는 짧으며 불규칙하다. 끝은 가느다란 가지가 집합하여 바늘꼴이 된다. 자실체 전체가 백색–회백색, 담회갈색 등이다. 살은 백색이며 부서지지 않는다. 담자기는 2-포자성이고 2차 격벽을 만든다. 포자는 류구형에 표면이 매끈하며 크기는 7~11× 6.5~10μm이다.

생태 가을/ 숲속의 땅에 군생한다. 흔한 종.

분포 한국, 일본

회색볏싸리버섯

Clavulina cinerea (Bull.) J. Schröt

형태 자실체는 높이 110㎜, 기부로부터 산호처럼 분지하며 흔히 기부가 뭉쳐진 것처럼 발생한다. 색은 백색에서 황토색이다. 분지된 것들은 둥글었다가 이후 편평해지며, 수직으로 올라온다. 때때로 물결형이며 여러 번 대생으로 분지하나 끝이 포크형은 아니다. 기부가 분지된 것은 두께가 8㎜, 끝의 두께는 1~2㎜이다. 표면에 긴 고랑이 있으며 고르지 않다. 어릴 때는 라일락색을 함유하며 후에 회-라일락색에서 보라-회색이 되며, 끝은 맑은 색에서 칙칙한 황백색이 된다. 살은 부드럽고 냄새와 맛은 온화하다. 포자는 크기 8~10×7~8㎛, 광타원형-류구형에 표면이 매끈하고 투명하며 기름방울을 함유한다. 담자기는 크기 40~50×5.5~7㎛, 원통-곤봉형에 2-포자성이나 간혹 4-포자성도 보인다. 기부에 꺽쇠가 있다. 낭상체는 없다.

생태 늦가을 / 단단한 나무와 구과나무 숲의 혼효림 땅, 가끔 썩은 나무와 땅에 묻힌 열매에 발생한다. 군생 또는 열을 지어 발생한다.

분포 한국, 유럽

흰볏싸리버섯

Clavulina ornatipes (Peck) Coner
Clavaria ornatipes Peck

형태 자실체는 높이 2.5~4cm에 폭 5~15mm, 드물게 분지한다. 자실층은 분홍 회색 또는 둔한 색이다. 2분지였다가 여러개로 분지하여 분산된다. 분지된 것들은 편평하고 위로 고르게 부푼다. 살은 검은 갈색, 건조하면 노란색에 질겨지고 습기가 있으면 다시 생생해진다. 냄새와 맛은 거의 분명치 않다. 포자는 크기 8.5~11(12.5)×6.5~8.5μm에 타원형이다.

생태 여름~가을 / 유기물에 군생한다. 보통종은 아니다.

분포 한국, 북미

주름볏싸리버섯

Clavulina rugosa (Bull.) Schroet.

형태 자실체는 높이 5~6*cm*, 굵기 0.3~1*cm*에 1개의 가지가 단일체로 나거나 여러 개의 가지가 분지되어 사슴 뿔이나 덩어리 모양을 이루기도 한다. 가지는 납작하게 눌린 모양 또는 방망이 꼴이며 칙칙한 백색 혹은 황토-갈색이다. 표면은 세로로 홈이나 결절 또는 주름살이 잡혀 있다. 끝부분도 때때로 눌린 모양이다. 살은 연하고 탄력성이 있으나 부서지기 쉽다. 포자는 크기 9~13.5×7.5~10*μm*, 광타원형-아구형에 표면이 매끈하고 투명하며 큰 기름방울을 함유한다.

생태 여름~가을 / 침엽수림 또는 혼효림 땅의 이끼 숲이나 초지 또는 길옆, 도랑 등에 단생하거나 군생, 드물게는 속생한다.

분포 한국 등 전 온대 지방

빛더듬이버섯

Multiclavula clara (Berk. & Curt.) Petersen

형태 자실체는 높이 3~5*cm*에 가늘고 긴 막대 모양이며 밑동 쪽이 다소 가늘다. 흔히 휘어져 있다. 신선할 때는 오렌지색, 건조하면 붉은색을 띤 탁한 오렌지색이 된다. 포자는 크기 6.5~8× 3.5~4.5*μm*, 타원형에 표면이 매끈하고 투명하다. 색은 백색이며 막이 얇다.

생태 여름~가을 / 절개지나 이끼류 속에 군생 또는 단생한다.

분포 한국, 일본, 호주, 아메리카 열대 지방

끈적더듬이버섯

Multiclavula mucida (Pers.) Petersen
Lentaria mucida (Pers.) Corner

형태 자실체는 높이 0.3~1(2)cm, 폭 0.3~1mm으로 소형이며 일반적으로 밑동이 다소 가늘고 막대-곤봉 모양이며 휘어 있다. 선단이 뾰족하나 드물게 둔한 것도 있고, 거의 분지되지 않으나 간혹 분지되는 것도 있다. 전체적으로 흰색-담황토색, 오래되면 갈색-흑색을 띤다. 때때로 밑동 부분에 흰 균사가 피복되어 있다. 살은 유연하다. 포자는 크기 5.5~6.5×2~3㎛, 원주상의 타원형으로 표면이 매끈하고 투명하다. 일부에는 2개의 기름방울이 있다.
생태 봄~가을 / 습한 부후목의 표면에 다수가 군생한다. 이 버섯이 발생하는 곳에는 녹색의 말류가 생긴다.
분포 한국, 전 세계

흰적색꾀꼬리버섯

Cantharellus alborufescens (Melencon) Papetti & S. Alberti

형태 균모는 지름 3~9cm에 육질이며 처음에는 둥근 모양이었다가 안으로 말리면서 펴지고 흔히 불규칙하게 된다. 가장자리는 엽편 모양이며 밝은 노랑-오렌지색, 후에 오렌지색에서 흰-노란색이 된다. 후에 가루로 덮인다. 자실층(거짓주름살)은 자루에 내린 주름살, 포크처럼 들어간 형태의 주름살이다. 매우 연한 황토색이며 상처 시 갈색으로 변한다. 자루는 길이 3~5cm, 굵기 1~1.5cm에 원통형이며 속이 차 있다. 색은 백색이었다가 연한 백황색이 되며, 동시에 적갈색으로 물든다. 살은 연한 크림-노란색이며 단단하다. 맛은 온화하고 좋은 과일 냄새가 난다. 포자는 크기 8.4~11.5×4.5~6.5(7)μm, 타원형이지만 응축된다. 담자기는 4-포자성. 포자문은 연한 노랑-황토색이다.

생태 여름~가을 / 활엽수림, 참나무 숲의 땅에 군생한다.

분포 한국, 유럽

꾀꼬리버섯

Cantharellus cibarius Fr.
Cantharellus cibarius var. albidus Maire

형태 균모는 지름 3~8㎝에 노란색이다. 균모는 가운데가 조금 오목하고 불규칙한 원형이다. 가장자리는 얕게 갈라지며 물결 모양이고 표면은 매끄럽다. 살은 두껍고 연한 황색이다. 아랫면에는 주름살(거짓주름살)이 가지를 쳐서 맥상으로 연결되어 있다. 균모를 포함한 자루의 길이는 3~8㎝, 굵기는 2~6㎝이다. 형태는 원주형에 중심생 또는 편심생이다. 자루의 속은 살로 차 있다. 포자는 크기 7.5~10×5~6㎛에 타원형이며 미세한 반점을 가진 것도 있다. 포자문은 크림색이다.

생태 여름~가을 / 활엽수림 또는 침엽수림의 땅에 군생한다. 식용과 약용으로 이용하며 살구 냄새가 난다. 외생균근이다.

분포 한국 등 북반구 온대 이북

붉은꾀꼬리버섯

Cantharellus cinnabarinus (Schw.) Schw.

형태 자실체는 육질. 균모는 지름 2~4cm로 둥근 산 모양이며 중앙이 오목한 모양을 거쳐 깔때기 모양이 되거나 때로는 부정형이 되기도 한다. 표면은 주홍색이고 매끄럽거나 거칠며 오래되면 퇴색한다. 가장자리는 아래로 굽고 물결 모양이거나 얕게 갈라지며 균모와 같은 색이다. 살은 백색이고 표피 밑은 적색이다. 주름살은 자루에 대하여 내린 주름살로 연한 색이다. 자루는 길이 2~5cm, 굵기 3~10mm로 원통형, 기부가 가늘다. 표면은 매끄럽거나 줄무늬 선이 있으며 균모와 같은 색이다. 자루의 속은 차 있다. 포자는 크기 8~9×5~6㎛로 타원형이며 표면은 매끄럽고 투명하다. 포자문은 백색 또는 연한 분홍색이다.

생태 여름 / 숲속의 땅에 군생하거나 단생한다.

분포 한국, 중국, 일본, 북미

회색꾀꼬리버섯

Cantharellus cinereus (Pers.) Fr.
Craterellus cinereus (Pers.) Pers.

형태 균모는 지름 2~5cm, 둥근 산 모양의 깔때기형이다. 막질이고 자루의 아래까지 빈 공간이 뚫려 있다. 표면은 검은 갈색이었다가 백색이 되며, 융털 모양의 인편이 있다. 살은 표면의 색과 같으며 냄새와 맛은 부드럽다. 균모의 뒷면인 자실층 면에는 두꺼운 주름살 벽이 있으며 그물눈 모양이다. 주름살은 세로로 된 내린 주름살이고 백색이다가 회색이 되며 가루 같은 것이 있어 거칠다. 자루는 길이 3~8cm, 굵기 0.5~0.8cm, 아래로 갈수록 가늘어지며 구부러져 있다. 색은 검은 회갈색 또는 흑색이며 속은 살이 없어서 비어 있다. 포자는 크기 8~10×5~6μm, 무색의 타원형으로 표면이 매끄럽다. 포자문은 백색이다.

생태 여름~가을 / 숲속의 땅에 군생한다. 식용이다.

분포 한국, 일본, 중국, 유럽, 북미

황백꾀꼬리버섯

Cantharellus ferruginascens P.D. Orton

형태 균모는 지름 2~6㎝, 둥근 산 모양이었다가 편평해지며, 후에는 가운데가 약간 오목해진다. 표면은 황토 백색, 손으로 만지거나 멍들게 되면 적갈색-녹슨 황토색으로 변한다. 균모 표면에 변색된 부분이 흔히 반점 모양으로 산재되어 있다. 가장자리는 안쪽으로 감겨 있고 불규칙하게 얕게 째지거나 물결 모양이된다. 살은 유백색-연한 크림 황색이며 단단하다. 거짓주름살은황색 또는 칙칙한 오렌지 황색이다. 주름살은 내린 거짓주름살이며 폭이 좁고 분지되며, 엽맥상으로 서로 연결된다. 자루는 길이 2~4㎝, 굵기 0.5~2㎝, 단단하며 밑동 쪽이 가늘다. 색은 크림황색이고 만지거나 멍들면 균모와 같이 변색된다. 포자는 크기7.5~10×5~6㎛, 광타원형이다. 포자문은 연한 크림색이다.

생태 늦여름~초가을 / 석회암 지대 혼효림의 땅에 군생한다. 식용이다.

분포 한국, 유럽

고운꾀꼬리버섯

Cantharellus formosus Corner

형태 균모는 폭 3~10cm, 가장자리가 안으로 말린 둥그런 빵 모양이다. 흔히 중앙이 들어가 넓은 둥근 산 모양이 되고, 가장자리는 강하게 아래로 굽으며 펴져서 편평하게 된다. 이후 가장자리가 위로 치켜지며 중앙은 들어가고 강한 물결형이 된다. 밝은 노란색, 노랑-오렌지색 또는 무딘 갈색, 베이지색, 황토-갈색 인편을 가진다. 습할 시 밝은색을 띠며 표면은 습하다가 건조하고, 밋밋하다. 매트 같은 섬유실 인편이 있고 때때로 건조 시 들어 올려진다. 주름살은 심한 내린 거짓주름형이며 무디다. 가장자리는 비교적 얇고 넓으며 어릴 때 몇 개의 횡맥이 있다. 색은 둔한 분홍 백색이었다가 맑은 노란색이 되고, 노쇠하면 분홍-황갈색에서 노랑-베이지색이 된다. 자루는 길이 4~12cm, 두께 1~2.5cm, 원통형 또는 약간 기부로 가늘다. 살은 두껍고 치밀하며 실 모양이다. 상처 시 서서히 노란색이 되며 절단 시 갈색이 된다. 냄새는 불분명하거나 과실 향기가 나고, 맛은 불분명하다. 포자문은 크림색 또는 연한 노란색이다. 포자는 7~9×4.5~6μm 크기에 타원형이며 표면이 매끈하고 투명하다. 담자기는 4-포자성 또는 6-포자성이다.

생태 늦여름 / 구과 숲의 이끼류 등에 작은 집단 또는 산생으로 난다. 식용이다.

분포 한국, 북미

호박꾀꼬리버섯

Cantharellus friesii Quél.

형태 균모는 폭 1~3㎝, 어릴 때는 다소 편평한 모양이다가 곧 불규칙한 깔때기 모양이 된다. 가장자리는 심하게 불규칙한 물결모양이다. 표면은 오렌지 황갈색이며 밋밋하고 광택이 있다. 살은 연한 오렌지색을 띠고 자루는 연한 백황색이다. 거짓주름살은 자루에 내린 주름살, 엽맥상으로 서로 연결되어 있다. 색은 황색, 때로는 분홍색을 띤 황색이다. 자루는 길이 1~3㎝, 상하가 같은 굵기, 때로는 약간 중앙이 굵다. 색은 균모와 같은 색이거나 다소 연한 색이며 매우 미세한 털이 있다. 포자는 크기 8.5~10.5×4~5㎛, 타원형-난형이며 표면이 매끈하고 투명하다. 기름방울 및 알갱이가 많이 들어 있다.

생태 여름~가을 / 활엽수림의 땅 또는 길가 등에 난다.

분포 한국, 유럽

벽돌색꾀꼬리버섯

Cantharellus lateritius (Berk.) Sing.
Craterellus cantharellus Berk.

형태 균모는 지름 3~10㎝, 둥근 산 모양이다가 편평해지며 흔히 중앙이 들어간다. 가장자리는 안으로 말리고, 물결형 또는 엽편 모양이 된다. 색은 연한 황-오렌지색에서 오렌지색이 된다. 표면은 밋밋하다가 약간 털상이 된다. 균모의 임성 아래 표면은 밋밋하다가 주름이 잡히거나 맥상이 되며, 가끔 횡맥이 있다. 색은 연한 오렌지-황색에서 분홍색이다. 자루는 길이 25~100㎜, 굵기 5~25㎜, 기부로 가늘어지며 흔히 굽어 있다. 색은 오렌지-노란색. 살은 치밀하고 자루에서는 비게 되며, 백색이다. 향기로운 살구 냄새가 나며 맛이 좋다. 포자는 크기 7.5~12.5×4.5~6.5㎛, 타원형에 표면이 매끈하고 투명하다. 포자문은 분홍빛의 노란색이다.
생태 여름~가을 / 참나무, 길가 등에서 많이 발견된다. 식용이다.

분포 한국, 북미

애기꾀꼬리버섯

Cantharellus minor Peck

형태 균모는 지름 1.5~2cm, 둥근 산 모양을 거쳐 차차 편평한 모양이 되거나 때로는 불규칙한 모양에 가운데가 들어가기도 한다. 표면은 매끄러우며 황적색이다. 가장자리는 안으로 굽으나 후에 편평해진다. 살은 연한 황색이며, 거짓주름살은 자루에 내린 형태이고 균모와 색이 같으며 약간 빽빽하고 엽맥상으로 서로 연결되어 있다. 자루는 길이 1.5~5cm, 굵기 3~10mm로 가늘며 황색-오렌지색에 중심생이다. 속은 처음에는 살로 차 있지만, 시간이 지나면 비게 된다. 포자는 크기 7~7.5×4.5㎛, 타원형 또는 거꾸로 된 난형에 표면이 매끄럽고 투명하다. 난아미로이드 반응을 보인다. 포자문은 황색이다.

생태 여름~가을 / 숲속의 땅에 군생한다. 공생 생활을 한다.

분포 한국, 일본, 중국, 북미

색바랜작은꾀꼬리버섯

Cantharellus minor f. **pallid** D.H. Cho

형태 균모는 폭 0.6~1.5*cm*에 넓게 퍼진 둥근 산 모양 혹은 약간 오목한 모양이다가 후에 깔때기 모양이 된다. 균모의 중앙은 연한 황색이고 가장자리는 백황색이다. 가장자리는 불규칙한 이빨 모양이며 미모가 덮여 있다. 중앙에서 가장자리까지 줄무늬 선이 있다. 살은 얇고 균모와 같은 색이다. 거짓주름살은 자루에 내린 주름살이며 연한 황색에 성기다. 자루는 길이 1~3*cm*, 굵기 1.5~3*mm*에 원주형이며 굽어 있다. 색은 연한 황색. 속은 차 있거나 비어 있고 위쪽이 굵다. 포자는 크기 7~9×5~6*μm*, 아구형-광타원형이다.

생태 여름~가을 / 참나무류 등 활엽수림의 땅에 군생 혹은 속생한다.

분포 한국

북방꾀꼬리버섯

Cantharellus septentrionalis A.H. Sm.

형태 균모는 지름 3~8cm, 일정한 모양이 없는 부정형이며 가운데가 조금 오목하고 전체가 노란색이다. 균모의 가장자리는 얇게 갈라지며 물결 모양이다. 표면은 매끄럽고 약간 청색을 나타낸다. 주름살은 길게 아래쪽으로 내린 주름살로 성기다. 자루는 길이 3~9cm, 굵기 2~5cm, 중심생이다. 위쪽과 아래쪽의 표면은 약간 청색을 나타내며 상처를 입었을 때 살은 백색에서 청색으로 변한다. 자루의 속은 살로 차 있다. 포자는 크기 8~9.5×6~7㎛, 타원형이며 표면에 사마귀 반점을 함유하며 매끄럽지 못하다. 비아미로이드 반응을 보인다.

생태 여름 / 맨땅 절벽의 땅에 군생 혹은 산생한다.

분포 한국, 북미

흰꾀꼬리버섯아재비

Cantharellus subalbidus A.H. Sm. & Morse

형태 균모는 지름 5~13cm로 편평하다가 넓게 들어가며, 가장자리는 물결형이다. 상처 시 백색 또는 오렌지색 또는 오렌지-갈색이 된다. 표면은 밋밋하고 약간 오래되면 인편이 생긴다. 주름살은 밀생하며 보통 포크형에 횡맥상이다. 백색에 성긴 융기된 내린 주름살이 있다. 자루는 길이 20~60mm, 굵기 10~30mm로 강인하며, 백색이었다가 갈색이 된다. 건조성에 표면은 밋밋하다. 살은 두껍고, 단단하며, 백색이다. 포자는 크기 7~9×5~5.5µm, 타원형에 표면이 매끈하고 투명하다. 포자문은 백색이다.

생태 가을/ 구과식물 또는 혼효림의 땅에 산생 또는 집단으로 발생한다. 식용으로 맛이 훌륭하다.

분포 한국, 북미

흑포자꾀꼬리버섯

Cantharellus tuberculosporus Zang

형태 균모는 지름 3~8.5*cm*, 중앙은 오목하고 가장자리는 점차 아래로 신장하여 깔때기 모양이 된다. 색은 연한 황색 또는 황색이다. 표면은 밋밋하고 가장자리는 얇고 아래로 말린다. 살은 황색이며 비교적 두껍다. 주름살은 자루에 대하여 내린 주름살이며 폭이 좁고, 연한 황색 또는 황금색이며, 융기된 주름살로 두껍고 분지하며 교차한다. 기부는 연한 색이고 균모와의 경계가 분명치 않다. 상부는 거칠고 아래로 가늘다. 포자는 크기 7~9×6~6.5*μm*, 타원형이며 표면에 작은 사마귀 반점이 있다. 색이 없고 투명하다.
생태 여름~가을 / 고산의 혼효림의 땅에 산생 혹은 군생한다. 식용이며, 외생균근을 형성한다. 식용으로 향기가 좋고, 신선할 때 맛이 좋다.
분포 한국, 중국

운남꾀꼬리버섯

Cantharellus yunnanensis Chiu

형태 자실체는 소형이고 육질이다. 균모는 지름 1.5~2.5*cm*로 중앙은 약간 들어가고, 미세한 털이 있으며 연한 오렌지 황색이다. 가장자리는 물결형이며 아래로 말린다. 살은 백색에서 연한 색이 되며 육질이다. 주름살은 자루에 대하여 내린 주름살로 두껍고 폭이 좁으며, 성기고 포크형이다. 자루는 길이 3~5*cm*, 굵기 0.5~1*cm*, 백색에 불규칙한 작은 갈고리 모양이며 아래로 가늘고 섬유상의 줄무늬 선이 있다. 포자의 크기는 4~5×2~3.5*μm*, 타원형에 무색이다.
생태 여름 / 혼효림의 땅에 군생한다 식용이며 외생균근을 형성한다.
분포 한국, 중국

회흑색뿔나팔버섯

Craterellus atrocinereus D. Aroa & J.L. Frank

형태 균모는 지름 4~8cm, 넓은 둥근 산 모양이다가 중앙이 들어가며, 거의 편평해지거나 가장자리가 들어 올려진다. 중앙은 오래되면 비어서 자루의 기부에 이른다. 가장자리는 주름지고 물결 모양이다. 검은 회흑색에서 회갈색, 오래되면 연한 회색에서 베이지-갈색이 된다. 표면은 건조성, 처음 섬유상이다가 매트의 솜털로 약간 누비 같은 표면이 된다. 가끔 찢어지기도 한다. 거짓주름살의 자실층 면은 얇고, 융기된 내린 주름살이며, 강한 맥상으로 연결되어 흔히 그물꼴처럼 된다. 오래되거나 건조 시 베이지-갈색이 된다. 자루는 길이 5~10cm, 굵기 15~45cm, 흔히 기부로 부풀거나 불규칙하다. 전체가 퇴색된 회색이며 어릴 때 푸른 기가 있고, 이어서 손으로 만진 곳은 검은 회-갈색에서 흑색이 된다. 살은 얇고 회색이며 균모 가장자리는 부서지기 쉽다. 자루는 질기다. 냄새는 향기롭고, 과일 맛이 난다. 포자문은 백색. 포자는 크기 8~11×45~6μm, 타원형에 표면이 매끈하고 투명하다.

생태 여름~가을 / 참나무 숲 등의 땅에 단생 또는 작은 집단으로 발생한다. 맛이 좋다.

분포 한국, 북미

수세미뿔나팔버섯

Craterellus fallax A.H. Sm.

형태 자실체는 트럼펫 모양이며, 뒤집힌 거짓주름살로 뒤가 열린 형태다. 가장자리는 흔히 물결형이며 불규칙하다. 표면의 안은 건조성이며 미세한 인편이 있다. 습기가 있을 때 회색이다가 검은색이 된다. 거짓주름살의 표면은 밋밋하다가 불규칙한 맥상이 생기고 어릴 때는 연한 갈색이다가 회색이 된다. 오래되면 연어 분홍빛의 붉은색을 띤다. 살은 얇고 부서지기 쉬우며 회갈색이다. 냄새는 향기로운 살구 냄새가 난다. 맛도 살구와 비슷하다. 포자는 크기 10~20×7~11.5μm, 광타원형에 표면이 매끈하고 투명하다. 포자문은 황토-담갈색에서 오렌지색이다.

생태 여름~가을 / 혼효림의 땅에 군생한다. 보통종으로 흔하다. 맛이 좋다.

분포 한국, 북미

황금뿔나팔버섯

Craterellus aureus Berk. & Curt.

형태 자실체는 크기 1.1~5cm, 높이 4~7cm로 긴 나팔 모양이며 가운데 구멍이 안쪽으로 밑동까지 뚫려 있다. 선명한 오렌지색-황금색이나 오래되면 다소 퇴색된다. 가장자리 쪽은 어릴 때 아래쪽으로 굽고 오래되면 찢어지기도 한다. 살은 황색이다. 거짓 주름살은 연한 오렌지 홍색-선명한 오렌지색에 표면은 밋밋하거나 미세한 주름이 잡혀 있다. 주름살과 자루의 구분이 명확치 않다. 포자는 크기 6.9~9.2×5.1~6.9㎛, 타원형에 표면이 매끈하고 투명하다. 선단에 뾰족한 돌기가 있고 내부에 1개의 큰 기름방울이 있다.

생태 여름 / 혼효림의 땅에 외생균근을 만들며 총생한다.

분포 한국, 중국, 유럽, 북미

깔때기뿔나팔버섯

Craterellus calicornucopioides D.Arora & J.L. Frank

형태 균모는 지름 3~10cm, 중앙이 깊이 들어가며, 트럼펫 모양이다. 자실체는 처음에는 나팔 모양이다가 펴져서 넓은 둥근 산 모양이 되고 후에는 깔때기 모양이 된다. 가장자리는 보통 강한 물결형에 주름지고, 오래되면 찢어진다. 검은 흑회색에서 검은 회갈색이다가 흑색이 된다. 따뜻할 때는 갈색, 건조할 때는 회색이다가 베이지-회색이 된다. 표면은 건조하고 처음에는 섬유상에 편평한 매트-털상의 인편이 있다. 오래되면 들어 올려지고 누덕누덕해진다. 거짓주름살은 밋밋하다가 약간 주름이 진다. 자루와의 경계는 분명치 않다. 검은 청회색, 회갈색 또는 맑은 회색이며 연한 광택이 있다. 자루는 길이 4~15cm, 굵기 1~5cm이다. 살은 두께 0.1~0.5cm이며 처음에는 원통형의 트럼펫 모양으로 중앙에 커다란 빈 곳이 생긴다. 강한 물결형에 불규칙하며 이랑이 있다. 자르면 약간 납작하고, 불규칙하다. 살은 두껍고, 기부는 질기다. 냄새가 강하며, 싱싱할 때는 꽃이나 과일 냄새, 오래되거나 건조하면 치즈 냄새가 난다. 맛은 온화하다. 포자문은 연한 크림색. 포자는 크기 11~15×7~11μm, 타원형에 표면이 매끈하고 투명하다.
생태 여름 / 참나무 숲 등의 땅에 단생, 집단, 속생한다. 식용이다.
분포 한국, 북미

뿔나팔버섯

Craterellus cornucopioides (L.) Pers.
Cantharellus cornucopiae Wallr.

형태 균모는 지름 2~(8)㎝, 중앙에 깔때기 모양의 입을 가지고 있고 이것은 자루의 밑동에 이른다. 가장자리는 심한 물결 모양으로 굴곡을 이룬다. 표면은 암갈색-흑회색, 건조하면 회갈색이다. 비듬 모양의 인편이 덮여 있다. 살은 매우 얇고 유연한 가죽질이다. 거짓주름살은 재회색-회백색. 흔히 나팔꽃 모양으로 길게 형성된다. 어릴 때는 밋밋하나 후에 얕고 쭈글쭈글하게 주름이 잡힌다. 자루는 길이 1~6㎝, 흑회색으로 거짓주름살보다 진하다. 포자는 크기 12~17×9~11㎛, 광타원형에 표면이 매끈하고 투명하다. 때때로 기름방울이나 알갱이가 들어 있다.

생태 여름~가을 / 숲속의 땅에 군생 또는 총생한다.

분포 한국, 전 세계

살구뿔나팔버섯

Craterellus ignicolor (R.H. Petersen) Dahlman, Danell & Spatafora
Cantharellus ignicolor Petersen

형태 균모는 지름 1~5㎝, 둥근 산 모양이지만 중앙이 약간 들어 간다. 가장자리는 안으로 말리지만 이후 편평해지며 깊이 들어 가고, 아래로 굽으며 물결형을 이룬다. 살구색-오렌지색에서 노 랑-오렌지색이 되고 오래되면 칙칙해진다. 또 처음에는 밋밋하 다가 거칠거나 고르지 않게 된다. 임성의 표면 아래는 아래로 내 린 자루 형태이고, 좁고 성기다. 포크형의 융기로 횡맥이 있다. 오렌지-노란색이었다가 와인-담황색이 되며 포자가 성숙하면 보라색이 된다. 자루는 길이 20~60㎜, 굵기 2-15㎜에 압착되어 있고 속은 차 있다가 비게 된다. 칙칙한 오렌지색은 퇴색한다. 살 은 얇고 균모와 같은 색이다. 냄새는 없거나 매우 희미한 향내만 있으며 맛은 없다. 포자는 크기 9~13×6~9㎛, 광타원형에 표면 이 매끈하고 투명하다. 난아미로이드 반응을 보인다. 포자문은 황토-연어색이다.
생태 여름~가을 / 낙엽수림 또는 구과나무 아래의 땅에 산생하 거나 간혹 집단으로 밀집하여 발생한다.
분포 한국, 북미

갈색털뿔나팔버섯

Craterellus lutescens (Fr.) Fr.
Cantharellus lutescens Fr., Cantharellus luteocomus H.E. Bigelow

형태 균모는 지름 0.5~2.5cm, 둥근 산 모양이나 중앙은 얕게 들어간다. 가장자리는 안으로 말려 편평해지거나, 꽃병 받침 혹은 물결 모양이 된다. 습할 시 밋밋하며 거짓주름살은 자루에 융기된 주름살, 내린 주름살이고 오렌지 노란색-분홍 갈색이지만 백색의 꽃봉오리 같으며 밋밋하고 주름진다. 자루는 길이 15~30mm, 굵기 3~6mm, 속은 푸석푸석하고, 오렌지-노란색이다. 표면은 밋밋하다. 살은 얇고 부드러우며 색은 자루와 같다. 냄새와 맛은 분명치 않다. 포자는 크기 10~13×6~8.5μm, 타원형에 표면이 매끈하고 투명하다. 난아미로이드 반응을 보인다.

생태 여름~가을 / 자작나무와 혼효림의 젖은 이끼류 땅에 집단으로 또는 뭉쳐서 발생한다.

분포 한국, 북미

222

갈색털뿔나팔버섯(황금형)

Cantharellus luteocomus H.E. Bigelow

형태 균모는 지름 1~3㎝, 연한 분홍색 또는 오렌지 주황색이다. 때로는 균모와 자루가 황색 또는 흰색인 것도 있다. 표면은 점성이 없고 까슬까슬하다. 거짓주름살은 자루에 대하여 내린 주름살이며 쭈글쭈글하게 형성되나 나중에는 밋밋해진다. 자루는 길이 1~3㎝, 밑동 쪽으로 가늘어지며 속이 비어 있다. 살은 표면과 비슷한 색이다. 포자는 크기 10~12×7.5~10.5㎛, 광타원형에 표면이 매끈하고 투명하다. 포자문은 백색이다.

생태 가을 / 소나무 숲의 땅에 군생 또는 균륜 모양으로 다수 발생한다. 식용이며 매우 흔한 종이다.

분포 한국, 일본, 북미

223

나팔버섯

Craterellus tubaeformis (Fr.) Quél.
Cantharellus infundibuliformis (Scop.) Fr., Cantharellus xanthopus (Pers.) Duby

형태 균모는 폭 2~8cm, 둥근 산 모양에서 점차 편평해지며, 중앙은 들어가서 깔때기 모양이 된다. 가장자리는 안으로 말리고 물결형을 이룬다. 색은 짙은 노란색에서 노랑-갈색, 오래되면 퇴색한다. 주름살은 자루에 내린 주름살, 좁고 무디며 불규칙하게 분지하여 맥상을 이룬다. 색은 노란색에서 회-보라색이다. 자루는 길이 25~80mm, 굵기 4~10mm, 속은 비어 있고 편평하거나 고랑이 있다. 색은 노란색에서 둔한 노랑-오렌지색이다. 살은 퇴색된 노란색이다. 냄새와 맛이 좋다. 포자는 크기 8~12×6~10μm, 타원형에 표면이 매끈하고 투명하다. 포자문은 백색이다.

생태 여름~가을 / 젖은 이끼류가 있는 통나무에 흔히 큰 집단으로 발생한다. 식용으로 맛이 좋다.

분포 한국, 북미

나팔버섯(깔때기형)

Cantharellus infundibuliformis (Scop.) Fr.

형태 균모는 지름 2~5㎝, 어릴 때는 중앙이 다소 들어간 둥근 산 모양이다가 곧 가장자리가 심하게 불규칙한 물결 형태의 깔때기 모양이 된다. 중앙부의 오목하게 들어간 부분은 자루의 밑동까지 달한다. 표면은 밋밋하며 오렌지색을 띤 암갈색이다. 거짓주름살은 자루에 대하여 내린 주름형, 엽맥상의 거짓주름살이 서로 연결되어 있다. 처음에는 황색, 후에는 회색을 띤다. 자루는 길이 5~8㎝, 굵기 4~9㎜이며 탁한 황색이다. 속은 비어 있고 아래로 굽는다. 살은 균모와 같은 색을 띠며 얇고 다소 질기다. 포자는 크기 9~11×7.5~9㎛, 광타원형-류구형에 표면이 매끈하고 투명하다. 포자문은 백색이다.

생태 여름~가을 / 활엽수 또는 침엽수의 땅에 군생한다.

분포 한국, 일본, 중국, 유럽, 북미

나팔버섯(노란색형)

Cantharellus xanthopus (Pers.) Duby

형태 균모는 지름 1~6cm, 둥근 산 모양이다가 편평해지며 주름이 진다. 가장자리는 물결형. 중앙은 움푹 파이고, 후에 꽃병 받침형이 되며 가장자리는 위로 올라간다. 오렌지-노란색에서 황갈색, 작고 거친 갈색 털 또는 인편이 표면 전체를 피복한다. 거짓주름살은 자루에 내린형이고 칙칙한 황갈색에서 담황색이 되며, 밋밋하다가 약간 맥상 또는 주름이 진다. 자루는 길이 20~50mm, 굵기 1~15mm, 푸석푸석하고 후에는 속이 비게 된다. 흔히 기부가 약간 털상이다. 살은 매우 얇고 연한 담황색에서 오렌지색이다. 냄새와 맛은 불분명하다. 포자는 크기 9~11×6~7.5μm, 타원형에 표면이 매끈하고 투명하다. 난아미로이드 반응을 보인다. 포자문은 연한 오렌지 담황색이다.

생태 여름~가을 / 젖은 이끼류, 혼효림의 젖은 나무에 집단으로 발생 또는 속생한다. 식용이다.

분포 한국, 북미

턱수염버섯

Hydnum repandum L.
H. repandum var. albidum Fr.

형태 균모는 지름 4~10cm, 원형-불규칙한 원형으로 어릴 때는 둥근 산 모양이었다가 후에 가운데가 오목해진다. 표면은 담황색, 건조할 때는 연한 황갈색이 된다. 표면은 밋밋하거나 미세한 털이 있고 가장자리는 흔히 물결 모양으로 기복이 생기고 얇게 찢어진다. 살은 흰색이며 연약한 육질이고 약간 두껍다. 하면의 자실층은 균모와 같은 색이거나 연한 색, 모양은 침과 같고 길이는 2~5mm이다. 매우 약하고 밀생하며 자루에 내린 붙음이다. 자루는 길이 3~5cm, 굵기 0.5~1.5cm, 전체적으로 흰색이며 밑동은 담황색이다. 속이 차 있고 균모의 중심에서 편재하거나 측생한다. 포자는 크기 6~8×5~6.5μm, 난형-아구형에 표면이 매끈하고 투명하며 기름방울이나 알갱이가 들어 있다.
생태 여름~가을 / 숲속의 땅에 군생한다. 식용이며 비교적 흔하다.
분포 한국 등 전 세계

턱수염버섯(흰색형)

Hydnum repandum var. **albidum** Fr.

형태 자실체는 턱수염버섯과 모양, 크기가 비슷하나 약간 작다. 습할 시 백색 또는 우윳빛을 띤다. 균모는 지름 3~5cm, 편반구형 내지 거의 편평한 모양이며, 중앙은 들어가고 가장자리는 안으로 말린다. 살은 백색이다. 침은 자루에 대하여 내린 주름살(침)이며 백색이다. 자루는 길이 3~5cm, 굵기 6~10cm, 원주형에 속은 비어 있다. 포자는 크기 3.5~5.8μm에 류구형이며 무색이다. 표면은 매끈하고 투명하다. 담자기의 크기는 30~35×5~8μm다.

생태 여름~가을 / 혼효림의 땅에 단생하거나 군생한다. 식용이다.

분포 한국, 일본, 유럽, 북미, 아프리카

228

꼬마나팔버섯

Pseudocraterellus undulatus (Pers.) Rausch.
Craterellus crispa (Bull.) Pers., C. sinuosus (Fr.) Fr.

형태 균모는 지름 1~5cm로 깔때기 모양이다. 가장자리는 쪼개지거나 톱니 모양, 구불구불한 모양이 되기도 한다. 표면은 굴곡이 심하고 갈색, 황갈색 또는 회갈색이다. 가장자리는 색이 연하고 황색을 띤다. 살은 매우 얇고 부드러우며 섬유질이다. 주름살은 자루에 내린형이며 거짓주름살로 엽맥상으로 주름져 있다. 색은 옅은 회황색-베이지 황색이다. 자루는 길이 3~6cm, 굵기 3~8mm 로 불규칙하게 둥근형이며, 세로줄의 홈선이 파여 있고, 밑동 쪽으로 가늘어진다. 속은 비어 있다. 포자는 크기 9.5~12×7~8µm, 광타원형-난형에 표면이 매끈하고 투명하다. 기름방울이나 알갱이가 들어 있다.

생태 여름~가을 / 참나무류 등 각종 활엽수의 부식질이 많은 땅에 단생 혹은 속생한다.

분포 한국, 중국, 유럽

흰황색단지고약버섯

Sistotrema alboluteum (Bourdot & Galzin) Bondartsev & Sing.

형태 자실체는 배착생으로 느슨하게 기질에 부착하여 펴진다. 두께 1~2mm이며 신선할 때는 부드럽고 건조 시 부서지기 쉽다. 구멍의 표면은 처음에는 크림색, 후에 노란색 또는 난황색으로 변한다. 형태는 각진 형이며 1~4개/mm, 격벽은 얇다. 어릴 때 가장자리는 솜털상으로 불규칙하게 갈라진다. 분생자 형성층은 얇고 부서지기 쉽다. 어린 단계에서는 아치형이고, 가장자리는 미분화 상태이며, 얇다. 때때로 가근이 있다. 균사 조직은 1-균사형(생식균사)이다. 균사는 폭 2~8μm에 벽이 얇고 격쇠와 기름방울이 있다. 분생자 형성층과 격벽에는 곧고 성긴 분지가 있으며 자실층에도 분지가 밀집한다. 강모체 또는 임성의 자실층은 없다. 포자는 지름 4.5~6μm, 구형에 얇다. 약간 두꺼운 벽이 있으며 투명하다. 담자기는 크기 20~30×7~11μm, 어릴 때는 구형이다가 난형이 된다. 2-포자성 또는 4-포자성이며 기부에 격쇠가 있다. 난아미로이드 반응을 보인다.

생태 봄~가을 / 썩은 나무, 혼효림의 땅, 그 외 활엽수림에 난다.

분포 한국, 유럽

구멍단지고약버섯

Sistotrema porulosum Hallenb.

형태 자실체는 배착생으로 기질에 단단히 부착해 펴져 나간다. 자실층은 회백색으로 밋밋하다가 구멍이 생긴다. 가장자리는 분명치 않고, 분생자 형성 균사층은 얇다. 균사 조직은 1-균사형(생식균사)이다. 균사에 격쇠가 있으며, 벽이 얇고, 폭은 2~4μm다. 기름 같은 내용물을 함유하며 강모체는 없다. 담자포자는 크기 3.5~4.5×2~2.5μm, 좁은 타원형에 약간 굽어 있다. 표면은 매끈하며 투명하다. 담자기는 크기 10~20×3~4μm, 항아리 모양이며 6(8)-포자성이다. 기부에 격쇠가 있다.

생태 봄~여름 / 썩은 나무에 배착생한다.

분포 한국, 유럽

사마귀단지고약버섯

Sistotrema brinkmanii (Bres.) J. Erikss.

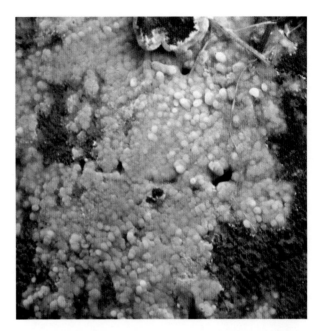

형태 자실체는 완전한 배착생으로 기질에 단단하게 부착한다. 얇은 균사층이 수 센티미터에서 수십 센티미터까지 퍼져 나간다. 표면은 밋밋하다가 사마귀 반점의 돌기처럼 되거나 아치형의 가루가 된다. 백색에서 황토색 또는 회-황토색이다. 가장자리는 가루상, 이후 왁스처럼 되며 유연하다. 포자는 크기 4~5.5×2~2.5㎛, 타원형에 표면이 매끈하고 투명하다. 담자기는 항아리 모양으로 크기는 10~20×4~6㎛이다. 6-포자성, 때에 따라서는 4 또는 8-포자성도 보인다. 기부에 꺽쇠가 있다. 낭상체는 관찰되지 않는다.
생태 연중 / 활엽수와 구과나무의 죽은 나무에 난다. 오래된 자실체, 식물의 쓰레기, 땅 등에도 난다.
분포 한국, 유럽, 북미, 아시아

보라혹버섯

Tulasnella violea (Quél.) Bourd. & Galz.

형태 자실체는 필름처럼 얇게, 왁스처럼 가루상의 막편이 수 센티미터로 퍼져 나간다. 습기가 있을 때는 라일락-보라색, 건조할 때는 분홍색이다. 표면은 밋밋하다가 약간 불규칙한 결절형이 된다. 가장자리는 불규칙하고 분명한 경계가 있으며, 얇고 투명하다. 포자는 크기 6~8×5~6.5μm, 난형에서 아구형, 표면이 매끈하고 투명하다. 어떤 것은 기름방울을 함유하고 있다. 담자기 하낭은 난형에서 곤봉형, 크기는 10~20×5~8μm이다. 표피 담자기는 난형에서 서양 배 모양이 4개가 있다. 낭상체는 없다. 균사는 지름 3~4μm, 격막에 격쇠는 없다.

생태 연중 / 단단한 나무의 가지나 껍질이 벗겨진 나무, 땅에 넘어진 나무에 배착생한다

분포 한국, 유럽, 북미

왕관방귀버섯

Geastrum coronatum Pers.

형태 자실체는 두부가 왕관 모양이고, 살과 섬유실의 층이 갈라져서 다른 균사층을 이루거나 줄무늬 조각이 되며, 거꾸로 된 조각들이 기질에 부착한다. 외피는 갈라져서 가운데가 4~8개의 똑같지 않은 줄로 펴진다. 살의 층은 갈색이며 갈라지는데, 흔히 조각 머리를 만들고 내피는 자루가 된다. 머리의 지름은 6~12mm로 회백색 또는 불에 탄 색깔, 건조한 갈색이다. 중앙이 가끔 돌출하며 광택이 나는 조각으로 덮인다. 꼭대기의 터진 입구는 전형적인 원추형이며 섬유상에 밋밋하다. 기본체는 녹슨 철 색이고, 세모체는 실처럼 투명하며 갈색이다. 두께는 6μm. 포자는 지름 4~5μm로 구형에 갈색이다. 표면은 사마귀 반점처럼 생겼고 거칠다.

생태 가을 / 침엽수림의 땅에 난다.

분포 한국, 중국, 일본, 인도, 뉴질랜드, 유럽, 남아프리카, 호주, 남북미

232

테두리방귀버섯

Geastrum fimbriatum Fr.
G. sessile Pouz.

형태 자실체는 지름 1.5~4㎝, 처음에는 (부식물 속에 파묻혀 있으며) 구형이다. 외피는 성숙한 후에 상부의 반이 5~10조각으로 갈라진다. 각 조각은 크기가 같지 않고 뒤집히며 아래쪽으로 구부러져 편평한 둥근 방석 모양이 된다. 그 위에 내피가 있는데, 내피는 아구형으로 위쪽이 조금 뾰족하며 지름은 1.5~2㎝, 색은 백색 혹은 황갈색이다. 내피층은 살색-황적갈색이며 매끄럽고 갈라진 선이 있다. 기본체는 흑갈색, 주축은 거꾸로 된 난형이다. 포자는 지름 3~4㎛로 구형이며 표면에 미세한 사마귀가 있다. 색은 연한 황갈색, 기름방울을 함유한다. 탄사는 갈색이다. 담자기의 크기는 30×4㎛, 낭상체는 보이지 않는다.

생태 가을 / 숲속의 낙엽 사이의 땅에 군생한다.

분포 한국, 중국, 일본, 북미, 호주

테두리방귀버섯(무자루)

Geastrum sessile (Sow.) Pouz.

형태 자실체는 지름 2~3cm로 매우 작으며, 처음에는 거의 구형이다가 오래되면 5~8개의 조각으로 갈라진다. 외피막은 황갈색혹은 홍갈색이었다가 갈색이 된다. 벽은 얇으며, 안쪽 피막은 오백색이며 두껍고 단단한다. 처음에는 밋밋하다가 후에 얇아진다. 안쪽의 그레바는 오백색 또는 갈색으로 밋밋하며 자루는 없다. 꼭대기는 암색이며 섬유상, 구형에 지름 0.8~1.8cm이다. 포자문은 담갈색이다. 표면에 작은 사마귀 반점이 있다.

생태 여름~가을 / 숲속의 땅에 군생한다.

분포 한국, 중국, 일본

애기방귀버섯

Geastrum mirabile Mont.

형태 자실체는 어릴 때 낙엽층 내에 있으며 0.5~1㎝ 정도의 작은 공 모양이다. 표면은 적갈색이고 연한 황색의 면모상 균사가 피복되어 있다. 나중에 각피의 위쪽이 5~7조각의 별 모양으로 갈라지면서 내피에 싸인 복숭아 형태의 기본체가 드러난다. 지름은 1.4~2.2㎝로 외피는 완전히 갈라지진 않으며 바깥쪽으로 휘어진다. 내피는 백색-연한 갈색에서 암갈색이 된다. 주머니의 위쪽이 약간 돌출되고 구멍이 형성된다. 포자는 지름 3~4㎛, 구형이며 표면에 알맹이 모양의 돌기가 있다. 색은 갈색이다.
생태 여름~늦가을 / 침엽수나 활엽수의 낙엽 또는 부식질이 많은 땅에 군생한다.
분포 한국, 중국, 일본, 전 열대 지방

난장이방귀버섯

Geastrum nanum Pers.
Geastrum schmidelii Vittad.

형태 자실체의 지름이 5~8mm인 소형균이다. 어릴 때는 구형, 꼭대기는 둔각의 원추상으로 돌출한다. 성숙하면 외피가 4~6조각으로 갈라져 별꼴 모양이 된다. 내피는 종이 같고 연필색-회갈색이며, 구명의 가장자리는 동그란 입술 모양으로 골로 된 선이 분명히 있다. 내피는 기부에 길이 1~2mm의 짧은 자루가 있다. 포자는 지름 3~5㎛, 구형 또는 아구형이며 표면에 미세한 사마귀 점의 돌기가 있다. 색은 갈색이다. 멜저액 반응은 짙은 다색이다. 탄사는 황백색으로 두꺼운 막이고 폭은 3~6㎛이다.
생태 여름~가을 / 썩은 식물에 난다. 드문 종.
분포 한국, 중국, 일본, 유럽, 북미, 호주

빗살방귀버섯

Geastrum pectinatum Pers.

형태 자실체는 지름 5cm, 높이 4cm 정도이며 내피와 외피로 구성된다. 외피는 7~8개의 조각으로 갈라지고, 성숙하면 아래로 굽으며, 작은 자실체는 땅에서 떨어져서 위로 올라간다. 내피는 갈색, 각 엽편의 가장자리는 밝은 황토색인데 이것은 외부층의 갈색 조각으로부터 온다. 구형으로 풍선 같은 내피가 기본체이고, 포자를 가지며 회갈색 가루로 인해 어두운 대리석 같다. 자루의 길이는 5~10mm, 아래로 강한 고리에 의해서 만들어진다. 내피의 기부는 자루의 가까이에 붙는다. 표면에 세로줄 무늬 선이 있다. 자실체의 꼭대기에는 원추형의 털이 있으며 희미한 세로줄 무늬가 있다. 포자는 지름 4~6μm로 구형이며 표면에 사마귀 점이 있어 거칠다. 사마귀의 길이는 1μm. 담자기와 낭상체는 없다.

생태 여름~가을 / 침엽수의 흙, 쓰레기 더미에 군생한다.

분포 한국, 중국, 유럽, 북미, 아시아, 아프리카, 호주

마른방귀버섯

Geastrum saccatum Fr.

형태 자실체는 어릴 때 암갈색의 딱딱한 외피로 둘러싸인 공 모양이며 크기는 지름 1~2cm 정도이다. 담갈색의 가는 털이 밀생하며 후에 위쪽이 5~9조각의 별 모양으로 갈라진다. 크기는 1.5~2cm, 황토-갈색 또는 분홍색을 띤다. 노숙하면 열편이 바깥쪽으로 심하게 휘지만, 목도리방귀버섯과 달리 열편이 가로로 갈라지는 것은 심하지 않다. 주머니는 구형, 꼭대기는 약간 뾰족한 원추형으로 돌출된다. 주머니 아래에 자루는 없다. 포자는 지름 3.5~4.5μm, 구형이며 표면에 사마귀 반점이 덮여 있다. 색은 갈색이다.

생태 여름~가을 / 숲속의 낙엽층 또는 부식토 위에 산생하거나 군생한다.

분포 한국, 일본, 북미

238

목도리방귀버섯

Geastrum triplex Jungh.

형태 자실체는 지름 3~4cm, 새 부리나 뾰족한 구슬 모양이다. 바깥쪽의 껍질이 5~7조각으로 갈라져 별 모양으로 퍼지면서 기본체가 들어 있는 공 모양의 내피를 노출한다. 갈라진 외피는 2층으로 되는데 바깥층은 얇은 피질, 안층은 두꺼운 육질로 껍질이 뒤집힐 때 고리 모양으로 갈라져서 접시를 만들고 공 모양의 내피를 올려 높은 모양이 된다. 내피는 둥근 입을 꼭대기에 가졌으며, 입은 섬유상 막과 얕고 둥근 홈선으로 둘러싸여 있다. 포자는 지름 4~6㎛의 구형이며 연한 갈색이다. 표면에는 거친 사마귀점이 있다. 포자문은 흑갈색이다. 담자기는 길이 20㎛ 정도이며 긴 경자(sterigmata)가 있다. 낭상체는 보이지 않는다.

생태 가을 / 숲속 낙엽층에 군생한다.

분포 한국, 중국, 전 세계

털방귀버섯

Geastrum velutinum Morgan

형태 퍼지지 않은 자실체는 류구형 또는 난형에 약간 점상이며, 크기는 지름 1.5~2.5㎝ 정도이다. 중앙 기부의 백색 균사체에 의하여 기질에 부착한다. 외피층은 주머니 모양이며, 반 정도까지 갈라져 (5)6~7조각의 쐐기 모양이 된다. 또 약간 곧추서거나 다소 줄무늬로 펴진다. 육질층은 살색, 건조 시 암갈색, 틈이 생긴다. 외피층은 파편으로부터 떨어지며 갈색 펠트상의 털로 덮인다. 기부는 둥글고 돌출된 배꼽 모양의 흔적이 특징이다. 내피층은 자루가 없고 구형이며 크기는 7~12㎜, 색은 회갈색이다. 미세한 털이 있다가 매끈해지며 구멍(입)은 넓은 원추형에 미세한 섬유상, 색은 외피층과 거의 같다. 경계가 분명하며 세모체는 실 모양이며 연하고 얇다. 포자는 크기 2.5~3.5(4.2)㎛로 거의 구형이며 표면에 미세한 사마귀 반점이 있다. 색은 검은 갈색이다.

생태 여름~가을 / 숲의 나무 아래 또는 썩은 초본류의 표면에 군생한다.

분포 한국, 북미, 일본, 뉴질랜드, 아프리카, 콩고, 호주, 남북아메리카, 베네수엘라

공버섯

Sphaeobolus stellatus Tode

형태 자실체는 지름 2~5㎜로 처음에는 구형이었다가 나중에는 외피가 4장으로 갈라진다. 이후 다시 6~10개 조각으로 갈라져 주발 모양이 되고, 속에 들어 있는 구형의 기본체가 나타난다. 색은 백색이었다가 황토-갈색이 된다. 주발 모양의 내부는 오렌지 황색, 기본체는 백색에서 갈색이 된다. 별 모양으로 퍼진 후 시간이 지나면 두꺼운 껍질은 바깥쪽 2층과 안쪽 2층 사이에 떨어지고, 안쪽 껍질이 갑자기 부풀어 올라서 둥근 천정처럼 된다. 기본체는 1~5m나 튕긴다. 기본체는 표면이 끈적하고 포자와 아포가 들어 있다. 포자는 크기 7~10×3.5~5㎛, 장방형에 표면이 매끈하고 벽이 두껍다.

생태 봄~가을 / 썩은 고목, 동물의 분에 군생한다.

분포 한국, 중국, 북미

다발방패버섯

Albatrellus confluens (Alb. & Schw.) Kotl. & Pouz.

형태 자실체는 자루가 있다. 보통 관공의 밑동에서 여러 개가 엉켜 자라며 직경 20cm 이상에 달하는 큰 집단이 되기도 한다. 균모는 부채꼴-혀 모양이다가 서로 눌려서 현저히 일그러지기도 한다. 개별 균모의 폭은 5~10cm, 두께 1~3cm 정도이며 표면에 털이 없고 밋밋하다. 색은 황백색 또는 살색이다. 가장자리는 얇고 물결 모양으로 구불구불하다. 살은 흰색-크림색이다. 관공은 자루에 대하여 내린 관공이며 길이 1~5mm로 흰색-크림색이다. 구멍은 원형 또는 다각형이고 2~4개/mm. 자루는 길이 3~10cm, 굵기 1~3cm로 균모의 가장자리 쪽에 붙는다. 포자는 크기 4~5.2 × 3~3.5μm, 광타원형에 표면이 매끈하고 투명하다. 기름방울이 있다.

생태 늦여름~가을 / 소나무 숲이나 전나무, 독일가문비나무 등 침엽수림의 땅에 난다. 식용하는 경우도 있으나 두드러기 등 부작용이 있다.

분포 한국, 중국, 일본, 유럽, 북미

양털방패버섯

Albatrellus ovinus (Schaeff.) Kotl. & Pouz.

형태 균모는 지름 3~10㎝, 두께 1㎝ 내외로 거의 원형-부정형이며 낮은 둥근 산 모양에서 편평형이 된다. 표면은 백색 바탕에 황색 혹은 황갈색의 조그만 균열이 있다. 육질은 백색이고 부드럽다. 균모의 하면에는 백색이나 황색의 얼룩이 있다. 관공은 자루에 대하여 내린 관공이며 길이 1~2㎜이다. 구멍은 원형 혹은 부정형이며 2~4개/㎜. 자루는 중심생, 편심생이고 원주상이며 약간 굴곡이 있다. 속은 차 있다. 포자는 크기 4~5×3~3.5㎛로 광난형 또는 아구형에 표면이 매끈하다. 비아미로이드 반응을 보인다. 균사는 얇고 폭은 대부분은 3~8㎛이다.

생태 여름 / 침엽수의 땅에 발생한다. 식용이며 균근성 버섯이다.

분포 한국, 중국, 일본, 유럽, 북미

적변방패버섯

Albatrellus subrubescens (Murr.) Pouz.

형태 균모는 지름 30~120㎜, 불규칙한 둥근 모양에서 부채형, 물결형이 된다. 가장자리는 줄무늬 홈선이 있다. 위쪽 표면에 미세한 털이 있고 건조 시 흔히 틈새가 생긴다. 백색에서 황색이 되었다가 녹황색이 되며, 오래되면 황토-갈색이다. 균모 두께는 10㎜, 아래 표면의 백색 구멍층의 두께는 1~5㎜. 상처 시 황변한다. 살은 부서지기 쉽고, 과립이 뭉쳐 있다. 냄새가 좋고 과실 맛이 난다. 관공은 약간 내린 관공, 구멍은 둥글거나 각진 형이며 2~4개/㎜. 자루는 길이 10~50㎜, 굵기 10~20㎜, 편심생으로 보통 융합하고 뭉친 형태가 된다. 자루는 아래로 가늘고 둥근 모양, 압축되어 가죽끈 같다. 표면은 미세한 털이 있고, 백색이나 갈색 반점이 있기도 하다. 속은 차 있다. 포자는 3.5~4.5×3~4㎛, 아구형, 표면이 매끈하고 투명하며 기름방울을 함유한다. 담자기는 16~25×5~7.5㎛, 곤봉형, 4-포자성. 기부의 꺽쇠는 없다.

생태 여름~가을 / 혼효림, 침엽수림, 맨땅, 이끼류가 덮인 땅에 속생하며, 가끔은 단생한다.

분포 한국, 중국, 유럽

볏밝은방패버섯

Laeticutis cristata (Schaeff.) Audet
Albatrellus cristatus (Schaeff.) Kotl. & Pouz.

형태 자실체는 균모와 자루로 나뉜다. 균모는 지름 30~100㎜, 불규칙한 둥근형 혹은 부채 모양이다. 표면의 위는 미세한 털 혹은 솜털상이다. 중앙으로 갈라진 인편이 있거나 매끈하며 연한 올리브-녹색이다가 올리브 갈색이 된다. 표면의 낮은 곳은 백색이다가 황갈색이 된다. 가장자리는 물결형이다. 육질은 연하고 부서지기 쉬우며 백색이다. 냄새가 고약하지만 맛은 온화하다. 관공은 자루에 대하여 내린 관공이며, 두께는 1~3㎜이다. 구멍은 원형에서 각진 형이고 1~3개/㎜가 있다. 자루는 길이 20~40㎜, 굵기 10~15㎜로 짧고 미세한 솜털상에 백색이며 속은 차 있다. 포자는 크기 5~7×4.5~5㎛, 아구형에 표면이 매끈하고 투명하다. 기름방울이 있다. 담자기는 곤봉형으로 크기는 17~28×6~8㎛. 강모체는 보이지 않는다.

생태 여름~가을 / 활엽수림에 여러 개가 중첩하여 발생하며, 가끔은 단생한다.

분포 한국, 중국, 유럽, 북미, 아시아

열린꽃잎방패버섯

Polypus dispansus (Lloyd) Audet
Albatrellus dispansus (Lloyd) Canf. et Gilb.

형태 자실체는 자루가 다수 분지되어 덩어리 모양의 많은 균모를 이루는 잎새버섯 형태이다. 전체의 높이는 5~15cm, 직경 5~20cm 정도. 각 균모는 혀 모양-부채꼴 또는 반원형 등이며 가장자리는 아래쪽으로 굴곡된다. 균모는 폭 3~6cm, 두께 2~3mm, 윗면은 선황색이고 거의 밋밋하거나 가는 인피가 있다. 관공은 자루에 대하여 내린 관공이며 흰색이며 길이는 1mm 정도다. 구멍은 원형, 부정형이며 2~3개/mm로 미세하다. 자루는 분지되어 균모가 된다. 살은 흰색이며 얇고 부서지기 쉬운 육질이다. 포자는 크기 4~5×3~4μm, 아구형-난형에 표면이 매끈하고 투명하다.

생태 가을 / 침엽수림의 땅에 단생한다. 식용할 수 없다.

분포 한국, 중국, 일본, 북미

긴다리방어방패버섯

Scutiger pes-caprae (Pers.) Bondartsev & Sing.
Albatrellus pes-caprae (Pers.) Pouz.

형태 균모는 반원형 혹은 신장형으로 짧은 자루가 있다. 균모는 폭 5~15cm, 두께 1~1.5cm로 처음에는 약간 둥근 산 모양이다가 평평하게 펴진다. 표면은 암황녹색에서 녹갈색 또는 연한 복숭아 자색을 나타내다가 회갈색이 된다. 또한 불규칙한 균열을 만들며 땅 색을 나타낸다. 표피는 약간 털 같은 불규칙한 인편이 된다. 가장자리는 얇고, 물결형이다. 육질은 두께 1cm 정도로 거의 백색 또는 약간 황색이다. 균모 하면의 관공은 백색 또는 약간 황색, 자루 근처는 부분적으로 황록색-주황색을 약하게 띤다. 관공은 길이 1~3mm, 구멍은 부정형-다각형이고 1~2개/mm이며 입구가 치아상이다. 자루는 길이 2~5cm, 지름 1~2cm로 굵고 짧은 측생 또는 편심생이다. 포자는 크기 7~10×6~7μm, 타원형에 표면이 매끈하고 투명하다.

생태 여름 / 침엽수림에 난다. 균근성이며 식용이다.

분포 한국, 중국, 일본, 유럽, 북미

나무노란구멍방패버섯

Xanthoporus syringae (Parmasto) Audet
Albatrellus syringae (Parmasto) Pouz.

형태 균모는 지름 3~8cm, 두께 2~5mm이며 하나 또는 여러 개가 융합하여 둥근 모양이 되었다가 다시 콩팥형, 깔때기형 등 다양하게 변한다. 표면은 노란색이나 차차 갈색이 된다. 관공은 노란색, 건조 시에는 색이 어두워지며 깊이는 2mm이다. 구멍은 둥근형에서 각진 형, 3~5개/mm가 있으며 관공과 같은 색이다. 육질은 노란색이고 테가 있다. 자루는 원통형이다. 포자는 크기 4~5×2.5~3.5μm, 아구형 또는 타원형에 표면이 매끈하고 투명하다. 벽은 얇다. 균사는 1-균사형이며, 꺾쇠를 가진 균사에 의하여 생식균사의 폭은 2.4~4μm, 강모체는 없다. 담자기는 곤봉형으로 기부에 꺾쇠가 있고 크기는 20~30×6~7.5μm이다.

생태 연중 / 고목에서 발생한다.

분포 한국, 중국, 유럽

전분꽃구름버섯

Amylostereum chailletii (Pers.) Boidin

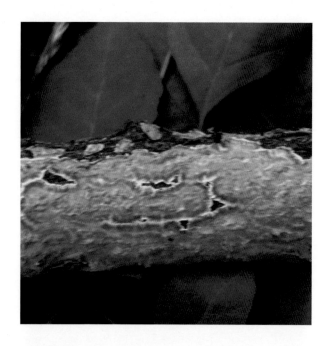

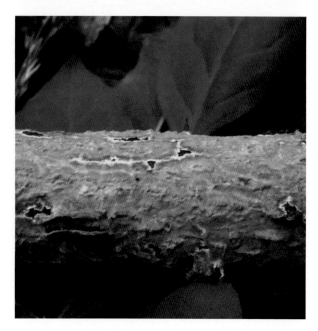

형태 자실체는 배착생이다가 펴져서 뒤집힌다. 색은 연한 갈색이고 표면은 고르다. 균사 조직은 2-균사형이며, 생식균사는 투명하고 격쇄가 있으나 구분하기가 어렵다. 골격균사는 벽이 두껍고, 갈색이며 폭은 3~4㎛ 정도다. 강모체는 원통형으로 크기는 60~80×5~6㎛, 꼭대기 쪽이 가늘고 벽은 두껍다. 외피는 꼭대기 부분은 15~20㎛ 정도 크기이고 멜저액에서 황갈색이 된다. 자실층과 살에 매우 많은 돌출이 있다. 어린 낭상체는 벽이 얇고, 투명하며, 반점상의 외피가 없다. 담자포자의 크기는 6~8×2.5~3㎛, 원통형에서 방추형이며, 표면은 매끈하고 투명하며 벽이 얇다. 담자기는 곤봉형으로 크기는 15~20×4~6㎛, 벽이 얇고 4-포자성, 기부에 격쇄가 있다. 아미로이드 반응을 보인다.

생태 연중 / 고목의 표면에 배착하여 발생한다.

분포 한국, 유럽

솔방울털버섯

Auriscalpium vulgare S.F. Gray

형태 자실체는 콩팥 혹은 심장 모양인데 옆의 오목한 부분에 자루가 붙는다. 균모는 지름 1~2cm로 편평한 모양 또는 둥근 산 모양이다. 표면은 다갈색이나 암갈색, 비로드 모양의 밀모가 있으며 털 아래에 암색의 피층이 있다. 가장자리는 백색이고 털로 덮여 있다. 살은 백색에 얇고 가죽질이다. 자실층인 하면의 침은 길이 1~1.5mm로 백색이었다가 연한 회갈색이 된다. 자루는 길이 1~6cm, 굵기 1~3mm, 암갈색이며 비로드상의 털이 있다. 포자는 크기 4.5~5×3.5~4μm, 광타원형이며 표면에 사마귀 같은 가는 가시가 있다. 투명하며, 벽은 두꺼운 편이다. 담자기는 크기 10~23×5~6μm, 가는 곤봉형에 2-포자성 또는 4-포자성이다. 기부에 격쇠가 있다.

생태 가을 / 소나무 숲의 떨어진 솔방울 위에 1~2개씩 난다.

분포 한국, 중국, 일본, 유럽, 북미, 멕시코

털느타리

Lentinellus cohleatus (Pers.) Karst.

형태 균모는 지름 3~10cm에 혀, 부채, 깔때기 모양 등 여러 가지 형태를 띤다. 표면은 연한 회갈색, 연한 황토색, 적갈색이며 건조하면 연한 색이 된다. 가장자리는 물결 모양이며 얇게 갈라진다. 살은 얇고 균모와 비슷한 적갈색 또는 백색이다. 주름살은 자루에 대하여 내린 주름살이며 약간 촘촘하고 연한 황백색이다. 자루는 길이 2~10cm, 굵기 1~1.5cm로 균모와 같은 색이나 아래쪽으로 검은색을 나타낸다. 대부분 측생이지만 편심생, 중심생인 것도 있다. 밑동에서 자루가 무더기로 분지되어 속생한다. 포자문은 백색. 포자는 크기 4.5~5×3.5~4μm로 아구형이다. 아미로이드 반응을 보인다.

생태 늦여름~늦가을 / 고목의 그루터기에 속생한다. 목재 부후균이며 드물다. 식용이다.

분포 한국, 중국, 일본, 유럽, 북미, 오스트레일리아

배꼽털느타리

Lentinellus micheneri (Berk. & M.A. Curtis) Pegler
L. omphalodes (Fr.) P. Karst.

형태 균모는 지름 10~35mm로 원형이며 중앙은 배꼽형 또는 혀-둥근 산 모양이다가 부채형이 되는 등 형태가 다양하고 아름답다. 오래되면 심한 물결형이 되며 표면은 밋밋하고 둔하다. 때때로 방사상의 이랑이 자루의 사이에 발달한다. 흡수성으로 습할 시 분홍-갈색, 건조 시 분홍-베이지색이다. 가장자리는 예리하고 물결형이다. 살은 백색이다가 물 같은 갈색이 되며 얇고 버섯 냄새가 난다. 맛은 맵고 오래 지속된다. 주름살은 자루에 바른 주름살이고 어릴 때 백색, 후에 회갈색이 되며, 광폭, 포크형도 있다. 가장자리는 톱니상이다. 자루는 길이 4~15cm, 굵기 1.5~5mm, 원통형에서 원추형이며 꼭대기가 넓다. 때때로 압착되며 세로로 이랑이 있다. 기부에 황갈색의 균사체와 노란색의 가균사가 있다. 속은 차 있고 질기며 중심생, 편심생이다. 포자는 크기 4.5~5.6×3.3~4.4μm, 아구형이며 표면에 미세한 반점이 있다. 담자기는 원통-곤봉형, 크기 15~25×5~6μm, 4-포자성이며 기부에 격쇠가 있다. 포자문은 백색이다.

생태 여름~가을 / 죽은 단단한 나무, 구과나무 고목에 단생 혹은 군생한다. 드문 종.

분포 한국, 유럽

갈색털느타리

Lentinellus ursinus (Fr.) Kühn.

형태 균모는 지름 3~10㎝, 신장형 또는 조갑지형으로 표면은 건조상, 가늘고 부드러운 털이 밀포한다. 색깔은 암갈색, 계피색, 홍갈색 등 다양하며, 약간 육질이고 질기다. 가장자리는 얇고 연한 갈색이다가 연한 황갈색이 되며 가끔 분홍색을 나타내기도 한다. 털은 없으며, 갈라지기도 한다. 육질은 얇지만 강한 탄력성이 있고 백색 또는 분홍색을 띤다. 건조하면 단단해지고 매운맛이 있다. 주름살은 방사상이며 밀집되어 있고, 폭이 넓고 밀생 또는 약간 성기다. 색은 회갈색이다가 갈색이 된다. 가장자리는 톱날 모양이다. 자루는 없지만 균모의 기부가 가늘게 자루처럼 된다. 포자는 크기 3~4×2.5~3㎛, 류구형 또는 광난형이며 표면에 미세한 침이 있다. 아미로이드 반응을 보인다. 낭상체는 원주형이며 꼭대기에 1~3개의 돌기가 있다. 포자문은 백색이다.

생태 여름~가을 / 활엽수의 썩은 고목, 가끔 살아 있는 나무의 껍질에 군생한다. 어릴 때는 식용이다. 목재 부후균이다.

분포 한국, 중국, 일본

여우털느타리

Lentinellus vulupinus (Sowerby) Kühner & Maire

형태 균모는 지름 2~7㎝, 조개 모양 또는 선반 모양이며 연한 갈색, 분홍 갈색, 담황색 등이다. 자실체 전체가 대부분 밋밋하지만 기부는 털상이다. 주름살은 매우 촘촘하고 얇으며 백색이다. 가장자리는 톱니상이나 부식된다. 자루는 없다. 냄새는 분명치는 않으나 액체 의약품과 같은 강한 냄새가 나며 맛은 강한 신맛이다. 포자는 크기 4~5×3~4㎛, 광타원형이며 표면에 사마귀 반점이 있다. 약한 아미로이드 반응을 보인다. 포자문은 백색이다. 살의 절단면은 거짓 아미로이드 반응에서 희미한 아미로이드 반응을 나타낸다.

생태 여름~가을 / 고목의 표면에 발생한다.

분포 한국, 유럽

부채장미버섯

Bondarzewia berkeleyi (Fr.) Bond. et Sing.

형태 자실체는 대형이다. 균모는 지름 6~13cm, 두께 1~1.5cm로 난형 또는 부채형이고 어릴 때는 반육질이다. 표면은 황백색, 옅은 황토색 또는 옅은 황갈색이며 미세한 털이 있다. 가장자리는 둔형이다. 살은 순백색이고 약간 쓰다. 관공은 자루에 대하여 내린 관공이고, 오백색 또는 황백색이다가 진한 색이 된다. 구멍은 각진 형에서 점차 미로상 또는 주름살 모양으로 배열된다. 자루는 길이 2.5~5cm, 굵기 1~2cm, 편평형 혹은 원주형이고 균모와 동색이며 측생한다. 포자는 크기 6~7×5~6μm로 타원형 또는 아구형이며 표면에 혹이 있다. 담자기는 2-포자성 또는 4-포자성이다.

생태 여름~가을 / 살아 있는 활엽수의 껍질, 고목에 중첩하여 발생한다. 식용이며 약용으로도 사용된다.

분포 한국, 중국, 일본

구상장미버섯

Bondarzewia mesenterica (Schaeff.) Kreisel
B. montana (Quél.) Sing.

형태 자실체의 폭이 10~20cm 정도로 대형이다. 짧고 굵은 대에서 부채꼴 또는 원형의 균모가 한쪽 방향으로 생기거나 사방으로 여러 개의 균모가 생기기도 한다. 또는 균모 위에 이중, 삼중으로 균모가 생겨서 꽃 모양을 이루기도 한다. 표면은 황갈색, 황토-갈색, 보라색을 띤 연한 갈색 등이며 짧은 털이 밀생하고, 둔한 색의 테 무늬가 있다. 가장자리는 흔히 물결 모양이고 만곡된 굴곡을 이루며, 방사상으로 줄무늬 홈선이 있다. 살은 황백색, 유연한 육질이지만 건조하면 질기고 단단하다. 관공은 길이 2~10mm, 백색 혹은 청백색이다. 구멍은 처음에는 원형이다가 후에 불규칙한 다각형이 되며 1~2개/mm이다. 포자는 지름 6~8×5~7μm인 구형으로 표면에 닭 볏 모양의 돌기가 있다.

생태 여름~가을 / 전나무, 구상나무, 종비나무 등 침엽수의 뿌리에 백부병을 일으킨다. 식용이나 맛은 다소 나쁜 편이다.

분포 한국, 중국, 유럽, 북미

뿌리버섯

Heterobasidion aunosum (Fr.) Bref.

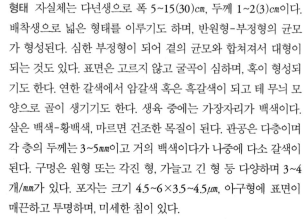

형태 자실체는 다년생으로 폭 5~15(30)*cm*, 두께 1~2(3)*cm*이다. 배착생으로 넓은 형태를 이루기도 하며, 반원형-부정형의 균모가 형성된다. 심한 부정형이 되어 곁의 균모와 합쳐져서 대형이 되는 것도 있다. 표면은 고르지 않고 굴곡이 심하며, 혹이 형성되기도 한다. 연한 갈색에서 암갈색 혹은 흑갈색이 되고 테 무늬 모양으로 골이 생기기도 한다. 생육 중에는 가장자리가 백색이다. 살은 백색-황백색, 마르면 건조한 목질이 된다. 관공은 다층이며 각 층의 두께는 3~5*mm*이고 거의 백색이다가 나중에 다소 갈색이 된다. 구멍은 원형 또는 각진 형, 가늘고 긴 형 등 다양하며 3~4개/*mm*가 있다. 포자는 크기 4.5~6×3.5~4.5*μm*, 아구형에 표면이 매끈하고 투명하며, 미세한 침이 있다.

생태 여름~가을 / 주로 전나무, 종비나무 등 침엽수의 밑동에 난다. 뿌리에 침입하여 근부 부후병을 일으켜 고사의 원인이 되기도 한다. 일부 활엽수의 뿌리에도 기생한다. 인공림에 큰 피해를 주기도 한다.

분포 한국, 중국, 일본, 시베리아, 유럽, 북미, 호주

벽돌색뿌리버섯

Heterobasidion insulare (Murr.) Ryv.

형태 자실체는 주로 반원형이고 대 없이 기물에 직접 부착된다. 가로 폭 2~6cm, 두께 1~1.5cm, 생육 초기에는 흰색-황백색이지만 기물에 붙은 쪽부터 황색, 적갈색-자흑색으로 변한다. 털은 없으며 방사상으로 가늘게 주름살이 잡히고 불분명한 테 무늬가 있다. 가장자리는 황백색인데 얇고 예리하다. 살은 흰색 혹은 황백색이며 가죽질이나 목질, 두께는 2~3mm이다. 관공은 흰색에 부착 부위 부근의 길이가 1cm 정도이다. 구멍은 3개/mm이며 처음에는 거의 원형이다가 나중에는 약간 미로상이 된다. 색깔은 백색-유백색이나 나중에 황토색이 된다. 포자는 크기 4.5~6.5×3.5~4.5μm, 광타원형이다. 표면은 미세한 침이 덮여 있고 투명하다.

생태 연중 / 죽은 침엽수(전나무, 소나무, 종비 등)의 밑동이나 그루터기에 흔히 난다. 큰 나무의 뿌리 부근에 심재 부후(백색 부후)를 일으켜 큰 피해를 주기도 한다.

분포 한국, 중국, 일본, 동남아, 히말라야, 러시아, 유럽, 북미

고랑가시버섯

Laurilia sulcata (Burt) Pouzar
Lloydella sulcata (Burt) Lloyd

형태 자실체는 연중, 배착생으로 퍼지며, 뒤집힌다. 코르크질을 가지며 위의 임성 표면은 털상에 검은 갈색이었다가 흑색이 된다. 자실층은 밋밋하다가 결절상이 되고 백색이다가 연한 노란색, 분홍색 또는 오렌지색 기가 생기며, KOH 용액에서는 오렌지색이 된다. 균사 조직은 3-균사형으로 생식균사는 꺽쇠가 있으며, 벽은 얇고, 폭은 2~3μm에 투명하다. 골격균사는 약간 투명하다가 연한 갈색이 된다. 벽은 두껍고 폭은 2~4μm. 결합균사는 다소 투명하다. 담자포자는 크기 5.5~6.5×5~5.5μm, 구형에서 류구형이며 표면에 미세한 가시가 있고 얇은 벽 또는 두꺼운 벽이다. 투명하다. 담자기는 곤봉형에 크기 25~35×4~6μm, 4-포자성, 기부에 꺽쇠가 있다. 강모체는 크기 40~60×6~8μm, 갈색에 두꺼운 벽이 있으며 위는 크고 투명한 크리스털이다. 아미로이드 반응을 보인다.

생태 연중 / 고목의 표피에 배착하여 발생한다.

분포 한국, 유럽

털침버섯

Dentipellis fragilis (Pers.) Donk

형태 자실체는 배착생. 기질에 단단히 부착되지만 건조할 때는 가장자리가 기물로부터 분리되기도 한다. 표면은 수 센티미터 넓이로 막질의 기질층이 퍼지면서 표면에 침 모양의 자실층이 밀생한다. 침의 길이는 10mm 정도이며 색은 흰색 혹은 연한 황토색에 부서지기 쉽다. 가장자리는 다소 털 모양. 포자는 크기 4.5~5.5×4~4.5μm, 아구형에 표면이 밋밋하고 투명하며 기름방울이 있다. 담자기는 관찰되지 않는다.

생태 봄~가을 / 단풍나무, 너도밤나무 등의 활엽수의 땅에 난다.

분포 한국, 중국, 일본, 유럽

양털노루궁뎅이

Hericium cirrhatum (Pers.) Nikol.
Creolophus cirrhatus (Pers.) Karst.

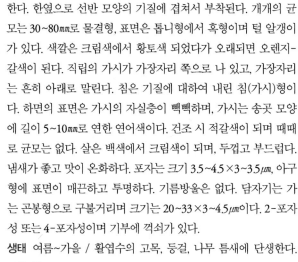

형태 자실체는 불규칙한 반원형 혹은 조개형으로 기질에 부착한다. 한옆으로 선반 모양의 기질에 겹쳐서 부착된다. 개개의 균모는 30~80mm로 물결형, 표면은 톱니형에서 혹형이며 털 알갱이가 있다. 색깔은 크림색에서 황토색 되었다가 오래되면 오렌지-갈색이 된다. 직립의 가시가 가장자리 쪽으로 나 있고, 가장자리는 흔히 아래로 말린다. 침은 기질에 대하여 내린 침(가시)형이다. 하면의 표면은 가시의 자실층이 빽빽하며, 가시는 송곳 모양에 길이 5~10mm로 연한 연어색이다. 건조 시 적갈색이 되며 때때로 균모는 없다. 살은 백색에서 크림색이 되며, 두껍고 부드럽다. 냄새가 좋고 맛이 온화하다. 포자는 크기 3.5~4.5×3~3.5μm, 아구형에 표면이 매끈하고 투명하다. 기름방울은 없다. 담자기는 가는 곤봉형으로 구불거리며 크기는 20~33×3~4.5μm이다. 2-포자성 또는 4-포자성이며 기부에 꺽쇠가 있다.

생태 여름~가을 / 활엽수의 고목, 등걸, 나무 틈새에 단생한다. 드문 종.

분포 한국, 중국, 유럽, 아시아

수실노루궁뎅이

Hericium coralloides (Scop.) Pers.
H. laciniatum (Leers) Banker, H. caput-ursi (Fr.) Banker, H. ramosum (Bull.) Letell.

형태 자실체는 지름 10~25㎝, 높이 7.5~15㎝로 한 자루에서 몇 개의 비교적 짧고 가늘고 긴 가지를 낸다. 연한 육질이며 공통의 자루 밑동에서 여러 번 분지한 가는 가지가 균모에 해당하며, 아래쪽에 자실층이 있는 침이 매달린다. 백색이나 건조하면 노른자색-갈색을 띤다. 침은 길이 5~15㎜로 원주형, 끝이 뾰족하고 가지 끝과 옆에 생긴 짧은 혹 위에 총생한다. 포자는 지름 5.5~7㎛로 구형이며, 표면은 매끄럽거나 미세한 점이 있으며 1개의 기름 방울을 가졌다. 담자기는 크기 30~45×5~6㎛, 가는 곤봉형에 4-포자성, 기부에 격쇠가 있다. 낭상체는 없다.

생태 여름~가을 / 활엽수의 말라 죽은 줄기 위에 속생한다. 식용이다.

분포 한국, 중국, 일본, 유럽, 북미

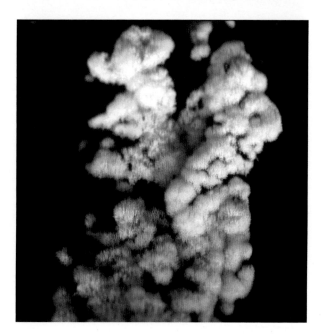

수실노루궁뎅이(산호형)

H. laciniatum (Leers) Banker

형태 자실체는 산호를 옆으로 놓고 각 가지의 하면에 침이 무수히 매달린 모양이다. 즉 공통의 자루 밑동에서 여러 번 분지한 가는 가지가 균모에 해당하는 부분이며, 이것이 뼈대가 되어 그 아래쪽에 자실층이 있는 침이 매달린다. 전체 크기는 10~20*cm*이며 순백색이고, 건조하면 황적색-적갈색이 된다. 침은 길이 1~6*mm*이며 바늘 모양이다. 포자는 크기 4~5×3~4*μm*, 아구형이다.

생태 가을 / 활엽수의 고목에 난다.

분포 한국, 일본, 유럽, 북미

261

수실노루궁뎅이(산호침형)

H. ramosum (Bull.) Letell.

형태 가지가 나와 반복 분지되며, 가는 가지에서 침 모양의 가늘고 긴 침상 여러 개가 아래로 늘어져서 매달린다. 전체 크기는 5~20㎝, 가지의 기부는 목질 속에서 공통의 밑동을 가진다. 침의 길이는 1~6㎜, 원주상이나 끝이 뾰족하다. 백색이나 건조할 때는 담황색-녹슨 색이 된다. 살은 유연한 육질. 포자는 크기 4~5 × 3~4㎛, 류구형에 표면이 매끈하고 투명하다. 1개의 기름방울을 함유한다.

생태 가을 / 활엽수의 썩은 부위 또는 고목에 난다. 식용 가능하다.

분포 한국, 일본, 중국, 유럽, 북미

노루궁뎅이

Hericium erinaceus (Bull.) Pers.
H. caput-medusae (Bull.) Quél.

형태 자실체는 거꾸로 된 난형 혹은 반구형이며 나무줄기에 매달려 붙는다. 자실체의 지름은 5~20cm로 상부 등면을 제외한 측면과 하면으로부터 길이 1~5cm의 긴 침이 무수히 있다. 전체적인 모양이 고슴도치와 비슷하다. 육질이며 백색에서 황색 혹은 연한 다색이 된다. 세로로 자르면 상반부는 크고 작은 구멍이 있는 갯솜 모양의 살덩이고 하반부는 긴 침의 집합이다. 포자는 크기 6.5~7.5×5~5.5μm, 아구형이다.

생태 여름~가을 / 산속 활엽수의 나무줄기에 나며 백색 부후를 일으킨다. 식용이다.

분포 한국, 북반구 온대 이북

263

비늘꽃구름버섯

Laxitextum bicolor (Pers.) Lentz

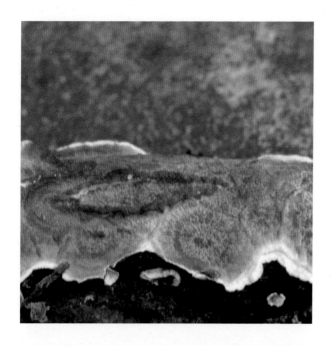

형태 자실체는 배착생-반배착생. 가장자리가 얇게 반전되어 작은 것이 형성된다. 기질에 단단히 붙으며 1~2㎜ 정도 두께로 서로 합착되기도 하면서 전면에 피복된 균이 수 센티미터 정도 크기로 퍼진다. 표면은 밋밋하며 작은 결절이 산재하고 다소 고르지 않다. 어릴 때는 흰색, 후에는 크림색이 되며 광택이 없다. 가장자리 안쪽으로 굽은 자실층 면의 바깥쪽(균모의 상면)은 갈색을 띠며 미세한 털이 있다. 가장자리는 뚜렷하게 경계가 생긴다. 연하고 건조할 때는 질기고 깨지기 쉽다. 포자는 크기 3.5~4×2.5~3㎛, 타원형에 표면이 매끈하고 투명하다. 미세한 반점상과 사마귀 반점이 밀포되어 있다.

생태 연중 / 오리나무, 자작나무, 포플러류, 물푸레나무, 참나무류 등 활엽수의 죽은 나뭇가지나 떨어진 나뭇가지에 난다.

분포 한국, 유럽

반소나무무늬버섯

Asterostroma medium Bres.

형태 자실체는 완전 배착생으로 기질에 느슨하게 부착한다. 막질이며 털상이 막편을 형성하여 수 센티미터로 확장된다. 표면은 밋밋하다가 미세한 털이 나고 둔하게 되며, 기질에 구멍이 있고, 황토색이었다가 흙토색이 된다. 가장자리는 얇고 가근이 산재하는데, 이것들은 자실층 아래에 있으며 펠트처럼 부드럽다. 포자는 크기 6~7.5×4~5.5μm, 아구형이며 가장자리는 불규칙하다. 표면은 거친 결절상으로 투명하다. 결절의 길이는 1.5~2μm이다. 아미로이드 반응을 보인다. 담자기는 크기 15~20×5μm, 4-포자성이다.

생태 봄~가을 / 죽은 활엽수나 구과나무에 배착하여 발생한다.

분포 한국, 유럽

황토소나무무늬버섯

Asterostroma cervicolor (Berk, & M.A. Curtis) Massee
A. ochroleucum Bres. ex Torrend

형태 자실체는 완전 배착생으로 느슨하게 기질에 부착한다. 막질의 막편이 수 센티미터씩 퍼져 나간다. 표면은 밋밋하다가 약간 결절상이 되며, 둔하고, 백색이었다가 황토색이 된다. 가장자리는 얇고, 가근을 형성한다. 부드러운 막질로 구성되며 건조 시 부드러워서 부서지기 쉽다. 포자는 크기 5.5~6μm, 아구형으로 무디고 투명하며, 손가락 모양의 사마귀 반점이 있다. 사마귀 반점의 길이는 1.5~2μm 정도이다. 담자기는 원통-곤봉형으로 크기는 20~25×5~5.5μm, 4-포자성이며 기부에 꺽쇠는 없다.

생태 연중 / 죽은 구과나무의 아래에 배착하여 발생한다. 드문 종.

분포 한국, 유럽

껍질담자이빨버섯

Basidioradulum crustosum (Pers.) Zmitr., Malyscheva & Spirin
Grandinia crustosa (Pers.) Fr.

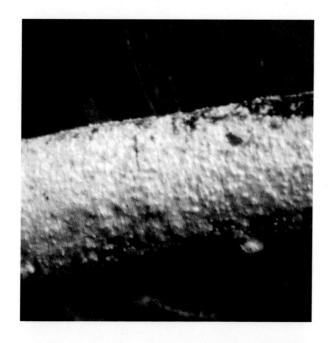

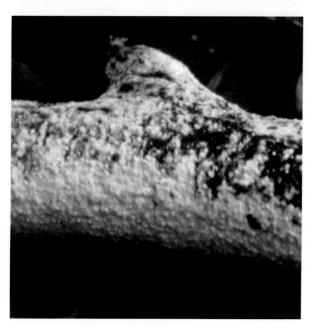

형태 자실체는 배착생으로 얇고 기질에 단단히 부착한다. 막질의 막편이 수 센티미터로 퍼져 나간다. 어릴 때 표면은 밋밋하다가 사마귀 형태로 짧은 치아상이 되며, 색은 백색이었다가 황토색이 된다. 건조 시 균열하며 겉껍질에 발생하므로 부서지기 쉽다. 가장자리는 경계가 분명하고, 왁스 같다. 신선할 때는 유연하다. 포자는 크기 5~6.5×2.5~3㎛, 타원형 또는 난형이며 표면은 매끈하고 투명하다. 1개의 기름방울을 함유한다. 담자기는 원통-곤봉형이지만 응축하며 크기는 20~28×2.5~4.5㎛, 4-포자성이다. 기부에 꺽쇠가 있다.

생태 봄 / 활엽수의 껍질, 죽은 나무에 배착하여 발생한다.

분포 한국, 유럽, 북미

작은구멍기질고약버섯

Scytinostroma portentosum (Berk. & M.A. Curtis) Donk

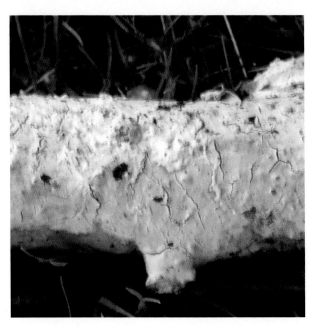

형태 자실체는 불규칙하며 얇고, 배착생이며, 작은 막편에서 큰 막편이 된다. 기질에 강하게 부착하며 두께도 다양하다. 표면은 밋밋하고 가장자리는 불분명하다. 살은 백색으로, 질기고 물결형 이다. 포자문도 백색이다. 포자는 지름 5~5.5㎛, 구형에 표면이 매끈하고 투명하다. 아미로이드 반응을 보인다. 담자기는 늘어진 곤봉형이며 크기 25~40㎛, 2-4포자성이다. 낭상체는 없고 2-균 사형이다.

생태 연중 / 활엽수의 오래된 나무, 가지, 등걸 등에 배착하여 발 생한다.

분포 한국, 유럽

레몬밀랍고약버섯

Gloiothele citrina (Pers.) Ginns & G.W. Freeman
Gloeocystidiellum citrinum (Pers.) Donk, Vesiculomyces citrinus (Pers.) E. Hagstr.

형태 자실체 전체가 배착생이다. 기질에 단단히 부착하며 작은 막편을 형성하거나 서로 합착하면서 수십 센티미터까지 퍼진다. 표면은 밋밋하고 낮으며 넓은 사마귀 모양이 생긴다. 어릴 때는 레몬 황색, 오래되면 황토색이 된다. 가장자리는 유백색의 균사가 섬유상으로 퍼진다. 곤충 등에 의해 해를 입은 부분은 유백색이 된다. 신선할 때는 유연하고 밀랍질이나 건조하면 단단한 막질이 된다. 포자는 지름 4.5~6μm, 류구형에 표면이 매끈하고 투명하며 1개의 기름방울을 함유한다.

생태 연중 / 주로 가문비나무 등 침엽수의 썩은 둥치에 나지만 활엽수에서도 나며, 부근의 낙엽층에도 퍼진다.

분포 한국, 유럽, 북미

오렌지껍질고약버섯

Peniophora incarnata (Pers.) P. Karst.

형태 자실체는 배착생, 강하게 기질에 부착하며 막편을 형성하면서 사방 수십 센티미터까지 퍼진다. 표면은 밋밋하다가 불규칙한 결절상의 사마귀 모양이 된다. 오렌지 적색에서 갈색 오렌지색이 되며, 왁스 같은 끈적임이 있다. 습할 시 표면이 부풀어서 두께가 1㎜에 이르기도 한다. 건조 시 자실체 껍질은 얇고, 살은 적색에서 오렌지 적색이 된다. 가장자리는 분명하게 둥글다. 어릴 때는 약간 술(총체) 모양이다. 포자는 크기 7.5~9.5×3.5~4.5㎛, 원통형에서 타원형이며, 표면이 매끈하고 투명하다. 포자문은 약간 분홍색. 담자기는 원통-곤봉형으로 크기 40~50×5~6㎛, 4-포자성이다. 기부에 격쇠가 있다.

생태 연중 / 죽은 활엽수의 표면에 배착하여 발생한다.

분포 한국, 유럽, 북미, 아시아

269

민껍질고약버섯

Peniophora nuda (Fr.) Bres.

형태 자실체는 배착생으로 기질에 강하게 달라붙는다. 얇은 조각이 있고 두께 0.2㎜, 수 센티미터까지 펴진다. 표면은 밋밋하고 고르지 않으며 무디다. 색은 회색-분홍색이며, 습기가 있을 때는 자색이고, 건조 시 미세한 그물꼴로 갈라진다. 가장자리는 강하게 압착하고 바깥쪽으로 두터운 경계가 있다. 싱싱할 때 왁스처럼 되어 갈라지며, 습기가 있을 때는 단단하다. 포자는 크기 8~10.5×2.6~4㎛, 곤봉형 또는 방광형에 표면이 매끈하고 투명하다. 담자기는 원주형-곤봉형으로 크기 35~40×6~7.5㎛, 4-포자성이며 기부에 격쇠가 있다.

생태 연중 / 활엽수, 관목류, 가지, 고목 등걸에 배착하여 발생한다.

분포 한국, 중국, 북미, 아시아

솔껍질고약버섯

Peniophora pini (Schl. ex DC.) Boidin
Sterellum pini (Schl. ex DC.) P. Karst.

형태 자실체는 배착생, 자실층은 처음에 지름 1~5㎝, 두께 0.5㎝ 정도의 둥근 모양으로 주로 죽은 나무류 가지에 발생한다. 때때로 이 자실층들이 융합하여 수 센티미터 크기의 막편을 만든다. 표면은 주름이 잡혀 있고 작은 결절들이 있으며 매끄럽다. 때로는 약간 분말상이다. 색은 적자색-회적색이고 중앙은 회색이다. 가장자리는 기물에 붙어 있거나 약간 들어 올려져 있고, 유백색-연한 적색을 띠며 경계가 분명하다. 신선할 때는 유연하고 건조할 때는 부서지기 쉽다. 포자는 크기 7.5~9×2.5~3㎛, 원주형-소시지형에 표면이 매끈하고 투명하다.
생태 연중 / 소나무의 잔가지 수피에 난다. 습할 때 많이 보이고 건조기에는 오므라들거나 잘 나타나지 않는다.
분포 한국, 유럽, 북미

271

껍질고약버섯

Peniophora quercina (Pers.) Cooke

형태 자실체는 전체가 배착생이다. 막편을 만들면서 수~수십 센티미터까지 퍼진다. 가장자리는 느슨하게 부착하고 때로는 약간 위쪽으로 만곡된다. 표면은 밋밋하거나 약간 결절이 있을 때도 있다. 건조할 때는 약간 갈라지며 두께는 0.2~0.5cm, 황토색을 띤 분홍색-회자색이다. 가장자리의 아래쪽은 암갈색이다. 습할 때는 유연하나 건조하면 부서지기 쉽다. 포자는 크기 9~12×3~4 μm, 원주형-소시지형에 표면이 매끈하고 투명하다.

생태 연중 / 참나무류 등 활엽수의 죽은 줄기나 가지에 난다.

분포 한국, 전 세계

272

피나무껍질고약버섯

Peniophora rufomarginata (Pers.) Bourd. & Galz.

형태 자실체 전체가 배착생이다. 기질에 단단하게 부착하고 있으나 가장자리를 벗기면 연속적으로 벗길 수 있다. 두께 0.5mm 정도의 막편을 만들면서 수 센티미터 크기로 퍼진다. 표면은 둔하고 밋밋하거나 때로는 울퉁불퉁하고, 결절 모양을 이루기도 한다. 분홍색이고 때로는 푸른색의 광택이 있다. 건조할 때는 표면이 심하게 갈라진다. 어릴 때 가장자리는 유백색의 섬유상 균사가 밀착해서 퍼져 나가나 후에는 확연한 경계가 생긴다. 때로는 가장자리가 반전되어 갈색-흑색의 바닥면이 드러나기도 한다. 유연하고 밀랍 같으나 건조할 때는 단단하고 깨지기 쉽다. 포자는 크기 7~8×3~3.5μm, 원주형-소시지형에 표면이 매끈하고 투명하다.

생태 연중 / 찰피나무류의 죽은 가지에 난다.

분포 한국, 유럽

혁질가시주머니버섯

Alerurodiscus cerrusatus (Bres.) Höhn & Litsch.
Acanthophysellum cerrussatum (Bres.) Parmasto

형태 자실체는 배착생으로 사방으로 퍼지고, 자실층 표면은 밋밋하다. 색은 백색이었다가 엷은 노란색이 된다. 가장자리는 분화하지 않는다. 균사 조직은 1-균사형으로 균사에 꺽쇠가 있으며 분별이 어렵다. 폭은 3~4μm, 벽은 얇다. 침 같은 것이 많고, 꼭대기 부분에 지문 같은 것이 돌출하며, 나무 같은 균사가 있다. 분지가 길고 크리스틀로 덮여 있지 않다. 많은 단계로 침 같은 것이 있다. 강모체는 원통형에서 곤봉형이며, 꼭대기는 응축된 1-균사형이다. 포자는 크기 10~12×7~8μm, 류원통형에 표면이 매끈하고 투명하다. 벽은 얇고 균사에 파묻혀 있다. 담자기는 원통형에서 좁은 곤봉형으로 크기 40~50×7~9μm, 4-포자성, 기부에 꺽쇠가 있다. 아미로이드 반응을 보인다.

생태 연중 / 거의 썩어가는 재목에 배착하여 발생한다.

분포 한국, 유럽

위혁질가시주머니버섯

Alerurodiscus dextrinoideo-cerussatus Manjón, M.N. Blanco & G. Moreno
Acanthophysellum dextrinoideo-cerussatum (Manjón, M.N. Blanco & G. Moreno) Sheng H. Wu, Boidin & C.Y. Chien

형태 자실체는 배착생으로 펴져 나가며, 자실층은 밋밋하고 백색이었다가 크림색이 된다. 오래되면 틈이 생기고 갈라진다. 가장자리는 분화가 분명치 않다. 균사 조직은 1-균사형. 균사에는 꺽쇠가 있고, 투명하며, 벽은 얇고, 폭은 2~4μm다. 침 같은 것이 많고, 꼭대기 부분은 다양하다. 점낭체는 불규칙한 모양이며 1-균사형에 크기는 100×6~10μm 정도이다. 기부는 벽이 두껍다. 담자포자는 크기 7~10×4~7μm, 원통형 비슷하다가 타원형이 된다. 표면은 매끈하고 투명하며, 벽이 얇다. 아미로이드 반응을 보인다. 담자기는 곤봉형에 크기 40~50×8μm, 4-포자성이며 기부에 꺽쇠가 있다.

생태 연중 / 토막난 재목에 배착하여 발생한다.

분포 한국, 유럽

274

복합꽃구름버섯

Stereum complicatum (Fr.) Fr.

형태 자실체는 크기 0.3~1.5cm, 부채 모양 또는 반원형이며 가장자리는 물결형이다. 분홍색 또는 오렌지색이었다가 붉은색 또는 회색이 된다. 가장자리는 연한 백색에 비단 같은 털과 집중적인 띠, 이랑이 있고 밋밋하며 광택이 있다. 임성 표면은 밋밋하고 오렌지색, 퇴색하면 크림색 또는 붉은색이 된다. 포자는 크기 5~6.5×2~2.5μm, 원통형에서 약간 굽었고, 표면이 매끈하고 투명하다. 포자문은 백색이다.

생태 여름~겨울 / 죽은 가지, 나무 등걸, 특히 참나무에 겹쳐서 또는 측생으로 융합하여 발생한다.

분포 한국, 북미

피즙꽃구름버섯(흰테꽃구름버섯)

Stereum gausapatum (Fr.) Fr.

형태 균모는 반배착생, 자실층 막편은 기질에 수~수십 센티미터 크기로 퍼지면서 가장자리에 얇게 반전된 균모를 만든다. 균모는 폭 1~1.5cm, 두께 1~2mm에 심한 물결형, 얇은 막질로 반원형-조개껍질형 또는 선반(띠) 모양이 이어져 발생한다. 때로는 배착되지 않고 기물에서 직접 균모가 발생하기도 한다. 반전된 표면은 털이 덮이거나 무모이며 녹슨 갈색-황토 갈색. 가장자리는 곱슬곱슬한 모양으로 유백색-황토색을 띤다. 하면의 자실층은 밋밋하고, 결절이 있으며 회갈색-황토-갈색이거나 때로는 적갈색이다. 신선한 것은 자실층에 상처가 생길 시 적색으로 변색한다. 가장자리는 분명한 경계를 이룬다. 신선할 때는 탄력이 있고 질기고 유연하며, 건조할 때는 단단하고 부서지기 쉽다. 포자는 크기 6.5~9×3~4μm, 타원상의 원주형에 표면이 매끈하고 투명하다.

생태 연중 / 참나무류의 죽은 줄기나 가지, 낙지 등에 배착한다. 표고의 원목에 난다. 백색 부후를 일으킨다.

분포 한국, 중국, 전 세계

꽃구름버섯

Stereum hirsutum (Willd.) Pers.

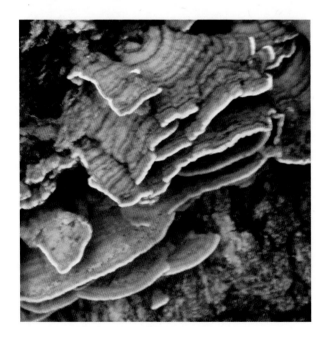

형태 균모는 직접 형성되거나 반배착생이다. 때로는 기질에 전체 배착하기도 한다. 반전된 균모는 폭 1~3cm, 두께 1mm의 얇은 막질로 반원형-조개껍질형 또는 선반(띠) 모양으로 융합되어 발생한다. 심한 파상이다. 때로는 배착된 자실층 없이 발생하기도 한다. 반전된 표면은 회황색-회백색의 짧고 거친 털로 덮이며 바탕색은 오렌지 황색-황토 회색이다. 오래된 것은 털이 없어진다. 가장자리는 파상이고 다소 연한 색이다. 살은 오렌지 황색, 가죽질이며 질기다. 하면의 자실층은 밋밋하며, 약간 결절이 있거나 평평하다. 연한 오렌지 황색-오렌지 갈색이다. 오래된 것은 회갈색이다. 상처를 주어도 적변하지 않는다. 포자는 크기 5.5~6.5 × 2~3μm, 타원상의 원주형에 표면이 매끈하고 투명하다.
생태 연중 / 참나무류, 오리나무류 등 활엽수 목재의 수피에 난다. 줄기, 가지, 낙지 또는 나무(상처 부위) 등에 난다. 매우 흔한 종.
분포 한국, 전 세계

갈색꽃구름버섯

Stereum ostrea (Bl. et Nees) Fr.

형태 자실체는 반배착생이며 선반 모양의 균모를 만들기도 하나, 대부분은 콩팥형 또는 부채형에 좁은 부착근으로 나무에 붙는다. 넓이는 1~5cm, 두께 0.5~1mm이다. 표면은 회백색의 비로드 모양의 털이 있는 부분과 적갈색 혹은 암갈색의 털이 없는 부분이 교대로 고리 모양을 나타낸다. 피질은 단단하다. 하면의 자실층은 매끄럽고 백색, 회황백색, 연한 다색 등이다. 단면에는 털 아래에 암색의 얇은 피층이 있다. 자실층에는 젖관 균사가 있으나 무색이므로 보이지 않는다. 포자는 크기 5~6.5×2~3μm, 장타원형이며 아미로이드 반응을 보인다.

생태 연중 / 죽은 활엽수 나무에 군생한다. 백색 부후를 일으킨다.

분포 한국, 중국, 전 세계

흰꽃구름버섯

Stereum rugosum Pers.

형태 균모는 배착생-반배착생으로 다년생이며 드물게 오래된 자실체에서 약간 반전된 작은 균모가 생긴다. 균모의 상면은 갈색이며, 하면 자실층은 두께 0.5~2mm로 수~수십 센티미터 크기로 퍼진다. 표면은 밋밋하거나, 고르지 않거나, 결절이 생긴다. 광택이 없고 자회색-회분홍색이나 젖어 있을 때는 연한 회색 또는 유백색-연한 황토색-오렌지 회색 등이다. 상처를 받으면 상처 부위가 적색으로 변한다. 가장자리는 뚜렷하게 경계를 이루고 오래되면 쉽게 기질에서 떨어진다. 신선할 때는 연하지만 건조할 때는 가죽질이고 질기며 부서지기 쉽다. 포자는 크기 6.5~9× 3.5~4.5 μm, 타원형이며 간혹 한쪽이 편평하다. 표면은 매끈하고 투명하다.

생태 연중 / 참나무류, 자작나무, 개암나무 등 활엽수의 입목 또는 쓰러진 나무, 낙지 등에 배착하여 발생한다.

분포 한국, 중국, 유럽

유혈꽃구름버섯

Stereum sanguinolentum (Alb. &. Schw.) Fr.

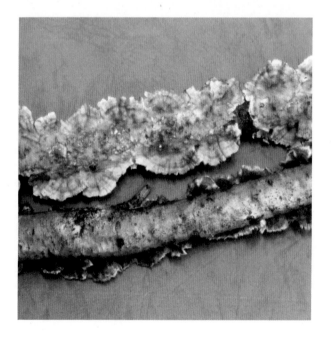

형태 균모는 반배착생이며, 균사층이 기질에 점상으로 발생하면서 서로 융합되어 수~수십 센티미터까지 퍼진다. 기질에서 쉽게 떼어낼 수도 있다. 후에 균모가 형성되며 반원형-기와꼴로 이어져 선반 모양을 형성하며 때로는 층상을 이룬다. 파상으로 기복되며 폭 1~1.5cm, 두께 0.5mm, 가죽질이다. 반전된 표면은 거친 털이 덮여 있으며 회색을 띤 분홍 황색-회갈색이다. 황갈색-적갈색의 테 무늬가 있다. 하면의 자실층은 결절이 있어서 요철면을 형성하며 황회색-담회갈색이다. 신선한 것은 상처를 받으면 혈색의 즙이 스며 나온다. 포자는 크기 6.5~7.5×2.5~3㎛, 타원상의 원주형이며 표면이 매끈하고 투명하다.

생태 연중 / 낙엽송, 전나무, 종비나무, 소나무류 등 침엽수 입목의 죽은 가지에 침입하여 생입목의 재질 부후병을 일으킨다. 나무에 큰 피해를 준다. 죽은 줄기나 낙지에도 난다.

분포 한국, 북반구 일대

줄무늬꽃구름버섯

Stereum striatum (Fr.) Fr.

형태 균모는 크기 0.5~1㎝, 측심생이다. 부채 모양이며 광택이 나고 은색이었다가 연한 회색이 된다. 갈색의 테가 있으며 방사상 모양이고, 비단결의 섬유실이다. 표면은 밋밋하고, 밝은 연한 황색에서 황토-연한 황색을 거쳐 갈색이 되나 오래되면 백색이 된다. 살은 얇고, 백색이며 두께는 0.25~0.3㎜다. 자루는 아주 짧거나 없다. 포자는 크기 6~8.5×2~3.5㎛, 원통형에 표면이 매끈하고 투명하다. 포자문은 백색이다.

생태 연중 / 썩은 고목의 가지, 줄기에 산생 혹은 군생한다.

분포 한국, 중국, 북미

배착꽃구름버섯

Stereum ochraceo-flavum (Schw.) Sacc.

형태 균모는 반배착생, 때로는 기질에 전체가 배착하기도 한다. 반전된 균모는 폭 5㎜, 두께 0.2~0.4㎜, 얇은 막질로 반원형-조개껍질형 또는 선반(띠) 모양으로 융합되어 발생한다. 반전된 표면은 심한 물결형이고, 회백색-황토 백색의 미세한 거친 털로 덮이며 때로는 조류에 의해서 녹색을 띠기도 한다. 가장자리는 날카롭다. 하면의 자실층은 밋밋하고, 약간 결절이 있거나 중앙이 도드라져 있기도 하다. 색은 황토 갈색-회황토색, 가죽질에 탄력성이 있다. 일반적으로 기질의 아래쪽이 서로 융합되어 긴 줄로 배착된다. 포자는 크기 7~9×2~3㎛, 원주형-타원형에 표면이 매끈하고 투명하다. 담자기는 크기 30~37×6~7㎛, 가는 곤봉형, 4-포자성이다. 기부에 꺽쇠는 없다.

생태 연중 / 땅에 떨어진 참나무류 등 활엽수 가지의 껍질에 난다. 드문 종.

분포 한국, 중국, 일본, 유럽, 북미, 아프리카

조각거북꽃구름버섯

Xylobolus frustulatus (Pers.) P. Karst.
Stereum frustulosum (Pers.) Fr.

형태 자실체는 배착생이며 처음에는 작은 사마귀 모양으로 쓰러진 나무에 다수 발생한 뒤 점차 생장하면서 부근의 것과 융합된다. 균열된 작은 다각형들이 모인 집합체처럼 보인다. 개개의 크기는 0.3~1cm, 두께는 1~5mm로 목질이고 다년생이다. 자실층 면은 회백색이며 내부의 살은 계피색이다. 포자는 크기 4~5×3μm로 타원형 또는 난형이고 표면은 매끈하다.

생태 여름~가을 / 활엽수 특히 오래된 참나무류, 가시나무류 또는 죽은 나무에 발생한다. 백색 부후균이다.

분포 한국, 중국, 전 세계

너울거북꽃구름버섯

Xylobolus princeps (Jungh.) Boidin
Xylobolus annosus (Berk. & Br.) Boidin, Stereum annosum Berk. & Br., S. princeps (Jungh.) Lev.

형태 자실체는 다년생이며 목질이다. 쓰러진 나무에 넓게 반배
착하여 발생하며 다수가 층으로 나뉘거나 때로는 수직으로 부착
하기도 한다. 균모는 크기 4~10×3~6cm, 두께 1~3mm로 반원형-
부채꼴이며 등쪽 면에는 흑색의 얇은 각피가 있다. 표면은 암갈
색 융털 띠와 밋밋한 흑색 띠가 서로 교차하면서 테 무늬를 형성
하며, 얕은 테 모양으로 골이 나타난다. 살은 진한 계피색. 자실
층 면은 거의 평탄하고, 탁한 백색에서 계피색이 된다. 포자는 크
기 3~4×3μm, 타원형에 표면이 매끈하고 투명하다.
생태 연중 / 오래된 활엽수(가시나무류) 또는 죽은 나무에 발생
한다. 백색 부후균이다.
분포 한국, 중국, 거의 전 세계

너울거북꽃구름버섯(대형)

Xylobolus annosus (Berk. & Br.) Boidin

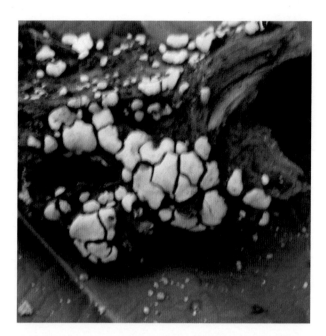

형태 자실체는 목질이며 단단하고 다년생이다. 두께 1~3mm, 길이 수~수십 센티미터 크기로 퍼진다. 전체가 배착생 또는 반배착생이다. 흔히 위쪽 가장자리가 반전되어 폭 1cm 정도의 좁은 선반(띠) 모양 균모로 퍼진다. 균모는 일반적으로 파상으로 굴곡된다. 반전된 표면은 거의 흑색-흑갈색으로 털이 없고, 테 모양의 골이 촘촘하게 나타난다. 살은 코르크색, 하면의 자실층은 흰색에서 연한 코르크 색이며, 거북이 등 모양으로 종횡에 가늘게 균열이 생긴다. 포자는 크기 4~6×3~4μm, 타원형에 표면이 매끈하고 투명하다.

생태 연중 / 죽은 활엽수(특히 가시나무류)에 생긴다. 백색 부후균이다.

분포 한국, 일본, 아시아 열대, 북미, 남미

284

너털거북꽃구름버섯

Xylobolus spectabilis (Klotz.) Boidin
Stereum spectabile Klotz.

형태 자실체는 얇은 가죽질이며 1년생, 극히 많은 자실체가 기와 모양을 이룬다. 균모는 부채 모양이고, 표면은 어릴 때는 황갈색-적갈색이었다가 적갈색-흑갈색이 되며 방사상으로 심한 고랑이 져 파상 모양이 된다. 털이 없고 미세하게 도드라진 테 무늬가 나타난다. 오래된 것은 균모가 방사상으로 심하게 갈라져 손가락 모양이 되며, 갈라진 조각들은 안쪽으로 심하게 만곡한다. 가장자리 끝은 연한 색-황색이다. 자실층은 밋밋하고, 회백색이며 미분상이다. 포자는 크기 7×3.5~4㎛로 광타원형이다. 아미로이드 반응을 보인다.

생태 연중 / 오래되거나 죽은 활엽수(참나무류, 가시나무)에 군생한다.

분포 한국, 중국, 일본, 동남아, 호주, 아프리카

연한테젖버섯

Lactarius acerrimus Britz.

형태 균모는 지름 5~12cm, 둥근 산 모양이었다가 약간 편평해지며 가운데는 배꼽형이 된다. 표면에 미세한 털이 있고, 어릴 때 무디며, 나중에 매끈해진다. 황토 노란색이며 가장자리에 희미한 띠가 있기도 하다. 습기가 있을 때 미끈거린다. 육질은 백색, 상처 시 변색하지 않는다. 과일 냄새가 나고 맛은 온화하다. 주름살은 자루에 대해 넓은 올린 또는 약간 내린 주름살, 크림색에서 밝은 황토색이 되며 가끔 포크형이다. 가장자리는 전연, 물결형에 아래로 말린다. 자루는 길이 2~5cm, 굵기 8~20mm, 원통형, 기부로 가늘어진다. 속은 차 있다가 빈다. 포자는 10.3~14×8.5~11.1μm, 아구형-타원형, 장식돌기 높이는 1.2μm, 사마귀 점은 연락사로 연결되어 그물꼴을 형성한다. 담자기는 50~60×10~12μm, 원통형, 막대형, 방추형, 1-포자성 또는 2-포자성이다. 연낭상체는 25~45×5~7μm, 원통형, 방추형. 측낭상체는 35~45×5~7μm, 연낭상체와 비슷하다.

생태 여름~가을 / 활엽수림의 땅에 군생한다.

분포 한국, 중국, 유럽

살색젖버섯

Lactarius affinis var. **affinis** Peck

형태 균모는 지름 7~19cm, 반구형에서 둥근 산 모양을 거쳐 편평해지지만 중앙부가 오목해지면서 깔때기형이 된다. 표면은 끈적임이 강하고 매끄러우며 고리 무늬가 없고 연한 황토색 또는 연한 살색이다. 가장자리는 처음에는 아래로 굽고 나중에 활 모양이 된다. 살과 젖은 희고 상처 시에도 변색되지 않는다. 맛은 맵다. 주름살은 바른 또는 내린 주름살, 조금 빽빽하고 폭이 넓으며 길이가 같지 않고 갈라진다. 색깔은 백색이다가 연한 황색이 된다. 자루는 높이 4~9cm, 굵기 1~2.5cm, 상하 굵기가 같으며 매끄럽고 끈적임은 없다. 색은 균모와 같고, 속은 차 있다가 빈다. 포자는 8~10×(6)7~8μm, 타원형 또는 광타원형이다. 표면은 가시와 짧은 늑골상이 보이나 그물은 이루지 못한다. 포자문은 백색. 측낭상체는 60~110×7~10μm, 좁은 방추형으로 꼭대기는 뾰족하거나 둥근 머리 모양이다. 연낭상체는 30~45×5~7μm이다.

생태 가을 / 사스래나무나 신갈나무 숲의 땅에 산생, 속생한다.

분포 한국, 중국

무변색젖버섯

Lactarius alachuanus var. ***alachuanus*** Murrill

형태 균모는 지름 5~7.5cm, 둥근 산 모양이다가 거의 편평해진다. 흔히 가운데가 얕게 들어가며 때로 약간 볼록해진다. 가장자리는 전연, 표면은 테가 없고 매끈하며 싱싱하면 습할 시 점성이 있다. 연한 분홍색-붉은색이다가 연한 노란빛의 붉은색, 오래되면 분홍 담황색이 된다. 살은 비교적 두껍고 단단하며 백색. 냄새는 불분명하거나 아로마 향, 맛은 약간 맵고 쓰다. 유액은 노출 시 백색이며 주름살이 물들지 않는다. 주름살은 올린 또는 약간 내린 주름살, 비교적 광폭하며 밀생한다. 때로 포크형이며 담황색, 상처 시 검변한다. 자루는 길이 2.5~7cm, 굵기 10~16mm, 아래로 약간 가늘며 기부로 굽는다. 건조성이며 백색 솜털로 덮여 있는데, 비비면 분홍빛을 띤다. 포자문은 백색-크림색. 포자는 7.5~9×6~7.5μm, 광타원형. 돌출물은 사마귀 반점이 능선과 부분적 그물꼴을 형성하며, 높이 1.5μm, 투명하다. 아미로이드 반응을 보인다.
생태 가을~겨울 / 혼효림의 모래땅, 썩은 고목에 산생 혹은 집단 발생한다.
분포 한국, 북미

바랜흰젖버섯

Lactarius albocarneus Britz.

형태 균모는 지름 30~70mm, 중앙이 편평한 둥근 산 모양에서 차차 편평해진다. 중앙은 다소 무딘 톱니상, 물결형. 가장자리는 절개지 모양. 표면은 건조 시 비단결, 습기 시 강한 끈적임. 크림색에서 칙칙한 라일락색을 띤 백색이 된다. 가장자리는 오랫동안 아래로 말리며, 고르고 예리하다. 육질은 백색, 상처 시 서서히 연한 황노란색. 과일 냄새가 나며 맛은 맵고 쓰다. 주름살은 자루에 대하여 넓은 올린, 또는 약간 내린 주름살. 자루는 길이 30~70mm, 굵기 10~15mm, 원통형에 속은 차 있다가 빈다. 표면은 밋밋하고, 세로 줄의 맥상. 백색이다가 황토색 얼룩이 생긴다. 포자는 8.2~10.1×6.5~8.1μm, 아구형에서 타원형, 장식돌기 높이는 1μm, 표면의 사마귀 점은 융기된 연락사로 그물꼴을 형성한다. 담자기는 45~60×10~14μm, 곤봉형, 4-포자성. 연낭상체는 35~75×10~14μm, 방추형. 측낭상체는 70~110×9~10μm, 방추형.
생태 여름~가을 / 혼효림의 땅에 군생한다.
분포 한국, 유럽

고추젖버섯

Lactarius acris (Bolt.) Gray

형태 균모는 지름 5~6cm이며 반구형이었다가 편평해지고 중앙부가 오목해지거나 깔때기형이 된다. 가끔은 비뚤어진 모양으로 편심이 된다. 표면은 습할 때 끈적임이 있으나 빨리 마르며 회황갈색 내지 암황갈색으로 가는 융털이 있고 고리 무늬가 없다. 살은 백색으로 상처 시 바로 분홍색이 되며 매우 맵다. 주름살은 자루에 대하여 내린 주름살로 밀생하고 길이가 한결같지 않으며 백색에서 연한 황색이 된다. 자루는 길이 5~6cm, 굵기 0.6~0.8cm, 기부가 가끔 가늘어지며 가루 모양이다. 백색에 살색을 띠며 속이 차 있다. 포자는 크기 7~8×6~7.5μm로 아구형이다. 멜저액 반응에서 늑골상과 가시점이 확인되나 그물눈을 이루진 않는다. 담자기는 크기 45~57×10~12μm, 곤봉형에서 배불뚝형이며, 4-포자성이다. 연낭상체는 균사상 또는 중앙부가 불룩하며 크기는 50~60×3~5μm이다. 측낭상체는 없다.

생태 가을 / 혼효림의 땅에 군생한다.

분포 한국, 중국, 일본, 유럽, 북미

황토얼룩젖버섯

Lactarius alnicola var. **alnicola** Smith

형태 균모는 지름 8~18cm, 둥근 산 모양이나 중앙은 들어가고, 가장자리는 아래로 말렸다가 펴져서 위로 들린다. 표면은 끈적임이 있고 노랑-황토색이나 가장자리 쪽으로 연한 색이며 색깔이 있는 띠를 형성한다. 가장자리 근처에는 미세한 털이 있다. 살은 두껍고, 단단하며 백색이다. 젖은 조금 분비하며 상처 시 살색빛의 노란색으로 변하며 강한 냄새가 난다. 맛은 맵다. 주름살은 자루에 대하여 내린 주름살이며 밀생하고, 폭은 좁으며 자루 근처는 포크형이다. 표면은 백색-크림색에서 황노란색, 황갈색이 되며 상처 시 황색으로 변한다. 자루는 길이 30~60mm, 굵기 20~30mm로 단단하고 속은 차 있다가 푸석푸석하게 된다. 자루 위쪽은 백색이고 아래는 연한 황갈색이며, 기부에 털과 흠집이 있다. 포자는 크기 7.5~8.5×6.5~7.5μm, 광타원형이며 표면에 사마귀 반점이 있다. 장식물의 융기 높이는 0.6μm, 많은 연락사가 부분적으로 연결되어 그물꼴을 형성한다. 아미로이드 반응을 보인다. 포자문은 백색이다.

생태 여름~가을 / 숲속, 오리나무와 침엽수림의 땅에 군생한다.

분포 한국, 중국, 북미

보라변색젖버섯

Lactarius aspideus (Fr.) Fr.

형태 균모는 지름 3~5cm, 둥근 산 모양이다가 편평한 모양이 되고 중앙부가 오목해진다. 표면은 습할 때는 점액이 덮여 있고 황색을 띠거나 담황토색인데 상처를 받은 부분은 보라색의 얼룩이 생긴다. 어릴 때 가장자리는 약간 안쪽으로 굽는다. 미세한 털이 있다. 살은 흰색-담황토색. 절단하면 신속하게 보라색으로 변한다. 약간 얇고 부서지기 쉽다. 주름살은 흰색이다가 후에 연한 누런색을 띤다. 폭은 보통이고 약간 촘촘하며 자루에 대하여 바른 주름살, 내린 주름살이다. 자루는 길이 3~8cm, 굵기 5~10mm, 색은 균모와 비슷하다. 포자는 크기 7~10.5×6~8μm, 광타원형-류구형이며 표면에 부분적인 그물눈이 있다.

생태 가을 / 활엽수 임지 내 지상 또는 가끔 습지의 벗나무류, 자작나무류 아래에 발생한다.

분포 한국, 일본, 러시아 극동, 유럽, 북미

무테젖버섯

Lactarius azonites (Bull.) Fr.

형태 균모는 지름 50~90㎜, 어릴 때는 둔한 원추형이다가 편평한 모양이 되나 불규칙하다. 중앙은 어떤 것은 약간 톱니상, 표면은 고르고 미세한 털상이며, 둔하고 연기 회색이다가 회갈색이 된다. 흔히 가장자리 쪽으로 검다. 가장자리는 밋밋하고 예리하다. 살은 백색, 절단하면 1~2분 사이에 오렌지 분홍색이 되며 냄새는 과일 냄새, 코코넛 냄새가 난다. 맛은 온화하다. 주름살은 어릴 때는 백색이다가 황토 노란색이 되며 어떤 것은 포크형이다. 자루에 넓게 바른 주름살, 약간 내린 주름살이며 가장자리는 전연이다. 자루는 길이 40~60㎜, 굵기 10~15㎜, 원통형에 기부는 가늘고 속은 차 있다가 수(髓)처럼 빈다. 표면은 다소 밋밋하며 어릴 때는 백색, 후에 칙칙한 얼룩이 백색 바탕 위에 생긴다(젖은 백색 살과 접촉하지 않으면 그대로이다). 포자는 크기 7.1~8.8×6.6~8.4㎛, 구형에서 아구형이며 장식물이 돌출되어 있다. 분리된 사마귀 반점 능선들이 그물눈을 형성한다. 담자기는 곤봉형에서 배불뚝형, 크기 50~65×13~15㎛, 4-포자성이다. 기부에 꺽쇠는 없다.

생태 여름~가을 / 자작나무 또는 참나무 등 혼효림에 단생하거나 군생한다.

분포 한국, 유럽

291

혈색젖버섯

Lactarius badiosangineus Kühn. & Romagn.

형태 균모는 지름 2.5~9cm, 편평한 둥근 산 모양이었다가 퍼져서 중앙은 무딘 톱니상 또는 예리한 돌기가 생긴다. 표면은 고르지 않고 약간 결절형, 중앙은 때때로 주름상의 맥상이며, 어릴 때 검은색에서 검은 적갈색이 되었다가 퇴색한다. 어릴 때는 왁스 같고, 습기가 있을 때 매끈하고 광택이 난다. 가장자리는 고르고 어릴 때는 예리하며 오래되면 줄무늬 홈선이 생긴다. 육질은 백색이었다가 붉은빛의 크림색이 되지만 오래되면 노란색이 된다. 향료 냄새가 나고 맛은 온화하지만 나중에는 쓰다. 맵지는 않다. 주름살은 자루에 대하여 넓은 올린 주름살로 포크형, 크림색이었다가 황토 적색이 된다. 가장자리는 전연. 자루는 길이 3~7cm, 굵기 5~12mm로 속은 차 있다가 비게 된다. 표면은 밋밋하고, 어릴 때 황토 적색의 바탕에 미세한 백색 가루상이었다가 나중에 매끈해지며 약간 세로줄의 맥상이 부분적으로 생긴다. 색은 짙은 적갈색이다. 처음에는 변색하지 않으나 2~3시간 후에 희미하게 백색빛의 노란색으로 변색한다. 포자는 크기 6.3~8.4×5.5~7μm, 아구형에서 타원형이고 장식돌기의 높이는 1μm이다. 사마귀 점은 실 같은 연결사로 연결되어 그물꼴을 형성한다. 담자기는 곤봉형에서 배불뚝형, 크기는 35~50×10~13μm, 연낭상체는 방추형으로 크기는 25~40×4~7μm이고, 측낭상체는 약간 원통형에 미세한 반점을 함유하며 크기는 40~70×7~9μm이다.

생태 늦여름~가을 / 숲속의 풀밭에 군생한다.

분포 한국, 유럽

292

독젖버섯

Lactarius necator (Bull.) Pers.

형태 균모의 지름은 5.5~13㎝, 반구형에서 둥근 산 모양이 되며 중앙부는 오목하고 가장자리는 활 모양이다. 표면은 습할 시 점성이 있고 연한 황갈색이며, 암 올리브 녹색의 뭉친 털의 인편이 덮여 있다. 인편은 중앙에 밀집하며 동심원 무늬로 배열된다. 살은 백색에서 회색으로 변하며 단단하고 맵다. 젖은 백색이며 변색하지 않는다. 주름살은 내린 주름살로 밀생하고 백색이나 상처 시 회색, 갈색으로 변한다. 자루는 높이 5~8㎝, 굵기 1~3㎝, 상하의 굵기가 같거나 아래로 가늘어진다. 색은 균모와 같고 줄무늬 홈선이 있다. 자루의 속은 차 있으나 나중에 빈다. 포자의 크기는 7~8×6.5~7㎛로 구형 또는 아구형이고 멜저액 반응에서 늑골상과 가시가 확인되나 그물꼴을 형성하지는 않는다. 포자문은 유백색이다.

생태 여름~가을 / 분비나무, 가문비나무 숲과 잣나무, 활엽수 혼효림의 땅에 단생한다. 식용이며 분비나무, 가문비나무, 소나무, 자작나무 및 신갈나무와 외생균근을 형성한다.

분포 한국, 중국, 일본

갈황색젖버섯

Lactarius theiogalus (Bull.) S.F. Gray

형태 균모는 지름 2~3.5㎝, 반구형이었다가 차차 편평해지고 중앙부가 오목해져 다소 배꼽 모양이 된다. 균모 표면은 습하면 끈적임이 있으나 곧 마르며 털이 없이 매끄럽거나 주름이 있다. 색은 황토색, 오렌지 홍색 또는 홍갈색이며 고리 무늬가 없다. 가장자리는 처음에는 안쪽으로 감기나 후에 펴진다. 살은 연한 살색으로 상처 시 연한 황색이 되고 맛은 조금 맵다. 젖은 백색에서 천천히 황색으로 변하기도 한다. 주름살은 자루에 대하여 내린 주름살로 밀생, 길이가 같지 않고 갈라지며 살색에서 홍갈색이 된다. 자루는 높이 2.5~5㎝, 굵기 0.4~0.7㎝, 위아래 굵기가 거의 같다. 색은 균모와 같고 속은 차 있으나 나중에 빈다. 포자는 크기 6.5~8×7㎛로 광타원형, 멜저액 반응에서 짧은 능선과 가시점이 나타난다. 포자문은 백색. 낭상체는 많고 방추형으로 정단이 둥글거나 길게 뾰족하다. 크기는 50~60×(4)6~10㎛이다.

생태 겨울 / 숲속의 땅에 군생하거나 산생한다.

분포 한국

녹색젖버섯

Lactarius blennius var. **blennius** (Fr.) Fr.

형태 균모는 지름 4~6.5㎝, 편평한 둥근 산 모양이다가 편평해지며 중앙이 껄끄럽고 오래되면 약간 깔때기형이 된다. 표면은 건조성이며 습할 시 강하게 미끈거린다. 갈색에서 회올리브색이 되며, 물방울 같은 고리가 있다. 가장자리는 위로 약간 들리다가 오랫동안 아래로 말리며 고르다. 살은 백색이다가 회백색이 되며, 향료 냄새가 나고 맛은 맵다. 주름살은 넓은 올린 주름살에서 약간 내린 주름살, 백색이다가 회색이 되며 포크형이다. 가장자리는 전연이며 녹색의 건조한 젖 방울이 맺힌다. 자루는 길이 3~5㎝, 굵기 8~20㎜, 원통형에 기부로 약간 가늘고 속은 차 있다가 빈다. 표면은 약간 세로줄의 맥상이며, 미끌미끌하고, 칙칙한 회녹색 바탕에 백색의 섬유실이 있다. 꼭대기는 백색으로 상처 시 갈색의 얼룩이 생긴다. 젖은 백색에서 서서히 밝은 회색을 거쳐 녹색으로 변색한다. 포자는 크기 6.5~8.5×5~6.5㎛, 광타원형에서 아구형이며, 장식돌기의 높이는 1㎛이다. 사마귀 반점들은 융기된 맥상으로 연결되어 그물꼴을 형성한다. 담자기는 원통형에서 곤봉형이 되며 크기는 32~42×9~10㎛, 4-포자성이다. 연낭상체는 크기 20~54×4~10㎛, 방추형에서 송곳형이 된다. 측낭상체는 연낭상체와 비슷하며 크기는 40~85×7~10㎛이다.

생태 여름~가을 / 자작나무 숲 또는 혼효림의 땅에 단생하거나 군생한다.

분포 한국, 유럽, 북미

민맛젖버섯

Lactarius camphoratus (Bull.) Fr.
Lactarius cimicarius (Batsch) Gillet

형태 균모는 소형으로 지름 1.5~4(5)cm 정도이다. 어릴 때는 둥근 산 모양이었다가 약간 깔때기형이 되며 중심에는 통상 작은 돌기가 있다. 표면은 방사상으로 요철의 홈선이 있으며 색은 암적갈색, 건조하면 연한 색이 된다. 가장자리는 어릴 때 아래로 감긴다. 살은 균모와 거의 같은 색. 카레 향기가 나지만 간혹 없는 것도 있다. 젖은 흰색이며 많이 분비되고 변색되지 않는다. 주름살은 자루에 대하여 내린 주름살로 살색을 띠고, 폭이 좁고 얇으며 촘촘하다. 자루는 길이 1~5(7)cm, 굵기 4~8mm로 균모와 거의 같은 색 또는 연한 색이다. 속은 비어 있다. 포자는 크기 6.5~8×6~7µm로 아구형이며 표면에 작은 사마귀 점과 불완전한 그물눈이 있다. 포자문은 크림색이다.

생태 봄~가을 / 숲속의 땅에 산생하거나 군생한다.

분포 한국, 중국, 일본, 러시아 극동, 유럽, 북미

민맛젖버섯(기름냄새형)

Lactarius cimicarius (Batsch) Gillet

형태 균모는 지름 3~7cm, 편평한 둥근 산 모양이나 중앙이 얕은 깔때기 모양, 때때로 낮게 볼록하다. 황갈색 또는 밤색이나 가장자리로 연하다. 표면은 건조성, 매트형에 주름지고 흔히 알갱이가 있거나 울퉁불퉁하다. 가장자리는 안으로 말리고 보통 다소 이랑이 있다. 살은 붉은-담갈색이며 균모에서는 얇고 자루의 속은 비어 있다. 주름살은 내린 주름살, 노란색이나 벽돌색 또는 오렌지-붉은색이다. 유액은 물 색으로 하얀 구름과 비슷하다. 맛은 온화하며 기름 냄새가 난다. 자루는 길이 20~65mm, 굵기 7~12mm, 균모와 같은 색이거나 적갈색 또는 연한 색이다. 포자문은 크림색이다. 포자는 6.5~9×6~8μm, 사마귀 반점으로 덮이며 높이는 1.3μm. 이들은 날개의 융기로 완전한 그물꼴을 형성한다.

생태 여름~가을 / 참나무와 자작나무 아래 땅에 군생한다. 식용할 수 없다.

분포 한국, 유럽

잣밤젖버섯

Lactarius castanopsidis Hongo

형태 균모는 지름 0.7~1.7cm, 거의 편평하게 펴지고 약간 오목해지면서 중앙에 작은 돌기가 돌출한다. 표면은 점성이 없고 다갈색-계피색이다. 중앙부가 진하고 방사상으로 요철 홈이 있다. 가장자리는 습할 때 줄무늬 선이 보인다. 주름살은 자루에 내린 주름살이며, 크림색이고 폭은 보통에 약간 성기다. 자루는 길이 1~2cm, 굵기 1.5~3mm, 때로는 납작하고 속이 비어 있다. 살은 얇고 갈색을 띤다. 유액은 흰색이고 물처럼 보이며 변색되지 않는다. 포자는 지름 7.5~9.5μm, 거의 구형이며 표면에 날개 모양 융기가 있다. 얼룩말 무늬 모양을 이룬다.

생태 여름~가을 / 참나무 임지의 지상에 발생한다.

분포 한국, 일본

장백젖버섯

Lactarius changbaiensis Y.Wang & Z.X. Xie

형태 균모는 육질이고 지름 3~10cm이며 반구형에서 둥근 산 모양을 거쳐 편평한 모양이 된다. 균모 표면은 털이 있고 습할 때는 끈적임이 있다. 색은 암갈색, 마르면 연한 육계색이다. 넓고 짙은 색깔의 고리 무늬가 있거나 희미하게 있다. 균모 주변부는 초기에는 안으로 감기고 후에는 펴진다. 살은 치밀하고 연약하며 연한 육계색이고 상처 시에도 변색되지 않는다. 송진 냄새가 난다. 젖은 백색이나 다소 맑아지며, 변색되지 않는다. 주름살은 자루에 대하여 바른 주름살 또는 내린 주름살로서 밀생하며 너비가 좁고 횡맥이 있으며 연한 육계색이다. 자루는 길이 3~7cm, 굵기 1~3cm, 위아래의 굵기가 같으며 균모와 색이 같거나 연하다. 자루의 속은 차 있다. 포자는 크기 8~10×6~7(8.5)μm, 타원형 또는 아구형이며 멜저액 반응에서 가닥이 난 척선과 고립된 가시가 확인되나 그물꼴을 이루진 않는다. 낭상체는 방추형 또는 방망이 모양으로 정단은 둥글고 크기는 50~90×6~11μm이다.

생태 여름 / 관목류의 풀숲 사이의 땅에 군생한다.

분포 한국, 중국

점박이젖버섯

Lactarius chelidonium Peck
Lactarius chelidonium var, chelidonoides (A.H. Sm.) Hesler & A.H. Sm.

형태 균모는 지름 3~8cm, 편평하나 중앙이 들어가서 얕은 깔때기 모양이 된다. 하늘빛의 청색이나 오렌지-갈색이 있고 어린 개체는 분명한 테가 있다. 무딘 적갈색이 녹색으로 물들며, 오래되면 올리브색이 된다. 표면에 물 색의 점박이가 있으며, 끈적임이 있다가 건조해진다. 주름살은 자루에 내린 주름살, 폭이 좁고 빽빽하며, 칙칙한 노란색과 어두운색에서 녹색 또는 올리브 갈색으로 물들고, 오래되면 검은 녹색으로 물든다. 자루는 길이 30~60mm, 굵기 10~25mm, 때때로 기부로 부풀고, 속은 비어 있다. 색깔은 균모와 비슷하지만 연한 색이며 건조성이다. 유액은 노란색에서 황갈색, 양은 많지 않다. 약간 점성이 있고 후추 맛이 약간 난다. 포자는 크기 7~9×5~6.5μm, 타원형이며 표면에 0.5~1μm 크기의 돌기가 그물꼴을 이룬다. 포자문은 연한 황갈색이다. 아미로이드 반응을 보인다.

생태 여름~가을 / 숲속의 땅, 특히 소나무 숲의 땅에 군생한다. 흔한 종이나 식용은 아니다.

분포 한국, 북미

노란젖버섯

Lactarius chrysorrheus Fr.

형태 균모는 지름 5~9cm, 중앙이 오목한 둥근 산 모양이다가 약간 깔때기형이 된다. 표면은 황색을 띤 연한 살색인데 진한 색의 동심원 무늬가 있다. 습기가 있을 때는 약간 끈적임이 있으며 건조되기 쉽다. 살은 백색이나 상처 시 황색으로 변한다. 젖은 백색이다가 공기에 닿으면 황색으로 변한다. 맛은 맵다. 주름살은 자루에 대하여 내린 주름살로 크림색이나 연한 살색이며, 오래되면 적갈색이 된다. 폭은 보통이고 밀생한다. 자루는 길이 5~7cm, 굵기 1~2cm로 균모와 같은 색이며 속은 비어 있다. 포자는 크기 8~9×6~7.5μm, 아구형이며 표면에 사마귀 반점과 희미한 그물눈이 있다. 포자문은 크림 백색이다.
생태 가을 / 활엽수가 섞인 소나무 숲의 땅에 군생한다. 식용이다.
분포 한국, 일본, 중국, 시베리아, 유럽

테젖버섯

Lactarius circellatus Fr.
L. circellatus var. circellatus Fr., L. circellatus f. distantifolius Hongo

형태 균모는 지름 3~7cm, 편평한 둥근 산 모양이다가 차차 편평해지며 중앙이 약간 무딘 톱니상이다. 표면은 고르거나 약간 고르지 않은 상태이며, 습기가 있을 때 약간 매끈하다. 색은 분홍 라일락색을 띤 짙은 회갈색이지만 곳곳에 백색 가루상과 짙은 띠가 있다. 가장자리는 고르고 오랫동안 아래로 말린다. 육질은 백색이며, 향료 냄새가 나고, 맛은 온화하고 약간 쓰다. 주름살은 자루에 대하여 좁은 올린 주름살로 포크형이며 어릴 때 백색에서 크림색을 거쳐 황토 노란색이 된다. 가장자리는 전연. 자루는 길이 2.5~4.5cm, 굵기 1~2cm, 원통형에 속이 차 있다가 빈다. 표면은 밋밋하고, 미세한 세로줄의 섬유상이며, 크림색에서 황토 회색 또는 황토 적색이 되는데 가끔 아래에 오렌지 갈색의 얼룩이 생긴다. 젖은 백색에서 서서히 녹색-크림색으로 변색하며 맛은 맵고 쓰다. 포자는 크기 6.4~7.8×5.3~6.6μm로 광타원형이며, 장식돌기의 높이는 0.8μm이다. 표면의 사마귀 반점들은 따로따로 떨어져 독립적으로 존재한다. 담자기는 곤봉형으로 크기는 40~46×9~10μm. 연낭상체는 방추형에서 곤봉형이며 크기는 25~55×5~9μm. 측낭상체는 방추형으로 크기는 45~70×8~9μm이다.

생태 여름~가을 / 활엽수림에서 단생 혹은 군생한다. 드문 종.

분포 한국, 유럽

테젖버섯(소형)

Lactarius circellatus var. **circellatus** Fr.

형태 균모는 지름 4~8cm, 중앙이 들어간 둥근 산 모양에서 차차 편평해지며 성숙하면 약간 깔때기 모양이 된다. 표면은 밋밋하고 습기가 있을 때는 끈적임이 있으며, 건조할 때는 끈적임이 없어진다. 자줏빛의 황갈색 또는 계피 황갈색 등이고 테두리 무늬가 뚜렷하거나 엷게 나타나며 어릴 때는 약간 분상이다. 살은 회색을 띤다. 주름살은 자루에 대하여 바른 주름살로 연한 황토색, 밀생 또는 약간 밀생하며 폭은 4~7mm로 넓고, 연한 황토 가죽색 혹은 황토색이다. 자루는 길이 3~6cm, 굵기 5~12mm, 원주상이고 상하가 같은 굵기이거나 아래쪽이 가늘며 끈적임은 없다. 색은 균모와 같은 색이거나 연한 색, 속이 차 있으며 단단하다. 포자는 크기 6.0~7.5×5~6.5μm, 아구형-광타원형이며, 표면에 두꺼운 능선맥 모양의 부속물이 있다. 포자문은 연한 황색이다.

생태 여름~가을 / 주로 침엽수림의 고사리나 이끼류가 나는 곳에 산생한다.

분포 한국, 유럽

테젖버섯(성긴형)

Lactarius circellatus f. distantifolius Hongo

형태 균모는 지름 3~7cm, 편평한 둥근 산 모양이다가 편평해진다. 중앙은 약간 무딘 톱니상. 표면은 대체로 고르며, 습기가 있으면 약간 매끈하다. 분홍 라일락색을 띤 짙은 회갈색, 곳곳에 백색 가루상과 띠가 있다. 가장자리는 고르고 오랫동안 아래로 말린다. 육질은 백색, 향료 냄새, 맛은 온화하고 약간 쓰다. 주름살은 좁은 올린 주름살, 포크형, 백색이다가 황토 노란색이 된다. 가장자리는 전연. 자루는 길이 2.5~4.5cm, 굵기 1~2cm, 원통형, 속은 차 있다가 빈다. 표면은 밋밋하고, 미세한 세로줄의 섬유상, 크림색에서 황토 회색 또는 황토 적색이 된다. 가끔 오렌지 갈색 얼룩이 있다. 젖은 백색에서 서서히 녹색-크림색, 맛은 맵고 쓰다. 포자는 6.4~7.8×5.3~6.6μm, 광타원형, 장식돌기의 높이는 0.8μm. 사마귀 반점은 서로 떨어져 있다. 담자기는 곤봉형, 40~46×9~10μm. 연낭상체는 방추형에서 곤봉형, 25~55×5~9μm. 측낭상체는 방추형, 45~70×8~9μm.

생태 봄~가을 / 숲속의 수목 아래에 발생한다.

분포 한국, 일본, 유럽

레몬젖버섯

Lactarius citriolens Pouzar

형태 균모는 지름 5~15cm, 깔때기 모양이며 강하게 안으로 말린다. 표면은 끈적임이 있다. 오래되면 연한 크림색에서 백황색을 거쳐 연한 노란색이 되며, 희미한 테, 때때로 물 같은 반점이 생긴다. 가장자리는 돌출된 솜털이 있고, 건조하여도 영존한다. 살은 매우 단단하며 백색이다. 절단 시 레몬-노란색이 된다. 신 과일 냄새가 나다가 오래되면 레몬 냄새가 나고, 맛은 쓰고 매우 맵다. 주름살은 자루에 대하여 바른 주름살-내린 주름살이고 비교적 촘촘하며 연한 크림색이다가 황백색이 된다. 유액은 백색이며 금방 황노란색을 거쳐 레몬-노란색이 된다. 자루는 길이 4.5~6cm, 굵기 2~2.5cm, 원통형에 연한 크림색이다. 표면은 밋밋하고 기부는 털상이다. 포자는 크기 6.5~8.5×5~6μm, 타원형이며 표면에 사마귀 반점과 능선이 있다. 높이는 0.8μm이다. 능선은 약간 체 모양이나 그물꼴을 형성하지는 않는다. 색은 연한 크림색이다.

생태 여름~가을 / 혼효림의 땅에 발생한다.

분포 한국, 유럽

변색젖버섯

Lactarius colorascens Peck

형태 균모는 지름 2~5㎝, 둥근 산 모양이었다가 거의 편평해
지나 중앙은 들어가며, 가장자리는 처음에 안으로 굽으나 펴지
고, 때때로 물결형이 된다. 오래되면 미세한 줄무늬 선이 생긴
다. 표면은 습할 시 매끈하며, 백색 또는 어릴 때 퇴색되기도 하
는데, 후에는 오렌지 갈색, 노쇠하면 적갈색이 된다. 주름살은 자
루에 올린 주름살에서 약간 내린 주름살, 폭은 좁고 촘촘하며, 처
음 백색에서 오래되면 노란 자색 또는 갈색이 된다. 자루는 길이
2.5~3.5 ㎝, 굵기 3~5㎜, 상하가 거의 같고 건조성이며 속이 차
있다. 어릴 때는 백색, 나중에는 적갈색에서 둔한 갈색이 된다.
살은 얇고 백색이며 냄새는 분명치 않고, 맛은 쓰고 시다. 유액은
공기에 노출 시 백색, 이어서 황노란색으로 변하며, 맛은 살과 같
다. 포자문은 백색이다. 포자는 크기 6~7.5×5~6㎛, 광타원형에
표면의 사마귀 반점과 능선이 부분적으로 그물꼴을 형성한다. 돌
출부의 높이는 0.5㎛이며 투명하다. 아미로이드 반응을 보인다.
생태 여름~가을 / 혼효림 이끼류의 풀 속에 산생하거나 간혹 집
단으로 발생한다. 식용 여부는 알려지지 않았다.
분포 한국, 북미

쌈젖버섯

Lactarius controversus Pers.

형태 균모는 지름 7~15(23) cm로 중앙이 들어간 둥근 산 모양이
었다가 약간 깔때기 모양이 된다. 표면은 끈적임이 있고 유백색
이며 분홍색의 얼룩이 있지만 성숙하면 엷게 퇴색되기도 한다.
눌린 섬유상이 있다. 가장자리는 처음에는 아래로 말려 있으나
나중에는 펴진다. 살은 흰색이고 단단하다. 젖은 흰색이고 변색
하지 않는다. 주름살은 자루에 내린 주름살로 촘촘하고 얇으며,
폭은 3~6 mm로 연한 분홍색 혹은 자줏빛의 황갈색이다. 자루는
길이 3~8 cm, 굵기 1.5~5 cm로 상하가 같은 굵기이거나 아래쪽이
가늘고 색은 균모와 같다. 자루의 속은 차 있으나 나중에 비기도
하며, 표면에 간혹 반점이 생긴다. 포자는 크기 6~7.5×4.5~5 µm
로 타원형이며 표면에 그물눈이 덮여 있다.

생태 여름 / 침엽수와 활엽수의 혼효림의 땅에 산생한다.

분포 한국, 일본, 중국, 유럽, 북미

주름젖버섯

Lactarius corrugis Peck

형태 균모는 지름 5~12cm, 둥근 산 모양이었다가 편평해지면서 가운데가 돌출한다. 적색에서 검은 포도주 갈색이 되며 때때로 황토색을 띠는 오렌지색 혹은 적갈색이 된다. 비로드 감촉이 있으며 줄무늬 주름이 있다. 살은 단단하고, 백색이었다가 갈색이 된다. 맛은 부드럽다. 젖은 백색이며 변색되지 않는다. 주름살은 밀생으로 자루에 바른 주름살 또는 올린 주름살이며 바랜 연한 황색 또는 계피색이었다가 갈색이 된다. 주름의 폭은 보통이고 포크형이다. 자루는 길이 5~8cm, 굵기 0.18~1.5cm, 회갈색 또는 적갈색으로 부드러운 비로드 같고, 원통형이며 속은 살로 차 있다. 포자는 크기 9~12×9~11.5µm, 구형 또는 아구형이며 침의 높이는 0.4~0.7µm로 그물 모양이다. 좁은 밴드와 미세한 선이 있다. 포자문은 백색이다.

생태 여름~가을 / 활엽수 또는 혼효림의 흙에 군생하거나 산생하며 식물과 공생한다. 식용이며 외생균근을 형성한다.

분포 한국, 북미

깔때기젖버섯아재비

Lactarius deceptivus Peck

형태 균모는 지름 7.5~25.5cm, 둥근 산 모양이었다가 넓은 깔때기 모양이 되며, 가장자리는 분명히 아래로 말린다. 표면은 어릴 때 솜털상이나 건조하면 밋밋해지며, 유백색이다가 노란색 또는 갈색으로 물든다. 성숙하면 거친 인편이 있고 검은색이나 황토갈색이 된다. 살은 두껍고 백색이며 톡 쏘는 냄새가 있지만 불분명하다. 맛은 강한 신맛과 매운맛이다. 젖은 노출 시 백색이며 변색하지 않는다. 주름살은 자루에 대하여 올린 주름살로 약간 밀생 또는 성긴 상태이고, 처음에는 백색이다가 크림색을 거쳐 연한 황토색이 된다. 자루는 길이 4~10cm, 굵기 3cm, 거의 원주형이며 아래로 가늘다. 표면은 건조성이고 비듬 상태에서 거의 매끈하게 되며, 백색에서 갈색으로 물든다. 포자문은 백색이다가 유백색이 된다. 포자는 크기 9~13×7~9μm, 광타원형이며 표면에 사마귀 반점과 가시가 있으나 그물꼴은 형성하지 않는다. 돌기 높이는 1.5μm, 투명하다. 아미로이드 반응을 보인다.

생태 여름~가을 / 침엽수림과 활엽수림의 땅에 단생, 군생 혹은 산생한다.

분포 한국, 중국, 북미

톱니젖버섯

Lactarius decipiens Quél.

형태 균모는 지름 25~50mm, 어릴 때는 둥근 산 모양이다가 편평해지며, 거의 깔때기 모양이 된다. 중앙은 약간 들어가며 작고 분명한 볼록이 있다. 나중에 줄무늬 톱니상이 생긴다. 표면은 고르고 둔하며 어릴 때 미세한 가루상이며, 약간 점성이다가 습할 시 광택이 난다. 색은 맑은 분홍-황토색, 중앙은 검은 분홍 갈색이다. 살은 크림색, 분홍색이 있다. 과일 냄새가 나고 맛은 맵다. 주름살은 자루에 넓은 바른 주름살이면서 약간 내린 주름살로 몇 개의 포크상이다. 가장자리는 전연. 자루는 길이 30~50mm, 굵기 5~10mm, 원통형이며 속은 차 있다가 빈다. 표면은 밋밋하고 백색의 가루상으로 어릴 때는 살색이다가 후에는 매끈해지면서 오렌지 갈색이 된다. 유액은 백색이며 1~4분 후 황노란색으로 변한다. 맛은 맵고 쓰다. 포자는 크기 6.7~9.1×5.4~7.7μm, 류구형에서 타원형이며, 장식물이 돌출하고 몇 개의 사마귀 반점과 능선이 거의 완전한 그물꼴을 형성한다. 담자기는 곤봉형에서 배불뚝형, 크기는 37~50×8~11μm, (2)4-포자성이다. 기부에 꺽쇠는 없다.
생태 여름~가을 / 단단한 나무, 혼효림의 땅에 단생 혹은 군생한다.
분포 한국, 유럽

굽은젖버섯

Lactarius delicatus Burlingham

형태 균모는 지름 6~12㎝, 둥근 산 모양이나 중앙은 들어가서 깔때기 모양이 된다. 가장자리는 안으로 말리며 처음에는 거칠고 짧은 털로 피복된다. 표면은 미끈거리며 점성이 있고, 매끄럽다. 희미한 테가 있으며 연한 오렌지-노란색이나 노란빛의 연어색 색조가 중앙에 있다. 주름살은 자루에 대하여 올린 주름살에서 약간 내린 주름살이며, 폭은 좁고 밀생하며 때때로 자루 근처는 포크형이다. 색은 백색, 연한 담황색에서 연한 오렌지-노란색이 된다. 자루는 길이 1.5~5 ㎝, 굵기 1.5~2.3㎝, 위아래가 거의 같은 굵기지만 때로는 아래로 가늘다. 표면은 점성이 있고 매끈하며, 홈집이 있다. 색은 균모와 같다. 자루의 속은 스펀지 형태로 비어 있다. 살은 단단하고 백색이며 냄새가 강하다. 유액은 많지 않고 노출 시 백색에서 황노란색으로 변한다. 맛은 맵고 쓰다. 포자문은 백색이지만 노란 연어색도 있다. 포자는 크기 7~9.5×6~7㎛, 광타원형에 높이 0.5㎛의 돌기물이 있으며 투명하다. 분리된 사마귀 반점과 능선이 부분적으로 그물꼴을 형성한다. 아미로이드 반응을 보인다.

생태 여름~가을 / 낙엽수림의 땅에 발생한다. 식용 여부는 알려지지 않았다.

분포 한국, 북미

맛젖버섯

Lactarius deliciosus (L.) Gray
Lactarius laeticolor (Imai) Imaz. ex Hongo

형태 균모는 지름 3~11cm, 둥근 산 모양이다가 편평해지며 중앙부는 배꼽 모양에서 거의 깔때기형이 된다. 표면은 습기가 있을 때 끈적임이 약간 있으며, 털이 없어서 매끈하다. 색은 새우 같은 살색 또는 귤 홍색, 황색 등으로 동심원 무늬가 있으나 점점 희미해진다. 처음 가장자리는 아래로 감기며, 상처 시 녹색으로 변한다. 살은 부서지기 쉬우며, 연한 백색이다가 귤 같은 홍색, 상처 시 남록색으로 변하면서 조금 향기가 난다. 젖은 오렌지-적색으로 1~2시간 후 희미한 푸른색으로 변한다. 맛은 온화하다. 주름살은 바른 또는 내린 주름살, 조금 빽빽하며 자루 언저리에서 갈라진다. 주름 사이에 횡맥이 있다. 색은 균모와 같고 오래되면 상처 시 남록색이 된다. 자루는 높이 2~5cm, 굵기 1~2cm, 아래로 가늘어지는 원주형이다. 단면은 귤 홍색이다가 암홍색이 되며, 암오렌지색으로 오목하게 패인 자리가 있다. 속은 스펀지 같고 유연하며 나중에 속이 빈다. 포자는 크기 8~10.5×6.5~7.5μm, 타원형이며 표면에 혹과 그물눈 무늬가 있다. 포자문은 연한 황색. 낭상체는 방추형, 크기는 40~67×5~7μm이다.
생태 여름 / 활엽수, 잣나무, 분비나무, 가문비나무 또는 잎갈나무 숲, 혼효림의 땅에 단생하거나 군생, 산생한다. 식용이며 분비나무, 가문비나무 또는 잎갈나무와 외생균근을 형성한다.
분포 한국, 중국

솔송나무젖버섯

Lactarius deterrimus Gröger

형태 균모는 지름 6~10cm, 가운데가 오목한 낮은 둥근 산 모양
이다가 중앙이 펴진다. 습기가 있을 때는 끈적임과 광택이 있다.
밝거나 탁한 오렌지색이었다가 초록색 얼룩이 생기고 희미한 테
무늬가 나타난다. 가장자리는 백분상. 젖은 오렌지색이나 곧 와
인-적색이나 검은 와인 갈색으로 변했다가 퇴색하여 녹색이 된
다. 맛은 온화하지만 쓰다. 주름살은 자루에 대하여 내린 주름살,
폭이 좁고 촘촘하며, 진한 오렌지색 혹은 황토색이나 일부는 암
녹색이 된다. 자루는 길이 3~5cm, 굵기 12~25mm, 오렌지색이다가
초록색 얼룩이 생기며, 속은 차 있다가 비고, 꼭대기 부근이 가
늘다. 포자는 7.5~9.4×6.1~7.4μm, 타원형, 표면에 사마귀 모양이
높게 돌출되며 부분적인 그물눈을 형성한다. 담자기는 50~62×
10~12μm, 곤봉형, 4-포자성이다.
생태 여름~가을 / 소나무나 분비나무 등 침엽수림의 땅에 군생
한다.
분포 한국, 중국, 유럽, 북미

마른젖버섯

Lactarius dryadophilus Kühn.

형태 균모는 지름 4~8cm, 둥근 산 모양이다가 편평해진다. 중앙
은 약간 울퉁불퉁하다. 표면은 고르고 무디며 약간 가루상. 습
기가 있을 때 빛나고, 크림색에서 노란색, 황토-갈색이 된다. 가
장자리는 오랫동안 아래로 말리고, 털이 있다가 매끈해진다. 살
은 유백색, 상처 시 점차 자색. 양파 냄새에 맛은 온화하다. 주
름살은 넓은 올린 또는 약간 내린 주름살, 포크형. 자루는 길이
2~4cm, 굵기 1~2cm, 원통형에서 배불뚝형, 기부로 가늘고 속은
차 있다가 빈다. 표면은 밋밋, 보통 백색의 미세한 가루상, 노후
하면 기부 쪽에 노란 반점이 생긴다. 젖은 백색, 만지면 라일락
색. 포자는 8~11.6×6.5~9.5μm, 아구형에서 타원형, 장식돌기 높
이는 1μm. 사마귀 반점과 융기선은 그물꼴을 형성한다. 담자기
는 60~80×12~15μm, 배불뚝형, 4-포자성이나 1, 2-포자성도 있
다. 연낭상체는 많고 방추형, 40~105×7~13μm. 연낭상체는 적고
80~135×12~15μm.
생태 여름 / 숲속의 풀밭에 단생 혹은 군생한다. 드문 종.
분포 한국, 중국, 유럽

크림젖버섯

Lactarius evosmus Kühn. & Romagn.

형태 균모는 지름 3~7㎝, 편평한 둥근 산 모양이다가 차차 깔때기 모양이 된다. 표면은 고르고 무디며 건조 시 약간 가루상이다. 습기가 있을 때는 비단결처럼 매끈하다. 색깔은 크림색, 황토 노란색의 얼룩이 있고, 중앙은 황토 노란색이며 불분명한 띠가 있다. 가장자리는 오랫동안 아래로 말리고 밋밋하며 물결형이다. 육질은 백색이며 상처 시 변색하지 않는다. 건조 시 사과 냄새가 나고 맛은 맵다. 젖은 백색이며 상처 시 변색하지 않으며 매운맛이 난다. 주름살은 자루에 대하여 넓은 올린 주름살 또는 내린 주름살로 포크형이며 어릴 때 백색이다가 붉은빛의 황토-갈색이 된다. 가장자리는 전연. 자루는 길이 25~50㎜, 굵기 10~15㎜, 원통형에 기부로 가늘어지고 속은 차 있다. 표면은 밋밋하고 가루가 전체를 덮으며 백색 빛의 황토색 얼룩이 있다. 포자는 크기 7.5~9.3×6~7㎛, 타원형에 장식돌기 높이는 0.8㎛. 사마귀 반점들은 융기의 연결사로 연결되어 그물꼴을 형성한다. 담자기는 곤봉형으로 크기는 40~60×10~12㎛이다. 연낭상체는 방추형에서 송곳 모양. 측낭상체는 송곳 모양에서 곤봉형으로 크기는 30~42×4~6㎛이다.

생태 여름~가을 / 활엽수림과 혼효림의 땅에 단생 혹은 군생한다.

분포 한국, 유럽

수세미젖버섯

Lactarius fallax A.H. Sm. & Hesler
Lactarius fallax var. concolor A.H. Sm. & Hesler

형태 균모는 지름 2.5~8cm, 둥근 산 모양으로 어릴 때는 작은 원추상의 볼록이 있다가 넓은 둥근 산 모양이 되거나 볼록이 없어지게 된다. 표면은 건조하고 매끈하다. 확대경으로 보면 벨벳이 있다가 주름진다. 색은 검은 갈색에서 흑갈색이다. 가장자리는 안으로 말리고, 물결형이 되며 엽맥상이다. 주름살은 짧은 내린 주름살, 밀생으로 촘촘하며, 자루 부근에서 겹친 포크상이다. 처음에는 백색이지만 오래되면 노란색이 된다. 가장자리는 균모와 같은 색이다. 살은 두껍고 단단하며 부서지기 쉽다. 색은 백색이다가 연한 자색으로 물들고, 냄새는 분명치 않다. 맛은 온화하거나 약간 맵고 쓰다. 유액은 많고, 백색이며 변색하지 않는다. 맛은 역시 온화하거나 맵고 쓰다. 자루는 길이 3~4cm, 굵기 6~10mm, 위아래가 같은 굵기 또는 기부로 폭이 좁고, 속이 차 있다. 벨벳상이며 색은 균모와 같지만 기부로 연하다. 포자문은 연한 노란색. 포자는 크기 9~12×8.5~11μm, 구형이며 표면의 돌출물은 부서진 그물꼴이다. 돌기의 높이는 0.8~2μm이고 투명하다. 아미로이드 반응을 보인다.

생태 여름~가을 / 전나무 숲 등의 땅에 산생하거나 군생한다. 식용 여부는 알려지지 않았다. 보통종이다.

분포 한국

누룩젖버섯

Lactarius flavidulus Imai

형태 균모는 지름 6~15cm, 처음에는 둥근 산 모양이며 가장자리가 안쪽으로 굽지만, 나중에는 중앙이 오목하게 들어가고 펴지면서 깔때기 모양이 된다. 표면은 습할 때 점성이 있다. 처음 거의 흰색, 후에는 연한 황색-연한 갈색이 된다. 약간 테 무늬가 나타나고 또 가장자리는 짧은 털이 덮여 있다. 상처 난 표면에는 청록색 얼룩이 생긴다. 살은 흰색이며 두껍고 단단하다. 유액도 흰색이나 공기와 접촉하면 청록색이 되며 흔히 청록색의 얼룩이 있다. 주름살은 자루에 대하여 바른 주름살의 내린 주름살이며, 상처를 내면 청록색으로 변한다. 처음에는 흰색이다가 담황색이 된다. 폭이 좁고 약간 빽빽하다. 자루는 길이 4~6cm 굵기 15~30mm로 비교적 굵고 짧다. 표면은 균모와 거의 같은 색이며 속이 비어 있다. 포자는 크기 7.5~9.5×6~8μm, 난상의 류구형이며 표면에 그물눈 모양이 있다.

생태 가을 / 전나무, 가문비나무 등 침엽수림의 땅에 군생 또는 단생한다.

분포 한국, 일본

검은젖버섯

Lactarius cyathula (Fr.) Fr.

형태 균모는 지름 13~17mm이나 간혹 지름이 35mm에 달하는 것도 있으며, 둥근 산 모양이었다가 편평해진다. 표면은 밋밋하고 밝은 색깔이다. 올리브색은 아니며 황갈색에서 녹슨 색 또는 붉은색, 때때로 중앙은 검은색이다. 보통 주름지고 울퉁불퉁하다. 주름살은 자루에 분명한 내린 주름살로 두껍고 간격이 잘 발달되어 있다. 자루는 길이 16~40mm, 굵기 2~4mm, 연한 황갈색이다. 포자는 크기 6.5~7.5×5.2~6.5㎛, 타원형이며 장식물을 함유한다.

생태 여름~가을 / 숲속의 땅에 발생한다. 흔한 종이나 식용할 수 없다.

분포 한국, 유럽

물결젖버섯

Lactarius flexuosus Gray

형태 균모는 지름 4~12cm, 둥근 산 모양이다가 편평해지며, 중앙은 편평한 모양이다가 약간 톱니형, 불규칙한 물결형이 된다. 표면은 고르고 무디며, 건조 시 가루상, 습기 시 미끄럽고 광택이 있다. 보라 적색에서 라일락색을 거쳐 회색이 된다. 가장자리는 오랫동안 아래로 말리고, 고르며 예리하다. 살은 백색, 약간 과일 냄새가 나며 맛은 맵다. 주름살은 자루에 대하여 넓은 올린 주름살, 연한 크림색에서 적황토색이 되며, 포크형이다. 가장자리는 전연. 자루는 길이 25~50cm, 굵기 10~25mm, 원주형, 기부로 가늘고 속은 차 있다. 표면은 고르며 맥상의 홈선이 있다. 기부 쪽은 노랑 황토색. 젖은 백색. 포자는 6.5~8.5×5.5~7㎛, 아구형에서 타원형, 사마귀 반점은 융기와 그물꼴을 형성한다. 담자기는 곤봉형, 30~50×9~11㎛, 4-포자성이나 간혹 2-포자성이다. 연낭상체는 많고 방추형이나 원주형, 37~65×6~8㎛, 측낭상체도 많으며 방추형, 30~105×4~10㎛.

생태 여름~가을 / 혼효림의 땅에 군생한다.

분포 한국, 유럽

꽃젖버섯

Lactarius floridanus Beardslee & Burlingha

형태 균모는 지름 12*cm* 정도, 아치형 비슷한 배꼽형으로 오래되면 중앙이 깊게 패인다. 표면은 끈적임이 있으며, 처음에는 환문이 약간 있다가 없어지며, 길고 엉킨 털이 있다. 색은 갈색빛의 분홍색에서 오렌지 갈색이 되고, 중앙은 황톳빛의 옅은 황갈색에서 칙칙한 밝은 노란색이 되는 등 다양하다. 가장자리는 처음에는 아래로 말리지만 나중에 펴진다. 살은 단단하고 두꺼우며, 백색에서 연한 노랑빛을 띤 분홍색이 되며, 향료 냄새가 나고 맛은 맵다. 젖은 조금 분비되며, 백색이다. 공기에 닿아도 변색하지 않고, 맛은 맵다. 주름살은 올린 주름살에서 약간 내린 주름살로 비교적 광폭이고 가끔 포크형이다. 표면은 백색이다가 성숙하면 꿀색을 띤 노란색이 된다. 자루는 길이 2~4*cm*, 굵기 1.4~2.3*cm*, 거의 원통형이며 건조성이다. 단단하고 속은 차 있고, 꼭대기는 가루상이다. 표면은 가끔 흠집이 있으며, 분홍 황갈색에서 연한 붉은 황갈색이 되며, 오래되면 노란색이 된다. 포자는 크기 7.5~9×5~6μm, 타원형 또는 거의 난형이며, 표면은 사마귀 반점들이 융기되어 부분적인 그물꼴을 형성한다. 돌기의 높이는 0.2μm로 투명하다. 아미로이드 반응을 보인다.

생태 여름, 겨울 / 참나무류와 소나무류의 혼효림 모래땅에 군생한다.

분포 한국, 북미

연약젖버섯

Lactarius fragilis var. **fragillis** (Burl.) Hesler and A.H. Smith

형태 균모는 지름 2.5~3.5cm, 둥근 산 모양에서 거의 편평해지며, 중앙은 들어가고 때때로 주름지며, 한가운데에 볼록이 있거나 없다. 가장자리는 짙은 가리비 모양이며 표면은 건조하고 밋밋하거나 가루상이다. 테는 없고, 황금 갈색, 둔한 황갈색 또는 적갈색이다. 살은 적갈색이며 얇고, 단풍 시럽 냄새가 난다. 맛은 온화하다. 주름살은 자루에 내린 주름살, 밀생에서 약간 성기며, 붉은 담갈색 혹은 노란색이다. 자루는 길이 2~5cm, 굵기 4~6mm로 두껍고, 속은 차 있거나 비어 있다. 유액은 많고, 공기에 닿으면 물 색이다. 조직은 물들지 않으며 맛은 온화하다. 포자문은 연한 노란색. 포자는 크기 6~7.5×6~7.5μm, 구형에서 류구형이며 돌기물은 사마귀 반점과 능선이 부분적으로 또는 완전히 그물꼴을 형성한다. 돌기의 높이는 1μm, 투명하다. 아미로이드 반응을 보인다.

생태 여름~가을 / 단단한 나무 또는 혼효림의 땅에 군생한다.

분포 한국, 북미

고동색젖버섯

Lactarius fulvissimus Romgn.

형태 균모는 지름 2~5.5cm, 둔 원추형에서 둥근 산 모양을 거쳐 편평해지고 중앙은 무딘 톱니상이지만 가끔 약간 깔때기형도 있다. 표면은 어릴 때는 고르고 후에 중앙은 약간 결절형이 되며 처음에는 흑 적갈색에서 약간 오렌지 갈색이 되며 가장자리 쪽으로 퇴색한다. 가장자리는 고르고 약간 줄무늬 선이 있다. 육질은 백색에서 크림색, 양파 냄새가 나고 맛은 온화하나 쓰다. 젖은 백색 또는 물 색이고 가끔 백색의 살에 노란색을 약간 나타내며 맛은 온화하다. 주름살은 포크형으로 자루에 대하여 넓은 올린 주름살에서 약간 내린 주름살이 되며, 백색이다가 노란빛의 오렌지색이 된다. 가장자리는 전연. 자루는 길이 3~7cm, 굵기 5~12mm, 원통형에 속은 차 있다가 푸석푸석하게 빈다. 표면은 고르고 어릴 때 오렌지빛의 크림색에서 점차 적갈색이 된다. 포자는 크기 7~9.5×5.5~8μm, 광타원형에서 아구형이며, 많은 사마귀 반점과 융기가 연결되어 그물꼴을 형성한다. 돌기의 높이는 1.2μm이다. 담자기는 곤봉형이며 크기 32~50×10~13μm, 4-포자성이다. 연낭상체는 방추형에서 송곳형이 되며 크기는 20~50×5~8μm, 많이 존재한다. 측낭상체는 연낭상체와 비슷하며 크기는 20~70×5~9μm, 드물다.

생태 늦여름~가을 / 활엽수림과 혼효림의 땅에 군생한다. 드문 종.

분포 한국, 유럽, 북미

애기젖버섯

Lactarius gerardii Peck
Lactarius gerardii var. subrubescens (A.H. Sm. & Hesler) Hesler & A.H. Sm.

형태 균모는 지름 5~7㎝, 둥근 산 모양이다가 차차 편평해지고 중앙이 들어가지만, 한가운데는 돌출한다. 표면은 끈적임이 없고 비로드 같은 가는 털이 밀생하며 주름이 지고 줄무늬 홈선이 있으며 회갈색 또는 황갈색이다. 살은 백색 또는 연한 크림색이고 변색되지 않는다. 상처를 입으면 흰 젖을 많이 분비하며 맛은 맵지 않다. 주름살은 자루에 대하여 바른 주름살에서 내린 주름살이 되며 백색이고 가장자리는 암갈색이다. 폭은 넓고 성기다. 자루는 길이 3~6㎝, 굵기 8~15㎜로 균모와 같은 색이며 속이 비어 있다. 표면은 비로드상이고 꼭대기에는 주름살과 연결된 융기가 있다. 포자는 크기 8~10.5×7.5~9.5μm, 아구형이며 표면에 그물눈이 있다. 포자문은 백색이다.
생태 여름~가을 / 활엽수림의 땅에 단생 혹은 산생한다. 식용이다.
분포 한국, 일본, 북반구 온대

319

애기젖버섯(적변형)

Lactarius geradii var. **subrubescens** (A.H. Sm. & Hesler) Hesler & A.H. Sm.

형태 균모는 지름 3~5cm, 처음에는 가운데가 오목한 둥근 산 모양이다가 편평하게 펴지며 후에 오목해진다. 표면은 점성이 없고 비로드상이다. 표면은 방사상으로 주름져 있다. 습할 때는 암다갈색 또는 회갈색이고 중앙이 진하다. 살은 흰색이고 절단하면 갈색으로 변한다. 유액은 흰색이다. 주름살은 자루에 대하여 바른 주름살 또는 내린 주름살이며 폭이 다소 넓고 성기다. 주름살은 흰색이나 가장자리 쪽이 갈색으로 퇴색하기도 한다. 자루는 길이 3~5cm, 굵기 5~8mm, 균모와 같은 색이며 속이 차 있다. 포자는 크기 7~10×6.5~8μm, 광타원형에서 구형이며 표면은 완전한 그물꼴이다. 돌기물의 높이는 0.6μm, 폭은 0.2~0.5μm이며 투명하다. 아미로이드 반응을 보인다.

생태 여름~가을 / 침엽수림 지상의 이끼 사이에 단생한다.

분포 한국, 일본, 북미

애기털젖버섯

Lctarius gracilis Hongo

형태 균모는 지름 1~2.5cm, 원추형이다가 평평하게 펴지고 나중에는 다소 깔때기 모양이 되지만 중심에 항상 원추상의 작은 돌기가 있다. 표면은 건조하고 테 무늬는 없으며 중앙부는 다갈색이나 회갈색이다. 가장자리는 연한 갈색으로 미세한 알갱이 또는 융털이 있으며 거친 털이 테두리를 두르고 있다. 살은 얇고 연한 갈색. 젖은 흰색이며 변색하지 않는다. 주름살은 자루에 대하여 바른 주름살 혹은 내린 주름살로 흔히 분지하며 연한 갈색을 띠지만 상처를 받으면 탁한 갈색의 얼룩이 생긴다. 폭은 보통이고 약간 밀생하나 성기다. 자루는 길이 2~7cm, 굵기 1~3.5cm로 원주형이나 밑동이 다소 가늘며 흰색이다가 연한 황갈색이 된다. 포자는 크기 6.3~8.5×5~6.1μm, 타원형이며 표면의 돌기물이 부분적으로 그물눈을 형성하면서 돌출한다. 포자문은 연한 황색이다.

생태 여름~가을 / 참나무류 등의 활엽수림과 소나무, 전나무 등의 혼효림 땅에 군생한다.

분포 한국, 북반구 일대

회색젖버섯

Lactarius griseus Peck

형태 균모는 지름 1.5~5㎝, 둥근 산 모양이다가 넓은 둥근 산 모양을 거쳐 편평해진다. 중앙이 들어가며 한가운데에 작은 점상의 볼록이 있으며, 오래되면 깔때기 모양이 된다. 가장자리는 어릴 때 안으로 말렸다가 이후 펴지면서 위로 올려진다. 표면은 건조성, 섬유상의 작은 인편으로 피복되며, 테는 없고, 어릴 때 검은 자갈색이나 자회색이 전체를 덮는다. 퇴색 또는 건조하면 회갈색에서 둔한 회색이 되며, 노쇠하면 둔한 노란빛 땅 색이 되지만 중앙은 검게 남는다. 주름살은 자루에 내린 주름살, 광폭이며 밀생이다가 약간 성기고 백색, 분홍색 또는 담자갈색이 된다. 절단 또는 상처 시 물들지 않는다. 살은 백색에서 노란색, 냄새는 분명치 않고, 맛은 온화하거나 맵고 쓰다. 자루는 길이 2~6.5㎝, 굵기 3~10㎜, 상하가 같은 굵기 또는 아래로 약간 부푼다. 속은 비어 있고 건조성이며 꼭대기는 주름살과 같은 색이다. 오래되면 연한 붉은 갈색이 되며 기부는 거친 털로 덮인다. 유액은 노출되면 백색, 건조 시 노란색이며, 살과 주름살은 물들지 않는다. 맛은 온화하거나 서서히 맵고 쓰다. 포자문은 노란색. 포자는 크기 7~10 × 6~8㎛, 류구형에서 광타원형이며 돌기물의 사마귀 반점과 능선은 그물꼴을 형성하지 않는다. 아미로이드 반응을 보인다.

생태 여름~가을 / 썩은 고목의 이끼류 사이에 집단으로 속생한다.

분포 한국, 북미

322

젖버섯아재비

Lactarius hatsutake Nobuj. Tanaka
Lactarius akahatsu Nobuj. Tanaka

형태 균모는 지름이 5~10cm이며 둥근 산 모양이다가 차차 편평해진다. 중앙부는 오목하거나 배꼽 모양인데 나중에 얕은 깔때기형이 된다. 표면은 습기가 있을 때 끈적임이 약간 있으며, 털이 없어서 매끈하다. 색은 살색, 홍갈색, 오렌지 황색 등이며 진한 색의 동심원 무늬가 있고, 상처 시 남록색으로 변한다. 가장자리는 처음에 아래로 감긴다. 살은 부서지기 쉽고 분홍색이나, 상처 시 남록색으로 변하며 조금 맵다. 젖은 혈홍색에서 점차 남록색으로 변한다. 주름살은 자루에 대하여 내린 주름살로 밀생하며 갈라지고 폭이 좁다. 오렌지색 또는 오렌지 황색이며 상처 시 남록색이 된다. 자루는 길이 3.5~6cm, 굵기 1~2.5cm이고 원주형이나 아래로 가늘어지며, 기부는 구부정하고 균모와 색이 같다. 속은 비어 있다. 포자는 크기 8.5~9×6.2~7μm, 광타원형이며 표면에 그물눈 무늬가 있다. 포자문은 연한 황색. 낭상체는 명확하지 않다.

생태 초여름~가을 / 잣나무, 활엽수, 혼효림과 잎갈나무 숲의 땅에 단생 혹은 군생한다. 식용이며 소나무와 외생균근을 형성한다.

분포 한국, 일본

323

젖버섯아재비(피젖형)

Lactarius akahatsu Nobuj. Tanaka

형태 균모는 지름 5~10㎝, 둥근 산 모양이다가 편평한 모양을 거쳐 접시 또는 약간 술잔 모양이 된다. 표면은 매끄럽고 끈적임이 조금 있으며 연한 오렌지 황색, 연한 황적색이고 희미한 고리 무늬가 있다. 살은 오렌지 황색, 상처 시 연한 청록색으로 변한다. 젖은 미량 분비되고 오렌지 홍색인데 공기에 닿으면 남록색으로 변한다. 주름살은 자루에 대하여 내린 주름살, 폭이 좁고 밀생하며, 균모와 같은 색이나 상처를 받으면 남록색이 되며 2-분지한다. 자루는 길이 3~5㎝, 굵기 1.5~2.5㎝. 연한 오렌지 적색이며 밋밋하고 얕은 요철의 홈선이 있다. 속은 차 있다가 나중에 비게 된다. 포자는 크기 7~10×5.5~8㎛, 광타원형이며 표면에 그물눈이 있다. 연낭상체는 크기 34~41×4.5~9㎛, 좁은 방추형-류원주형이다. 측낭상체는 크기 37~47×6.5~11.5㎛, 류방추형-류원주형이다. 아미로이드 반응을 보인다.

생태 여름~가을 / 저지대 소나무 숲의 땅에 군생한다. 식용이다.

분포 한국, 일본, 대만, 북미

물기젖버섯

Lactarius helvus (Fr.) Fr.
L. aquifluus Peck

형태 균모는 지름 4~15*cm*, 어릴 때는 낮은 둥근 산 모양이나 곧
퍼지면서 깔때기형이 된다. 표면은 광택이 없고, 미세한 거친 털
이 있다. 오래되면 눌어붙은 비늘 모양, 가끔 희미한 띠 모양이
생긴다. 베이지 회색-분홍 갈색이며, 안쪽으로 갈수록 색이 진해
진다. 가장자리는 어릴 때만 안쪽으로 말려 있다. 살은 유백색-
담황토색. 주름살은 자루에 대하여 바른 주름살이면서 내린 주름
살. 어릴 때는 연한 크림 황색이다가 황토색이 된다. 촘촘하고 언
저리는 고르다. 자루는 길이 3~9*cm*, 굵기 1~2*cm*, 원주형이면서
가끔 밑동 쪽이 가늘다. 속은 좁게 비어 있고, 표면은 고르다. 색
은 분홍색을 띤 황토색이며 전면에 흰색의 분말상, 간혹 오렌지
갈색의 반점이 있다. 상처를 받으면 투명한 젖이 나오고 변색되
지 않는다. 포자는 크기 7.2~8.9×5.7~7*μm*, 타원형-광타원형이며
표면에 그물눈상 및 사마귀 모양의 돌출물이 있다.
생태 늦여름~가을 / 소나무, 가문비나무, 종비나무류 숲속의 토
양이나 자작나무, 너도밤나무 등 활엽수림의 땅에 군생한다.
분포 한국, 유럽

이끼젖버섯

Lactarius glyciosmus (Fr.) Fr.

형태 균모는 지름 2~4cm, 둥근 산 모양이다가 편평해지며 중앙이 볼록해져 무딘 톱니형에서 깔때기 모양이 된다. 표면은 미세한 털이 있고 무디며, 회갈색-라일락색에서 크림 노란색이 되거나 밝은 황토색이 된다. 때로 띠를 형성하며 약간 무딘 인편이 분포한다. 가장자리는 아래로 말리며 털상이다가 매끈해지고, 오래되면 물결형이 된다. 육질은 백색이나 크림색, 습기가 있을 때는 밝은 황토색. 코코넛 냄새가 나며 맛은 맵다. 젖은 백색. 주름살은 넓은 올린 혹은 약간 내린 주름살, 대부분 포크형. 가장자리는 전연. 자루는 길이 3~6.5cm, 굵기 5~10mm, 원통형, 속은 차 있다가 빈다. 표면은 고르고 황토색 바탕에 백색 섬유실이 있다가 매끈해지며, 라일락색에서 크림색-황토색이 된다. 포자는 5.8~8.2×5.2~6.9μm, 광타원형, 장식돌기의 높이는 1μm. 융기된 맥상이 그물꼴을 형성한다. 포자문은 연한 크림색에서 분홍 황갈색.

생태 여름~가을 / 숲속의 이끼류 등에 군생한다.

분포 한국, 유럽, 북미, 아시아

간젖버섯

Lactarius hepaticus Plower

형태 균모는 지름 30~50mm, 편평한 둥근 산 모양, 중앙은 톱니꼴, 흔히 중앙에 조그만 볼록이 있다. 표면은 고르고 비단결. 흡수성으로 습할 시 짙은 적색이나 밤갈색, 건조 시 맑은 황토-갈색이다. 가장자리는 고르지만 약간 줄무늬 고랑이 있다. 살은 크림색이나 맑은 황토색, 절단 시 곧 황노란색. 냄새는 약하고 맛은 맵다. 주름살은 자루에 바른 또는 약간 내린 주름살, 백색이다가 적갈색이 된다. 가장자리는 전연. 자루는 길이 30~60mm, 굵기 5~10mm, 원통형, 속은 차 있다. 표면은 고르고, 곳곳에 세로 맥상이 있으며, 어릴 때는 고른 가루상이다. 색은 적색이나 와인-갈색, 꼭대기 쪽이 연하다. 젖은 처음에는 백색, 곧 황변. 포자는 6.5~9×5.6~7.4μm, 류구형에서 타원형, 표면에 돌출물이 있고 사마귀 점과 능선이 그물꼴을 형성한다. 담자기는 곤봉형에서 배불뚝형, 40~50×9~11μm, (2)4-포자성이다.

생태 여름~가을 / 구과식물, 혼효림, 산성 땅에 난다. 보통종은 아니다.

분포 한국, 유럽, 북미(해안가), 아시아

비듬젖버섯

Lactarius hibbardiae Pk.

형태 균모는 지름 2~8*cm*, 편평한 둥근 산 모양이다가 차차 편평해지나 중앙이 들어간다. 중앙에는 젖꼭지가 있다. 표면은 갈라지고 인편이 있으며 회색빛의 검은 분홍 갈색이다. 마르고 미세한 털이 있거나 비듬상이다. 가장자리는 고르고 열편상이다. 살은 백색이지만 균모 밑의 표피 색깔이 가미된 색이다. 코코넛 냄새가 나고 맛은 맵다. 젖은 백색이며 변색하지 않는다. 건조하면 크림색이 되며, 백색 빛의 노란색 또는 황토색 등으로 물든다. 주름살은 자루에 대하여 바른 주름살 또는 내린 주름살이며 밀생한다. 폭은 좁고, 크림색에서 연한 황토색을 거쳐 희미한 분홍 적색이 된다. 자루는 길이 2~5*cm*, 굵기 4~10*mm*로 속은 비어 있고 균모와 색이 같다. 기부는 백색, 마르면 홍조빛을 띤 희미한 색이다. 포자는 크기 6.5~9×5~6.5*μm*, 광타원형이고 장식물은 띠를 형성하며 부분적으로 그물꼴을 형성한다. 포자문은 백색-크림색이다.

생태 여름~가을 / 침엽수림과 혼효림의 이끼류에 군생한다.

분포 한국, 중국, 북미

327

언덕젖버섯

Lactarius highlandensis Hesler and A. H. Smith

형태 균모는 지름 2~4*cm*, 둥근 산 모양이다가 넓은 둥근 산 모양이 되며 때때로 강한 볼록이 있다. 가장자리는 안으로 굽고 흔히 주름지며, 표면은 미세한 섬유상이다가 매끈하게 되며, 둔한 적갈색으로 퇴색하여 그물꼴이 된다. 주름살은 자루에 내린 주름살, 폭은 좁고 밀생이며 매우 짧다. 처음에는 백색이다가 성숙하면 둔한 적갈색이 된다. 자루는 길이 8~13*cm*, 굵기 5~11*mm*, 상하가 같은 굵기이다. 건조성이며 매끈하고 속은 비어 있다. 색은 둔한 적갈색 또는 연한 색이다. 살은 아로마 비슷한 냄새가 나며 맵고 쓴맛이다. 유액은 노출 시 물 색, 변색하지 않으며 조직도 물들지 않는다. 맛은 맵고 쓰다. 포자문은 백색. 포자는 크기 7~9.5×6~8*μm*, 타원형에서 류구형이며 돌출물은 분리된 사마귀 반점과 선으로 연결된다. 돌출물의 높이는 1*μm*이며 투명하다. 아미로이드 반응을 보인다.

생태 여름 / 소나무 침엽수림의 땅에 발생한다. 식용 여부는 알려지지 않았다.

분포 한국, 북미, 유럽

넓은갓젖버섯

Lactarius hygrophoroides Berk. & Curt.

형태 균모는 지름 3~11cm, 둥근 산 모양이다가 중앙이 오목한 편평형을 겨처 나중에는 거의 깔때기 모양이 된다. 표면에 점성은 없으며 분상-비로드상인데, 쭈글쭈글한 주름이 잡히고 퍼지면 가장자리가 물결 모양이 된다. 갈색을 띤 오렌지색이었다가 후에는 담황갈색이 된다. 주름살은 자루에 바른 주름살 혹은 약간 내린 주름살이다. 주름살은 흰색이다가 후에 황색을 띠고 갈색의 얼룩이 생긴다. 폭이 매우 넓고 성기다. 자루는 길이 3~5.5cm, 굵기 5~30mm, 꼭대기 표면은 주름살과 연결된 요철 모양의 종선이 약간 있다. 균모보다 다소 연한 색이고 내부는 해면상의 수(髓)가 있다. 살은 흰색. 유액은 흰색이며 많이 나오고 변색되지 않는다. 포자는 크기 7~9.5×5.5~7μm, 광타원형-류구형이며 표면에 불완전한 그물눈이 있다.

생태 여름~가을 / 활엽수림과 침엽수림의 지상에 난다. 식용이다.

분포 한국, 일본, 중국, 러시아 극동, 남미, 북미

끈적붉은젖버섯

Lactarius hysginus (Fr.) Fr.

형태 균모는 지름 4~10cm, 어릴 때는 낮은 둥근 산 모양, 후에 중앙이 다소 오목한 깔때기 모양이 된다. 표면은 습할 때 점성이 현저하다. 적갈색~보라색을 띤 진한 살색이다가 오래되면 연한 색이 된다. 표면은 밋밋하고 간혹 불명료한 테 무늬가 나타나기도 한다. 어릴 때는 가장자리가 안쪽으로 굽는다. 살은 거의 흰색, 후에 다소 황색을 띠며 표피 밑부분은 붉은색을 띤다. 주름살은 자루에 바른 주름살이면서 내린 주름살이다, 황백색이었다가 황토색이 되며 폭은 좁고 빽빽하다. 흔히 분지한다. 자루는 길이 3~5cm, 굵기 10~25mm, 상하 같은 굵기이거나 아래쪽으로 가늘다. 표면은 점성이 있고, 균모보다 약간 연한 색이며 흔히 진한 색의 반점이 있다. 속은 차 있거나 비어 있다. 포자는 크기 6.4~7.9×5.8~7μm, 류구형이며 표면에 능선형 돌출물과 부분적인 그물눈이 있다.

생태 여름~가을 / 침엽수 임지의 습한 곳에 단생 혹은 군생한다.

분포 한국, 북반구 온대 이북, 특히 아한대 및 아고산대

쪽빛젖버섯

Lactarius indigo var. **indigo** (Schw.) Fr.

형태 균모는 지름 5~10cm, 처음에 중앙은 배꼽형으로 얕은 둥근 산 모양이었다가 점차 펴진다. 결국 편평한 접시 같은 깔때기형이 된다. 표면은 습기가 있을 때 약간 끈적임이 있으며, 남청색이고 진한 환문을 나타내며 오래되면 퇴색하여 연한 오황록색이 된다. 가장자리는 어릴 때 아래로 말린다. 육질은 두껍고 단단하며 백색인데, 절단하면 약간 빨리 청색으로 변하며, 표피 아래는 짙은 색이지만 나중에 녹색이 된다. 젖은 적게 분비되며 남색이지만 공기와 접촉하면 녹색으로 변한다. 거의 맛이 없다. 주름살은 바른 주름살 또는 내린 주름살로 약간 밀생하며, 남청색이다가 연한 청색이 된다. 상처 시 부분적으로 녹색으로 변한다. 자루는 길이 2~5cm, 굵기 1~2cm로 상하가 같은 굵기 또는 아래로 가늘다. 표면은 균모와 같은 색이며, 속은 차 있다가 빈다. 포자는 크기 6.5~8.5×5.5~6㎛, 광타원형-광난형이며 표면에 그물꼴을 형성한다. 연낭상체는 크기 18~25×3~6.5㎛에 곤봉형, 원주형, 방추형 등 여러 가지 형태를 갖는다. 측낭상체는 크기 28~48×5.5~9.5㎛, 방추형, 편복형으로 선단에 긴 부속지가 있다.
생태 여름~가을 / 혼효림의 땅에 군생 혹은 단생한다. 식용이다.
분포 한국, 중국, 일본, 북미

잿빛헛대젖버섯사촌

Lactarius lignyotellus A.H. Sm. & Hesler

형태 균모는 지름 3~4cm, 둥근 산 모양에서 넓은 둥근 산 모양이 된다. 중앙이 들어가거나 화분 받침 모양이 된다. 흔히 중앙은 원형의 젖꼭지 같은 볼록이 있다. 표면은 건조하고 벨벳상이며 테는 없고, 방사상의 주름이 있다. 중앙은 갈색, 흑갈색 또는 검은 흑갈색이다. 가장자리는 성숙하면 약간 부채 모양이 된다. 주름살은 자루에 올린 주름살이나 짧은 내린 주름살, 폭은 좁고, 약간 성기며 드물게 포크형이다. 어릴 때는 백색, 노쇠하면 연한 크림색이 되며, 가장자리는 검은 둔한 갈색이다. 자루는 길이 4~7cm, 굵기 4~9mm, 위아래가 거의 같은 굵기이다. 건조하고 벨벳상이며 꼭대기는 주름살형이다. 색은 균모와 같거나 연한 색이다. 살은 얇고 백색이며 냄새는 불분명하고 맛은 온화하다. 유액은 공기에 노출 시 백색이며 변색하지 않고, 조직은 물들지 않는다. 맛은 온화하다. 포자문은 연한 크림색. 포자는 크기 9.5~12×9.5~11μm, 구형이며 돌기는 곤봉 모양으로 가시가 미세한 선으로 연결되어 부분적인 그물꼴을 형성한다. 돌기물의 높이는 2μm이며 투명하다. 아미로이드 반응을 보인다.

생태 여름 / 관목류 숲의 땅에 군생한다.

분포 한국, 북미

잿빛헛대젖버섯

Lactarius lignyotus Fr.

형태 균모는 지름 3~7cm이며 반구형이다가 차차 편평한 모양이 되고 나중에는 낮은 깔때기형이 된다. 가끔 배꼽 모양으로 돌출한다. 표면은 마르고 비로드 모양이며 고리 무늬가 없다. 색은 암다갈색, 흑갈색, 그을음 갈색 등이다. 가장자리는 처음에는 아래로 감기지만 나중에 펴졌다가 위로 들린다. 살은 백색이지만 상처 시 분홍색이 된다. 젖은 백색, 처음에는 많이 분비되나 나중에는 적어지며 때로는 약간 맑아진다. 변색도 거의 되지 않아 상처 부위가 분홍색이 되는 정도다. 맛은 처음에는 유화하나 나중에는 조금 맵다. 주름살은 자루에 대하여 바른 주름살 내지 내린 주름살, 약간 빽빽하며 길이가 같지 않다. 색은 백색이다가 황색이 된다. 자루는 높이 4~8cm, 굵기 0.6~1cm로 상하 굵기가 같으며 상부에 세로줄의 홈선이 있다. 색은 균모와 같고, 비로드 모양이며 속은 비어 있다. 포자는 지름 7~9(12)μm로 구형이며, 멜저액 반응에서 불완전한 그물눈이 있고 갈라진 맥상, 가시(1μm 이상 돌출) 등이 보인다. 포자문은 황색. 낭상체는 원주형이며 크기는 35~55×11~12μm이다.

생태 가을 / 분비나무, 가문비나무 숲과 잣나무, 활엽수림, 혼효림의 땅에 산생한다.

분포 한국, 중국, 일본

맥상젖버섯

Lactarius louisii Homola

형태 균모는 지름 2~3.5cm, 둥근 산 모양이다가 거의 편평해진
다. 때때로 중앙이 들어가며, 보통 분명한 볼록이 있다. 표면은
습할 시 약간 가루상, 주름진 맥상이 특히 중앙에서 뚜렷하다. 주
름이나 줄무늬 선이 가장자리에 있으며 테는 없다. 어릴 때는 검
은 갈색, 성숙하면 올리브-갈색이나 올리브색이 되며, 흔히 약
간 얼룩지면서 노란색이 중앙을 덮는다. 가장자리는 안으로 굽다
가 아치형이 되며, 오래되면 톱니상과 물결형이 된다. 주름살은
자루에 올린 또는 분명한 내린 주름살, 광폭하고 약간 성기다. 색
은 크림색 혹은 맑은 노란색. 자루는 길이 1.5~3cm, 굵기 3~7mm,
상하가 거의 같다. 기부는 반점상, 흔히 굽고 비틀린다. 건조성에
약간 가루상, 오래되면 속이 빈다. 꼭대기는 꿀색을 띤 노란색이
다가 올리브-갈색이 되며 이후 아래로 검은 갈색이 된다. 흔히
기부에는 백색 균사체가 있다. 살은 부서지기 쉽고 크림색이다가
맑은 노란색이 된다. 절단 시 변색하지 않는다. 냄새는 분명치 않
다. 유액은 물 색, 조직은 물들지 않는다. 포자문은 백색. 포자는
6~8×5.5~6.5μm, 류구형에서 타원형, 표면의 돌기물은 사마귀 반
점과 능선, 미세한 선으로 부분적인 그물꼴을 형성한다. 아미로
이드 반응을 보인다.

생태 여름~가을 / 활엽수림과 참나무, 단풍나무 숲의 이끼류 속에
묻힌 나무에 산생 혹은 군생한다. 식용 여부는 알려지지 않았다.

분포 한국, 북미

은색젖버섯

Lactarius mairei Malencon

형태 균모는 지름 2~6cm, 처음에는 둥근 산 모양이다가 편평해지고 중앙이 들어가면서 깔때기 모양이 된다. 중앙에 검은색 테가 약간 있고, 털상의 인편으로 덮이며 처음에는 끈적임이 있다. 가장자리는 솜털이 뭉친 것처럼 아래로 말린다. 살은 연한 황갈색이나 밀짚색이며, 맵고 강한 과일 맛이 나며 냄새가 좋다. 젖은 백색으로 변색하지 않으며 맛은 매우 맵다. 자루는 길이 4~6cm, 굵기 1~1.5cm, 위아래가 같은 굵기이며 단단하다. 처음에는 미세한 털이 있다가 밋밋하게 된다. 주름살은 자루에 대하여 바른 주름살 또는 약간 내린 주름살로 백색이나 연한 오렌지 황갈색이며 밀생한다. 포자문은 크림색. 포자는 크기 8~9×6~7μm, 아구형-타원형이고 표면은 그물꼴이다.

생태 늦여름~가을 / 활엽수와 혼효림의 땅에 단생하거나 특히 참나무 숲의 땅에 군생한다. 큰붉은젖버섯(L. torminosus)과 혼동하기 쉬우나 작은 크기와 오렌지색이 특징이다. 매우 드문 종.

분포 한국, 중국, 유럽

유방젖버섯

Lactarius mammosus Fr.

형태 균모는 지름 3~5.5cm, 둥근 산 모양이다가 차차 편평한 모양이 되지만 중앙에 조그만 볼록이 있다. 중앙은 무딘 톱니상의 물결형이다. 표면은 매끈하며 약간 섬유상 인편이 있으며 회갈색 또는 올리브 갈색이나 가끔 희미한 자색이고, 흔히 띠를 형성한다. 습기가 있을 때 끈적임이 있고 미끈거린다. 가장자리는 오랫동안 아래로 말리며 나중에는 예리해지고, 물결형이며 줄무늬 선이 있고, 톱니상이다. 육질은 백색, 코코넛 냄새가 나고 맛은 맵다. 주름살은 자루에 대하여 넓은 올린 주름살 또는 약간 내린 주름살로 포크형이다. 색은 백색이다가 분홍 황토색이 된다. 가장자리는 전연. 자루는 길이 2~3cm, 굵기 8~12mm, 원통형이며 기부는 가끔 부풀고 속은 차 있다. 표면은 고르나 약간 미세한 맥상이고, 백색이다가 분홍-황토 갈색이 된다. 젖은 백색이고 변색하지 않으며 맛은 맵다. 포자는 크기 6.3~8.6×5~6.7μm, 아구형에서 타원형이며, 장식돌기의 높이는 1μm이다. 표면의 사마귀 반점들은 융기된 맥상으로 연결되어 그물꼴을 형성한다. 담자기는 원통형에서 배불뚝형, 크기는 40~50×8~10μm. 연낭상체는 방추형에서 송곳형이며 꼭대기는 둔하고 크기는 22~55×7~9μm이다. 측낭상체는 원통형에서 방추형이며, 크기는 35~75×6~8μm이다.

생태 여름~가을 / 숲속의 땅에 군생한다. 드문 종.

분포 한국, 유럽

습지젖버섯

Lactarius lacunarum Romagn. ex Hora

형태 균모는 지름 20~50(70)*mm*, 둥근 산 모양이다가 편평해진다. 중앙은 톱니상, 약간 깔때기형, 흔히 노쇠하면 물결형. 표면은 둔하고 고르다가 알갱이가 생긴다. 약간 흡수성, 습할 시 검은 적갈색, 건조하면 오렌지-갈색. 가장자리는 고르다가 약간 이랑이 생긴다. 살은 분홍색 색조를 띤 크림색, 절단 시 노란색. 약간 과일 냄새가 나고 맛은 온화하다가 맵다. 주름살은 넓은 올린 또는 약간 내린 주름살, 몇몇은 포크형. 가장자리는 전연. 크림색이다가 점차 적-황토색이 늘어난다. 자루는 길이 20~50(60)*mm*, 굵기 4~8(10)*mm*, 원통형, 속은 차 있다가 곧 비며, 표면은 고르다가 약간 그물꼴이 된다. 색은 짙은 오렌지에서 적갈색. 유액은 백색, 공기와 접촉하면 노란색. 포자는 6~8.3×5~6.6*μm*, 류구형에서 타원형, 돌출물의 높이는 1.2*μm*. 늘어진 사마귀 반점은 능선과 그물꼴을 형성한다. 담자기는 원통형-배불뚝형, 35~42×8~10*μm*, 4-포자성.

생태 여름~가을 / 숲속의 기름진 땅, 습진 서식지에 군생한다. 드문 종.

분포 한국, 유럽, 아시아, 북미 해안

산젖버섯

Lactarius montanus (Hesler & A.H. Sm) Montoya & Bandala

형태 균모는 지름 3~10*cm*, 둥근 산 모양이며 중앙은 들어간다. 연한 자색이다가 포도주의 단순한 갈색이 되며, 균모는 테가 있고, 둔한 자색으로 물들며 상처 시 와인색이 된다. 표면은 KOH 용액에서 녹색이 된다. 주름살은 자루에 바른 주름살, 크림색이며 많은 백색의 유액을 낸다. 상처 시 라벤더색에서 미세한 검은 와인색으로 물든다. 폭은 좁고 촘촘하다. 자루는 길이 3~9*cm*, 굵기 1.5~2.5*cm*, 건조성이며 점성은 없고, 곤봉형이다. 속은 비어 있으며 칙칙한 갈색빛의 라일락색으로 물든다. 살은 퇴색하면 물든 와인색이 되며 상처 난 곳은 자줏빛의 갈색이 된다. 냄새는 온화하고 맛은 강한 송진 맛이지만 쓰거나 맵지는 않다. 포자는 크기 8.5~11.5×7~9*μm*, 광타원형에 표면 장식물은 부분적으로 그물꼴이고 사마귀 반점이 산재한다. 아미로이드 반응을 보인다. 포자문은 연한 노란색이다.

생태 여름~가을 / 아고산 지역의 숲의 땅에 군생한다.

분포 한국, 북미

우산주름젖버섯

Lactarius sumstinei Pk.

형태 균모는 지름 4.5~11㎝, 둥근 산 모양이나 가운데가 약간 오목하다. 표면은 황회색이나 연한 소가죽 색으로 끈적임은 없다. 다소 분상 또는 미모상이며 테 무늬는 없다. 가장자리에 미세한 줄무늬가 나타난다. 살은 거의 흰색이거나 약간 갈색을 띤다. 상처를 받으면 작은 양의 백색 젖이 나오며 변색하진 않는다. 주름살은 자루에 대하여 내린 주름살로 균모와 같은 색, 약간 성긴 편이다. 가로로 맥상이 있어서 서로 연결된다. 자루는 길이 4~10㎝, 굵기 8~20㎜, 원주형이며 균모와 같은 색이거나 간혹 백갈색이다. 끈적임은 없고 밋밋하다. 포자는 지름 7.5~9㎛의 구형이며 연한 황색, 표면에 불완전한 그물눈이 있다.

생태 여름~가을 / 활엽수림의 땅에 단생 혹은 산생한다.

분포 한국, 중국, 북미

보라헛대젖버섯

Lactarius nigroviolascens G.F. Atk.
Lactarius lignyotus var. marginatus (A.H. Sm. & Hesler) Hesl. & Sm.

형태 균모는 지름 3~6cm, 둥근 산 모양이다가 거의 편평해지며 중앙부가 오목해지지만 흔히 한가운데에 원추형 돌출이 생긴다. 표면은 점성이 없고 미세한 비로드상이며 방사상으로 주름살이 잡힌다. 색은 암갈색-흑갈색. 살은 흰색이며 절단하면 보라색으로 변색한다. 유액은 흰색이지만 공기와 접촉하면 암자색이 된다. 주름살은 자루에 대하여 바른 주름살-약간 내린 주름살이며 흰색이다가 담황색이 된다. 폭이 약간 넓고 성기며, 언저리 부분은 암갈색이다. 자루는 길이 8~11cm, 굵기 6~10mm, 색은 균모와 같고, 표면은 비로드상인데 밑동 부분은 연한 색이다. 포자는 크기 9~10.5×9~10μm, 류구형이며 표면에 돌기물이 있다.

생태 여름~가을 / 참나무류 숲의 땅이나 참나무와 소나무의 혼효림의 지상에 난다.

분포 한국, 일본, 북미

고염젖버섯

Lactarius obscuratus (Lasch) Fr.
Lactarius cyathula f. japonicus Hongo

형태 균모는 지름 0.6~1.6(3)*cm*, 처음에는 둥근 산 모양이나 곧 편평해지고 나중에는 가운데가 약간 오목하게 들어간다. 가끔 중앙에 작은 반점과 같은 돌출이 있다. 둔한 계피색 또는 오렌지 갈색을 띠고 어릴 때는 가운데가 흑녹색을 띠면서 진하나 후에는 사라진다. 균모가 너무 얇아서 반투명해 보이고 밑 주름살의 줄무늬 선 모양이 보인다. 살은 연한 갈색, 유액은 흰색이며 변색되지 않는다. 주름살은 자루에 대하여 바른 주름살이면서 약간 내린 주름살이다. 색은 황색을 띤 크림색이며, 폭은 보통이고, 촘촘하다. 자루는 길이 1~3*cm*, 굵기 3~4*mm*, 상하가 같은 굵기이거나 밑동이 약간 굵어진다. 색은 균모의 가장자리와 같으며, 밑동 쪽으로 약간 붉은색이나 갈색을 띠기도 한다. 포자는 크기 7~8.9 × 6~7*μm*, 류구형-타원형이며, 표면에 일부 그물눈을 형성하고 능선 모양 돌기가 있다.

생태 초여름~늦가을 / 오리나무 임지 내의 저습지에 난다. 식용하지 않는다.

분포 한국, 유럽

340

새담배색젖버섯

Lactarius neotabidus A.H. Sm.

형태 균모는 지름 1~4.5cm, 둥근 산 모양이다가 거의 편평해지며 중앙이 들어가서 깔때기 모양이 된다. 투명한 줄무늬 선이 있고, 때로 볼록이 있다. 표면은 습하고 밋밋하며 주름지고, 비듬이 있다. 붉은 적색 또는 살구빛 오렌지색에서 퇴색하여 오렌지 담황색이 된다. 주름살은 자루에 내린 주름살, 폭이 좁고 광폭하며 밀생한다. 색은 분홍 담황색, 때로 얼룩이 있다. 자루는 길이 2~5cm, 굵기 1.5~4mm, 부서지기 쉽고 건조성이다. 표면은 밋밋하다. 아래로 검은 녹슨 적색, 위로는 연하고 꼭대기는 살구빛 담황색. 기부에 방사상의 그을린 적색 털상이 있다. 살은 얇고 부서지기 쉬우며, 냄새는 분명치 않고 맛은 온화하다. 유액은 노출 시 물빛을 띤 백색, 조직은 물들지 않는다. 포자문은 백색. 포자는 7~10× 6~8μm, 광타원형, 분리된 사마귀 반점, 넓은 띠들이 부분 또는 완전한 그물꼴을 형성한다. 돌기물 높이는 1μm, 투명하다. 아미로이드 반응을 보인다.

생태 여름~가을 / 통나무의 이끼류 속에 군생한다.

분포 한국, 북미

오렌지젖버섯

Lactarius olympianus Hesler & A.H. Sm.

형태 균모는 지름 6~12cm, 둥근 산 모양이지만 가운데가 들어가며, 넓은 깔때기형이다. 표면은 점성에 밋밋하고 테가 있으며, 전체적으로 맑은 오렌지 노란색이다. 살은 얇고 백색. 냄새는 분명치 않고 맛은 맵고 쓰다. 가장자리는 굽지 않으며 나중에는 위로 올라간다. 주름살은 자루에 대해 올린 주름살, 폭이 좁고 밀생하다가 약간 성기며, 백색이다가 연한 담황색이나 칙칙한 노란색이 된다. 상처 시 오렌지 갈색. 자루는 길이 4~6cm, 굵기 1~2.5cm, 상하가 거의 같거나 아래로 가늘어진다. 색은 백색, 손으로 만지면 기부 쪽은 칙칙한 황토색이 된다. 유액은 노출 시 백색, 변색하지 않으며 주름살은 오렌지색-갈색으로 물든다. 포자문은 붉은 담황색. 포자는 8~11×7.5~9μm, 광타원형, 돌출물 높이는 1.5μm, 투명하다. 사마귀 반점과 능선이 부분 또는 완전한 그물꼴을 형성한다. 아미로이드 반응을 보인다.

생태 여름~가을 / 숲속의 땅에서 산생 혹은 군생한다. 식용 여부는 알려지지 않았다.

분포 한국, 북미

쇠배꼽젖버섯

Lactarius omphaliiformis Romagn.

형태 균모는 지름 1~2cm, 편평한 둥근 산 모양이다가 편평해지며 중앙은 배꼽 모양이 되지만 작고 예리하게 돌출한다. 표면은 어릴 때는 매끈하고 과립 또는 비듬 같은 것이 있는데 오래되면 압착된 인편이 된다. 색은 오렌지 적색이었다가 오렌지 황토색이 된다. 가장자리는 투명한 줄무늬 선이 거의 중앙까지 발달한다. 살은 크림색 또는 갈색, 냄새는 거의 없고 맛은 온화하다. 주름살은 자루에 대하여 넓은 올린 주름살 또는 약간 내린 주름살로 크림색이다가 분홍 갈색이 되며 약간 포크형이다. 가장자리는 전연. 자루는 길이 1.5~3cm, 굵기 2~3.5mm, 원통형으로 속은 비어 있다. 표면은 고르고 짙은 오렌지색 또는 적갈색이다. 젖은 백색이며 변색하지 않는다. 포자는 크기 8~10×6~7.5㎛, 류타원형이며 장식돌기의 높이는 1.5㎛이다. 표면의 사마귀 반점들은 융기상으로 그물꼴을 형성한다. 담자기는 곤봉형으로 크기 33~45×11~12.5㎛. 1, 2, 4-포자성이다. 연낭상체는 굽은 곤봉형이며 크기는 15~40×3.5~5.5㎛, 수가 많다. 측낭상체는 방추형이나 굽은 곤봉형으로 크기는 25~90×5~10㎛이다.

생태 여름~가을 / 습지의 땅 또는 이끼류 사이에 군생한다.

분포 한국, 유럽

342

색바랜젖버섯

Lactarius pallidus Pers.

형태 균모는 지름 4~8cm, 거의 반구형이었다가 둥근 산 모양을 거쳐 편평해진다. 중앙은 약간 무딘 톱니상이다. 표면은 고른 상태에서 약간 맥상이고, 상처 시 크림색에서 오렌지 황토색이 되며 습기가 있을 때는 끈적임이 있고 미끈거린다. 가장자리는 오랫동안 아래로 말리며 고르다. 육질은 백색, 향료 냄새가 나며 맛은 온화하다. 어릴 때 백색이다가 크림색이 되며, 상처 시 오렌지 황토색이 된다. 젖은 백색에서 크림색을 거쳐 황토색이 되고 맛은 온화하고 떫다. 주름살은 자루에 대하여 넓은 올린 주름살, 밝은 크림색이다가 밝은 오렌지 황토색이 된다. 곳곳에 갈색의 얼룩이 있으며 약간 포크형이다. 가장자리는 전연. 자루는 길이 4~8cm, 굵기 1~2cm, 원통형이며 어릴 때는 속이 차 있지만 나중에 방처럼 빈다. 표면은 약간 세로줄의 맥상이고, 습기가 있을 때 끈적임이 있고 미끈거린다. 포자는 크기 6.2~8.9×5.3~6.9μm로 광타원형에 장식돌기의 높이는 1μm이다. 표면에 많은 사마귀 반점이 융기하여 그물꼴을 형성한다. 담자기는 곤봉형이며 크기는 40~47×10~11μm. 연낭상체는 방추형이나 곤봉형으로 크기는 35~80×6~8μm. 측낭상체는 방추형에 크기는 62~110×6~8μm이다.
생태 여름~가을 / 숲속의 땅에 군생한다.
분포 한국, 유럽

343

녹변젖버섯

Lactarius paradoxus Beradslee & Burlingham

형태 균모는 지름 5~8cm, 넓은 둥근 산 모양이다가 차차 편평해지고, 중앙이 들어가서 깔때기 모양이 된다. 가장자리는 처음에는 아래로 말리나 나중에 펴져서 위로 올라간다. 표면은 밋밋하고 습기가 있을 때는 끈적임이 있어서 미끈거린다. 어릴 때는 은색의 광택이 난다. 회청색의 띠로 된 환문이 있으며, 회자색, 녹색, 청색 등이고, 상처 시 녹색으로 변한다. 살은 두껍고, 백색이다가 녹청색이 되며, 자르거나 상처가 나면 역시 녹색으로 변한다. 냄새는 불분명하고 맛은 온화하고 맵다. 젖은 소량 분비하며, 공기에 닿으면 검은 자갈색이 되며 조직을 녹색으로 물들인다. 맛은 온화하거나 약간 맵다. 주름살은 자루에 대하여 올린 주름살 혹은 약간 내린 주름살로 좁은 폭 또는 넓은 폭이 있으며 약간 밀생한다. 자루 근처는 포크형이고 분홍 오렌지색, 상처 시 청록색으로 변한다. 자루는 길이 2~3cm, 굵기 1~1.5cm로 거의 원주형이나 아래로 가늘며 속은 비어 있다. 건조성이며 색은 균모와 같고, 상처가 나거나 오래되면 녹색으로 물든다. 포자문은 크림색 또는 노란색이다. 포자는 크기 7~9×5.5~6.5μm, 광타원형이며 표면은 사마귀 반점과 융기된 맥상이 부분적인 그물꼴을 형성한다. 돌기의 높이는 1μm이며 표면은 투명하다. 아미로이드 반응을 보인다.

생태 여름~가을 / 풀밭, 소나무, 참나무류 아래에 단생, 산생 혹은 군생한다.

분포 한국, 북미

보라흠집젖버섯

Lactarius payettensis A.H. Sm.
Lactarius scrobiculatus var. canadensis (A.H.Smith) Hesler & A.H.Smith

형태 균모는 지름 4~15cm, 둥근 산 모양이다가 거의 편평해지며 중앙이 들어간다. 표면은 거친 털이 있거나 드물게 미세한 털이 있다가 성숙하면 매끈해진다. 끈적임은 곧 사라지며 약간 섬유상이며 환문은 없다. 처음부터 노란색이거나 가끔 어릴 때 유백색이다가 올리브 황색을 거쳐 노란색이 된다. 가장자리는 아래로 말리고 처진다. 살은 두껍고 곧 노란색이 되며, 냄새는 향기롭고 맛은 약간 맵거나 불분명하다. 젖은 분비량이 적고, 백색이나 공기에 닿으면 금방 황노란색으로 변한다. 맛은 맵거나 불분명하다. 주름살은 자루에 대하여 약간 내린 주름살, 폭은 좁거나 약간 넓고 밀생한다. 자루 쪽은 포크상이다. 색깔은 유백색이다가 옅은 노란색 또는 연한 오렌지색이 되며, 상처 시 회색으로 물든다. 자루는 길이 3~11cm, 굵기 1~3cm, 원통형에 건조하고, 속은 스펀지처럼 비어 있다. 표면은 흠집이 있고 백색이나 황갈색 점이 있는 노란색, 상처 시 녹슨 갈색이 된다. 포자문은 백색에서 크림색. 포자는 크기 7~9×5.5~7μm, 타원형, 표면에 사마귀 점이 있으나 그물꼴을 형성하진 않는다. 돌기는 높이 0.5μm, 투명하다. 아미로이드 반응을 보인다.

생태 여름~가을 / 침엽수림의 땅에 단생 혹은 군생한다. 독 성분을 함유할 가능성이 있다.

분포 한국, 중국, 북미

345

흠집젖버섯

Lactarius peckii Burl.

형태 균모는 지름 5~15.5cm, 넓은 둥근 산 모양이나 중앙은 들어가 있다. 표면은 건조성, 어릴 때는 벨벳상이고 이후 비듬상이다가 거의 매끈해진다. 색이 다양한데 전형적으로는 둔한 벽돌색 또는 황적색이며 후에 오렌지 갈색이나 오렌지 적색 또는 둔한 오렌지 적색이 된다. 가장자리는 처음에 안으로 말리고 굽지 않으며, 때때로 어릴 때 줄무늬 선이 있다. 흔히 연한 색이며 보통 짙은 검은 적색이나 오렌지 적색의 띠가 있다가 오래되면 퇴색한다. 살은 단단하고 연한 자갈색이며 절단 시 물들지 않는다. 냄새는 분명치 않고, 맛은 맵고 쓰다. 주름살은 내린 주름살이며, 밀생한다. 폭은 좁고, 처음 연한 붉은 담황색이다가 분홍 붉은색이 되며 오래되면 검게 된다. 자루는 길이 2~6cm, 굵기 1~2.5cm, 상하가 거의 같은 굵기이며 오래되면 속이 빈다. 어릴 때는 백색 덩어리로 덮여 있다. 균모와 같은 색이나 보통은 더 연하며, 흔히 적갈색 또는 노쇠하면 둔한 오렌지색의 얼룩이 생기지만 흠집은 아니다. 유액은 많고 공기에 노출되면 백색이며 변색하진 않고 조직도 물들지 않는다. 맛은 매우 맵고 쓰다. 포자문은 백색. 포자는 지름 6~7μm의 구형이나 류구형, 돌출물은 사마귀 반점과 능선이 부분적인 또는 완전한 그물꼴을 형성한다. 돌출물은 높이 0.8μm, 투명하다. 아미로이드 반응을 보인다.

생태 여름~가을 / 참나무 숲의 땅에 단생, 산생 또는 집단으로 발생한다.

분포 한국, 북미

젖버섯

Lactarius piperatus (L.) Pers.

형태 균모는 지름 5~9cm, 반구형이다가 깔때기형이 된다. 표면은 마르고 백색, 때로는 황색 또는 연한 갈색을 띠며 털이 없고 매끈하거나 조금 거칠다. 고리 무늬는 없다. 가장자리는 처음에 아래로 감기며 나중에 펴지고 위로 들리면서 물결형이 된다. 살은 백색이고 상처 시 연한 황색이 되며 단단하고 맵다. 젖은 많고 백색이며 변색하지 않는다. 맛은 극히 맵다. 주름살은 자루에 대하여 내린 주름살로 백색이다가 달걀 껍데기 색이 된다. 밀생하며 폭은 좁고, 포크형이다. 자루는 높이 4.5~7cm, 굵기 1~2.2cm이고 상하 굵기가 같거나 아래로 가늘어진다. 표면은 백색이고 털이 없으며 마르고 단단하다. 속은 차 있다. 포자는 크기 6~7×5~6μm, 아구형이며 멜저액 반응에서 미세한 혹이 나타난다. 포자문은 백색이다. 낭상체는 방추형이며 크기는 50~80×7~10μm이다.

생태 가을 / 신갈나무 숲, 잣나무, 활엽수, 혼효림의 땅에 속생하거나 군생한다. 끓이면 매운맛이 제거되어 먹을 수 있다는 문헌 기록이 있다. 개암나무, 소나무, 신갈나무와 외생균근을 형성한다.

분포 한국, 중국, 일본, 전 세계

낙엽송젖버섯

Lactarius porninsis Rolland

형태 균모는 지름 2.5~5(10)cm로 둥근 산 모양이다가 차차 평평해지며 중앙부가 약간 낮게 오목해진다. 중앙에 작은 점 모양의 돌출이 생기기도 한다. 표면은 끈적임이 있고 황토색을 띤 오렌지색, 적색의 동심원 테 무늬가 생기기도 한다. 가장자리는 처음에 아래로 말리고 미세한 털이 있다. 살은 살갗 색, 과일과 같은 향기가 있다. 젖은 흰색이고, 변색되지 않는다. 주름살은 자루에 대하여 내린 주름살로 연한 오렌지 황색, 폭이 좁고 약간 밀생한다. 자루는 길이 3~5cm, 굵기 6~10cm이며 균모보다 연한 색이다. 속은 비었고 밑동이 짧은 털로 덮여 있다. 포자는 크기 7.2~9.5 × 6~7.1µm, 아구형이나 타원형이다. 표면은 드물게 그물눈이 형성되며, 능선형 돌기가 덮여 있다.

생태 여름~가을 / 낙엽송 숲의 땅에 군생한다.

분포 한국, 일본, 온대 이북

가죽색젖버섯

Lactarius pterosporus Romagn.

형태 균모는 지름 3~8(10)cm, 어릴 때는 둥근 산 모양이다가 차차 편평해지고 중앙부가 오목해져 약간 깔때기형이 된다. 표면은 습기가 있을 때 다소 끈적임이 있으나 곧 건조해지며 미세한 분말이 두껍게 피복된다. 색깔은 회황갈색이나 회갈색인데 곳곳에 분말이 벗겨져서 황토색이 드러난다. 살은 흰색, 절단해서 공기와 접하면 신속하게 홍색으로 변한다. 주름살은 자루에 대하여 내린 주름살로 계피색을 띠고 폭이 약간 넓으며, 촘촘하다. 유액은 흰색이지만 분비 후 건조되면 붉은색이 된다. 자루는 길이 4~8cm, 굵기 6~18mm로 아구형 또는 능선형이며, 표면에 돌기물이 높게 돌출된다. 색은 연한 살색이나 연한 황토색으로 속은 약간 스펀지상이다. 포자는 크기 6.8~8.6×6.4~8.2μm, 아구형이며 날개 같은 돌기가 있다.

생태 여름~가을 / 참나무류 등 활엽수 숲의 땅에 군생한다.

분포 한국, 일본, 유럽

참고 젖버섯속 포자들은 표면에 원추형 돌기가 많이 돋는 게 특징인데, 이 버섯은 대신 날개 모양 돌출부가 있다.

털젖버섯

Lactarius pubescens Fr.
Lactarius pubescens var. betulae (A.H.Sm.) Hesler & A.H.Sm.

형태 균모는 지름 3.5~8㎝, 구형 또는 반구형이다가 중앙부가 오목해지면서 얕은 깔때기형이 된다. 표면은 습기가 있을 때 끈적인다. 유백색, 연한 살색 또는 살색, 때로는 황토색. 융모가 있으나 매끈할 때도 있다. 가장자리는 길고 미세한 융모가 있으며 아래로 감기다가 이후 굽는다. 살은 희며 쓰고 맵다. 젖도 마찬가지. 주름살은 바른 또는 내린 주름살이며 밀생하고 길이는 상이하다. 자루는 길이 2.5~5.5㎝, 굵기 1.2~5㎝, 원통형, 기부로 약간 비틀리며, 속은 차 있다가 빈다. 표면은 미세한 백색 털로 덮였다가 분홍색, 연어색 위에 백색 가루가 생긴다. 포자는 6~8×5~6㎛, 타원형-광타원형, 장식물의 높이는 0.7㎛. 융기된 그물꼴을 형성하며 사마귀 반점은 아주 드물다. 담자기는 곤봉형이나 배불뚝형, 연낭상체는 방추형, 40~60×6~8㎛, 꼭대기가 좁고 수가 많다. 측낭상체는 연낭상체와 비슷하며 37~53×7~11㎛. 포자문은 백색이다.

생태 여름~가을 / 갈가 공원 등의 땅에 단생 혹은 군생한다.

분포 한국, 유럽

털젖버섯(아재비형)

Lactarius pubescens var. **betulae** (A.H.Sm.) Hesler & A.H.Sm.

형태 균모는 지름 3~8㎝, 둥근 산 모양이다가 편평해지나 중앙이 들어가서 깔때기형이 된다. 표면은 연한 불에 탄 적갈색, 중앙은 약간 검고 끈적거리며, 밀집하여 매트의 털처럼 피복한다. 가장자리는 거친 털이 있고 활 모양이며 아래로 말린다. 살은 부서지기 쉽고, 백색이다가 분홍색이 된다. 젖은 백색이다가 노란색으로 물들며, 적게 분비된다. 냄새는 분명치 않고, 맛은 서서히 매워진다. 주름살은 자루에 대하여 내린 주름살로 약간 밀생하며 폭이 좁다. 색은 백색이나 약간 연어색이다. 자루는 길이 3~8㎝, 굵기 10~18㎜, 속은 차 있다가 빈다. 색은 균모와 비슷하여 약간 분홍색, 마르면 약간 홍조색이다. 포자는 크기 6.5~8×5.5~6.6㎛, 타원형에 장식물은 융기로 불규칙한 그물꼴을 형성한다. 돌기의 높이는 0.4~0.8㎛. 아미로이드 반응을 보인다.

생태 여름~가을 / 자작나무 숲의 땅에 산생 혹은 군생한다. 독버섯이다.

분포 한국, 북미

개암젖버섯

Lactarius pyrogalus (Bull.) Fr.

형태 균모는 3~6(10)*cm*, 어릴 때는 둥근 산 모양이다가 편평하게 펴지면서 가운데가 다소 오목하게 들어간다. 표면은 밋밋하고 미세하게 섬유상의 털이 있다. 습기가 있을 때는 끈적임이 있고, 올리브 회색 또는 갈색이거나 올리브 황색 바탕에 칙칙한 색의 테 무늬가 있다. 가장자리는 약간 연한 색이다. 살은 흰색이고, 절단하면 연한 황색을 띤다. 주름살은 자루에 대하여 바른 주름살 또는 내린 주름살로 어릴 때는 크림색이나 연한 오렌지 황토색 혹은 황토 갈색, 폭은 약간 넓고 촘촘하거나 약간 성기다. 젖은 흰색이며, 건조하면 황토색이 된다. 자루는 길이 4~7*cm*, 굵기 10~20*mm*로 어릴 때는 유백색, 나중에 균모보다 연한 색이 되며 밑동 쪽으로 보통 가늘어진다. 포자는 크기 6.3~8.2×5.1~6.2*μm*, 광타원형 또는 능선형이며 표면 돌기물이 높게 돌출된다.

생태 여름~가을 / 개암나무, 까치박달나무 등 자작나무과 수목 근처나 숲속 땅의 습한 곳에 난다.

분포 한국, 일본, 중국, 유럽

향기젖버섯

Lactarius quietus (Fr.) Fr.

형태 균모는 지름 2.5~7㎝, 둥근 산 모양이다가 편평한 모양이 되지만 가장자리는 무딘 톱니상이다. 표면은 고른 상태이다가 결 절형이 되고 습기가 있을 때 라일락빛의 적갈색이 된다. 건조 시 중앙은 진한 적황색으로 약간 띠를 형성하며, 습기가 있을 때 끈 적임이 있고 미끈거린다. 가장자리는 털상이다가 매끈해지며, 펴 졌을 때 약간 줄무늬 선이 나타나고, 균모보다 연한 색이다. 육질 은 백색, 자루 기부는 보라 갈색이다. 보통 향료 냄새가 나지만 건조하면 고약한 냄새가 난다. 맛은 온화하고 약간 떫다. 젖은 백 색 또는 밝은 크림색, 건조 시 밝은 녹색-노란색이 된다. 맛은 온 화하다. 주름살은 자루에 대하여 좁은 올린 주름살, 백색이다가 밝은 분홍 갈색이 되며 적갈색의 얼룩이 있다. 가장자리는 전연. 자루는 길이 30~55㎜, 굵기 5~15㎜로 원통형에 속이 차 있다. 표 면은 밋밋하고 어릴 때는 밝은 분홍 갈색, 기부 쪽은 포도주 갈 색이고 전체에 백색의 가루가 덮여 있다. 포자는 크기 6.1~8.8× 5.8~7.2μm, 광타원형이나 아구형이고, 장식돌기의 높이는 1μm, 융 기된 맥상에 의하여 연결되어 그물꼴을 형성한다. 담자기는 곤봉 형이나 배불뚝형, 크기는 35~40×10~12μm. 연낭상체는 곤봉 모 양이나 방추형, 크기는 30~55×5.5~7μm. 측낭상체는 방추형 또 는 송곳형과 비슷하며 크기는 30~75×4~9μm이다.

생태 여름~가을 / 숲속의 땅에 군생한다.

분포 한국, 중국, 유럽, 북미, 아시아

보랏빛주름젖버섯

Lactarius repraesentaneus Britz.

형태 균모는 지름 5~15cm, 반구형이다가 차차 편평해지고 중앙부가 오목해져 낮은 깔때기형이 된다. 표면은 습할 시 끈적이며, 황토색이다. 때로는 중앙부가 매끈하며 균황색 뭉친 털의 인편으로 덮이는데, 이는 가장자리로 가면서 점차 더 빽빽해진다. 동심원 고리 무늬가 있거나 희미하게 있다. 가장자리는 처음에 아래로 감기며 총모상인데 나중에는 펴진다. 살은 굳고 부서지기 쉬우며 백색, 상처 시 자주색이 된다. 젖은 많고 백색이나 살에 접촉하면 자줏빛을 띤다. 맛은 조금 맵거나 맵지 않으며 송진 냄새가 난다. 주름살은 자루에 대하여 내린 주름살로 밀생하며, 길이가 같지 않고 갈라진다. 백색이나 연한 황색 또는 연한 살색을 띠며 나중에 연한 균황색이 된다. 자루는 길이 5~11cm, 굵기 1.5~4cm이고 상하 굵기가 같거나 기부로 가늘어지며 끈적임이 있다. 곰보 같은 줄무늬 홈선이 있으며 색은 균모와 같다. 포자는 크기 8~10×7~8μm, 타원형 또는 광타원형이며 멜저액 반응에서 짧은 늑골상이 나타나고 갈라진 척선 또는 가시점이 보이나 그물꼴은 형성하지 않는다. 포자문은 연한 황색. 측낭상체는 방추형으로 꼭대기가 길게 뾰족하고 70~80×5~10μm이다. 연낭상체는 작다.

생태 여름~가을 / 사스래나무, 분비나무, 가문비나무 숲의 땅에 군생한다.

분포 한국, 중국, 일본, 전 세계

갈보라젖버섯

Lactarius quieticolor Romagn.

형태 균모는 지름 3~6.5cm, 아래로 말린 산 모양이다가 편평해진다. 중앙은 무딘 톱니상. 청회색이나 자갈색이다가 오렌지 갈색. 회갈색, 녹색이 가미된다. 가끔 물방울 반점 띠가 있다. 가장자리는 고르며 백색. 육질은 상처 시 밝은 오렌지색, 서서히 포도주 갈색, 가끔 녹변한다. 표피 아래는 청색. 살은 쓰고 떫은 맛이 난다. 주름살은 넓은 올린 또는 약간 내린 주름살, 한두 개의 포크형, 크림색에서 밝은 오렌지 황토색. 변두리는 연한 색이며 전연이다. 젖은 오렌지색에서 포도주 갈색. 자루는 길이 2.5~5cm, 굵기 1~2cm, 원통형, 속은 차차 빈다. 표면은 백색 바탕에 물방울 같은 얼룩이 있고, 꼭대기에는 반지 같은 얼룩이 있다. 포자는 7.6~9.5×6.3~7.7μm, 구형, 타원형. 장식돌기 높이는 0.8μm, 융기된 그물꼴. 담자기는 가는 곤봉형, 50~60×10~12μm. 연낭상체는 송곳형 16~32×3~5μm, 원통형 15~35×4~6μm. 측낭상체는 15~35×4~6μm.

생태 여름~가을 / 숲속의 땅에 단생 혹은 군생한다. 드문 종.

분포 한국, 유럽

거친젖버섯

Lactarius resimus (Fr.) Fr.

형태 균모는 지름 60~150mm, 편평한 둥근 산 모양으로 어릴 때 중앙은 톱니상, 후에 깔때기형이 된다. 표면은 보통 약간 점상이며 고르고, 습기가 있을 때 끈적이며 광택이 난다. 색은 연한 색 또는 황토-노란색. 가장자리는 오랫동안 아래로 말리고, 아주 어릴 때는 부드러운 털이 있다. 살은 백색, 자르면 금방 황변한다. 과일 냄새가 나고 맛은 맵다. 젖은 백색, 10~20초 안에 역시 황변한다. 포크상에 밝은 크림색이나 황토-적색인 넓은 올린 또는 내린 주름살이 있다. 주름살의 변두리는 전연. 자루는 길이 30~50mm, 굵기 20~30mm, 원통형, 흔히 기부로 가늘며 속은 차 있다가 좁게 빈다. 표면은 백색, 미세한 부드러운 털이 있다가 매끈해지며, 반점은 보통 작고 둥글며 오렌지 노란색이다. 포자는 7~9.5×6~7.5μm, 아구형이나 타원형, 장식물의 돌출 높이는 0.8μm. 사마귀 반점과 늑골로 연결되어 그물꼴을 형성한다. 담자기는 곤봉형이나 배불뚝형, 42~50×9~11μm, 4-포자성이다.

생태 여름~가을 / 혼효림의 땅에 단생 혹은 군생한다.

분포 한국, 중국, 유럽, 북미, 아시아

적갈색젖버섯

Lactarius rufus (Scop.) Fr.

형태 균모는 지름 20~80mm, 원추형에 예리한 볼록이 있다가 편평해지고 보통 다소 완만한 볼록이 있다. 습할 시 둔하고 점성이 있으며, 약간 광택이 있다. 색은 검은 적색이나 오렌지 갈색. 가장자리는 연한 색이고 때로 줄무늬 선이 있으며 오랫동안 안으로 말린다. 살은 백색, 표피 밑과 자루의 살은 적갈색. 향료 냄새가 조금 나며 맛은 맵다. 주름살은 자루에 대하여 넓은 바른 주름살, 어릴 때 크림색이다가 맑은 황토색이 된다. 가장자리는 전연. 포크형도 있다. 자루는 길이 25~60mm, 굵기 6~12mm, 원통형, 수(髓)처럼 비고, 단단하며 부서지기 쉽다. 어릴 때 표면은 백색, 분홍색이 있고 전체가 백색의 가루상. 후에 오렌지-갈색이 된다. 유액은 백색, 변색하지 않으며 맵다. 포자는 6.8~9.5×5.3~7.4μm, 광타원형, 돌출물은 표면의 사마귀 점과 능선으로 그물꼴을 형성한다. 담자기는 원통형이나 곤봉형, 35~42×8~9μm, (1)4-포자성.

생태 여름~가을 / 숲속의 습한 곳에 군생한다.

분포 한국, 유럽, 북미

혈적색젖버섯

Lactarius sanguifluus (Paulet) Fr.

형태 균모는 지름 3~8cm, 둥근 산 모양이다가 곧 편평해지고 중앙이 들어간다. 밋밋하고 점성이 있으며, 분홍 오렌지색, 분홍 담황색이다가 진흙색, 붉은색, 연한 포도색이 된다. 희미한 테가 있는데 오래되면 둔한 회녹색이 된다. 주름살은 자루에 바른 주름살이나 약간 내린 주름살로 촘촘하며 연한 자색이며 가장자리는 더 연한 색이다. 유액은 포도주색 또는 처음부터 와인-적색이다. 자루는 길이 2~4cm, 굵기 1~2cm, 원통형, 밋밋하다가 약간 거칠어지며, 연한 분홍 담황색이다가 회분홍색 또는 적포도주색이 되며 때때로 검은 얼룩 또는 패인 홈집이 있다. 살은 부서지기 쉽다. 속은 비어 있다. 냄새는 좋지만 분명치 않으며 맛은 온화하다가 쓰며 약간 맵다. 포자는 크기 8~9.5×6.5~8μm, 타원형, 표면에 사마귀 반점이 있다. 능선은 높이 0.8μm, 부분적으로 그물꼴을 형성하며 크림색이다.

생태 가을 / 풀밭의 땅에 군생한다. 비교적 드문 종.

분포 한국, 유럽

연어색젖버섯

Lactarius salmonicolor R. Heim and Leclair

형태 균모는 지름 3~12cm, 둥근 산 모양이었다가 편평해지지만 중앙이 들어간다. 때로는 넓은 깔때기 모양. 가장자리는 안으로 말리다가 뒤집히고 오래 지속된다. 표면은 성성할 시 점성이 있고 전체가 매끈하거나 가장자리에 미세한 줄무늬 테가 있다. 색은 오렌지색이나 황토 오렌지색, 오래되면 녹색 반점이 드물게 나타난다. 주름살은 바른 또는 약간 내린 주름살, 폭은 보통, 밀생하거나 성기다. 때로는 포크상이며 연한 황 오렌지색에서 연한 분홍 오렌지색 또는 분홍담갈색으로 물든다. 상처 시 와인-적색이나 황포도주색. 자루는 길이 2~8cm, 굵기 5~25mm, 상하가 같거나 아래로 가늘다. 성숙하면 속이 빈다. 때로 비단처럼 광택이 있으며 보통 검은 오렌지색 흠집이 있다. 가끔 기부는 녹색을 띤다. 살은 두껍고 단단하며 백색이나 크림색, 공기에 노출되면 오렌지색으로 물들었다가 와인-적색, 노랑 포도주색이 된다. 특히 자루 기부에서 심하다. 냄새는 달콤하지만 때로 좋지 않고, 맛은 온화하다. 유액은 풍부하며 노출 시 색은 살과 같다. 포자문은 연한 분홍-황갈색. 포자는 타원형, 9.5~12×7~9.5μm, 사마귀 반점과 능선이 부분적인 그물꼴을 형성한다. 아미로이드 반응을 보인다.
생태 가을 / 전나무, 숲속의 이끼류가 있는 땅 또는 풀 속에 산생하거나 집단으로 발생한다. 식용이다.
분포 한국, 북미

356

홈집남빛젖버섯

Lactarius scrobiculatus (Scope.) Fr.

형태 균모는 지름 6~10cm, 어릴 때는 가운데가 오목한 둥근 산 모양이었다가 퍼지면서 깔때기 모양이 된다. 표면에는 털이나 비늘이 있고, 습할 때는 점성이 있다. 레몬 황색-황토색 또는 오렌지 황색-회황색의 다소 진한 테 무늬가 많이 나타난다. 가장자리는 오랫동안 안쪽으로 말리지만 펴지면 흔히 물결 모양으로 굴곡된다. 살은 흰색. 유액은 다량 분비되고 흰색이지만 급속히 황색으로 변한다. 주름살은 자루에 대하여 내린 주름살로 황색, 폭이 좁으며 빽빽하다. 자루는 길이 3~6cm, 굵기 20~35mm로 짧고 굵으며 자루 아래쪽으로 가늘어진다. 표면은 황색을 띠며 황토색 반점 모양의 요철 홈선과 얼룩이 있다. 포자는 크기 7.1~9.1 × 5.9~7.3μm, 광타원형에 그물눈 없이 능선형이다. 표면에 돌출물이 있다.

생태 여름~가을 / 전나무, 분비나무, 종비나무 등의 침엽수림 땅에 난다.

분포 한국, 일본, 유럽

반혈색젖버섯

Lactarius semisanguifluus Heim & Leclair

형태 균모는 지름 4~8㎝, 편평한 둥근 산 모양이다가 차차 펴진다. 중앙은 무딘 톱니상, 드물게 깔때기형이다. 표면은 미세한 방사상의 섬유실, 약간 주름지고 결절형이며 색은 오렌지 녹색이다가 회녹색이 된다. 회녹색 부스러기 같은 반점이 있으며, 습기가 있을 때는 미끈거린다. 가장자리는 고르고 예리하며 오랫동안 아래로 말린다. 육질은 오렌지색, 상처 시 5~10분 후 포도주 적색에서 갈색으로 변색하나 수 시간 후에는 검은 포도주 갈색, 결국 녹색이 된다. 살은 거칠고 당근 같은 냄새가 나며 맛은 약간 쓰다. 젖은 오렌지색이나 5~10분 후 혈색이 되고, 이후 포도주 적색을 거쳐 강한 녹색이 된다. 맛은 약간 맵다. 주름살은 자루에 대하여 약간 내린 주름살, 많은 포크형이 있고, 밝은 오렌지색에서 살색이다. 가장자리는 전연. 자루는 길이 3~5㎝, 굵기 1~2㎝로 원통형, 기부로 부풀거나 가늘어지며 속은 비어 있다. 표면은 미세한 세로줄 맥상이다가 그물꼴 맥상이 되며, 백색이다가 밝은 오렌지색이 된다. 녹색이 가미된 부스러기, 가끔 기름방울 같은 오렌지색 흠집이 있다. 포자는 7.7~9.9×6.2~7.7㎛, 타원형, 장식돌기의 높이는 0.5㎛. 사마귀 점이 늘어지거나 융기되어 그물꼴을 형성한다. 담자기는 곤봉형, 42~60×9~13㎛. 연낭상체는 방추형이나 곤봉형, 30~50×4~8㎛. 측낭상체 역시 방추형이나 곤봉형, 60~70×9~10㎛.

생태 여름~가을 / 소나무 숲의 땅에 군생한다.

분포 한국, 유럽, 북미

가시젖버섯

Lactarius spinosulus Quél. & Le Bret.

형태 균모는 지름 1.5~4cm, 편평한 둥근 산 모양이다가 중앙이 돌출하고 무딘 톱니상을 가지며 나중에는 약간 깔때기형이 된다. 표면은 털상이다가 인편상이 되며, 특히 가장자리 쪽이 심하다. 표면은 분홍색이다가 포도주 갈색이 되며 가끔 짙은 띠를 형성한다. 습기가 있을 때는 약간 미끈거린다. 가장자리에 오랫동안 미세한 털이 있다. 육질은 분홍빛의 백색, 약간 과일 냄새 또는 딸기 냄새가 나고 맛은 약간 맵다. 젖은 백색이며 변색하지 않고 맛은 맵다. 주름살은 자루에 대하여 넓은 올린 주름살 또는 내린 주름살로 포크형이고, 어릴 때 분홍빛의 크림색이다가 적색이 된다. 주름살의 변두리는 밋밋하다. 자루는 길이 2.5~4cm, 굵기 5~8mm로 원통형이며 속은 차 있다가 푸석하게 빈다. 표면은 약간 고르고, 포도주 갈색 바탕에 백색 섬유실이 있다. 포자는 크기 6.5~8.2×5.4~6.8μm, 아구형이나 타원형이다. 장식돌기는 높이 1μm, 표면의 사마귀 점은 늘어지며 융기의 그물꼴을 형성한다.

생태 여름~가을 / 활엽수림과 혼효림의 땅에 단생 혹은 군생한다. 드문 종.

분포 한국, 중국, 유럽

광릉젖버섯

Lactarius subdulcis (Pers.) S. F. Gray

형태 균모는 지름 1~7㎝, 반구형이다가 낮은 깔때기형이 되며
중앙부는 배꼽 모양으로 돌출한다. 표면은 마르고 털이 없으며
매끄럽고 광택이 난다. 주름 무늬가 있으며 색은 홍갈색 또는 황
토색, 중앙부는 연한 색이다. 가장자리는 처음에 아래로 감기며
나중에 펴지고 위로 들리며 때로는 물결 모양이다. 살은 백색의
가루상 또는 살색이며 부서지기 쉽다. 젖은 백색으로 변색하지
않으며 맛은 조금 쓰고 맵다. 주름살은 자루에 대하여 내린 주름
살로 약간 밀생, 길이가 같지 않으며 색은 탁한 백색 또는 황백
색이다. 자루는 길이 1.5~6(8)㎝, 굵기 0.3~1㎝, 상하 굵기가 같
으며 균모와 색이 같거나 연하고 속은 비어 있다. 포자는 크기
7~9×6~7㎛, 광타원형 또는 아구형이다. 멜저액 반응에서 미세
한 가시와 늑골상 또는 골진 모양이 확인되며 그물눈은 불완전
하다. 포자문은 연한 황홍갈색. 낭상체는 방추형으로 꼭대기가
아주 뾰족하거나 약간 뾰족하며 크기는 40~90×8~11㎛이다.
생태 가을 / 사스래나무, 분비나무, 가문비나무 숲 또는 잣나무,
활엽수, 혼효림의 땅에 산생 혹은 군생한다. 식용이며 개암나무,
소나무, 신갈나무와 외생균근을 형성한다.
분포 한국, 중국, 일본

검은젖버섯아재비

Lactarius subgerardii Hesler & Sm.

형태 균모는 지름 1~2cm, 중앙이 오목한 넓고 둥근 산 모양이다가 거의 편평한 모양이 된다. 표면은 건조하고 암갈색 또는 회갈색이며, 미세하게 비로드형의 털이 있으며, 비대칭인 경우가 많다. 가장자리는 고르다. 살은 유백색이고 얇다. 유액은 흰색이고 변색하지 않는다. 주름살은 자루에 대하여 바른 주름살, 흰색 또는 크림색으로 약간 폭이 넓고 빽빽하다. 자루는 길이 1.5~2.5cm, 굵기 2~4mm, 표면의 색은 균모와 같다. 표면은 미세하게 비로드형이다. 포자는 크기 7~9×6~7.5μm, 타원형이나 아구형이며, 부분적으로 그물꼴을 형성하고, 투명하다. 아미로이드 반응을 보인다.

생태 여름~가을 / 활엽수림의 땅이나 이끼류 사이에 산생한다.

분포 한국, 북미

굴털이아재비

Lactarius subpiperatus Hongo

형태 균모는 지름 5~8cm, 중앙이 오목한 둥근 산 모양이다가 거의 깔때기형으로 펴진다. 표면은 끈적임이 없고 건조하다. 다소 분상을 나타내지만 밋밋하고, 중심부 부근에는 방사상으로 약간의 주름이 있다. 처음에는 흰색이다가 유백색이 되면서 탁한 황색이나 황갈색의 얼룩이 생긴다. 어릴 때는 아래로 감기고, 펴지면 가장자리가 흔히 물결 모양으로 굴곡된다. 살은 비교적 두껍고 단단하며 흰색인데 공기와 접촉하면 약간 황색을 띤다. 젖은 흰색이고 변색하지 않는다. 주름살은 자루에 대하여 내린 주름살로 색은 연한 황색 빛의 백색, 폭은 좁은 편이며 성기다. 자루는 길이 4~6cm, 굵기 15~20mm, 아래쪽으로 약간 가늘어지며 속은 거의 차 있다. 표면은 흰색이나 탁한 황색 얼룩이 생긴다. 포자는 크기 6~7.5×5.5~6.5μm로 난상의 아구형, 표면에 미세한 사마귀 반점이 가늘게 연결되고 불완전한 그물눈이 있다.

생태 여름~가을 / 참나무류 숲의 땅이나 참나무류와 소나무의 혼효림 땅에 군생한다.

분포 한국, 일본

362

얇은갓젖버섯

Lactarius subplinthogalus Coker

형태 균모는 지름 3~5.5㎝, 둥근 산 모양이다가 편평한 모양이 되는데 가운데는 오목하다. 표면은 방사상의 줄무늬 주름이 있고 백황색 또는 바랜 황갈색이며 가장자리는 줄무늬 주름의 홈선이 있다. 살은 무르고 백색이며 상처를 입으면 황적색으로 변한다. 젖은 백색이지만 적색으로 변색하면 매운맛이 난다. 주름살은 자루에 대하여 바른 주름살 또는 내린 주름살로 색은 균모와 같다. 자루는 길이 2.5~4.5㎝, 굵기 0.5~1㎝, 아래쪽이 가늘며 색은 역시 균모와 같다. 속은 살로 차 있다가 비게 된다. 포자는 크기 7.5~10×7~9.5㎛, 구형이며 돌기와 띠 꼴의 융기가 있다.

생태 여름~가을 / 혼효림의 땅에 무리를 지어 공생한다. 외생균근을 형성하며 식용 여부는 불분명하다.

분포 한국, 일본, 북미

보라젖버섯아재비

Lactarius subpurpureus Pk.

형태 균모는 지름 3~10㎝, 둥근 산 모양이다가 편평해지며 중앙은 들어가서 깔때기형이 된다. 표면은 습기가 있을 때 매끈하며, 희미한 짧은 줄무늬 선이 있고, 적색 빛의 분홍색이다가 자색 빛의 분홍색이 된다. 가끔 테 무늬가 있고 녹색의 에메랄드 얼룩이 많이 있는데 오래되면 테 무늬는 없어진다. 가장자리는 아래로 말리거나 축 처지며 검은 흔적이 있다. 살은 백색이다가 연한 분홍색이 되며, 상처 시 적색으로 변한다. 냄새는 불분명하고, 맛은 온화하며 약간 맵다. 젖은 적게 분비되며, 와인-적색이다가 검은 자적색으로 변색된다. 맛은 온화하고 맵다. 주름살은 자루에 대하여 올린-약간 내린 주름살로 폭이 넓으며, 약간 성기고, 자루 근처는 포크형이다. 색은 균모와 같거나 연한 색이다. 자루는 길이 3~8㎝, 굵기 6~15㎜, 원통형 또는 아래로 부푼다. 표면은 습기가 있을 때 미끈거리고, 균모와 같은 색이며 검은 적색의 홈집이 있다. 속은 비었고 기부는 매끈하다가 털상이 된다. 포자는 크기 8~11×6.5~8㎛, 타원형이며 표면의 사마귀 반점들은 융기로 그물꼴을 형성한다. 돌기는 높이 0.5㎛이고 투명하다. 아미로이드 반응을 보이며 포자문은 크림색이다.

생태 여름~가을 / 소나무 숲의 땅에 군생한다. 식용이다. 흔한 종.
분포 한국, 중국, 북미

당귀젖버섯

Lactarius subzonarius Hongo

형태 균모는 지름 2.5~4cm, 중앙이 오목한 둥근 산 모양이다가
깔때기 모양으로 펴진다. 표면은 점성이 없고 연한 살색이나 연
한 적갈색이며 계피 갈색의 테 무늬가 여러 개 둘려져 있다. 살은
담황갈색이며 약간 두껍다. 유액은 연한 흰색을 띠는 물 색이다.
주름살은 자루에 바른 주름살이며 내린 주름살로 때때로 분지된
다. 색은 연한 살색, 상처를 받으면 다소 갈색이 된다. 폭이 좁고
극히 촘촘하다. 자루는 길이 2.5~3cm, 굵기 5~7mm, 거의 상하가
같은 굵기이거나 때로는 아래쪽이 굵다. 속은 비어 있으며 색은
적갈색이고 백분상이다. 세로로 골이 있고 밑동은 황갈색을 띤
거친 털이 있다. 포자는 크기 6.3~8×5.8~6.7μm, 류구형이며 표면
에 약간 불완전한 그물눈이 있다. 포자문은 크림색이다.
생태 여름~가을 / 참나무류 등 활엽수림의 땅에 군생 혹은 단생
한다.
분포 한국, 일본, 중국

365

황변젖버섯

Lactarius tabidus Fr.

형태 균모는 지름 2~4.5cm, 반구형, 둥근 산 모양에서 편평해지며 중앙은 무딘 톱니상이나 흔히 볼록하다. 표면은 어릴 때 고른 상태에서 결절형, 중앙은 맥상에 주름진 부채꼴. 오렌지 적색이며 습기 시 광택이 있고 미끈거린다. 가장자리는 고르고, 가끔 물결형에 줄무늬 선이 있다. 육질은 밝은 크림색, 상처 시 노란색. 냄새가 약간 나며 맛은 쓰고 매우며 떫다. 주름살은 좁은 올린 주름살, 포크형, 밝은 적색. 적갈색 얼룩이 있다. 변두리는 전연. 자루는 길이 30~60mm, 굵기 5~8mm, 원통형. 표면은 고르고 분홍 갈색, 꼭대기 쪽은 미세한 백색 가루로 덮였다가 매끈해진다. 젖은 백색이다가 서서히 밝은 노란색. 포자는 6.2~8.3×5.5~6.8μm, 아구형, 광타원형. 장식돌기의 높이는 1.3μm, 융기된 맥상은 그물꼴을 형성한다. 담자기는 원통형, 곤봉형, 35~45×7.5~11μm. 연낭상체는 추형, 송곳형, 20~50×4.5~9μm. 측낭상체는 방추형, 32~80×6~10μm.

생태 여름~가을 / 숲속의 땅에 군생한다.

분포 한국, 중국, 유럽

테두리털젖버섯

Lactarius tomentosomarginatus Hesler & A.H.Smith

형태 균모는 지름 4~9cm, 중앙이 들어간 꽃병 모양. 표면은 건조하고 압착된 섬유 같다가 비단결이 된다. 백색에서 회분홍색이 되었다가 칙칙한 오렌지 갈색이 된다. 가장자리는 아래로 말린다. 살은 두껍고 단단하며, 상처 시 서서히 검변하다가 분홍 황갈색이 된다. 냄새는 불분명하고 맛은 맵다. 젖은 소량이며 백색, 조직이 붉은 황갈색으로 물든다. 주름살은 자루에 대하여 내린 주름살, 폭이 좁고 밀생하며, 자루 가까이는 포크형. 자루는 길이 3~5cm, 굵기 1.3~3cm, 거의 원통형이며 아래로 가늘다. 표면은 건조성에 단단하며 약간 벨벳 같다. 속은 차 있다. 포자는 9~11×7~8.5μm, 타원형. 표면의 사마귀 점은 그물꼴을 형성하지 않는다. 돌기는 높이 0.7μm, 투명하다. 아미로이드 반응을 보인다.

생태 여름~가을 / 활엽수림, 혼효림의 땅에 단생, 군생, 산생한다. 식용 여부와 독성 여부는 알려지지 않았다.

분포 한국, 중국, 북미

큰붉은젖버섯

Lactarius torminosus (Schaeff.) S.F. Gray
Lactarius cilicioides (Fr.) P. Kumm., Lactarius intermedius Krombh ex Berk. & Br.

형태 균모는 지름 4~8㎝, 반구형에서 중앙부가 오목해지면서 깔때기형이 된다. 표면은 습기가 있을 때 끈적임이 있다. 붉은색 또는 연분홍색이며 가장자리로 가면서 연해진다. 고리 무늬는 짙은 색이지만 간혹 희미한 것도 있다. 중앙부는 매끈하며 가장자리 쪽은 융털이 뭉친 인편상으로 긴 백색 털이 밀생한다. 가장자리는 처음에 아래로 감기며 나중에는 굽는다. 살은 백색 또는 연한 붉은색이고 변색되지 않는다. 맛은 맵다. 젖은 희고 역시 변색되지 않으며 맛이 맵다. 주름살은 자루에 대하여 내린 주름살로 밀생하며 길이가 같지 않다. 자루 언저리에서 갈라지며 백색이나 붉은색을 띤다. 자루는 길이 4~6㎝, 굵기 1.2~2㎝, 상하 굵기가 같거나 아래로 가늘어지며, 색은 균모와 같거나 연하고, 매끈하거나 작은 반점이 있다. 속은 차 있다가 빈다. 포자는 크기 7.5~9×6~7㎛, 타원형 또는 광타원형이며 멜저액 반응에서 능골상과 가시가 확인된다. 포자문은 백색. 측낭상체는 방추형으로 꼭대기는 둥글거나 뾰족하다.

생태 여름~가을 / 분비나무, 가문비나무 숲, 잣나무, 활엽수, 혼효림, 황철나무, 자작나무, 잎갈나무 숲의 땅에 군생한다. 자작나무 등과 외생균근을 형성한다. 독버섯이다.

분포 한국, 중국, 일본

큰붉은젖버섯(염소털형)

Lactarius cilicioides (Fr.) Fr.

형태 균모는 지름 10~20cm, 중앙이 깊게 들어간 둥근 산 모양이다. 표면은 끈적임이 있고, 연한 황색 빛의 황토색, 황색의 섬유상 인편이 산재한다. 특히 가장자리 쪽에 더 많고 강한 색을 띤다. 때때로 아래로 감긴 가장자리 끝에 연한 색 털로 띠를 형성하기도 한다. 살은 연한 황색. 주름살은 자루에 대하여 내린 주름살로 연한 분홍빛의 황토색이며, 폭이 좁거나 약간 촘촘하다. 자루는 길이 4~8cm, 굵기 20~45mm로 짧고 굵다. 흔히 밑동 쪽으로 가늘어지고 균모와 같은 색이거나 약간 연하다. 단단하지만 자루 가운데에 큰 빈 곳이 생기기도 한다. 포자는 크기 7.5~8.5×6μm, 광타원형이나 아구형이며 그물눈이 덮여 있다. 포자문은 연한 황토색이다.

생태 늦여름~초가을 / 자작나무 등 활엽수림의 땅에 난다. 독버섯일 가능성이 있으므로 식용하지 않는 편이 좋다.

분포 한국, 유럽

큰붉은젖버섯(깔때기형)

Lactarius intemedius Krombh. ex Berk. & Br.

형태 균모는 지름 5~10cm, 둥근 산 모양이다가 편평해지며, 중앙은 무딘 톱니상, 깊은 깔때기형이다. 표면은 고르고 매끈하며, 습기가 있을 때는 광택이 난다. 크림 노란색에서 레몬 노란색이 된다. 가장자리는 오랫동안 아래로 말리고, 어릴 때 백색 가루상. 육질은 백색, 상처 시 부분적으로 황색-노란색. 과일 냄새가 나며 맛은 맵다. 주름살은 넓은 올린 또는 약간 내린 주름살, 포크형이 많고, 연한 크림색 또는 분홍빛 연한 황토색. 가장자리는 전연. 자루는 길이 40~50mm, 굵기 15~30mm, 원통형, 속은 차 있다가 빈다. 표면은 고르고 어릴 때는 백색 가루상, 이후 밝은 노란색, 황토색에 가끔 미세한 반점이 있다. 젖은 백색에서 황노란색이 되고 맛이 맵다. 포자는 7.1~8.8×6.1~7.5μm, 아구형-타원형, 장식돌기 높이는 0.8μm. 맥상은 그물꼴을 형성한다. 담자기는 곤봉형, 45~55×10~12μm. 연낭상체는 원통형, 25~55×6~9μm. 측낭상체는 방추형, 55~100×7~8μm.

생태 여름~가을 / 혼효림에 단생 혹은 군생한다. 드문 종.

분포 한국, 중국, 유럽

걸레젖버섯

Lactarius turpis (Weinm.) Fr.

형태 균모는 지름 4~15cm, 어릴 때는 중앙이 오목한 둥근 산 모양, 후에 편평해지며 낮은 깔때기 모양이 된다. 표면은 점성이 있고 어릴 때는 황갈색 바탕에 올리브 흑색-올리브 녹색의 눌어붙은 섬유가 덮여 있다가 점차 테 무늬를 이룬다. 가장자리가 안쪽으로 감기고 황색의 미세한 털이 있다. 살은 흰색이나 어떤 곳은 갈색의 얼룩이 있으며 자르면 적갈색을 띤다. 주름살은 자루에 내린 주름살로 크림색이다가 황색을 띤 황갈색이 되며, 상처 시 흑회색이 된다. 폭이 매우 좁고 촘촘하다. 자루는 길이 4~8cm, 굵기 10~25mm, 상하가 같은 굵기이거나 밑동이 가늘다. 색은 균모와 같거나 다소 연하고 짧고 뚱뚱하다. 표면에는 점성이 있고 약간 줄무늬 홈선이 있다. 속은 비어 있다. 포자는 크기 5.9~8.3×5.1~6.5μm, 광타원형-류구형, 표면에 일부 그물눈이 형성되며 능선 모양으로 돌출물이 피복된다.

생태 늦여름~늦가을 / 자작나무 숲의 습한 곳에 난다. 식용은 불가능하다. 유럽에서는 흔한 종.

분포 한국, 유럽

평범젖버섯

Lactarius trivialis (Fr.) Fr.

형태 균모는 지름 40~100(200)*mm*, 편평한 둥근 산 모양이다가
편평해지며 중앙이 들어가서 노쇠하면 깔때기형이 된다. 표면은
고르고 건조 시 점성이 있으며 습할 시 미끈거린다. 자갈색, 회자
색, 드물게 회청색 또는 적갈색으로 자색을 띤다. 검은 얼룩의 턱
받이가 있다. 가장자리는 안으로 굽으며 후에는 예리하고 고르다.
살은 백색, 절단 시 약간 갈색을 띤다. 과일 냄새가 조금 나며 맛
은 맵고 쓰다. 주름살은 자루에 올린 주름살 또는 약간 내린 주름
살, 포크형도 있고, 어릴 때는 크림색, 후에는 황토-노란색이 된
다. 가장자리는 전연이다. 자루는 길이 35~100(120)*mm*, 굵기 10~
25*mm*, 원통형이며 때때로 배불뚝형이다. 기부로 가늘며 속은 비
었다. 표면은 고르다가 미세한 세로줄 무늬가 맥상으로 연결된
다. 건조 시 약간 점성, 습할 시 미끈거리고, 어릴 때는 크림색, 후
에 황토 노란색 얼룩이 생긴다. 유액은 백색, 1~2시간 후에는 녹
황색으로 변한다. KOH 용액에서는 금방 오렌지-노란색으로 변
색한다. 맛은 맵고 쓰다. 포자는 크기 7.4~9.7×6~7.6*μm*, 타원형
이며 사마귀 반점과 능선들이 몇 개씩 연결되어 그물꼴을 형성
한다. 담자기는 곤봉형이나 배불뚝형이며 크기는 43~50×9~
12*μm*, 4-포자성이다.

생태 여름~가을 / 숲속의 이끼류 등에 군생한다.

분포 한국, 유럽

끈적젖버섯

Lactarius uvidus (Fr.) Fr.

형태 균모는 지름 2.5~7cm, 반구형에서 차차 편평해지며 어떤 것은 중앙부가 오목해지면서 낮은 깔때기형이 되거나 중앙이 배꼽 모양이 될 때도 있다. 표면은 습할 시 끈적임이 있다. 털이 없어서 매끄러우며 남자회색 내지 연한 회갈색이며 고리 무늬는 처음에는 희미하다. 가장자리는 얇고 처음에는 활 모양, 나중에는 펴지거나 위로 들린다. 살은 백색, 상처 시 남자색으로 변한다. 맛은 쓰고 맵다. 주름살은 바른 주름살이면서 내린 주름살, 흰색-크림색이다가 연한 라일락색이 된다. 폭은 촘촘하며 상처를 받으면 보라색으로 물든다. 자루는 길이 3~9cm, 굵기 0.5~1.8cm이고 상하 굵기가 같으며 색은 백색 또는 회남자색이다. 끈적임이 있으며 때로는 작은 곰보 모양 홈선이 있고 속은 비어 있다. 포자는 크기 9~11×7~8μm, 타원형이며 멜저액 반응에서 갈라진 능선, 늑골상과 가시점이 나타나지만 그물눈을 이루진 않는다. 포자문은 연한 황백색. 낭상체는 좁은 방추형 또는 원주형으로 정단이 뾰족하거나 둔원형, 크기는 40~50×5~7μm이다.

생태 가을 / 사스래나무, 분비나무, 가문비나무, 잎갈나무, 잣나무, 활엽수림, 혼효림의 땅에 산생 혹은 군생한다. 버드나무와 외생균근을 형성한다. 식용, 독성 여부는 알려지지 않았다.

분포 한국, 중국, 일본

새털젖버섯

Lactarius vellereus (Fr.) Fr.
Lactarius vellereus var. virescens Hesl. & Sm.

형태 균모는 지름 6~20(30)㎝, 어릴 때는 가운데가 오목한 낮은 둥근 산 모양이고 후에 펴져서 깔때기 모양이 된다. 표면은 건성, 미세한 털이 비로드상으로 덮이거나 미세한 비늘이 덮인다. 흰색이다가 후에 약간 황색을 띠고 황토색 반점이 생기기도 한다. 가장자리는 오랫동안 강하게 안쪽으로 말린다. 살은 두껍고 치밀하며, 흰색이지만 공기와 접촉하면 황색이 된다. 유액은 흰색이며 많이 분비된다. 주름살은 자루에 바른 주름살이면서 내린 주름살로 흰색이다가 황색 또는 황토색을 띤다. 폭은 넓고 성기다. 자루는 길이 3~8㎝, 굵기 20~40㎜로 짧고 굵다. 상하가 같은 굵기 또는 밑동이 가늘어진다. 표면은 흰색이다가 약간 황색 또는 갈색을 띠며, 가는 털이 덮여 있다. 포자는 크기 6.9~9.7×6.4~8.3㎛, 구형-타원형이며, 표면에 부분적으로 그물눈 비슷한 형태가 생긴다. 능선형 또는 돌출물이 있다.

생태 여름~가을 / 참나무류 등 활엽수림이나 소나무 숲의 지상에 단생 혹은 군생한다. 식용이다.

분포 한국 등 북반구 온대 이북

자작나무젖버섯

Lactarius vietus (Fr.) Fr.

형태 균모는 지름 2.5~7cm, 반구형이다가 차차 편평해지거나 중앙부가 오목해지면서 낮은 깔때기형이 된다. 간혹 중앙부는 배꼽 모양이다. 표면은 습기가 있을 때 끈적임이 있으나 곧 마르며, 털이 없이 매끄럽고 고리 무늬가 없으며 남자회색 또는 연한 회갈색에 남자색을 띤다. 가장자리는 얇고 아래로 감기나 나중에는 약간 펴진다. 살은 희고 상처 시에도 변색되지 않으며 맛은 맵다. 젖은 백색, 처음에는 아닌 것처럼 보이나 점차 회녹색으로 변한다. 주름살은 자루에 대하여 내린 주름살로 밀생하며 길이가 같지 않으며 갈라진다. 색은 백색에서 연한 살색이 된다. 자루는 길이 2~12cm, 굵기 0.7~1.8cm, 상하 굵기가 같거나 위아래 끝이 가늘며 끈적임이 있다. 색은 균모와 같거나 연한 색이며 털이 없이 매끄럽다. 속은 차 있다. 포자는 크기 8~10×7~7.5µm, 광타원형이다. 멜저액 반응에서 짧은 늑골상, 갈라진 척선과 가시가 나타나지만, 그물눈을 이루지는 않는다. 포자문은 연한 황색. 낭상체는 피침형 또는 방추형으로 크기는 55~80×6~8µm이다.

생태 가을 / 황철나무, 자작나무, 사스래나무, 잎갈나무, 분비나무, 가문비나무 등의 숲의 땅에 산생한다. 자작나무와 외생균근을 형성한다.

분포 한국 중국, 유럽

바랜보라젖버섯

Lactarius vinaceopallidus Hesler & A.H.Smith

형태 균모는 지름 5~7cm, 중앙이 들어간 둥근 산 모양이다가 차차 편평해지며 어린 버섯은 섬유상이나 곧 밋밋하고 매끄러워진다. 표면은 끈적임이 있고 미끈거리며, 검은색 테가 없거나 약간 있고 백색이다가 연한 회색빛의 보라색이 된다. 가장자리는 아래로 말린다. 살은 백색이다가 연한 보라 황갈색이 되며, 냄새가 있거나 없으며, 맛은 처음에는 온화하나 나중에는 조금 맵다. 젖은 백색이며 변색하지 않지만 서서히 주름살에 갈색 얼룩이 생긴다. 맛은 처음에는 온화하나 차차 약간 매워진다. 주름살은 자루에 대하여 짧은 내린 주름살로 폭은 넓고 밀생하며, 처음에는 백색이다가 연한 분홍 황갈색이 되어 서서히 갈색의 얼룩이 생긴다. 자루는 길이 3~4cm 굵기 1~1.5cm, 원통형이나 아래쪽으로 가는 것도 있다. 기부는 폭이 좁고, 속은 차 있다. 표면은 균모와 같은 색이며 마르거나 약간 끈적임이 있다. 포자문은 분홍 황갈색. 포자는 크기 7~9×6~8μm, 광타원형에 사마귀 반점이 있다. 융기로 된 그물꼴을 형성하며 투명하다. 아미로이드 반응을 보인다.
생태 여름~가을 / 참나무류 아래에 군생한다. 식용 여부는 알려지지 않았다.
분포 한국, 중국, 북미

적보라젖버섯

Lactarius vinaceorufescens A. H. Smith

형태 균모는 지름 4~10cm, 둥근 산 모양이다가 차차 편평해지지만 중앙은 들어간다. 표면은 연한 노란색이나 연한 황색에서 적갈색 빛의 분홍색이 되며, 연하고, 물 색의 띠 또는 얼룩이 있다. 오래되면 전체가 검게 변하고, 밋밋하며, 습기가 있을 때 끈적임이 있다. 가장자리는 아래로 말린다. 살은 백색이었다가 노란색으로 물들고, 살 전체에서 젖이 분비된다. 젖은 백색이다가 밝은 황노란색으로 변하며 매운맛이다. 주름살은 자루에 대하여 바른 주름살로 밀생하며 자색 빛의 연한 황색이었다가 분홍색으로 물든다. 자루는 길이 4~6cm, 굵기 1~2cm, 색은 균모와 같고, 밋밋하며 빳빳한 털이 있다. 기부에도 짧은 털이 있다. 포자는 크기 6.5~8×6μm, 아구형이며 표면은 구불구불하게 융기된 상태이다. 사마귀 반점들은 분리되어 있으나 부분적으로 그물꼴을 형성하기도 한다. 돌기의 높이는 0.5~0.8μm이다. 포자문은 희미한 백색이다가 노란색이 된다.

생태 여름~가을 / 침엽수림과 활엽수림의 혼효림 땅에 군생한다. 식용 여부와 독성 여부는 알려지지 않았다.

분포 한국, 북미

잿빛젖버섯

Lactarius violascens (J. Otto) Fr.

형태 균모는 지름 4~10(12)㎝, 어릴 때는 낮은 둥근 산 모양, 후에는 편평해지면서 중앙이 오목해진다. 표면은 약간 점성이 있으나 빨리 건조해진다. 보랏빛 갈색-황토색을 띤 회갈색 바탕에 항상 진한 색 테 무늬가 동심원상으로 많이 있다. 가장자리가 얇고 처음에는 안쪽으로 굽어 있으며 털이 덮여 있다. 상처가 난 균모 표면에는 보라색 얼룩이 생긴다. 살은 흰색, 공기와 접촉하면 보라색으로 변한다. 주름살은 자루에 바른 주름살이면서 내린 주름살로 크림 백색, 나중에는 살색을 띤 크림색이 된다. 만지면 보라색 얼룩이 되나 후에 다갈색이 된다. 폭이 약간 넓고 촘촘하며 자루는 길이 4~7(10)㎝, 굵기 10~20㎝, 거의 상하가 같은 굵기이며 약간 점성이 있다. 색은 크림 백색, 후에는 약간 황갈색을 띤다. 상처를 받으면 보라색 얼룩이 생기고, 속은 차 있다가 빈다. 포자는 7.7~10.5×6.2~8.1㎛, 타원형이며 표면은 부분적으로 그물눈을 형성한다. 능선형 돌출물이 높게 돌출한다.

생태 여름~가을 / 활엽수 땅에 군생 또는 산생한다.

분포 한국, 일본, 유럽, 북미

배젖버섯

Lactarius volemus (Fr.) Fr.
Lactarius volemus var. flavus Hesler & A.H. Sm.

형태 균모는 지름 5~9cm, 편평한 둥근 산 모양이었다가 점차 편평해지나 중앙이 들어간다. 표면은 건조성, 벨벳 모양이나 띠는 없다. 색은 아이보리 노란색에서 오렌지 노란색이 되고, 상처 부위는 갈색으로 변한다. 가장자리는 뒤집히고, 고르다. 살은 단단하고 백색이다가 아이보리색이 된다. 물고기 냄새가 나나 불분명하며 맛은 온화하다. 젖은 백색이며 변색하지 않지만 살과 주름을 갈색으로 물들이며 끈적임이 있다. 맛은 온화하다. 주름살은 자루에 대하여 바른 주름살로 백색이다가 크림색이 된다. 밀생이며 폭은 좁거나 넓다. 자루 근처는 포크형이다. 자루는 길이 3~10cm, 굵기 4~16mm, 원통형이며 속은 차 있다. 건조성이며 벨벳상이고, 색은 크림색이다가 연한 노란색이 된다. 포자는 크기 6.5~9 × 6~8μm, 구형이나 아구형 또는 광타원형이다. 표면의 장식물은 띠를 형성하여 그물꼴을 만든다. 돌기는 높이 0.2~0.5μm이며 투명하다. 포자문은 백색. 아미로이드 반응을 보인다.

생태 여름~가을 / 낙엽수림과 혼효림의 땅에 군생한다. 식용으로 맛이 좋다. 드문 종.

분포 한국, 중국, 북미

377

배젖버섯(노란색형)

Lactarius volemus var. **flavus** Hesler & A.H. Sm.

형태 균모는 지름 5~9cm, 편평한 둥근 산 모양이다가 가장자리가 올라가고 중앙이 들어간다. 아이보리 노란색에서 담황색이 되며 상처 시 갈색이 된다. 건조성이고 벨벳형이다. 주름살은 자루에 바른 주름살, 중앙의 폭은 좁다가 넓어진다. 색은 백색 또는 크림색이다. 자루는 길이 50~100mm, 굵기 8~16mm, 속은 차 있고, 크림색이나 옥수수 노란색이다. 살은 단단하며 백색 또는 아이보리색. 유액은 백색이고 변색하지 않으며, 점성이 있고 갈색으로 물들인다. 냄새가 강하고 맛은 온화하다. 포자는 구형 또는 광타원형, 크기는 7~8.5×6~7.5μm, 표면은 넓고 좁은 밴드가 있어서 완전한 그물꼴을 형성한다. 돌기의 높이는 0.2~0.5μm, 포자문은 백색이다.

생태 여름~가을 / 활엽수림과 혼효림의 땅에 군생한다. 식용으로 맛이 좋다. 드문 종.

분포 한국, 유럽

큰테젖버섯

Lactarius yazooensis Hesler & A.H.Smith

형태 균모는 지름 5~15.5cm, 둥근 산 모양이다가 편평한 산 모양이 되며 중앙은 깊게 들어가고 이후에는 넓은 깔때기형이 된다. 표면은 끈적기가 있어서 미끈거리고, 검은 띠가 있다. 띠는 점차 오렌지 황토색, 녹슨 오렌지색 또는 오렌지 적색이 된다. 또는 연한 색과 황토색이었다가 붉은 황갈색이 되며, 오래되면 연한 띠를 가진다. 가장자리는 아래로 말리고, 미세한 털이 처음에 있다가 없어진다. 살은 단단하고 연한 색이며, 상처 시 변색하지 않는다. 냄새는 불분명하고 맛은 매우 맵다. 젖은 다량 분비되며 백색이며 변색되지 않는다. 살을 물들이지는 않고, 맛은 매우 맵다. 주름살은 올린 주름살이다가 내린 주름살이 되며, 광폭이고 밀생이다. 색은 연한 황토색이다가 바랜 황토의 붉은색이 된다. 가끔 적자색이다가 자색이 되거나, 분홍 갈색 혹은 갈색으로 물든다. 자루는 길이 2~6cm, 굵기 1~2.5cm로 거의 원통형이며, 건조하고 매끈하다. 색은 백색에서 퇴색하거나 여러 색으로 변색한다. 포자문은 황갈색 빛의 노란색. 포자는 크기 7~9×6~7.5μm로 아구형이나 광타원형, 표면은 사마귀 반점과 융기가 있으나 그물꼴을 형성하진 않는다. 아미로이드 반응을 보인다.

생태 가을/ 풀밭, 활엽수림의 땅, 특히 참나무 숲의 땅에 군생 혹은 속생한다. 식용 여부와 독성 여부는 알려지지 않았다.

분포 한국, 중국, 북미

고리무늬젖버섯

Lactarius zonzarius (Bull.) Fr.

형태 균모는 지름 5~10cm, 편평한 둥근 산 모양이다가 곧 편평해지나, 중앙이 울퉁불퉁하고 가끔 물결형이다. 노쇠하면 깔때기형이 된다. 표면은 고르고 무디며 비단결 같다. 습기가 있을 때 끈적임이 있다. 색은 크림색 또는 연한 황토색이다. 황색 바탕에 여러 개의 짙은 환문이 있으며, 중앙은 오렌지 황토색 띠가 있는데 이후 짙은 노란색 바탕의 띠가 된다. 가장자리는 오랫동안 아래로 말리고 미세한 백색의 연한 털이 어릴 때 있다. 살은 백색이고 상처 시 분홍색으로 변하며, 나중에는 밝은 회색이 된다. 과일 냄새가 나며 맛은 맵다. 젖은 백색이며, 변색하지 않으며, 매운맛이 난다. 주름살은 자루에 대하여 넓은 올린 주름살이다가 내린 주름살이 되며, 색은 연한 크림색에서 황토색이 되고, 많은 포크형이 있다. 가장자리는 전연. 자루는 길이 2~5cm, 굵기 1~2cm, 원통형이며 속은 차 있다가 빈다. 표면은 고르고 어릴 때는 백색, 가끔 노란색 흠집이 있으며 나중에는 군데군데 황토-갈색으로 변한다. 포자는 크기 7~9×6.5~7.5μm, 아구형이나 타원형이며, 장식돌기의 높이는 0.8μm이고 표면의 사마귀 반점들은 융기로 연결되지만 격리된 것도 있다. 담자기는 곤봉형이나 배불뚝형으로 크기는 47~52×9~11μm, 4-포자성이다.

생태 여름~가을 / 활엽수림의 땅에 군생한다. 드문 종.

분포 한국, 중국, 유럽, 북미

푸른유액젖버섯

Lactifluus glaucescens (Crossland) Verbeken
Lactarius glaucescens Crossland

형태 균모는 지름 3.5~15cm, 편평한 둥근 산 모양이다가 펴지면서 중앙이 껄끄러워지고 깔때기형이 된다. 표면은 어릴 때 고른 상태이다가 방사상의 주름이 생긴다. 무딘 상태에서 비단 같은 광택이 나며 연한 크림색, 흔히 노란 황토색 반점이 있다. 오래되면 중앙은 주름지며 밝고 붉은 황토색, 불규칙하고 미세하게 표면이 갈라진다. 가장자리는 아래로 말렸다가 고르게 되며 날카롭다. 살은 백색이나 연한 크림색, 자르면 3~4시간 후 녹색으로 변한다. 말린 사과 냄새가 나고 맛은 맵다. 젖은 백색에서 서서히 올리브-녹색으로 변하며, 맛은 쓰고, 공기에 노출되어도 변색되지 않는다. 주름살은 내린 주름살로 백색이나 연한 크림색, 폭이 넓고 밀생하며 포크형이다. 상처 시 서서히 갈색이 된다. 자루는 길이 3~9cm, 굵기 1~3.5cm, 원통형에 기부로 비틀리고 속은 차 있다. 표면은 고르고 긴 세로줄의 맥상 또는 홈선이 있으며, 백색이나 상처 시 와인색, 오래되면 황토 노란색으로 변한다. 포자는 크기 6.5~8.5×5~6μm, 타원형이며 장식물의 높이는 0.3μm이다. 표면의 사마귀 반점들은 융기된 선으로 연결되어 그물꼴을 형성한다. 담자기는 크기 40~45×7~10μm, 원통형이나 가는 곤봉형이며 4-포자성이다.

생태 여름 / 혼효림의 땅에 단생 혹은 군생한다.

분포 한국, 유럽, 북미

치마털젖버섯

Lactifluus luteolus (Peck) Verbeken
Lactarius luteolus Peck

형태 균모는 지름 5~8(10)*cm*, 둥근 산 모양이다가 거의 편평하게 펴지고 중앙부가 오목해진다. 표면은 점성이 없고 미세한 비로드상이며 방사상으로 주름살이 잡힌다. 어릴 때는 유백색, 후에 담황토색-칙칙한 갈색이다. 가장자리는 오랫동안 안쪽으로 굽고 고르다. 살은 유백색, 절단하면 갈색으로 변한다. 유액은 백색이며, 많이 분비되고 공기와 접촉하면 갈색이 된다. 주름살은 자루에 대하여 바른 주름살이나 약간 내린 주름살이며 유백색이다가 담황색이 된다. 주름살의 폭은 약간 넓고 다소 성기며 상처를 받으면 갈색의 얼룩이 생긴다. 자루는 길이 4~6*cm*, 굵기 20~30*mm*, 색은 균모와 같으며 표면은 분상이나 후에 밋밋해진다. 아래쪽부터 갈색을 띠는 부분이 증가하며 만지면 갈색이 된다. 포자는 크기 7.4~9.5×5.9~7.4*μm*, 광타원형-타원형이며 표면에 많은 돌출물이 있다.

생태 여름~가을 / 참나무류 숲의 땅이나 참나무와 소나무의 혼효림 땅에 난다.

분포 한국, 일본, 유럽, 북미

흰귀젖버섯사촌

Lactifluus uyedae (Sing.) Verbeken
Lactarius uyedae Sing.

형태 균모는 지름 0.4~1.2*cm*, 콩팥형, 부채꼴-조개껍질형 등이다. 표면은 점성이 없고 백색이나 담황색이며 미세한 털이 있다. 가장자리는 처음 안쪽으로 말리며 방사상의 줄무늬가 있다. 살은 극히 얇고 막질이며 백색이다. 유액은 흰색이고 변색되지 않는다. 주름살은 자루에 대하여 바른 주름살이면서 내린 주름살. 성기고 흔히 맥상으로 연결되어 있으며 색은 흰색-크림색이다. 자루는 길이 1~2*mm*, 굵기 1~1.5*mm*, 매우 가늘고 짧다. 균모의 한쪽 끝에 측생하며, 색은 흰색-크림색이다. 밑동은 털이 많다. 포자는 크기 7~9.5×5.5~7.5*μm*로 류구형-광난형이며, 표면에 그물눈 모양과 사마귀 모양의 돌기물이 있다.

생태 여름~가을/ 참나무류, 가시나무류 숲속의 노출된 토양, 이끼 사이 또는 부후목 위에 산생 혹은 군생한다.

분포 한국, 일본, 북미

털젖버섯아재비

Lactifluus subvellereus (Peck) Nuytinck
Lactarius subvellereus var. subdistans Hesl. & A.H. Sm.

형태 균모는 지름 6~15cm, 반구형이다가 얕은 깔때기형이 된다. 표면은 마르고 백색, 때로는 황토색을 띠고 가는 융모가 있으며 고리 무늬가 없다. 가장자리는 처음에 아래로 감기고 나중에 펴진다. 살은 희고 단단하며 아주 맵다. 젖은 백색이나 때로는 황색을 띠며 마르면 황백색이 된다. 주름살은 자루에 대하여 내린 주름살로 약간 빽빽하고, 폭이 좁으며 길이가 같지 않고 갈라진다. 색은 백색이다. 자루는 높이 2.5~9cm, 굵기 2~4cm, 원주형 또는 아래로 가늘어지며 색은 백색, 가는 융털이 있으며 속이 차 있다. 포자는 크기 7~9×5~7μm, 광타원형이며 표면은 매끈하고 투명하다. 포자문은 백색. 측낭상체는 풍부하며 원주형 내지 피침형이다. 꼭대기는 유두상, 크기는 50~70×5~9μm이다.

생태 가을 / 분비나무, 가문비나무 숲의 습지에 산생한다.

분포 한국, 중국, 일본

흰털젖버섯

Lactifluus bertillonii (Neuhoff ex Z. Schaef.) Verbeken

형태 균모는 지름 780~130(180)mm, 편평한 모양-둥근 산 모양이었다가 편평해지나 중앙이 들어가서 깔때기 모양, 물결형이 된다. 표면은 고르고 둔하며 미세한 털상이었다가 털이 생기고, 백색이었다가 크림색이 되며 오래되면 갈색 얼룩이 생긴다. 가장자리는 오랫동안 안으로 굽으며 고르다. 살은 백색, 절단 시 서서히 노란색. 냄새가 고약하며 맛은 맵고 쓰다. 주름살은 자루에 올린 또는 약간 내린 주름살, 포크형. 상처 시 갈색 얼룩. 가장자리는 전연. 자루는 길이 25~40mm, 굵기 20~30mm, 원통형, 때로 기부가 약간 가늘다. 속은 차 있고 표면은 밋밋하며 백색 털이 있다. 유액은 백색, 접촉하지 않으면 노란색이 된다. KOH 용액에 닿으면 오렌지색으로 변한다. 포자 크기는 7.1~9.1×5.2~6.9μm, 돌기 높이는 0.2μm, 사마귀 반점과 능선은 부분적인 그물꼴을 형성한다. 담자기는 곤봉형, 40~65×8~11μm, 4-포자성. 꺾쇠는 없다.

생태 여름~가을 / 단단한 나무숲의 땅에 단생하거나 군생한다.

분포 한국, 유럽

암색중심무당버섯

Russula acrifolia Romagn.

형태 균모는 지름 60~110(150)mm, 어릴 때는 둥근 산 모양으로 편평하나 중앙이 들어가며 노쇠하면 깔때기 모양이다. 표면은 고르다가 미세한 방사상의 섬유상이며 어릴 때는 백색, 후에 갈색이 증가한다. 노쇠하면 흑색이다. 가장자리는 오랫동안 안으로 굽고, 고르며, 드물게 물결형도 있다. 살은 백색, 절단 시 몇 분 안에 적색이 되고 1~2시간 후에는 흑색이 된다. 냄새는 싱싱할 때는 불분명하지만 약간 청어 냄새가 나며, 맛은 맵고 쓰다. 주름살도 맵고 쓰다. 주름살은 자루에 올린 주름살, 포크형이거나 아니다. 어릴 때는 백색, 후에 맑은 노란색이나 칙칙한 노란색이 된다. 가장자리는 전연이며 서서히 갈색이 된다. 자루는 길이 25~50mm, 굵기 15~20mm, 원통형이며 기부는 약간 부풀거나 가늘다. 속은 스펀지 같다가 빈다. 표면은 백색에 미세한 가루상이었다가 후에 적색에 매끈해지고, 상처 시 흑색이 된다. 포자는 크기 6.2~8.8 × 5.5~7.4μm, 류구형이나 타원형이다. 돌기의 높이는 0.5μm이고 많은 사마귀 반점과 능선이 연결되어 그물꼴을 형성한다. 담자기는 곤봉형으로 크기는 40~57×10~11μm, 4-포자성이다.
생태 여름~가을 / 단단한 나무숲의 땅에 단생 혹은 군생한다.
분포 한국, 유럽, 북미, 아시아, 북미 해안

흑갈색무당버섯

Russula adusta (Pers.) Fr.
Russula nigricans Fr.

형태 균모는 지름 5~7㎝, 둥근 산 모양이다가 차차 편평해지며 중앙은 오목하다. 표면은 습기가 있을 때 끈적임이 있고 매끄럽다. 색은 백색에서 회색을 거쳐 홍갈 회색이 되며, 상처 시 회흑색이다. 가장자리는 처음에 아래로 감기고 나중에 펴지거나 위로 들린다. 살은 두껍고 백색이며 상처 시 회색을 거쳐 흑색이 된다. 주름살은 자루에 대하여 바른 주름살 또는 내린 주름살, 얇고 밀생하며 길이가 같지 않고 상처 시 회흑색이 된다. 자루는 높이 4~7㎝, 굵기 0.5~3㎝, 원주형 또는 아래로 가늘어진다. 표면은 백색이나 오래되면 균모와 같은 색이 되고, 상처 시 암색이 된다. 속은 비어 있다. 포자는 크기 8~9×6~7.5㎛, 아구형이며 표면에 혹과 미세한 불완전한 그물눈이 있다. 낭상체는 방추형으로 꼭대기가 젖꼭지 모양이며 크기는 52~100×7~10㎛이다.

생태 여름~가을 / 가문비나무, 분비나무 숲의 땅에 군생 혹은 산생한다. 식용이며 외생균근을 형성한다.

분포 한국, 중국, 일본, 유럽, 북미

흑갈색무당버섯(절구형)

Russula nigricans Fr.

형태 균모는 지름 4~20cm, 반구형이다가 둥근 산 모양을 거쳐 차차 편평해지고 중앙부가 오목해져 깔때기형이 된다. 가장자리는 처음에 아래로 감기고 나중에 펴지며 반반하고 다소 날카롭다. 표면은 처음 또는 습기가 있을 때 끈적임이 있고, 털이 없이 매끄럽다. 색은 연한 색이나 회색, 그을음 회색을 거쳐 흑색이 된다. 살은 두껍고 치밀하고 견실하며, 색은 백색이고 상처 시 홍색을 거쳐 흑색이 된다. 맛은 맵다. 주름살은 자루에 대하여 바른 주름살 또는 홈 파진 주름살로 성기며 폭이 넓다. 주름살은 두꺼우며 길이가 같지 않고 때로는 주름살 사이에 횡맥이 있다. 색은 백색이며 상처 시 홍색을 거쳐 흑색이 된다. 자루는 높이 9~11cm, 굵기 1.5~4.5cm, 원주형이며 아래로 가늘어진다. 표면은 매끄럽고 처음에는 백색이다가 균모와 같은 색이 되며, 상처 시 홍색을 거쳐 흑색이 된다. 포자는 크기 7~8×6~7μm로 아구형, 표면은 거칠다. 포자문은 백색. 낭상체는 원주형으로 조금 구부정하며 크기는 60~70×6~8μm이다.

생태 여름~가을 / 활엽수림과 가문비나무, 분비나무 숲의 땅에 산생한다. 식용이지만 독이 있을 수 있어 함부로 먹어서는 안 된다. 신갈나무, 가문비나무 또는 분비나무와 외생균근을 형성한다.

분포 한국, 중국

386

구릿빛무당버섯

Russula aeruginea Lindblad ex Fr.

형태 균모는 지름 4~10cm, 둥근 산 모양이다가 차차 편평한 모양이 되며 중앙은 오목하다. 표면은 습기가 있을 때 끈적임이 있고, 마르면 가장자리는 가루 모양이며 구리빛 녹색, 포도 녹색 또는 암 회녹색이고 중앙은 색이 더 진하다. 가장자리는 혹으로 이어진 능선이 있다. 살은 중앙이 두꺼우며 백색, 약간 냄새가 난다. 주름살은 자루에 대하여 바른 주름살, 빽빽하거나 성기며 폭은 앞쪽은 넓고 뒤쪽은 좁다. 색은 백색 또는 황백색이나 나중에 탁한 황색을 띠면서 길이가 같아지고 갈라진다. 자루는 길이 4~8cm, 굵기 0.9~2cm, 상하 굵기가 같거나 하부가 조금 굵다. 색은 백색이며 표면이 매끄럽고 속은 갯솜질로 차 있다. 포자는 지름 8~9μm로 아구형이며 표면에 혹이 있다. 가끔 혹이 이어져 그물눈을 이루기도 한다. 포자문은 연한 황색. 낭상체는 방망이 모양으로 크기는 45~95×9.5~10.8μm이다.

생태 여름~가을 / 가문비나무, 분비나무 또는 자작나무 숲의 땅에 군생 혹은 산생한다. 식용이며 자작나무와 외생균근을 형성한다.

분포 한국, 중국, 일본, 유럽, 북미

하늘색무당버섯

Russula azurea Bres.

형태 균모는 지름 4~8cm, 반구형과 둥근 산 모양을 거쳐 차차 편평해지고 중앙은 무딘 톱니상이다. 표면에 미세한 거친 과립이 있고, 건조 시 무디고 미세한 가루상, 습기 시 광택이 나고 미끈거린다. 표피는 벗겨지기 쉽고 회색, 라일락색, 자색, 갈색 얼룩이 있다. 가장자리는 고르고 줄무늬 선이 있다. 육질은 백색, 아몬드 냄새, 맛은 쓰다가 온화하다. 주름살은 홈 파진 주름살, 포크형, 백색이다가 크림색이 된다. 가장자리는 전연. 자루는 길이 4~5.5cm, 굵기 1~1.5cm, 막대형, 속은 차차 빈다. 표면은 고르고 기부로 주름지며 황변하기 쉽다. 꼭대기에 미세한 가루가 있다. 포자는 7.7~10.6×6~8.8μm, 아구형, 타원형. 돌기의 높이는 0.8μm, 부푼 알갱이들이 맥상으로 서로 연결된다. 담자기는 곤봉형, 40~55×13~15μm. 연낭상체는 원통형, 곤봉형, 45~105×6~10μm. 측낭상체는 원통형, 곤봉형, 드물게 방추형, 60~75×8~13μm.

생태 여름~가을 / 숲속의 이끼류 속에 군생한다. 드문 종.

분포 한국, 중국, 유럽, 북미, 아시아

주름흰무당버섯

Russula albida Peck

형태 균모는 지름 2.5~6cm, 편평하나 중앙은 들어간다. 색은 백색이며 표면에 털은 없다. 표피는 쉽게 벗겨지며 가장자리는 밋밋하거나 불분명한 줄무늬 선이 있다. 살은 백색이고 주름살은 자루에 대하여 바른 주름살 또는 홈 파진 주름살로 역시 백색이며 촘촘하다. 주름살 사이는 횡맥으로 연결되며 짧고 긴 것이 교차한다. 자루는 길이 2.2~6cm, 굵기 0.5~1.5cm이며 원통형에 백색이다. 속은 차 있다. 포자문은 백색. 포자는 지름 8~9μm로 거의 구형이며 표면에 작은 가시가 나 있다.

생태 여름~가을 / 숲속의 땅에 단생 또는 군생한다. 식용이며 외생균근을 형성한다.

분포 한국, 중국

흰꽃무당버섯

Russula alboareolata Hongo

형태 균모는 지름 5~8㎝, 어릴 때는 둥근 산 모양이다가 가운데 가 약간 오목한 둥근 산 모양을 거쳐 펴지면서 결국 깔때기형이 된다. 표면은 흰색이나 중앙부는 다소 유백색, 미세한 분상이고 습기가 있을 때는 끈적임이 있으며 성장하면 가장자리에 줄무늬 홈선이 생긴다. 표피는 때때로 방사상으로 찢어진다. 살은 흰색 이며 연약하다. 주름살은 자루에 대하여 떨어진 주름살이며 색 은 흰색이다. 폭이 약간 넓고 성기다. 자루는 길이 2~5.5㎝, 굵기 10~17㎜로 흰색이고, 속에 수(髓)가 있거나 비어 있다. 표면에 때때로 쭈글쭈글한 요철의 줄무늬 홈선이 생긴다. 포자는 크기 6.5~8.5×5.5~7㎛로 난상 아구형이며 표면에 사마귀 반점이 있 고 돌출된다. 사마귀 반점들은 연락사로 서로 연결된다.
생태 여름 / 숲속의 땅에 단생 혹은 군생한다.
분포 한국, 중국, 일본, 유럽, 북미

검은무당버섯

Russula albonigra (Kormb.) Fr.

형태 균모는 지름 5~10(12)cm, 어릴 때는 반구형이나 둥근 산 모양에서 차차 편평해지고 가운데가 약간 오목해진다. 표면은 고르지 않고 다소 엽맥상 또는 약간 결절형이다. 습기가 있을 때 끈적임이 있다. 처음에는 탁한 유백색이다가 흑갈색 또는 거의 흑색이 된다. 살은 유백색, 자르면 흑색으로 변한다. 주름살은 자루에 대하여 내린 주름살, 유백색이다가 연한 색이 되고 폭이 좁으며 촘촘하다. 가장자리는 흑색. 자루는 길이 3~6cm, 굵기 15~20(30)mm로 짧고 굵으며 균모와 같은 색이거나 약간 연한 색이다. 포자는 크기 7~9.2×6~7.5μm, 아구형이나 타원형이다. 표면에 부분적으로 그물눈을 형성하며 반점이 있거나 능선상으로 돌출한다. 포자문은 백색이다.

생태 여름~가을 / 숲속의 땅에 단생 혹은 군생한다.

분포 한국, 중국, 일본, 유럽, 북미, 호주, 북아프리카

비단무당버섯

Russula alnetorum Romagn.

형태 균모는 지름 25~50㎜, 편평한 둥근 산 모양이다가 편평해지며 다소 깔때기형이다. 표면은 가끔 물결형이고 고르며 광택이 난다. 포도주 적색의 얼룩이 있으며, 자색, 라일락색, 백색, 황색 등 다양한 색이 있고 가끔 희미한 회색빛의 라일락색, 드물게 균일한 자색인 것도 있다. 표피는 약간 벗겨진다. 가장자리는 예리하고 어릴 때는 고르며, 나중에 약간의 줄무늬 선이 생긴다. 육질은 백색이며 냄새는 없고 맛은 온화하다. 주름살은 자루에 대하여 올린 주름살, 색은 백색이나 희미한 크림색으로 폭이 넓고, 전연이다. 자루는 길이 25~40㎜, 굵기 6~15㎜, 원통형이다. 때때로 미세한 세로줄의 섬유실이 서로 맥상으로 연결되며, 오래되면 다소 회색이 된다. $FeSO_4$ 반응에서 연어 분홍색, 페놀에서도 연어 분홍색을 나타낸다. 포자는 크기 7.7~10.5×6.1~7.9㎛, 타원형이며 수많은 사마귀 반점이 엉켜서 맥상으로 서로 연결되어 있다. 담자기는 곤봉형으로 크기는 40~50×10~11.5㎛, 4-포자성이다. 연낭상체는 방추형, 꼭대기에 돌기가 있으며 크기는 40~70×7~9㎛이다. 측낭상체는 연낭상체와 비슷하며 크기는 50~90×8~10㎛이다.

생태 여름~가을 / 숲속의 땅에 군생한다.

분포 한국, 중국, 일본, 유럽, 아시아

고깔무당버섯

Russula alpigenes (Bon) Bon

형태 균모는 지름 10~25mm, 반구형 또는 둥근 산 모양이며 가끔 중앙이 볼록하지만 오래되면 편평하게 된다. 표면은 고르고, 건조할 때는 광택이 없는 상태이다가 비단결이 되고, 습기가 있을 때는 광택이 있고 매끄럽다. 표피는 벗겨지기 쉬우며 자색이나 포도주 적색 또는 포도주 갈색이다. 가장자리는 고르고 오랫동안 아래로 말린다. 육질은 백색, 싱싱할 때는 냄새가 나다가 없어지고 맛은 맵다. 주름살은 자루에 대하여 좁은 올린 주름살로 백색이었다가 연한 크림 황색이 된다. 주름살 변두리는 전연이다. 자루는 길이 20~50mm, 굵기 8~15mm로 원통형이나 약간 막대형, 표면은 고르고 백색이며 기부부터 약간 황토색으로 변색한다. 속은 차 있다. 포자는 크기 6.5~8.5×5.4~6.7μm, 아구형 또는 타원형이다. 표면의 돌기 높이는 0.7μm이며 사마귀의 반점이 부풀어서 둥근형이고 그물꼴로 서로 연결된다. 담자기는 곤봉형으로 크기는 30~45×10~12μm. 연낭상체는 방추형, 꼭대기에 돌기가 있는 것도 있고 없는 것도 있으며 크기는 46~80×9~12μm이다. 측낭상체는 연낭상체와 비슷하고 크기는 45~75×8~13μm이다.

생태 여름~가을 / 숲속의 땅에 군생한다.

분포 한국, 중국, 유럽

갈색주름무당버섯

Russula amoenolens Romagn.

형태 균모는 지름 40~60(70)mm, 어릴 때는 반구형, 후에 편평형에서 깔때기형이 된다. 표면은 고르고 둔하며, 습할 시 광택이 나고 점성이 있다. 올리브 갈색이나 회갈색, 중앙은 회흑색이다. 가장자리는 이랑-줄무늬 선이 있으며 표피는 중앙의 절반까지 벗겨지기 쉽다. 살은 백색이고 냄새는 정액 냄새, 맛은 맵고 쓰다. 주름살은 자루에 대하여 좁은 올린 주름살로 포크형이 많다. 어릴 때는 백색, 후에 연한 크림색이다. 가장자리는 전연이다. 자루는 길이 25~55mm, 굵기 10~15mm, 원통형이나 배불뚝형이며 때때로 기부로 가늘다. 어릴 때 속은 차 있고, 후에 방처럼 비게 된다. 표면은 약간 세로로 맥상이며 어릴 때는 백색, 후에 맑은 회갈색이 된다. 포자는 크기 6.3~8.1×4.7~6μm, 타원형이며 표면에 돌출된 높이는 0.6μm, 분리된 사마귀 반점들이 있고 간혹 약간 연결된 것도 있다. 담자기는 곤봉형으로 크기는 37~50×10~12μm, 4-포자성이다.

생태 여름~가을 / 혼효림의 단단한 나무숲에 단생 혹은 군생한다. 드문 종.

분포 한국, 유럽, 아시아

393

가지무당버섯

Russula amoena Quél.

형태 균모는 지름 3~6cm, 어릴 때는 반구형이었다가 후에 둥근 산 모양이 되며 중앙부가 오목한 편평형이 되고 결국에는 약간 깔때기형이 된다. 표면은 습할 때 점성이 있고 분상이다. 포도주 색-회자색, 회색을 띤 적색 등을 나타낸다. 성숙하면 가장자리에 요철 줄무늬 홈선이 생긴다. 균모의 껍질은 벗겨지기 쉽다. 살은 흰색, 표피 밑은 적색. 청어 냄새가 난다. 주름살은 자루에 대하여 떨어진 주름살. 주름살 사이는 맥상으로 연결된다. 색은 흰색이나 크림색이며 폭이 약간 넓고, 빽빽하다. 언저리 부분에 흔히 홍색이나 보라색 테가 있다. 자루는 길이 2.5~5cm, 굵기 6~10mm, 상하가 같은 굵기이거나 아래쪽으로 가늘어지고 세로로 약간 주름이 있다. 색은 홍색이나 보라색을 띤다. 어릴 때는 속이 차 있으나 후에 스펀지상이 된다. 포자는 크기 6.1~8.4×5.3~7μm, 류구형이나 타원형이다. 표면은 부분적으로 그물눈을 형성하고, 반점 및 능선상 돌기가 피복한다.

생태 여름~가을 / 활엽수림, 침엽수림의 땅에 난다.

분포 한국, 일본, 유럽

참무당버섯

Russula atropurpurea (Krombh.) Britz.
Russula krombholtzii Schäffer

형태 균모는 지름 4~10cm, 반구형이었다가 편평한 모양이 되며 중앙부는 조금 오목하다. 균모 표면은 결절형이고, 습기가 있을 때는 끈적임이 있고 빛나며 건조하면 비단결이다. 색깔은 암혈홍색, 암자색 또는 암남자색이다. 가장자리 표피는 벗겨지기 쉬우며 날카롭고 평평하며 매끄럽다. 살은 치밀하며 다소 부서지기 쉽고 맛이 조금 맵다. 색은 백색, 표피 아래는 균모와 같은 색이다. 자루 언저리는 연한 갈색 또는 연한 회색이다. 주름살은 자루에 대하여 바른 주름살 또는 홈 파진 주름살로서 길이가 같으며 자루 쪽은 좁고 앞 끝은 넓으며 색은 백색이다가 황색이 된다. 자루는 길이 3.5~6cm, 굵기 1.5~2.5cm이고 위아래의 굵기가 같거나 아래로 조금 굵어진다. 표면은 주름 무늬가 있고 백색이며, 상부는 가루 모양이고 노쇠하면 기부가 연한 황색 또는 갈색이다. 속은 치밀하게 차 있으나 나중에 빈다. 포자는 크기 8.5~9(11)×6~8(10)μm로 아구형이며 낮고 평평한 혹이 있다. 포자문은 백색 또는 연한 황색. 낭상체는 방추형으로 크기는 50~89×7~11μm이다.

생태 여름~가을 / 소나무 또는 사스래나무 숲의 땅에 산생한다. 식용이며 소나무 또는 신갈나무 등과 외생균근을 형성한다.

분포 한국, 중국, 유럽

흑적변무당버섯

Russula atrorubens Quél.

형태 균모는 지름 25~60mm, 반구형이다가 둥근 산 모양을 거쳐 편평해지지만, 중앙은 약간 톱니상이고 가끔 결절상이다. 건조하면 광택이 없지만 습할 시 광택이 나고 미끈거린다. 색깔은 검은 카민색 또는 올리브색이 섞인 적보라색이다. 가장자리는 고르고, 어릴 때 예리하고 후에 약간 줄무늬 선이 있다. 표피는 벗겨지기 쉽다. 살은 백색, 과실 같은 달콤한 냄새가 나며 맛은 맵다. 주름살은 자루에 대하여 홈 파진 주름살로 백색이며 포크상이 있다. 가장자리는 전연이다. 자루는 길이 40~80cm, 굵기 10~20mm, 원통형 또는 약간 막대형이며, 속은 차 있다가 푸석푸석하게 빈다. 표면은 미세한 세로줄의 맥상이고, 색은 백색이며 때때로 기부는 적색 혹은 살색이다. 포자는 크기 6~8.5×5~6.5μm로 타원형이다. 장식돌기의 높이는 0.5μm, 사마귀 반점이 있으며 그물눈으로 서로 연결되어 그물꼴을 형성한다. 담자기는 곤봉형이고 크기는 35~47×9~10μm, 4-포자성이다. 연낭상체는 방추형으로 크기는 42~75×6~9μm, 선단은 돌기가 있다. 측낭상체는 연낭상체와 비슷하고 크기는 36~85×7~12μm이다.

생태 여름~가을 / 숲속의 땅 또는 젖은 이끼류가 있는 땅에 군생한다.

분포 한국, 유럽

금무당버섯

Russula aurea Pers.
R. aurata Fr.

형태 균모는 지름 6~7cm, 둥근 산 모양이었다가 차차 편평한 모양이 되며 중앙은 오목하다. 표면은 건조하며 매끄럽고 귤홍색, 귤황색, 오렌지 진한 황색이지만 중앙부는 색이 더 진하고 가끔 홍색을 띤다. 가장자리는 얇고 오래되면 희미한 능선이 나타난다. 살은 처음에는 굳고 부서지기 쉽지만 오래되면 갯솜 조직처럼 된다. 색은 백색, 표피 아래는 짙은 레몬 황색이다. 주름살은 자루에 대하여 바른 주름살 또는 떨어진 주름살로 색은 연한 황백색이며 약간 빽빽하고 폭은 넓다. 길이가 같거나 같지 않고, 주름살 사이에 횡맥이 있어 연결된다. 가장자리는 더러 갈라지고 레몬 황색이다. 자루는 길이 5~9cm, 굵기 1~20mm, 원주형이며 중앙부가 조금 굵다. 상부는 백색, 하부는 레몬 황색으로 진해지며 주름 무늬가 있다. 속은 거의 차 있지만 부분적으로 비어 있다. 포자는 지름 8~11㎛로 구형이며 거칠다. 멜저액 반응에서 능선으로 이어진 그물눈을 볼 수 있다. 포자문은 짙은 홍갈색이다.
생태 여름~가을 / 가문비나무, 분비나무 숲 또는 잣나무, 활엽수의 혼효림 땅에 단생한다. 식용이며 신갈나무와 외생균근을 형성한다.
분포 한국, 중국, 일본, 유럽, 북미

진적갈색무당버섯

Russula badia Quél.

형태 균모는 지름 60~80(100)㎜, 어릴 때는 반구형이고 후에 둥근 산 모양이다가 편평해진다. 중앙은 톱니상이며 오래되면 약간 깔때기형이 된다. 표면은 고르다가 결절형 또는 곳에 따라 맥상이며 와인-적색이나 검은 자갈색, 흔히 황토 반점이 있다. 건조 시 둔하고, 습할 시 광택이 난다. 가장자리는 고르고, 오래되면 파진 줄무늬 선이 있으며 둔하다. 표피는 중앙의 반까지 벗겨지기도 한다. 살은 백색이고 냄새가 약간 나며 맛은 처음에는 온화하지만 몇 초 후에 탄 맛이 난다. 주름살은 자루에 끝 붙은 주름살로 백색이다가 연한 황토-노란색이 되며 많은 포크형이 있다. 가장자리는 전연, 군데군데 적색이 있다. 자루는 길이 40~80(100)㎜, 굵기 10~25㎜, 원통형이며 어릴 때는 속이 차 있고 후에는 방처럼 빈다. 표면은 세로로 긴 줄무늬의 맥상이고 백색, 흔히 적색-살색, 기부에서 위쪽으로는 황토 갈색의 반점이 있다. 포자는 크기 7.3~9.4×6.1~7.8㎛, 아구형이나 타원형이다. 표면의 돌출은 둥글고 늘어진 사마귀 반점들이 연결되어 부분적으로 그물꼴을 형성한다. 담자기는 곤봉형이며 크기는 40~60×9~13㎛, 4-포자성이며 기부에 꺽쇠는 없다.

생태 여름~가을 / 구과나무 숲의 땅에 군생한다.

분포 한국, 유럽, 아시아, 북미 해안

고운무당버섯

Russula bella Hongo

형태 균모는 지름 2~4cm, 반구형 혹은 둥근 산 모양이며 표면의 색상은 홍색이거나 장미색인데 돋보기로 보면 미세한 털이 나 있다. 습할 때 점성이 있다. 주변은 희미하고 퇴색하며, 가장자리는 물결형이며 줄무늬 홈선이 보인다. 주름살은 자루에 끝 붙은 주름살이면서 내린 주름살이며, 밀생하나 약간 성기고, 색은 백색 또는 옅은 황색이다. 가장자리는 적색을 띠는 경우가 있다. 살은 흰색, 맛없는 과일 냄새가 난다. 자루는 길이 2~4cm, 굵기 5~7mm로 상하가 같은 굵기이나 기부가 약간 가늘어지며 속은 비어 있다. 표면은 백색 혹은 연 분홍색이 있으며 이랑이 있다. 포자문은 흰색. 포자는 크기 6.5~7.5×5.5~6μm로 타원형 또는 난형이며 표면에 작은 돌기와 연락사가 있어 불완전한 그물 무늬를 나타낸다.

생태 여름~가을 / 공원의 풀밭, 활엽수림 내 땅에 군생 또는 단생한다.

분포 한국, 일본

분홍색무당버섯

Russula betularum Hora

형태 균모는 지름 2~5cm, 반구형이다가 거의 편평해지며 중앙은 약간 들어간다. 표면은 분홍색 혹은 연한 살빛의 분홍색이며 흡수성이고 밋밋하다. 가장자리에 줄무늬 선이 있다. 살은 백색이며 비교적 얇고, 맛은 맵다. 주름살은 자루에 대하여 바른 주름살로 백색이다. 자루는 길이 2.5~6cm, 굵기 0.6~0.8cm로 원주형이고 백색이며 하부는 약간 팽대한다. 포자는 크기 8~11×7.5~8㎛로 타원형이며 표면에 사마귀 점과 불완전한 그물꼴이 있다.

생태 여름~가을 / 숲속의 땅에 단생 혹은 군생한다.

분포 한국, 중국, 유럽

짧은자루무당버섯

Russula brevipes Peck

형태 균모는 지름 9~20cm, 어릴 때 둥근 산 모양, 거의 편평해졌다가 오래되면 깔때기 모양이 된다. 표면은 건조성, 작고 매트 같은 섬유실로 덮여 있으며 백색이다가 크림색, 노란색이다가 갈색으로 물든다. 가장자리는 어릴 때 안으로 말리고, 오래되면 위로 올려진다. 살은 백색이며 부서지기 쉽고, 냄새는 분명치 않거나 좋지 않으며 맛은 불분명하다가 서서히 약간 쓰고 맵다. 주름살은 자루에 대하여 올린 주름살, 폭은 좁고, 백색이다가 크림색이 되며 적갈색으로 물든다. 자루는 길이 2.5~7.5cm, 굵기 2.5~4cm, 같은 굵기 또는 아래로 약간 가늘고, 오래되면 속이 빈다. 건조성이며 밋밋하고 색은 역시 백색이다가 크림색이 되며 갈색으로 물든다. 포자문은 백색이나 크림색. 포자는 크기 8~11×6~8μm, 타원형이나 난형이다. 표면에 사마귀 점이 있고, 부분적으로 완전한 그물꼴이며, 투명하다. 아미로이드 반응을 보인다.

생태 겨울 / 숲속의 낙엽이 있는 땅에 군생한다.

분포 한국

황보라무당버섯

Russula bruneoviolacea Crawshay

형태 균모는 지름 30~60mm, 반구형이다가 둥근 산 모양을 거쳐 편평한 모양이 되고 중앙은 무딘 톱니상이다. 표면은 고르다가 미세한 혹형이 생기고, 건조성이다. 습기가 있을 때는 광택이 난다. 색깔은 검은 자갈색이나 연한 포도주 적색, 가끔 황토색 또는 군데군데 올리브색이다. 껍질은 벗겨지기 쉽다. 가장자리는 고르고 줄무늬 선이 있으며 예리하다. 육질은 백색, 상처 시 곳곳(특히 자루 부분)이 황색으로 변색한다. 냄새는 없거나 희미한 과일 냄새가 나고 맛은 온화하다. 주름살은 자루에 대하여 올린 주름살에서 끝 붙은 주름살로 백색이나 크림색 또는 연한 황토색이며 포크형이 있다. 가장자리는 전연. 자루는 길이 30~60mm, 굵기 8~18mm로 원통형이며 기부로 가늘지만 부푼 것도 있다. 속은 차 있다가 푸석푸석하게 빈다. 표면은 미세한 세로줄의 맥상으로 연결되며, 백색이다가 칙칙한 황색이 된다. 포자는 크기 6.7~8.8×6~7.4μm, 아구형이며 표면의 돌기 높이는 1.5μm이다. 사마귀 반점들은 서로 분리되거나 합쳐진 것도 있다. 담자기는 곤봉형이고 크기는 45~60×11~15μm. 연낭상체는 방추형이며, 꼭대기에 부속지가 있고 크기는 40~70×6~12μm. 측낭상체는 연낭상체와 비슷하며 크기는 45~81×9~11μm이다.

생태 초여름~가을 / 활엽수림과 혼효림에 군생한다. 드문 종.

분포 한국, 중국, 유럽, 아시아

청변무당버섯

Russula caerulea Fr.

형태 균모는 지름 5~10cm, 둔한 원추형이다가 둥근 산 모양을 거쳐 편평해지며 중앙에 분명한 젖꼭지 모양의 돌출부를 가진다. 표면은 고르고 방사상으로 주름진다. 자갈색이다가 보라색 또는 청색이 되고, 중앙은 진하여 거의 흑색이다. 습기가 있을 때 끈적임이 있고 광택이 나며 건조 시 비단결이다. 표피는 벗겨지기 쉽다. 가장자리는 예리하며 고르고, 약간 줄무늬 홈선이 있다. 육질은 백색이며 과일 냄새가 나고 맛은 온화하다. 주름살은 자루에 대하여 좁은 올린 주름살로 희미한 황색 빛의 백색이다가 황토색이 된다. 가장자리는 전연. 자루는 길이 5~8cm, 굵기 1~2cm로 원통형이나 약간 막대형이며 기부로 가늘고 속은 차 있다가 스펀지처럼 된다. 표면은 그물꼴의 맥상이고 백색, 가루상이다. 기부로 황토색-황색의 얼룩 반점이 있다. 포자는 크기 7~9.2×5.9~8μm로 아구형 또는 타원형이다. 침의 높이는 1.3μm, 융기된 맥상으로 연결된다. 담자기는 곤봉형으로 크기는 45~52×10~11μm, 연낭상체는 방추형이고 꼭대기는 응축하며 크기는 50~85×6~9μm이다. 측낭상체는 연낭상체와 비슷하고 크기는 43~110×6~14μm이다.

생태 여름~가을 / 활엽수림과 혼효림에 군생한다. 드문 종.

분포 한국, 중국, 유럽, 북미, 아시아

403

나뭇잎무당버섯

Russula camarophylla Romagn.

형태 균모는 지름 4~7cm, 둥근 산 모양이다가 서서히 펴지며, 보통 물결형 혹은 엽편형이다. 표면에 인편이 있으며 거칠고, 색은 연한 황토색이었다가 후에 분홍-갈색 또는 적색이 된다. 표피는 약간 살에 부착한다. 살은 두껍고 백색이며 손으로 만지면 곧 황토색이나 갈색이 된다. 살은 질기고 다육질이며 백색이었다가 황토-갈색이 된다. 맛은 온화하며 냄새는 불분명하나 약간 빵 냄새가 난다. 주름살은 자루에 대하여 바른-내린 주름살로 폭이 매우 넓고 연한 황토색이며 상처 시 갈색으로 물든다. 자루는 원통형이다. 포자는 크기 5~5.7×3.8~4.4μm, 타원형이며 표면에 몇 개의 사마귀 반점이 있다. 포자문은 순수한 백색이다.
생태 여름 / 혼효림의 땅에 발생한다.
분포 한국, 유럽

404

좀흰무당버섯

Russula castanopsidis Hongo

형태 균모는 지름 3.5~5.5cm, 둥근 산 모양을 거쳐 차차 편평해지며 중앙부는 오목하다. 표면은 끈적임이 없고 연한 회황갈색, 가장자리는 연한 색이거나 거의 백색이다. 표피는 때때로 불규칙하게 갈라지며 가장자리는 짧은 줄무늬 홈선을 나타낸다. 살은 백색이며 거의 무미 무취하다. 주름살은 자루에 거의 끝 붙은 주름살로 백색이며 약간 밀생한다. 폭은 3~6mm. 주름살의 가장자리는 미세한 가루상이다. 자루는 길이 4~6.5cm, 굵기 6~8mm, 상하 크기가 같으나 기부로 가늘고 백색이다. 주름진 세로 선이 있으며 속은 거의 해면질이다. 포자문은 백색. 포자는 크기 7.5~9.5 × 5.5~8μm, 아구형이며 표면은 크고 작은 침으로 덮여 있다. 연낭상체는 크기 48~63 × 7~13μm, 방추형 또는 곤봉형으로 꼭대기에 작은 돌기가 있다. 측낭상체는 크기 58~75 × 11~20μm, 방추형이며 역시 꼭대기에 작은 돌기가 있다.

생태 여름~가을 / 활엽수림의 땅 또는 낙엽 사이에 군생한다.

분포 한국, 중국, 일본, 유럽, 북미

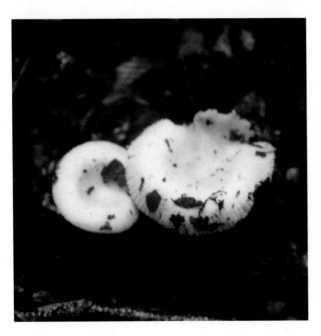

푸른빛무당버섯

Russula chloroides (Krombh.) Bres.

형태 균모는 지름 5~11cm, 어릴 때 반구형이다가 편평한 모양이 되나 중앙은 톱니상이고 들어간다. 표면은 가끔 물결형이고 고르며 백색이다. 어릴 때 미세한 털이 있다가 나중에는 매끈해지고 부분 또는 전체가 크림 황색에서 갈황토색이 된다. 습기가 있을 때는 광택이 난다. 가장자리는 고르고 예리하며 표피는 약간 벗겨지기 쉽다. 살은 백색, 자르면 서서히 갈색이 되며 냄새는 불분명하나 불쾌하고 맛은 온화하다. 단, 주름살의 살은 맵다. 주름살은 자루에 대하여 내린 주름살로 폭은 좁고 포크형이 있으며, 백색이다가 바랜 크림색이 되며 가끔 밝은 청색도 있다. 가장자리는 전연. 자루는 길이 4~6cm, 굵기 1~2cm, 원통형이며 속은 차 있다가 방처럼 빈다. 표면은 미세한 세로줄의 맥상이며 가루상, 어릴 때 백색이었다가 군데군데 갈색이 된다. 포자는 크기 8~10.5×7~9㎛, 아구형이며 돌기 높이는 1.8㎛이다. 표면은 거칠며, 사마귀 반점들은 분리되나 연결된 것도 있다. 담자기는 곤봉형으로 크기는 50~75×11~15㎛이다.

생태 여름~가을 / 활엽수림, 침엽수림, 혼효림의 땅에 단생 혹은 군생한다.

분포 한국, 유럽, 북미, 호주

푸른무당버섯아재비

Russula chloroides var. **chloroides** (Krombh.) Bres.

형태 균모는 지름 50~110㎜, 반구형이다가 차차 편평해진다. 중앙은 무딘 톱니상, 깔때기형. 표면은 고르고 백색, 어릴 때 벨벳상이나 매끈해지고 크림-노란색에서 황토-갈색이 된다. 습할 때는 표면이 매끈하다. 가장자리는 고르고 예리하며, 표피는 약간 벗겨진다. 육질은 백색, 상처 시 서서히 갈변한다. 맛은 온화하나 주름살은 맵다. 주름살은 좁은 내린 주름살로 포크형, 백색이다가 연한 크림색이 되며, 약간 청색을 띤다. 곳곳에 갈색 얼룩이 있다. 가장자리는 전연. 자루는 길이 40~60㎜, 굵기 10~20㎜로 원통형, 속은 차차 빈다. 표면은 가는 세로줄이 있고 맥상으로 연결되며 백색의 가루상이었다가 갈색이 된다. 포자는 7.9~10.7×7~9.1㎛, 아구형, 표면에 침상의 돌기가 있다. 담자기는 곤봉형, 50~75×11~15㎛. 연낭상체는 방추형-곤봉형, 40~110×6~12㎛. 측낭상체는 연낭상체와 비슷하며 60~105×8~13㎛.
생태 여름~가을 / 활엽수림 또는 혼효림에 단생 혹은 군생한다. 드문 종.
분포 한국, 유럽, 북미, 아시아, 호주

배불뚝무당버섯

Russula cavipes Britz.

형태 균모는 지름 2.5~6㎝, 반구형에서 차차 편평해진다. 중앙은 둔한 톱니상, 가끔 결절형. 표면은 고르고 광택이 나며, 건조 시 버터처럼 고르고, 습기가 있을 때는 끈적임이 있어서 미끈거린다. 보라-자색에서 청색-라일락색, 올리브 분홍색이 되는 등 색이 다양하다. 표피는 잘 벗겨진다. 가장자리는 예리하고 줄무늬 선이 있다. 육질은 백색이다가 밝은 노란색이 되며, 냄새는 달콤하고 맛은 온화하다. 주름살은 좁은 올린 주름살, 백색-크림색이다. 가장자리는 전연. 자루는 길이 4~6.5㎝, 굵기는 8~12㎜, 원통형, 기부로 부푼다. 기부는 가끔 황색. 표면은 고르며 백색이며, 세로 무늬 선이 맥상으로 연결된다. 속은 차차 빈다. 포자는 아구형 또는 타원형, 7~9.3×6.2~8㎛. 침의 길이는 1.2㎛, 그물꼴로 연결된다. 담자기는 37~50×10~13㎛, 곤봉형. 연낭상체는 방추형, 끝이 돌기가 되며 40~95×6~15㎛. 측낭상체도 연낭상체와 비슷하며 45~140×8~22㎛.
생태 여름~가을 / 활엽수림과 혼효림의 땅에 군생한다.
분포 한국, 중국, 유럽

맑은무당버섯

Russula clariana Heim ex Kuyp. & van Vuure

형태 균모는 지름 4~6cm, 반구형이나 둥근 산 모양이다가 차차 편평해지며 중앙은 무딘 톱니상이다. 표면은 물결형으로 고르며 미세한 방사상의 주름 무늬가 있다. 색깔은 푸른색이다가 자갈색 또는 연한 색이다가 크림색이 되며 중앙은 밝은 황토 올리브색으로 오래되면 균모 전체가 퇴색한다. 표피는 반 정도까지 벗겨진다. 가장자리는 어릴 때 고르며 짧은 줄무늬 선이 있다. 육질은 백색, 처음에는 아욱 냄새가 나지만 나중에는 사과 냄새가 난다. 맛은 맵다. 주름살은 자루에 대하여 홈 파진 주름살로 포크형이다. 가장자리는 전연이다. 자루는 길이 3~5cm, 굵기 1~2cm, 원통형이나 막대형이며 속은 차 있다가 구멍이 숭숭 뚫린다. 표면은 가는 세로줄의 맥상으로 연결되며, 어릴 때는 백색, 나중에는 기부 위쪽으로 회색이 된다. 포자는 크기 6.5~8.6×5.8~7.5μm, 아구형이며 돌기의 길이는 1μm이다. 침들은 서로 융기된 맥상으로 연결된다. 담자기는 곤봉형으로 크기는 35~55×10~13μm, 연낭상체는 방추형이나 곤봉형, 꼭대기에 부속지를 함유하고 크기는 45~75×8~10μm. 측낭상체는 연낭상체와 비슷하며 크기는 50~85×10~13μm이다.

생태 늦봄~초가을 / 숲속의 땅에 군생한다. 드문 종.

분포 한국, 유럽

맑은노랑무당버섯

Russula claroflava Grove

형태 균모는 지름 4~8.5cm, 반구형이다가 둥근 산 모양을 거쳐 차차 편평해지지만 중앙은 무딘 톱니상이다. 표면은 고르며 습기가 있을 때 광택이 나고 매끈하다. 색은 레몬 황색, 상처 시 회색 혹은 흑색이 된다. 가장자리는 짧은 줄무늬 선이 있다. 표피는 중앙까지 벗겨진다. 육질은 백색, 상처 시 적색이다가 회색으로 변하며 냄새가 약간 나고 맛은 온화하다. 주름살은 자루에 대하여 좁은 올린 주름살, 포크형이 있고, 색은 백색이다가 연한 크림 노란색이 된다. 가장자리는 전연. 자루는 길이 30~60mm, 굵기 10~120mm로 원통형이나 막대형, 속은 차 있다가 스펀지처럼 된다. 표면은 고르고 나중에 세로줄 무늬가 맥상으로 연결된다. 비비거나 오래되면 백색에서 회색을 거쳐 흑색이 된다. 포자는 크기 6.8~9.1×5.6~6.9μm로 타원형이고 사마귀의 높이는 1μm, 사마귀 반점들은 맥상과 융기로 서로 연결된다. 담자기는 곤봉형으로 크기는 36~46×11~12μm. 연낭상체는 방추형이고 꼭대기는 응축하며 크기는 35~90×8~12μm. 측낭상체도 연낭상체와 비슷하고 크기는 60~90×12~13μm이다.

생태 여름~가을 / 혼효림의 땅에 군생한다. 드문 종.

분포 한국, 중국, 유럽, 북미

참빗주름무당버섯

Russula compacta Frost

형태 균모는 지름 7~10cm, 둥근 산 모양이다가 편평한 모양을 거쳐 약간 깔때기형이 된다. 표면은 계피색이고 살은 단단하며 백색, 상처를 받으면 적갈색으로 변한다. 청어 냄새가 난다. 주름살은 자루에 대하여 떨어진 주름살로 백색이나 상처를 입으면 적갈색의 얼룩이 생긴다. 자루는 길이 4~6cm, 굵기 1.5~2cm이고 표면에 세로줄 무늬가 있으며 백색이다가 적갈색이 된다. 포자는 크기 8~9×7~8μm, 아구형에 미세한 사마귀 반점과 그물눈의 연락사가 있다.

생태 여름~가을 / 활엽수림의 땅에 군생한다. 식용이며 균근성 버섯이다.

분포 한국, 중국, 일본, 북미, 마다가스카르

기와무당버섯

Russula crustosa Peck

형태 균모는 지름 5~11(15)㎝, 어릴 때는 구형 혹은 둥근 산 모양, 후에 중앙이 오목한 낮은 둥근 산 모양 혹은 깔때기형이 된다. 표면은 습할 때 약간 점성이 있으나 빨리 건조한다. 담황토색-갈색을 띤 황토색이며 가운데가 진하다. 표피는 흔히 불규칙한 다각형으로 쪼개진다. 오래되면 가장자리는 알갱이 모양으로 줄무늬가 생기기도 한다. 살은 흰색. 주름살은 자루에 대하여 올린 주름살이다가 떨어진 주름살이 되며 흰색이지만 후에 약간 황색을 띤다. 폭은 약간 넓다. 자루는 길이 4~7㎝, 굵기 12~25(45)㎜, 상하가 같은 굵기이거나 때로는 아래쪽으로 가늘어진다. 흰색 또는 약간 황토색을 띠고 약간 분상이다. 속은 스펀지 모양이다. 포자는 크기 6.5~8.5×5.5~7㎛, 아구형이며 표면에 작은 사마귀 반점과 미세한 연락사가 있다.
생태 여름~가을 / 주로 참나무 등 활엽수림의 땅에 난다. 식용이다.
분포 한국, 일본, 북미

짧은대무당버섯

Russula curtipes F.H. Møller & Schäff

형태 균모는 지름 50~100(130)mm, 어릴 때는 반구형, 이후 둥근 산 모양이다가 편평해진다. 중앙은 톱니꼴이다. 표면은 고르고, 둔하며, 습할 시 점성이 있다. 색은 와인-적색이나 와인-갈색, 흔히 중앙은 연한 색이나 황토색이다. 가장자리는 고르고, 약간 줄무늬 선이 있고, 표피는 벗겨지기 쉽다. 살은 백색이며 냄새는 희미하나 분명치 않고 맛은 온화하다. 주름살은 자루에 대하여 좁은 올린 주름살이고, 어릴 때 백색이며 후에 맑은 노랑-황토색이 된다. 포크형도 있다. 가장자리는 전연이다. 자루는 길이 35~60(70)mm, 굵기 12~20mm, 원통형이며 때때로 약간 기부로 가늘다. 속은 차 있고 표면은 밋밋하며 약간 가루상이나 맥상이다. 색은 백색이다가 오래되면 칙칙한 황토색으로 변한다. 포자는 크기 6.9~9.4×5.9~8.1μm, 류구형이나 타원형, 표면의 돌출물은 분리된 것과 사마귀 반점들이 서로 붙어서 그물꼴을 이루기도 한다. 담자기는 곤봉형이며 크기는 40~60×12~14μm, (2)4-포자성이다. 기부에 꺾쇠는 없다.

생태 여름~가을 / 단단한 나무와 혼효림의 땅에 단생 혹은 군생한다.

분포 한국, 유럽

412

청버섯

Russula cyanocxantha (Schaeff) Fr.
R. cutefracta Cooke, R. cyanoxantha f. peltereaui Sing.

형태 균모는 지름 4.5~17cm, 둥근 산 모양이다가 차차 편평한 모양이 되며 중앙부는 조금 오목하다. 표면에 끈적임이 조금 있고 털은 없으며 매끄럽다. 색깔은 처음에 남자색, 암자회색, 자갈색, 녹색을 띤 자회색 등 다양하며, 오래되면 녹색, 연한 자황색, 회자갈색, 연한 청갈색 등 반점이 나타난다. 표피는 벗겨지기 쉬우며 가끔 갈라진다. 가장자리는 날카롭고 매끄러우며 오래되면 희미한 능선이 나타난다. 살은 치밀하나 부서지기 쉽고, 색은 백색이지만 표피 아래는 홍색 또는 자색을 띤다. 맛은 유화하며 냄새는 없다. 주름살은 자루에 대하여 바른 주름살로 약간 밀생하며 폭이 넓고, 길이가 같지 않으며 갈라진다. 주름살 사이에 횡맥이 있어서 연결된다. 색은 백색, 오래되면 녹슨 반점이 나타난다. 자루는 길이 4~10cm, 굵기 1.5~3cm이며 원주형으로 색은 백색, 육질이며 속은 갯솜질이다. 포자는 크기 7~9×6~7㎛로 아구형이다. 포자문은 백색. 낭상체는 방망이형 또는 방추형으로 크기는 55~75×7~9㎛이다.

생태 여름~가을 / 활엽수림, 잣나무 숲, 혼효림의 땅에 군생 혹은 산생한다. 식용으로 맛이 좋다. 소나무 또는 신갈나무와 외생균근을 형성한다.

분포 한국, 일본, 유럽

청머루무당버섯

Russula cyanocxantha var. **cyanocxantha** (Schaeff) Fr.

형태 균모는 지름 4~6cm, 구형 또는 둥근 산 모양에서 차차 편평해지며 중앙부는 조금 오목하다. 표면은 습기가 있을 때 끈적임이 조금 있고 색은 오렌지 홍색, 중앙부는 홍갈색, 일부분은 퇴색되어 진한 달걀 껍질 색이 된다. 표피는 벗겨지기 쉽다. 가장자리는 처음에 반반하나 오래되면 줄무늬 홈선이 나타난다. 살은 부서지기 쉬우며 백색, 상처나거나 오래되면 회색이 된다. 맛은 온화하다. 주름살은 자루에 대하여 바른 주름살로 밀생하며, 색은 백색이다가 연한 황색이 된다. 폭은 약간 넓고 길이는 같으며 언저리는 갈라진다. 자루는 길이 3~7cm, 굵기 1~1.5cm이고 원주형이거나 아래로 굵어지며 주름 무늬가 있다. 색은 백색이나 상처를 받거나 오래되면 회색으로 변하고, 속은 갯솜질에서 비게 된다. 포자는 크기 9~9.5×6.5~8μm, 아구형이며 표면에 가시가 있다. 포자문은 연한 홍갈황색. 낭상체는 방추형으로 꼭대기가 조금 뾰족하며 크기는 57~62×7~10μm이다.

생태 여름~가을 / 잣나무 숲, 활엽수림, 혼효림의 땅에 산생한다. 식용이며 소나무, 자작나무와 외생균근을 형성한다.

분포 한국, 일본, 유럽

헛무늬무당버섯

Russula decipiens (Sing.) Kühn. & Romagn.

형태 균모는 지름 60~100(120)mm, 어릴 때는 둥근 산 모양이다가 편평해지며 중앙은 톱니상이다. 표면은 미세하게 맥상이나 결절상이 되며, 색은 와인-적색, 보통 황토색 또는 중앙에 노란 색조를 띤다. 건조 시 둔하고, 습할 시 광택이 난다. 가장자리는 흔히 불규칙하게 뒤집히며, 어릴 때는 고르고 후에 늑골상의 줄무늬 선이 생긴다. 표피는 중앙 반절까지 벗겨진다. 살은 백색이며 약간 약품 냄새가 나고 처음 맛은 온화하나 씹으면 맵고 쓰다. 주름살은 자루에 홈 파진 주름살 또는 좁은 올린 주름살. 어릴 때 크림색이다가 황토-노란색이 되며, 포크상이 많다. 가장자리는 전연이다. 자루는 길이 50~110mm, 굵기 15~20(25)mm, 속은 어릴 때는 차 있다가 후에 방처럼 빈다. 표면은 고르다가 미세한 세로 줄 무늬의 맥상이 나타나며, 백색이나 약간 회색과 갈색이 된다. 포자는 크기 7.5~9.7×6.4~7.9μm, 류구형이나 타원형이며 표면의 돌출물은 다소 분리된 사마귀 점들이 연결되어 그물꼴이 된다. 담자기는 곤봉형이며 4-포자성, 크기는 30~48×10~14μm이다. 기부에 꺽쇠는 없다.

생태 여름 / 활엽수림의 땅, 특히 참나무류 숲의 땅에 난다.

분포 한국, 유럽

415

흰무당버섯(굴털이)

Russula delica Fr.
Russula delica var. glaucophylla Quél.

형태 균모는 지름 5~15cm, 반구형에서 차차 편평해지고 중앙부가 오목해져 깔때기형이 된다. 표면은 건조하고 밀기울 모양으로 갈라지며 처음에는 융털이 있으나 나중에 매끄러워진다. 백색이다가 연한 갈색이 되며 갈색 반점이 생기기도 한다. 가장자리는 처음에 아래로 감기나 나중에 펴지고 반반하며 날카롭다. 살은 처음에는 치밀하고 굳으며 부서지기 쉽고, 색은 백색이다. 맛이 맵고 특유의 냄새가 난다. 주름살은 자루에 대하여 바른 주름살로 빽빽하거나 성기고 폭이 좁으며 얇고, 길이가 같지 않으며 더러 갈라진다. 색은 백색이며 물방울이 있다. 자루는 길이 4~7cm, 굵기 2~3cm로 상하 굵기가 같거나 아래로 가늘어진다. 색은 백색이나 갈색을 띠고, 털이 없거나 부드러운 털로 덮이며, 속이 차 있다. 포자는 크기 8~10×7~9μm로 구형 또는 아구형이며 기름방울이 들어 있다. 멜저액 반응에서 짧은 가시와 그물눈이 보인다. 포자문은 백색. 낭상체는 풍부하며 방추형으로 크기는 60~80×10μm, 색은 황색이다.

생태 여름~가을 / 혼효림, 잣나무, 신갈나무, 가문비나무, 분비나무 숲의 땅에 군생 혹은 산생한다. 식용이며 소나무, 신갈나무, 가문비나무 또는 분비나무와 외생균근을 형성한다.

분포 한국, 중국, 일본, 전 세계

흰무당버섯(푸른주름형)

Russula delica var. **glaucophylla** Quél.

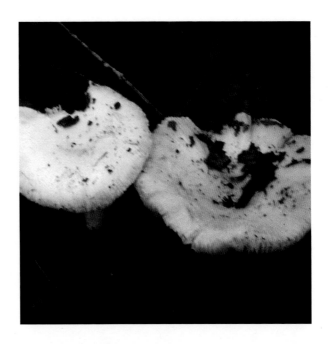

형태 균모의 지름은 10~15㎝, 편평한 둥근 산 모양으로 중앙이 약간 들어가거나 얕은 깔때기형이다. 표면은 건조 시 균열하며, 백색에서 갈색이 된다. 살은 백색이며 치밀하다. 맛은 시고, 냄새는 불쾌하지만 강하진 않다. 주름살은 바른 주름살이며 백색이나 녹색 끼가 있다. 자루 근처는 대부분 청색이다. 상처 시 담홍색이 되며 성기다. 자루는 길이 3~6㎝, 굵기 2~3㎝, 백색이며 꼭대기는 청색 끼가 있다. 담자기 길이는 5.5~13㎛, 포자는 크기 11~11.5×9.5~10㎛, 아구형이나 긴 구형이며 표면에 가시가 있다. 낭상체는 원통형, 둔한 두부형이며 크기는 65~90×7~8㎛이다. 밀저액 반응에서 암청색을 띤다.

생태 여름~가을 / 숲속의 땅에 군생한다.

분포 한국, 일본, 유럽, 북미

애기무당버섯

Russula densifolia Secr. ex Gill.

형태 균모는 지름 4~7cm, 어릴 때는 중앙이 오목한 낮은 둥근 산 모양이다가 깔때기 모양으로 펴진다. 표면은 미세한 털로 덮여 있고 습기가 있을 때는 끈적임이 있다. 색은 백색이지만 곧 회갈 색이나 흑갈색의 얼룩이 중앙 쪽부터 생겨 가장자리 쪽으로 퍼 지며, 오래되면 회흑색이 된다. 가장자리는 다소 연하거나 백색 이고 오랫동안 안쪽으로 감긴다. 살은 단단하고 흰색이며 상처를 받으면 적회색 또는 흑색이 된다. 주름살은 자루에 대하여 바른 주름살, 올린 주름살, 내린 주름살 등 다양하다. 색깔은 크림색 이다가 연한 황색 혹은 연한 황토색이 된다. 주름살의 폭이 좁고 촘촘하며 상처를 받으면 적색이나 흑색이 된다. 자루는 길이 3~ 6cm, 굵기 10~20mm로 원주형이며 때로는 아래쪽이 가늘어진다. 표면은 백색이고 밋밋하며 만지면 곧 적색으로 변하며 나중에는 검은색이 된다. 포자는 크기 6.5~9×5.5~6.5㎛, 아구형 또는 타원 형으로 반점 같은 사마귀가 덮여 있다.

생태 여름~가을 / 침엽수림, 활엽수림의 땅에 군생 혹은 단생한 다. 식용이지만 비슷한 독버섯이 있으므로 주의가 필요하다.

분포 한국, 중국, 북반구 일대

매운무당버섯

Russula dissimulans Shäffer

형태 균모는 지름 5~15cm, 둥근 산 모양이었다가 차차 편평해져서 깔때기 모양이 된다. 처음에는 백색이나 오래되면 흑갈색이 된다. 균모의 표피는 쉽게 벗겨지지 않는다. 살은 백색이다가 강하게 적색으로 물들고, 오래되면 흑갈색이 된다. 맛은 다양해서 온화한 맛, 불타는 맛 등이 있으며 맵고 쓴 맛도 있다. 포자는 크기 7.5~11×6.5~9㎛, 아구형이나 타원형이고 백색 표면은 매우 낮은 사마귀 반점을 가지면서 그물꼴을 형성한다.
생태 여름 / 보통 구과식물 아래의 땅에 난다. 식용할 수 없다.
분포 한국, 유럽, 북미

색바랜무당버섯

Russula exalbicans (Pers.) Melzer & Zvara
R. pulchella Borshch.

형태 균모는 지름 6~10cm, 반구형이다가 차차 편평해지며 중앙부는 오목하다. 표면은 습기가 있을 때 끈적임이 있고, 연한 자홍색 또는 암혈홍색이며 중앙부는 홍색이다. 가장자리는 편평하고 매끄러우며 짧은 줄무늬 홈선이 있다. 살은 치밀하고 부서지기 쉽다. 색은 백색이며 향기가 있다. 주름살은 자루에 대하여 홈파진 주름살 또는 떨어진 주름살로 조금 빽빽하며, 앞면이 넓고 뒷면이 좁으며 길이가 같다. 주름살 사이에 횡맥이 있으며 백색이다가 회백색이 된다. 자루는 길이 4~7cm, 굵기 1~2cm, 상하 굵기가 같거나 하부가 조금 굵다. 색은 백색이다가 회백색이 된다. 기부에 주름 무늬가 조금 있으며, 속은 갯솜질이다. 포자는 지름 8~9㎛로 구형이며 표면에 미세한 가시가 있다. 포자문은 백색 또는 유백색. 낭상체는 방추형이며 크기는 55~70×8~15㎛이다.
생태 여름~가을 / 침엽수림 또는 혼효림의 땅에 군생 혹은 산생한다. 식용이며 자작나무 또는 사시나무와 외생균근을 형성한다.
분포 한국, 중국

마른무당버섯

Russula dryadicola Fellner & Landa

형태 균모는 지름 3~6.5cm, 반구형이다가 둥근 산 모양을 거쳐 편평해진다. 중앙은 껄끄럽다. 면은 고르고, 건조할 때는 무광택이다가 비단 같은 광택이 나며, 습기가 있을 때는 빛나고 미끈거린다. 어릴 때는 전부 또는 부분적으로 황토색, 오렌지색, 적갈색이다가 크림색, 연한 노랑, 오렌지 황색이 되지만 붉은 기가 가장자리에 남는다. 가장자리는 고르고, 오래되면 줄무늬 선이 생긴다. 표피는 벗겨지지 않거나 약간만 벗겨진다. 살은 백색, 냄새가 약간 나고 맛은 맵다. 주름살은 자루에 대하여 좁은 올린 주름살, 백색이었다가 크림색을 거쳐 오렌지 황토색이 된다. 가장자리는 매끈하다. 자루는 길이 2.5~5.5cm, 굵기 1~2.5cm, 원통형이며 속은 차 있다가 푸석푸석하게 빈다. 표면은 세로줄의 맥상 줄무늬가 있고, 기부는 백색이다가 황갈색으로 변하며, FeSO₄ 반응에서 약간 분홍색을 띤다. 포자는 크기 8~12×7~10μm, 아구형이나 타원형이며 표면의 사마귀 점들은 분리된다. 돌기의 높이는 1.2μm이다. 담자기는 크기 45~60×12~15μm로 곤봉형이며 연낭상체는 75~110×8~15μm로 방추형이다가 곤봉형이 되며, 둔하다. 측낭상체는 연낭상체와 비슷하고 크기는 70~115×10~12μm다.
생태 여름~가을 / 습지 또는 활엽수림의 땅에 군생한다.
분포 한국, 유럽

아이보리꽃무당버섯

Russula eburneoareolata Hongo

형태 균모는 지름 6㎝ 정도로 둥근 산 모양이다가 차차 편평해
지나 중앙은 약간 들어가서 깔때기형을 나타낸다. 표면은 습기
가 있을 때는 끈적거리고 매끈하며 표피는 파괴되어 조각이 된
다. 색깔은 연한 노란색 혹은 아이보리색이다. 가장자리는 고르
다가 결절형의 줄무늬 선이 된다. 살은 백색, 중앙은 두껍고, 가
장자리의 살은 얇다. 냄새는 없고 맛은 온화하다. 주름살은 자
루에 대하여 끝 붙은 주름살 또는 내린 주름살의 끝 붙은 주
름살도 있으며 약간 밀생한다. 백황색 또는 상아 백색이며 황
색 반점이 있고 맥상으로 연결된다. 주름살의 가장자리는 고르
다. 자루는 길이 6~8㎝, 굵기 1.2~2㎝, 약간 배불뚝형 또는 아래
로 굵으며 색은 백색이다. 주름진 줄무늬 선이 있고 속은 갯솜
질이다. 포자는 크기 7~8×5~6.5㎛로 광난형이나 아구형, 표면
은 미세한 사마귀 반점들이 짧은 띠와 미세한 연결사로 연결된
다. 담자기는 크기 36~48×9.5~12㎛로 4-포자성, 측낭상체는
벽이 두껍고 크기는 56~100×11~14.5㎛로 산재하며 곤봉형-
방추형이나 약간 배불뚝형이다. 연낭상체는 크기 50~77×10~
13㎛이고 곤봉형이나 방추형-배불뚝형이다.
생태 여름~가을 / 혼효림의 땅에 군생한다. 식용 여부는 알려지
지 않았다. 외생균근을 형성한다.
분포 한국, 중국, 파푸아뉴기니

421

무당버섯

Russula emetica (Schaeff) Pers.

형태 균모는 지름 3~10㎝, 반구형이다가 차차 편평한 모양이 되며 중앙부는 조금 오목하다. 표면은 습기가 있을 때 끈적임이 있고 매끄러우며, 장미홍색, 심홍색으로 젖으면 퇴색하여 홍황색 내지 연한 홍색이 된다. 표피는 벗겨지기 쉽다. 가장자리는 날카롭고 처음에는 반반하며 매끄러우나 나중에 능선이 나타난다. 살은 부서지기 쉽고 백색이나, 표피 아래는 홍색을 띤다. 맛은 아주 맵다. 주름살은 자루에 홈 파진 주름살 또는 떨어진 주름살로 약간 빽빽하거나 성기다. 폭은 약간 넓고, 길이가 같으며 백색이다. 주름살의 변두리는 치아상이다. 자루는 높이 4~8㎝, 굵기 1.2~2㎝로 상하 굵기가 같으며 분홍색을 조금 띤다. 표면은 반반하고 매끄러우며 가는 주름 무늬가 있다. 포자는 크기 7~10.5×6.5~10.5㎛, 아구형이며 표면에 가시와 그물눈이 있다. 포자문은 백색. 낭상체는 피침형 또는 방망이형이며 꼭대기는 가늘고 뾰족하다. 크기는 80~85×10~15㎛이다.

생태 여름~가을 / 침엽수림, 혼효림 또는 활엽수림의 땅에 군생 혹은 산생한다. 독성이 있으며 가문비나무, 분비나무, 소나무, 물오리나무, 잎갈나무 또는 신갈나무와 외생균근을 형성한다.

분포 한국, 일본, 중국 등 거의 전 세계

무당버섯아재비

Russula emetica var. **emetica** (Schaeff) Pers.

형태 균모는 지름 4~6cm, 반구형이다가 둥근 산 모양을 거쳐 차차 편평해진다. 표면은 고르고 가끔 중앙은 약간 맥상이 된다. 색은 황적색-체리 적색이다. 건조 시 광택이 없고 비단결 같으며, 습기가 있을 때 광택이 나고 매끈하다. 표피는 벗겨지기 쉽다. 가장자리는 둔하고 약간 줄무늬 선이 있다. 육질은 백색이며 살구 같은 과일 냄새가 나며 불에 탄 맛이다. 주름살은 자루에 대하여 올린 주름살, 포크형이 있으며 폭은 넓다. 색은 백색이다가 연한 크림색이 된다. 가장자리는 전연. 자루는 길이 4~6cm, 굵기 1.2~1.8cm로 원통형 또는 막대형이고 색은 백색이다. 속은 차 있다. 표면은 가는 세로줄이 있고 맥상으로 연결된다. 포자는 크기 7.4~10.3×6.5~8.5μm, 아구형 또는 타원형이며 장식돌기의 높이는 1.2μm이다. 표면의 사마귀 점들은 크고, 긴 맥상으로 연결된다. 담자기는 막대형으로 크기는 35~45×12~13μm. 연낭상체는 방추형이고 크기는 35~75×7~12μm. 측낭상체는 연낭상체와 비슷하며 크기는 55~100×10~14μm이다.

생태 여름~가을 / 숲속의 땅에 군생한다.

분포 한국, 유럽, 북미, 아시아

황색깔때기무당버섯

Russula farinipes Romell

형태 균모는 지름 3~8cm로 어릴 때는 둥근 산 모양이다가 차차 편평해지며, 중앙이 오목하게 들어가서 얕은 깔때기형이 된다. 표면은 습기가 있을 때 끈적임이 있고, 오래되면 가장자리가 물결 모양으로 굴곡되며 찢어지기도 한다. 색은 밀짚색 혹은 황토색이다. 가장자리는 알갱이 모양으로 점이 붙은 줄무늬 홈선이 생긴다. 살은 흰색, 표피 밑은 황색을 띤다. 주름살은 자루에 대하여 바른 주름살 또는 약간 내린 주름살로 유백색이다가 연한 황색이 되며, 폭이 좁고 약간 성기다. 자루는 길이 3~7cm, 굵기 1~2cm로 표면은 유백색이다가 연한 황색이 되며 상하가 같은 굵기거나 아래쪽이 가늘고 흔히 굽어 있다. 단단하고 탄력성이 있으며 속은 차 있다가 비게 된다. 포자는 크기 6.1~8.1×5~6.6μm, 아구형이나 광타원형이며 표면에 사마귀 반점이 덮여 있다.

생태 여름~가을 / 활엽수림의 땅에 단생 혹은 군생한다. 드문 종.

분포 한국, 중국, 일본, 유럽

황노랑무당버섯

Russula fellea (Fr.) Fr.

형태 균모는 지름 5~11cm, 반구형이다가 차차 편평해진다. 중앙은 무딘 톱니상. 표면은 고르고 색은 황토 노란색, 가끔 가장자리 쪽으로 옅은 색이다. 건조성이며 무광택이고, 습기가 있을 때는 미끈거리고 광택이 난다. 가장자리는 고르고 어릴 때는 아래로 말리지만, 나중에는 예리하며 줄무늬 선이 생긴다. 표피는 벗겨지기 쉽다. 육질은 백색, 상처 시 얼마 후 노란색으로 변한다. 냄새는 사과처럼 달콤하고 맛은 맵다. 주름살은 자루에 대하여 좁은 올린 주름살, 포크형이 있고, 어릴 때는 백색이나 크림 노란색이다. 가장자리는 전연. 자루는 길이 3.5~7cm, 굵기 1~2cm로 원통형 또는 막대형이며 기부는 두께 3cm. 속은 차 있다가 나중에 빈다. 표면은 고르고 어릴 때는 백색, 나중에는 가는 세로줄의 맥상으로 연결되며 크림 노란색, 기부 쪽으로는 황토 노란색이 된다. 포자는 크기 7.1~9.5×6.3~8.1μm로 아구형 또는 타원형이며 표면에 사마귀 반점의 돌기가 있다. 반점 크기는 1μm로 맥상과 융기로 연결된다. 담자기는 곤봉형이며 크기는 32~45×9~10μm, 4포자성이다. 연낭상체는 약간 방추형 또는 원통형이고 크기는 30~65×5~9μm, 측낭상체는 연낭상와 비슷하며 크기는 50~90×8~10μm이다.

생태 여름~가을 / 활엽수림의 땅에 군생한다.

분포 한국, 중국, 유럽, 북미

425

굳은무당버섯

Russula firmula J. Schäff.

형태 균모는 지름 30~60mm, 반구형이다가 편평해지며 중앙은 무딘 톱니상, 약간 깔때기형이다. 표면은 고르고, 건조 시 무디며 습할 시 광택이 있고 미끈거린다. 색은 자회색, 자갈색, 보라 갈색 등 다양하며 퇴색하면 황토색을 거쳐 올리브색이 된다. 표피는 벗겨지기 쉽다. 가장자리는 고르다. 육질은 백색, 냄새가 약간 나고 주름살은 특히 맵다. 주름살은 좁은 올린 주름살, 포크형, 연한 크림색이다가 황토 노란색이 된다. 가장자리는 전연. 자루는 길이 2.5~5cm, 굵기 8~18mm, 약간 막대형에 속이 차 있다. 표면에 세로줄이 있고 맥상으로 연결되며, 어릴 때 백색, 가루상. 포자는 7.7~10.3×7~8.7μm, 아구형. 표면의 돌기 높이는 1μm, 사마귀 반점들은 침 같고 연결사는 없다. 담자기는 곤봉형, 40~55×12~14μm, 연낭상체는 방추형, 부속지가 있으며 45~90×7~10μm. 측낭상체는 연낭상체와 비슷하며 65~95×9~12μm.

생태 여름~가을 / 혼효림의 땅에 군생한다.

분포 한국, 중국, 유럽

두갈래무당버섯

Russula furcata Pers.

형태 균모는 지름 8~18cm, 처음에는 둥근 산 모양이나 차츰 성장함에 따라 편평해지면서 중앙부가 들어간다. 때로는 깔때기 모양이 될 때도 있다. 표면의 색은 암록색이며 중앙부는 약간 황갈색이 섞여 있다. 습기가 있을 때는 끈끈한 점액이 있고 건조할 때는 윤택하다. 살은 희고 치밀하며 잘 부스러진다. 주름살은 자루에 대하여 내린 주름살이며 흰색이나 오래되면 갈색의 반점이 생긴다. 자루는 길이 5~8cm, 굵기 1~2cm, 원통형이며 표면은 흰색이다. 속은 차 있다. 포자는 지름 6~8μm로 구형이며, 색이 없고, 표면에 작은 반점이 있다. 속에는 1개의 기름방울을 함유한다.

생태 여름~가을 / 주로 활엽수림의 땅에 발생한다. 식용이다.

분포 한국, 일본, 유럽, 북미

노랑무당버섯

Russula flavida Frost

형태 균모는 지름 3~7cm, 둥근 산 모양이다가 차차 편평한 모양이 되며 중앙부는 조금 오목하다. 표면은 건조하고 비로드 모양의 가루가 있는데 가장자리에 더 많다. 색은 선황색 빛의 오렌지색이고 중앙부는 오렌지 황색이다. 가장자리는 매끈하나 오래되면 알갱이로 된 능선이 나타난다. 살은 두껍고 백색으로 고약한 냄새가 난다. 주름살은 자루에 대하여 떨어진 주름살로 약간 빽빽하거나 성기고 갈라지며, 주름살 사이는 횡맥으로 이어지고 백색이다가 탁한 색이 된다. 자루는 높이 3~9cm, 굵기 0.9~1.7cm이며 상하 굵기가 같거나 아래로 가늘어지고 주름 무늬가 있다. 색은 균모와 같고 상부는 연한 색, 속은 차 있다가 나중에 빈다. 포자는 크기 9~9.5×7~8.5㎛로 아구형, 작은 혹으로 만들어진 그물눈이 있다. 포자문은 백색. 낭상체는 방추형으로 크기는 40~55×6~8㎛이다.

생태 여름~가을 / 잣나무 숲, 활엽수림, 혼효림의 땅에 군생 혹은 단생한다.

분포 한국, 중국, 일본

깔때기무당버섯

Russula foetens Pers.

형태 균모는 지름 4~15cm, 구형이다가 둥근 산 모양을 거쳐 편평형이 되며 중앙부는 조금 오목하다. 표면은 끈적임이 있고, 황토색, 황갈색 또는 진한 토갈색이며 특히 중앙부가 진하다. 가장자리는 처음에 아래로 감기고 나중에 펴지며 날카롭다. 작은 사마귀 줄로 된 뚜렷한 능선이 있다. 살은 백색이거나 연한 황백색, 표피 아래는 황토색이며 매끄럽다. 오래되면 악취가 난다. 주름살은 자루에 대하여 홈 파진 주름살로 밀생하며, 폭이 약간 좁고 길이가 같지 않으며 갈라진다. 주름살 사이에 횡맥이 있으며 색은 백색, 탁한 백색이다가 오엽색이 되고 가끔 갈색 점 또는 반점이 생긴다. 자루는 높이 4~13cm, 굵기 1.5~3.2cm이고 원주형이거나 중앙부가 굵어지며 미세한 주름 무늬가 있다. 색은 탁한 백색 또는 연한 갈색이며 기부에 갈색 반점이 있다. 속은 차 있다가 나중에 빈다. 포자의 지름은 8~10µm로 아구형이며 표면에 가시가 있다. 포자문은 백색이다.

생태 여름~가을 / 가문비나무, 분비나무, 소나무, 황철나무, 자작나무, 잣나무 숲, 활엽수림, 혼효림의 땅에 군생 혹은 산생한다. 가문비나무, 분비나무, 신갈나무 또는 개암나무와 외생균근을 형성한다. 독버섯이다.

분포 한국, 중국, 일본

깔때기무당버섯아재비

Russula foetens var. **foetens** (Pers.) Pers.

형태 균모는 지름 5~12cm, 반구형이었다가 둥근 산 모양을 거쳐 편평해지나 중앙은 무딘 톱니상이다. 표면은 곳에 따라 고르고 혹형, 방사상으로 주름지며 적갈색, 황토-갈색이나 가끔 황토 노란색인 것도 있다. 건조할 때는 광택이 없고 습기가 있을 때는 광택이 나고 끈적기가 있다. 가장자리는 예리하고 오랫동안 아래로 말린다. 어릴 때 고르고 나중에 줄무늬 홈선이 생긴다. 표피는 벗겨지기 쉽다. 육질은 백색, 상처 시 서서히 갈색으로 변한다. 냄새는 좋지 않지만 달콤하며 매운맛이다. 주름살은 자루에 대하여 홈 파진 주름살로 백색이다가 크림색이 되며 포크형이 있다. 가장자리는 전연. 자루는 길이 6~12cm, 굵기 2~4cm로 원통형, 속은 차 있다가 방 같이 빈다. 표면은 세로줄이 있고 맥상으로 연결되며 주름지고, 백색이다가 오렌지 갈색으로 변한다. 포자는 크기 7.4~10.1×6.6~9.1μm, 아구형이며 표면의 사마귀 점들은 뭉쳐 있고 가끔 맥상으로 연결된 것도 있다. 담자기는 곤봉형, 크기는 45~65×12~15μm. 연낭상체는 방추형, 꼭대기에 부속물이 있으며 크기는 30~90×5~9μm이다. 측낭상체는 연낭상체와 비슷하고 크기는 55~135×10~14μm로 다수 존재한다.

생태 여름~가을 / 활엽수림, 혼효림에 군생한다.

분포 한국, 유럽, 북미, 아시아, 호주

429

이끼무당버섯

Russula fontqueri Sing.

형태 균모는 지름 35~70mm, 반구형이다가 둥근 산 모양을 거쳐 차차 편평해지며, 중앙은 무딘 톱니상이다. 표면은 고르고, 건조 시 광택이 없으며 습할 시 광택과 끈적임이 있다. 색은 오렌지 적색인데 가끔 연한 색이며 진한 띠를 형성한다. 가장자리는 고르고 습할 시 약간 줄무늬 선이 생긴다. 표피는 벗겨지기 쉽다. 육질은 백색, 냄새는 없고 맛은 온화하다. 주름살은 자루에 대하여 좁은 올린 주름살로 어릴 때 백색이다가 밝은색을 거쳐 검은 노란색이 되며 포크형이 있다. 가장자리는 전연, 가끔 적색의 얼룩이 있다. 자루는 길이 35~60mm, 굵기 8~20mm, 원통형이며 속은 차 있다가 빈다. 표면은 백색, 미세한 세로줄 무늬 선이 맥상이 되고, 부분적으로 홍색을 띤다. 포자는 크기 6.9~9.2×5.7~7.4μm로 타원형이다. 표면의 사마귀 반점들은 융기하여 서로 연결된다. 담자기는 곤봉형으로 크기는 40~55×8~12μm. 연낭상체는 대부분 방추형이고 크기는 45~70×7~9μm. 측낭상체는 연낭상체와 비슷하며 크기는 30~85×5~12μm이다.
생태 여름~가을 / 숲속의 이끼류 사이에 단생 혹은 군생한다. 드문 종.
분포 한국, 유럽

홍색애기무당버섯

Russula fragilis Fr.
R. fragilis var. nivea Gillet

형태 균모의 지름은 2~4(6)㎝, 처음에는 둥근 산 모양이다가 속히 퍼져서 편평해지고 후에 중앙부가 오목해진다. 표면은 점성이 있고 균모는 어릴 때 암홍자색, 후에 중앙은 거의 자흑색이 되고 가장자리는 적자색, 회분홍색, 올리브 녹색, 레몬 황색 등의 색이 섞이기도 한다. 살은 흰색이며 연약하고 부서지기 쉽다. 주름살은 흰색 또는 연한 크림색, 가장자리는 요철상이다. 폭은 보통이고 약간 촘촘하며 자루에 올린 주름살이다. 자루는 길이 2.5~6㎝, 굵기 5~15㎜, 위아래가 같은 굵기지만 밑동 쪽으로 약간 굵다. 색은 흰색이고 속은 차 있다. 포자는 크기 7.4~9.7×6.2~8.1㎛, 아구형이나 타원형이며, 표면에 많은 사마귀 반점이 그물눈을 만든다. 포자문은 유백색이다.

생태 여름~가을 / 주로 활엽수림의 땅에 단생 또는 군생한다. 침엽수림에도 발생한다.

분포 한국, 일본, 유럽, 북미, 호주, 동남아, 아프리카

홍자색애기무당버섯

Russula fragilis Fr. f. **fragilis**

형태 균모는 지름 2~5cm, 반구형이다가 둥근 산 모양을 거쳐 차차 편평한 모양이 되며 중앙부는 오목하고 가끔 모양이 삐뚤다. 표면은 끈적임이 있고 홍색, 혈홍색 또는 분홍색이며 중앙부는 더 진하다. 가장자리로 향하면서 점차 연해지며, 연한 황색 또는 올리브색의 반점이 있다. 표피 전부가 쉽게 벗겨진다. 가장자리는 처음에 반반하고 매끄러우나 나중에 혹으로 이어진 능선이 나타난다. 살은 얇고 부서지기 쉬우며 백색으로 맛은 맵다. 주름살은 자루에 대하여 홈 파진 주름살로 빽빽하거나 성기며, 폭은 좁고 얇으며 부서지기 쉽고 더러는 가닥이 난다. 색은 백색이다가 연한 색이 된다. 자루는 높이 2~5cm, 굵기 0.6~1.2cm이고 원주형이거나 하부가 조금 굵다. 색은 백색이며 속은 연약하나 차 있다가 나중에 빈다. 포자는 크기 7~8×6.5~7.8μm로 아구형에 가시가 있고 1개의 기름방울이 들어 있다. 포자문은 백색. 낭상체는 방추형으로 크기는 50~65×7~8μm이다.

생태 여름~가을 / 숲속의 땅에 단생 혹은 산생한다. 가문비나무, 분비나무, 소나무, 오리나무, 신갈나무 또는 잎갈나무와 외생균근을 형성한다. 독버섯이다.

분포 한국, 일본

향기무당버섯

Russula fragrans Romagn.
Russula laurocerasi var. fragrans (Romagn.) Kuyp. & van Vuure

형태 균모는 지름 5~9㎝, 반구형이다가 둥근 산 모양을 거쳐 편평해지며 중앙은 무딘 톱니상이다. 표면은 고른 상태서 결절형이 되며 황토색이다가 진흙 노란색이 된다. 어릴 때 밝은 희미한 올리브색이며 고르고 나중에 홈 파진 줄무늬 선이 나타난다. 습기가 있을 때는 광택이 나고 미끈거린다. 표피는 중앙까지 벗겨지기 쉽다. 육질은 백색, 냄새는 아몬드 같으며 맛은 맵다. 가장자리는 오랫동안 아래로 말리고, 전연이다. 주름살은 자루에 대하여 좁은 올린 주름살로 백색이나 크림색이며 포크형이 있다. 자루는 길이 60~80㎜, 굵기 10~15㎛, 원통형이며 속이 차 있다가 방처럼 빈다. 표면은 세로줄의 맥상이 있고, 백색이나 적갈색 얼룩이 있는데 특히 기부에서 심하다. 포자는 크기 7.8~9.5×7.1~8.9㎛, 구형 또는 광타원형, 표면의 장식돌기 높이는 1.8㎛이다. 사마귀 점들은 두껍고 융기상 날개처럼 형성된다. 담자기는 곤봉형으로 크기는 50~65×11~14㎛. 연낭상체는 약간 방추형, 부속지가 있으며 크기는 45~85×6~8㎛. 측낭상체는 연낭상체와 비슷하며 크기는 55~95×7~15㎛이다.

생태 여름~가을 / 혼효림의 낙엽 속에 군생한다.

분포 한국, 유럽

가는무당버섯

Russula gracillima J. Schäff.

형태 균모는 지름 2~4cm, 반구형이다가 둥근 산 모양을 거쳐 차차 펴진다. 중앙은 약간 강한 무딘 톱니상. 표면은 고르고 무디며, 습기가 있을 때 광택이 나고 미끈거린다. 색은 카민색이다가 적보라색이 되지만 부분적으로 적색 빛의 올리브 녹색인 곳도 있다. 가장자리는 밋밋하고 둔하다. 표피는 중앙의 반절까지 벗겨진다. 육질은 백색, 불분명한 과일 냄새가 나고 맛은 맵다. 주름살은 자루에 대하여 좁은 올린 주름살로 백색이다가 짙은 크림색이 되며 포크형이 있다. 자루는 길이 30~50mm, 굵기 6~10mm로 속은 차 있다가 곧 비며, 표면은 미세한 세로줄 맥상으로 연결된다. 색은 백색 또는 홍적색, 오래되면 약간 회색이 된다. 포자는 크기 6.5~8.6×5.2~6.9μm로 타원형, 표면의 장식돌기 높이는 0.9μm. 사마귀 점들은 서로서로 분리된다. 담자기는 곤봉형으로 크기는 33~47×9~11μm. 연낭상체는 방추형이며 꼭대기에 부속물이 있다. 크기는 35~85×10~15μm. 측낭상체는 연낭상체와 비슷하며 크기는 30~80×7~17μm다.

생태 여름~가을 / 습기 찬 숲속의 땅에 단생 혹은 군생한다. 드문 종.

분포 한국, 중국, 유럽, 북미, 아시아

밀짚색무당버섯

Russula grata Britz.
R. laurocerasi Melzer

형태 균모는 지름 5~9cm로 어릴 때는 구형이나 반구형이다가 둥근 산 모양을 거쳐 편평한 모양이 되고 중앙이 오목하게 들어간다. 표면은 습기가 있을 때 끈적임이 있고, 색은 밀짚색 또는 갈색빛의 황토색이다. 가장자리는 현저한 알갱이 모양의 줄무늬 선이 있다. 살은 거의 흰색. 주름살은 자루에 대하여 거의 떨어진 주름살, 올린 주름살 또는 약간 내린 주름살 등이며, 색은 크림백색이면서 탁한 갈색 얼룩이 있다. 물방울을 분비하며 폭이 넓고 약간 밀생한다. 자루는 길이 3~9cm, 굵기 10~15mm로 거의 상하가 같은 굵기이고 속은 비어 있다. 색은 흰색, 탁한 황색이나 갈색을 띤다. 포자는 크기 7.9~10×7.2~9.4μm로 구형이나 아구형이며 표면에 반점 또는 능선상 거친 사마귀 돌기물이 있다.
생태 여름~가을 / 주로 활엽수림의 땅에 단생 혹은 군생한다.
분포 한국, 중국, 일본, 유럽, 북미

회색무당버섯

Russula grisea Fr.

형태 균모는 지름 5~8cm, 반구형이다가 둥근 산 모양을 거쳐 차차 편평해지나 중앙은 무딘 톱니상, 오래되면 약간 불규칙한 깔때기형이 된다. 표면은 고르고 무디며, 건조할 때는 약간 백색 가루가 있으며 습기가 있을 때는 광택이 나고 미끈거린다. 색은 회라일락색 또는 희미한 자색을 띠는 올리브 회색이다. 가장자리에 뚜렷한 줄무늬 홈선이 있다. 육질은 백색, 표피 아래는 부분적으로 분홍색이며, 냄새가 약간 나고 맛은 온화하다. 주름살은 자루에 대하여 넓은 올린 주름살 혹은 약간 내린 주름살, 포크형이 있다. 색은 백색이다가 크림색을 거쳐 밝은 황토색이 된다. 가장자리는 전연, 흔히 녹슨 얼룩이 있다. 자루는 길이 4~7cm, 굵기 1.2~2cm로 원통형에 기부로 가늘어지며 속은 차 있다. 표면은 약간 세로줄 무늬의 맥상이고, 색은 백색이면서 가루상에 매끈하다. 노란색이나 갈색 얼룩이 기부의 위쪽으로 형성된다. 포자는 크기 6~8.4 ×5.3~6.8μm로 아구형 또는 타원형이고 표면의 장식 돌기 높이는 0.8μm, 짧은 맥상과 융기로 연결된 수많은 사마귀 반점이 있다. 담자기는 가는 곤봉형으로 크기는 35~50×8~10μm. 연낭상체는 원통형이나 방추형이고 크기는 30~60×4~9μm. 측낭상체는 대부분 방추형이며 수가 많고 크기는 50~100×9~13μm 이다.

생태 여름~가을 / 혼효림과 활엽수림에 단생한다. 드문 종.

분포 한국, 유럽, 북미, 아시아

과립무당버섯

Russula grnulata Peck

형태 균모는 지름 4~10cm, 둥근 산 모양이고 중앙은 편평하며 작은 껍질의 파편과 알갱이가 있다. 색은 연한 오렌지-노란색이며 솜털상이다. 습할 시 끈적거린다. 가장자리는 안으로 굽으며, 결절상이고, 줄무늬 홈선이 있다. 주름살은 자루에 대하여 바른 주름살이며 밀생이다. 색은 연한 노란색인데 흔히 갈색 얼룩이 있다. 자루는 길이 30~75mm, 굵기 10~20mm, 위아래 굵기가 같고, 보통 아래는 검은 갈색으로 물든다. 표면은 밋밋하다. 살은 노란 색에서 갈색으로 물든다. 냄새는 좋지 않으며 맛은 맵고 쓰다. 포자는 크기 5.7~8×4.4~6.3μm, 타원형이다. 표면의 사마귀 반점은 높이 1μm, 서로 분리되어 있지만 몇 개는 연결되기도 한다. 포자문은 연한 오렌지-노란색이다.

생태 여름~가을 / 혼효림의 땅에 발생한다. 식용할 수 없다. 흔한 종.

분포 한국, 북미

점박이무당버섯

Russula illota Romagn.

형태 균모는 지름 4~13cm, 반구형이었다가 편평해지며 중앙은 약간 무딘 톱니상. 건조 시 무디고, 습기 시 끈적이며 광택이 난다. 색은 밝은 황토색이다가 짙은 적색-회황토색이 되며 적갈색 얼룩이 있다. 끈적액 층은 가끔 희미한 자회색. 가장자리는 고르고 예리하며 나중에는 톱니상. 육질은 두껍고 냄새는 쓰며 맛은 특히 주름살이 맵다. 주름살은 좁은 올린 주름살, 백색에서 크림색이 되며 포크형. 가장자리는 전연이나 약간 톱니상, 흑갈색 반점들이 있다. 자루는 길이 5~11cm, 굵기 1.5~3cm, 원통형, 기부로 가늘고 갈색 털로 덮인다. 속은 차차 빈다. 표면은 맥상에 주름지며 백색에서 기부 쪽부터 갈색이 된다. 포자는 6.4~8.8×5.9~8μm, 아구형. 장식돌기 높이는 1.3μm, 사마귀 점이 그물꼴로 연결된다. 담자기는 곤봉형, 50~65×10~12μm. 연낭상체는 방추형, 부속물이 있다. 측낭상체는 55~95×6~10μm, 연낭상체와 비슷하다.

생태 여름~가을 / 혼효림의 땅에 단생 혹은 군생한다.

분포 한국, 중국, 유럽

청무당버섯

Russula heterophylla (Fr.) Fr.

형태 균모는 지름 5~10(12)*cm*로 어릴 때는 반구형이다가 둥근 산 모양을 거쳐 차차 편평해지고 중앙부가 약간 오목해져서 얕은 깔때기형을 이룬다. 바탕색은 녹색을 띠며, 점차 회색, 올리브색, 연한 포도주 적색, 황색, 갈색 등으로 바뀌거나 이들 색깔이 혼재한다. 중앙은 색이 약간 진하며, 가장자리는 날카롭고 고르다. 습기가 있을 때는 끈적임이 있다. 살은 흰색. 주름살은 자루에 대하여 내린 주름살이나 올린 주름살로 밀생이며, 색은 백색 혹은 크림 황색이고 적갈색 얼룩이 생기기도 한다. 자루는 길이 4~6(8)*cm*, 굵기 15~25(30)*mm*로 원주상이며 어릴 때는 단단하고 속이 차 있다가 비게 된다. 표면은 흰색이나 녹슨 황색의 얼룩이 생긴다. 포자는 크기 6~8×5.5~7*μm*로 구형이며 표면에 미세한 가시가 있고 중심에 작은 기름방울이 있다. 포자문은 유백색이다.

생태 여름~가을 / 숲속의 땅, 주로 활엽수 아래에 난다.

분포 한국, 일본, 유럽, 북미

수생무당버섯

Russula hydrophila Hornicek
Russula emetica var. griseascens Bon & Gaugue

형태 균모는 지름 3~4.5cm, 반구형이다가 둥근 산 모양을 거쳐 편평해지고 중앙은 무딘 톱니상이다. 표면은 적색이고 고르며, 건조할 때는 광택이 없고 습기가 있을 때는 매끈하고 광택이 난다. 표피는 벗겨지기 쉽다. 가장자리는 분홍색, 중앙은 퇴색하여 연한 황토색, 약간 줄무늬 선이 있다. 육질은 백색이나 연한 크림색. 주름살은 자루에 대하여 좁은 올린 주름살로 약간 포크형이 있으며 가장자리는 전연이다. 자루는 길이 4~5cm, 굵기 1~1.3cm로 약간 막대형이며 속은 비어 있다. 표면은 미세한 맥상이다가 나중에 없어지며, 색은 어릴 때는 백색이다가 오래되면 회색이 된다. 포자는 크기 7~8×6.3~7.5μm로 아구형 또는 광타원형, 장식돌기의 높이는 0.9μm이다. 표면의 사마귀 점들은 두꺼운 융기에 의하여 연결된다. 담자기는 곤봉형이며 크기는 32~45×11~13μm. 연낭상체는 방추형에 부속물이 있으며 크기는 50~75×10~11μm. 측낭상체는 연낭상체와 비슷하고 크기는 60~90×10~13μm이다.

생태 여름~가을 / 숲속의 땅에 군생한다.

분포 한국, 유럽

붉은무당버섯

Russula integra (L.) Fr.
Russula adulterina (Fr.) Peck

형태 균모는 지름 5~10(15)㎝, 둥근 산 모양이다가 편평해지고 중앙이 얕게 오목해지면서 얕은 깔때기 모양이 된다. 표면은 습할 시 점성이 있거나 끈끈하다. 혈적색, 적자색 또는 포도주색을 띠기도 한다. 흔히 균모는 색의 농담에 차이가 있고 여러 색이 섞이기도 하며, 중앙은 갈색이나 황갈색 반점 모양을 이루기도 한다. 부분적으로 결절이 생기기도 한다. 껍질 표피는 잘 벗겨진다. 살은 흰색이고 단단하다. 주름살은 흰색이나 포자가 성숙하면 다소 담황색을 띤다. 간혹 언저리 부분에 붉은 테가 있다. 폭은 넓고 촘촘하며 자루에 떨어진 주름살이다. 자루는 길이 5~10㎝ 굵기 15~30㎜, 색은 흰색이나 드물게 적색을 띠기도 한다. 상하가 같은 굵기이거나 또는 중앙이 약간 팽대해진다. 속이 차 있다가 후에 스펀지 모양이 된다. 포자는 크기 9~11×7~9.5㎛, 아구형이나 타원형이며 표면에 거친 가시 모양이 덮여 있다. 포자문은 황토색이다.

생태 여름~가을 / 주로 침엽수림의 땅에 단생 또는 군생한다. 활엽수림에도 난다.

분포 한국, 일본, 유럽, 시베리아, 북미

붉은무당버섯(대형)

Russula adulterina (Fr.) Peck

형태 균모는 지름 6~10㎝, 반구형이다가 둥근 산 모양을 거쳐 편평해지며 가운데는 결끄럽다. 표면은 무딘 상태서 비단 광택이 나며, 습기가 있을 때 미끄럽고 빛난다. 색은 자갈색이다가 흑갈색이 되며, 드물게 연한 것도 있다. 표피가 중간 정도까지 벗겨지기도 한다. 살은 백색이다가 시간이 지나면 갈색이 된다. 사과 같은 냄새가 나고 맛은 온화하다가 맵다. 가장자리는 둔하고 대부분 고르며 약간 줄무늬 홈선이 있다. 주름살은 자루에 대하여 좁은 올린 주름살로 백색 또는 짙은 오렌지 황토-노란색이며 언저리는 매끈하다. 자루는 길이 5~8㎝, 굵기 15~25㎜로 원통형에 기부로 비틀린다. 표면은 미세한 세로줄의 맥상이고 색은 백색이다. 어릴 때는 백색의 가루가 있지만 곧 매끈해지며 기부 쪽은 칙칙한 갈색이다. $FeSO_4$ 반응에서 약간 분홍색을 나타낸다. 포자는 크기 8.5~13×7.5~11㎛로 아구형이고 표면의 돌기 높이는 2㎛이며 사마귀 점과 같은 침이 있다. 담자기는 크기 50~65×15~18㎛, 곤봉형이며 4-포자성이다.

생태 여름~가을 / 혼효림의 이끼류가 있는 땅에 군생한다.

분포 한국, 중국, 유럽

크림비단무당버섯

Russula intermedia P. Karst.
R. lundellii Sing.

형태 균모는 지름 4~10cm, 반구형이다가 둥근 산 모양을 거쳐 차차 편평해진다. 중앙은 무딘 톱니상이다. 표면은 고르고 건조 시 비단결 같고 버터 같은 광택이 난다. 습기가 있을 때는 미끈거린다. 색은 황토색-보라색에서 오렌지 적색이 되었다가 노란색을 거쳐 부분적으로 크림색이 되며 특히 중앙이 뚜렷하다. 가장자리는 고르고, 오래되면 약간 줄무늬 선이 있다. 표피는 중앙까지 벗겨진다. 육질은 백색이고, 냄새는 없으며 맛은 맵고 쓰다. 주름살은 자루에 대하여 좁은 올린 주름살, 포크형도 있다. 색은 백색에서 크림색을 거쳐 연한 황토색이 되며 가장자리는 전연이다. 자루는 길이 4~10cm, 굵기 1.5~2.5cm이고 원통형이며 속이 차 있다가 비게 된다. 표면은 약간 세로줄의 맥상이며 백색 또는 가끔 희미한 회색이다. 포자는 크기 6.5~8.4×6~7.6μm로 아구형, 표면의 장식돌기 높이는 1μm이다. 사마귀 반점은 길고 분리되어 있다. 담자기는 원통형이나 배불뚝형으로 크기는 30~40×8~14μm. 연낭상체는 방추형에 부속지가 있으며 크기는 35~50×8~10μm. 측낭상체는 연낭상체와 비슷하며 역시 부속지가 있고 크기는 30~50×8~12μm이다.

생태 초여름~가을 / 활엽수림에 군생한다.

분포 한국, 유럽, 아시아

흰무당버섯아재비

Russula japonica Hongo

형태 균모는 지름 6~14cm, 둥근 산 모양이다가 편평해지고 중앙부가 오목해지면서 나중에는 깔때기형이 된다. 표면은 건조하고 밋밋하거나 약간 분상이며, 색은 흰색 또는 약간 탁한 황색, 탁한 갈색을 띤다. 살은 흰색이며 두껍고 단단하다. 주름살은 자루에 대하여 떨어진 주름살이지만 균모가 펴지면 내린 주름살이 되며, 폭이 좁고 빽빽하다. 색은 흰색이다가 크림색을 거쳐 황토색이 된다. 자루는 길이 3~6cm, 굵기 1.2~2cm로 짧고 굵으며 상하가 같은 굵기이거나 아래쪽이 가늘다. 표면은 약간 우글쭈글하며 흰색이다. 속은 차 있다가 약간 갯솜질처럼 된다. 포자는 크기 6~7(8)×4.7~6μm로 난상의 구형이며 표면에 미세한 사마귀와 가는 연락사가 있다.

생태 여름~가을 / 주로 참나무류 숲의 땅에 나지만 참나무와 소나무가 섞인 혼효림에도 난다. 문헌에 따라서는 중독을 일으키는 독버섯으로도 알려져 있다. 매우 흔한 종.

분포 한국, 일본, 유럽

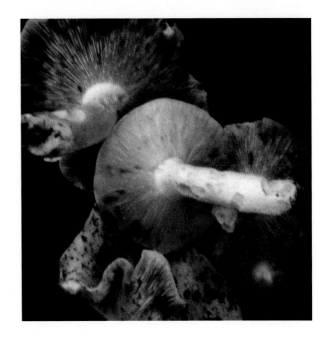

443

팥무당버섯

Russula kansaiensis Hongo

형태 균모는 지름 1~2cm, 둥근 산 모양이다가 차차 편평해지며 중앙부가 약간 오목해지고 결국은 얕은 깔때기형이 된다. 표면은 습기가 있을 때 끈적임이 있으며 붉은색을 띤 포도주색이고 흔히 중앙부가 진하다. 오래된 것은 퇴색하여 유백색이 될 때도 있다. 가장자리는 방사상으로 줄무늬 홈선이 있다. 살은 얇고 흰색. 주름살은 자루에 대하여 떨어진 주름살이며 서로 맥상으로 연결되고 폭이 넓으며 약간 성기다. 색은 흰색이나 크림색. 자루는 길이 1~2cm, 굵기 2~4mm, 상하가 같은 굵기거나 아래쪽으로 굵어진다. 표면은 흰색이나 황색을 띠고 약간 세로로 우글쭈글하다. 내부는 갯솜질이었다가 비게 된다. 포자는 크기 7.5~9.5×6~7.5μm로 광타원형이며 표면에 침 모양 돌기가 덮여 있다.

생태 여름~가을 / 주로 참나무류 숲속의 땅에 난다. 왕능림 등 오래된 숲에 많다. 드문 종.

분포 한국, 일본

졸각무당버섯

Russula laccata Huijsman
Russula norvegica D.A. Reid

형태 균모는 지름 15~35㎜, 어릴 때는 반구형, 후에 둥근 산 모양이었다가 편평해지며, 때때로 중앙이 톱니상이며 한가운데가 볼록하다. 표면은 고르고 둔하며, 습할 시 광택이 난다. 어릴 때는 검은 와인-적색, 후에 퇴색하여 곳곳이 크림색이다. 가장자리는 고르고 예리하다. 살은 백색이고 표피 아래는 와인-적색이다. 냄새는 분명치 않으며 맛은 맵고 쓰다. 주름살은 자루에 대하여 좁은 올린 주름살이나 끝 붙은 주름살. 색은 어릴 때 백색이다가 크림색이 되며 드물게 포크형이며 가장자리는 전연이다. 자루는 길이 10~25㎜, 굵기 5~8㎜, 원통형이지만 때로는 기부와 꼭대기로 부푼다. 속은 차 있다. 표면은 고르고 백색이나 노란색을 띤다. 포자는 크기 7.1~9.6×5.4~7.3㎛, 타원형이다. 돌기물은 둥글고 원추형 사마귀 반점들이 연락사로 연결되어 그물꼴을 형성한다. 담자기는 곤봉형이며 크기는 32~50×8~13㎛. 4-포자성이며 기부에 꺽쇠는 없다.

생태 여름 / 숲속의 땅에 단생 혹은 군생한다.

분포 한국, 유럽

흑벽돌무당버섯

Russula lateritia Quél.

형태 균모는 지름 5~9㎝, 반구형이다가 둥근 산 모양을 거쳐 편평해진다. 중앙은 무딘 톱니상. 오래되면 약간 깔때기형이다. 표면은 고르고 약간 결절형, 색은 포도주 적색이나 칙칙한 분홍 적색이며 중앙이 진하다. 가장자리는 고른 상태에서 홈 파진 줄무늬 선이 있고, 표피는 반절까지 벗겨진다. 육질은 백색에 단단하다. 냄새가 약간 나고 맛은 온화하다. 주름살은 넓은 올린 주름살로 포크형, 백색이나 짙은 노란색. 가장자리는 전연이다. 자루는 길이 3~6㎝, 굵기 1~2㎝, 원통형이나 막대형에 속은 차 있고 단단하다가 방처럼 빈다. 표면은 고르고 약간 세로줄의 맥상, 백색이었다가 칙칙한 연한 크림색이나 황색이 된다. 포자는 크기 6.5~8.4×5.1~6.3㎛, 타원형. 사마귀 점은 대부분이 하나씩 분리되며 부분적으로 길어지거나 연결된다. 담자기는 곤봉형, 크기 45~60×9~11㎛. 연낭상체는 방추형, 크기 50~100×7~11㎛. 측낭상체는 방추형이나 곤봉형, 크기는 75~125×9~11㎛이다.

생태 여름~가을 / 혼효림에 군생한다.

분포 한국, 유럽

연보라무당버섯

Russula lilacea Quél.

형태 균모는 지름 3~8cm, 반구형이다가 둥근 산 모양을 거쳐 차차 편평해지지만 중앙이 오목하게 들어간다. 표면은 습기가 있을 때 끈적임이 있고, 건조하면 가루상-비로드상이고, 적포도색을 띤 분홍 살색 또는 보라색을 띤 와인-적색이나 중앙은 흑색이다. 가장자리에 짧은 알갱이 모양의 줄무늬 선이 있다. 표피는 벗겨지기 쉽다. 살은 얇고 백색이다가 황갈색-탁한 회색이 된다. 냄새는 없고 맛은 온화하다. 주름살은 자루에 대하여 끝 붙은 주름살, 백색이다가 회색이 되며 두껍고 맥상으로 연결된다. 약간 밀생 또는 약간 성기다. 자루는 길이 4~6cm, 굵기 7~10mm, 상하가 같은 굵기이나 아래로 가늘어진다. 표면은 백색-홍색, 마찰하면 탁한 갈색의 맥상이 생긴다. 속은 해면상이다가 비게 되며 연골질이다. 포자는 크기 8~11×7~8μm로 아구형이나 타원형이며 표면에 가시가 있다. 포자문은 백색이나 크림색. 낭상체는 협방추형으로 꼭대기가 뾰족하고 크기는 41~60×9.5~13.5μm이다.

생태 여름~가을 / 숲속의 땅에 난다. 식용이다.

분포 한국, 중국, 일본, 유럽

긴자루무당버섯

Russula longipes (Sing.) Moenne-Loc. & Reumaux
Russula emetica f. longipes Sing.

형태 균모는 지름 40~80mm, 반구형이다가 둥근 산 모양을 거쳐 차차 편평하게 된다. 표면은 고르고 비단결이다. 색은 적색-체리 적색이며 중앙은 짙은 흑색이다가 흑갈색이 된다. 가장자리는 연하고 고르며 둔하다. 표피는 벗겨지기 쉽다. 육질은 백색, 표피 아래는 적색. 냄새가 약간 나고 맛은 맵다. 주름살은 자루에 대하여 홈 파진 주름살로 백색이다가 연한 황토색이 되며 포크형이 있다. 가장자리는 전연. 자루는 길이 6~10cm, 굵기 1.2~2cm로 원통형 또는 약간 막대형, 배불뚝형 등이며, 퇴색한 노란색이 섞인 백색이다. 속은 차 있다. 표면은 고르고 세로줄의 무늬가 있으며 맥상으로 연결된다. 포자는 크기 8~10.8×6.8~9μm로 아구형 또는 타원형. 장식돌기의 높이는 0.8μm이고 표면의 사마귀 점들은 늘어진 연결사에 의하여 연결된다.

생태 여름~가을 / 숲속의 축축한 곳에 군생한다.

분포 한국, 중국, 유럽

황금무당버섯

Russula lutea Sacc.

형태 균모는 얇으며 지름은 6.5~8cm이다. 둥근 산 모양이다가 차차 편평한 모양이 되며 중앙부는 약간 오목하다. 표면은 습기가 있을 때 끈적임이 있고 매끄러우며 선황색 또는 황금색이다. 표피는 벗겨지기 쉽다. 가장자리는 반반하나 나중에 능선이 조금 생긴다. 살은 얇고 부서지기 쉬우며 백색이다. 주름살은 자루에 대하여 바른 주름살로 약간 빽빽하며, 앞면이 넓고 뒷면은 좁다. 길이가 같고, 자루 언저리에서 갈라지며, 사이에는 횡맥으로 이어진다. 자루는 높이 6~7cm, 굵기 1.6~1.7cm, 상하 굵기가 같다. 표면은 매끄럽거나 가는 주름 무늬가 있다. 부서지기 쉬우며 속은 갯솜질로 차 있다. 포자는 크기 9~10×8~9μm, 구형이며 표면에 가시가 있다. 포자문은 진한 황색. 낭상체는 피침형으로 크기는 77~85×6~10μm이다.

생태 여름~가을 / 신갈나무, 가문비나무, 분비나무 숲의 땅에 산생 혹은 단생한다. 식용이며 소나무, 신갈나무와 외생균근을 형성한다.

분포 한국, 중국

단심무당버섯

Russula luteotacta Rea

형태 균모는 지름 3~6(8)cm, 어릴 때는 반구형이다가 둥근 산 모양을 거쳐 거의 평평하게 펴지며 가운데가 배꼽 모양으로 오목하게 들어간다. 표면은 습기가 있을 때 끈적임이 있으나 건조하면 미분상이나 비로드상이 된다. 색은 보라색을 띤 분홍 살색 등이고 가운데가 암색이다. 가장자리에는 알갱이 모양의 줄무늬가 나타난다. 균모의 껍질은 벗겨지기 쉽다. 살은 흰색이며 얇고 유연하다. 주름살은 자루에 대하여 떨어진 주름살로 서로 맥상으로 연결되어 있으며 폭이 좁고 약간 촘촘하거나 성기다. 색은 흰색. 자루는 길이 4~6cm, 굵기 7~10mm로 상하가 거의 같은 굵기이거나 아래쪽이 가늘다. 표면은 흰색이지만 군데군데 홍색을 띤다. 포자는 크기 6.1~8.0×5~6.7μm, 아구형이나 타원형이며 표면에 반점 모양 또는 가시 모양 돌기가 덮여 있다.
생태 여름~가을 / 주로 활엽수림의 땅에 단생 혹은 군생한다.
분포 한국, 중국, 일본, 유럽

둥근포자무당버섯

Russula maculata Quél.
Russula globispora (Blum) Bon, Russula alba Velen.

형태 균모는 지름 3~7cm, 반구형이다가 둥근 산 모양을 거쳐 편평한 모양이 되며 중앙은 무딘 톱니상이 된다. 표면은 고르고 역시 부분적으로 결절상이다. 색은 황토-보라색 또는 오렌지 적색에서 퇴색하며 부분적으로 가끔 크림색, 연한 레몬 노란색, 백색빛의 크림색이 된다. 불규칙한 반점이 있고 갈색-보라 적색의 얼룩이 있다. 건조할 때는 무디고, 습기가 있을 때는 광택이 나며 미끈거린다. 가장자리는 고른 상태에서 오래되면 줄무늬 선이 나타난다. 표피는 벗겨지기 쉽다. 육질은 백색이며 과일 냄새가 나고 (특히 주름살에서) 맛이 맵다. 주름살은 홈 파진 주름살로 연한 크림색이다가 오렌지 황토색이 되며 포크형이 있다. 가장자리는 전연이며 가끔 녹슨 얼룩이 있다. 자루는 길이 3~7cm, 굵기 1.2~3cm, 원통형이며 속은 차 있다가 비게 된다. 표면은 세로줄의 맥상이 있고, 백색이나 부분적으로 적홍색이며, 기부의 위쪽부터 황갈색으로 변색한다. 포자는 크기 7.9~10.6×7~9.1μm, 아구형이며 표면의 사마귀 반점은 하나씩 분리되나 가끔 부분적으로 늘어나 서로 연결되기도 한다. 담자기는 곤봉형으로 크기는 38~56×11~14μm이고, 연낭상체는 방추형이며 부속지가 있으며 크기는 55~110×7~13μm이다. 측낭상체는 연낭상체와 비슷하고 크기는 45~100×8~14μm이다.

생태 여름~가을 / 활엽수림의 풀밭에 단생 혹은 군생한다. 드문 종.

분포 한국, 중국, 유럽, 아시아

449

둥근포자무당버섯(닮은형)

Russula globispora (Blum) Bon

형태 균모는 지름 4~8cm, 반구형이다가 둥근 산 모양을 거쳐 차차 편평해지며 중앙은 무딘 톱니상이다. 나중에는 깔때기형이 된다. 표면은 고르고 약간 결절형 또는 사마귀 점과 같은 것이 있다. 색은 벽돌색, 오렌지 적색, 거의 보라색-적색이나 중앙과 가장자리는 노란색이다. 표면은 무디고, 습기가 있을 때는 끈적임이 있고 미끈거린다. 가장자리는 고른 상태에서 약간 톱니상의 줄무늬 선이 있다. 표피는 약간 벗겨진다. 육질은 백색, 냄새는 없고 맛은 온화하다. 주름살은 자루에 대하여 좁은 올린 주름살 또는 끝 붙은 주름살, 포크형이 있으며 색은 백색이다가 짙은 황토-갈색이 된다. 가장자리는 전연. 자루는 길이 4~6cm, 굵기 1~2cm로 원통형이며 표면에 미세한 세로줄 무늬의 선이 맥상으로 연결된다. 속은 차 있다. 포자는 크기 9.3~12.6×8.6~11.2μm, 아구형이며, 표면의 사마귀 반점들은 분리되거나 응축한다. 담자기는 넓은 곤봉형이며 크기는 40~60×14~16μm. 연낭상체는 방추형이나 곤봉형이고 부속지가 있으며 크기는 40~80×7~11μm. 측낭상체는 방추형으로 역시 부속지가 있고 크기는 55~110×9~13μm이다.

생태 여름~가을 / 활엽수림의 땅에 군생한다. 드문 종.

분포 한국, 중국, 유럽

적갈색무당버섯

Russula melliolens Quél.

형태 균모는 지름 50~100mm, 반구형이다가 둥근 산 모양을 거쳐 편평해지지만 중앙은 무딘 톱니상. 표면은 대개 고르지만 고르지 않은 것도 있으며, 암적색, 오렌지 적색, 구리 적색, 연어색 등이 었다가 보라 갈색이 되며 보통 황토색이나 노란색 얼룩이 있다. 가장자리는 고른 상태서 오래되면 줄무늬 홈선이 나타나고, 표피는 중앙까지 벗겨진다. 육질은 백색에서 서서히 갈색으로 변색한다. 살은 싱싱할 때 냄새가 없고 맛은 건조 시 오래되면 온화하고 꿀맛이 난다. 주름살은 자루에 대하여 바른 주름살로 백색이다가 크림색이 되며 포크형이 있다. 가장자리는 전연. 자루는 길이 5~7cm, 굵기 12~25mm로 원통형 또는 막대형에 속은 차 있다가 빈다. 표면은 미세한 세로줄의 맥상이 있고, 백색이나 오래되면 갈색의 얼룩이 생긴다. 포자는 크기 7.7~11.6×7.3~10.2μm로 구형이나 아구형, 표면의 장식돌기 높이는 0.3μm이다. 사마귀 반점들은 늘어나서 연결사에 의해 그물꼴을 형성한다. 담자기는 곤봉형이며 크기는 42~68×10~15μm. 연낭상체는 방추형 또는 곤봉형으로 크기는 40~70×11~13μm, 둔한 부속지가 있다. 측낭상체는 연낭상체와 비슷하고 크기는 55~95×8~13μm이다.

생태 여름~가을 / 활엽수림의 땅에 군생한다. 드문 종.

분포 한국, 중국, 유럽

꼬마무당버섯

Russula minutula Vel.

형태 균모는 지름 1.5~3cm, 반구형이다가 둥근 산 모양을 거쳐 차차 편평해지지만, 중앙은 무딘 톱니상이고 가끔은 물결형이다. 표면은 고르고, 무딘 상태에서 비단결 같으며, 색은 분홍색, 짙은 카민 적색이며 중앙이 진하다. 가장자리는 어릴 때 고른 상태서 부분적으로 줄무늬 선이 나타난다. 육질은 백색, 냄새가 약간 나고 맛은 온화하다. 주름살은 자루에 대하여 좁은 올린 주름살로 백색이나 크림색이고 포크형인 것도 있다. 가장자리는 전연. 자루는 길이 2~3.5cm, 굵기 5~10mm로 원통형이나 막대형, 속은 차 있다가 나중에 빈다. 표면은 약간 주름지고 어릴 때 가루상이다가 매끈해지며 색은 백색이다. 드물게 기부는 홍적색이다.

생태 여름~가을 / 활엽수림의 땅에 단생 혹은 군생한다.

분포 한국, 중국, 유럽

가루무당버섯

Russula modesta Pk.

형태 균모는 지름 3~10㎝, 둥근 산 모양이다가 편평한 모양을 거쳐 약간 낮은 둥근 산 모양이 된다. 표면은 연한 회녹색, 올리브, 연한 황색 등이고, 마르고 무디며 보통 밀집된 가루가 있다. 표피는 잘 벗겨진다. 성숙하면 가장자리에 줄무늬 선이 나타난다. 살은 치밀하고 갯솜질이며 색은 백색, 냄새는 없고 맛은 온화하다. 주름살은 자루에 대하여 바른 주름살로 약간 밀생하다가 성기며 연한 황색이다. 자루는 길이 2.5~6㎝, 굵기 1~2.5㎝로 원주형이며 색은 백색이다. 포자는 크기 6~7×4.5~6㎛에 난형이며 표면에 사마귀 점이 있다. 돌기의 높이는 0.8㎛이며 부분적으로 연결되어 그물꼴을 형성하거나 분리된다. 포자문은 크림색이다.
생태 여름~가을 / 혼효림의 땅에 군생한다.
분포 한국, 중국, 유럽, 북미

보라변덕무당버섯

Russula nauseosa (Pers.) Fr.
Russula nauseosa f. japonica Hongo

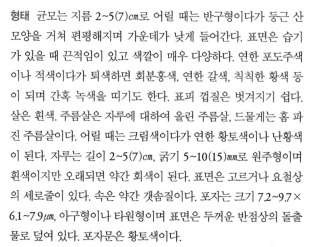

형태 균모는 지름 2~5(7)cm로 어릴 때는 반구형이다가 둥근 산 모양을 거쳐 편평해지며 가운데가 낮게 들어간다. 표면은 습기가 있을 때 끈적임이 있고 색깔이 매우 다양하다. 연한 포도주색이나 적색이다가 퇴색하면 회분홍색, 연한 갈색, 칙칙한 황색 등이 되며 간혹 녹색을 띠기도 한다. 표피 껍질은 벗겨지기 쉽다. 살은 흰색. 주름살은 자루에 대하여 올린 주름살, 드물게는 홈 파진 주름살이다. 어릴 때는 크림색이다가 연한 황토색이나 난황색이 된다. 자루는 길이 2~5(7)cm, 굵기 5~10(15)mm로 원주형이며 흰색이지만 오래되면 약간 회색이 된다. 표면은 고르거나 요철상의 세로줄이 있다. 속은 약간 갯솜질이다. 포자는 크기 7.2~9.7× 6.1~7.9㎛, 아구형이나 타원형이며 표면은 두꺼운 반점상의 돌출물로 덮여 있다. 포자문은 황토색이다.

생태 여름~가을 / 주로 가문비나무, 종비나무 등 침엽수나 혼효림의 땅 습윤한 곳에 군생한다. 독한 맛이 있어 식용으로 적당하지 않다.

분포 한국, 중국, 유럽, 북미

신냄새무당버섯

Russula neoemetica Hongo

형태 균모는 지름 5~8cm, 둥근 산 모양이다가 편평해지고 결국 중앙이 약간 들어간다. 표면은 밋밋하고 습기가 있을 때 끈적임이 있으며, 선명한 적색이나 중앙부는 암색이다. 가장자리에 방사상의 짧은 입상 줄무늬 선이 있다. 살은 백색, 표피 아래의 살은 연한 홍색이고, 거의 무미 무취하나 간혹 매운맛이 나기도 한다. 주름살은 자루에 대하여 떨어진 주름살로 밀생 또는 약간 성기고, 폭은 4~7mm, 색은 백색이다. 거의 분지하지 않으며 상호 맥상으로 연결된다. 자루는 길이 5.5~9cm, 굵기 1~1.5cm로 상하가 같은 굵기거나 아래로 가늘고 곤봉상으로 부푼다. 표면은 백색이며 주름진 세로줄 무늬가 있다. 속은 해면상으로 빈다. 포자문은 백색. 포자는 크기 5.5~7×5~6μm로 난상의 구형이며 표면에 소형의 반점이 단독으로 있거나 연결사로 연결되어 작은 그물꼴을 형성한다. 측낭상체는 크기 43~54×9.5~12μm, 방추형이며 때때로 꼭대기에 돌기가 있다. 연낭상체는 크기가 23~39×4~7.5μm이고 방추형, 곤봉형, 원주형 등 여러 가지가 있다.

생태 여름~가을 / 숲속의 땅에 군생한다.

분포 한국, 중국, 일본

빛무당버섯

Russula nitida (Pers.) Fr.

형태 균모는 지름 3~5cm, 둥근 산 모양에서 차차 편평해진다. 중앙은 무딘 톱니상, 가끔 둔한 볼록이 있다. 표면은 고르고 건조할 때는 비단결 같고 습기가 있을 때는 광택과 끈적임이 있다. 표피는 벗겨지기 쉽다. 포도주 적색이다가 포도주 갈색, 자색이 되었다가 퇴색하면 올리브 황토색이 된다. 가장자리에는 홈 파진 줄무늬가 있다. 육질은 백색, 냄새가 약간 나고 맛은 온화하다. 주름살은 자루에 대하여 좁은 올린 주름살이다가 끝 붙은 주름살이 되며, 백색이나 황토 노란색이고, 변두리는 전연이다. 자루는 길이 40~60mm, 굵기 10~15mm로 원통형이나 막대형이며 속은 비어 있다. 표면은 세로줄의 맥상이고 위쪽은 백색, 아래쪽은 카민-적색이다. 포자는 크기 7.8~11×6.4~8.5μm로 타원형이며 표면의 장식돌기 높이는 1μm이다. 사마귀 점은 서로 떨어진 것이 늘어져서 연결사로 연결될 때도 있다. 담자기는 곤봉형이며 크기는 40~55×12~15μm. 연낭상체는 방추형이고 둔한 부속지가 있으며 크기는 50~80×7~10μm. 측낭상체는 연낭상체와 비슷하고 크기는 45~80×10~15μm이다.

생태 여름~가을 / 숲속의 맨땅에 단생 혹은 군생한다. 드문 종.

분포 한국, 중국, 유럽, 북미, 아시아

배꼽무당버섯

Russula nobilis Velen.

형태 균모는 지름 30~70㎜, 반구형에서 둥근 산 모양을 거쳐서 편평해지며 가장자리는 위로 올라가고, 노쇠하면 중앙은 약간 톱니상이다. 표면은 고르고 약간 결절상이다. 건조하면 무디고 약간 반짝이며 습기가 있을 때는 끈적임이 있다. 표피는 쉽게 중앙의 반쯤까지 벗겨진다. 색은 카민색이나 체리-적색이며, 연한 백색의 점상이 가장자리 쪽으로 발달한다. 가장자리는 예리하고 고르며, 약간의 줄무늬가 있고 톱니상이다. 살은 백색이며 표피 밑은 분홍색이다. 양파 냄새가 나고 맛은 맵다. 주름살은 자루에 대하여 좁은 올린 주름살이나 끝 붙은 주름살로 백색 혹은 연한 크림색이고 포크형이 있다. 가장자리는 전연. 자루는 길이 25~55㎜, 굵기 10~18㎜, 원통형, 약간 막대형 또는 배불뚝형이다. 표면은 미세한 세로줄의 맥상이 있고 백색이며, 어릴 때는 백색의 가루상이다. 속은 차 있다. 포자는 크기 6.5~9×5~6.5㎛로 타원형이며, 사마귀 반점들이 연결되어 그물꼴을 형성하기도 한다. 담자기는 곤봉형이고 크기는 26~40×7~11㎛, 4-포자성이다. 연낭상체는 방추형이고 크기는 40~70×6~9㎛, 측낭상체는 연낭상체와 비슷하며 크기는 43~80×7-12㎛이다.

생태 여름~가을 / 혼효림의 땅에 군생한다.

분포 한국, 중국, 유럽, 북미

쪼개무당버섯

Russula ochroleuca (Pers.) Fr.

형태 균모는 지름 5~7㎝, 둥근 산 모양이다가 차차 편평해지고 중앙부는 오목해진다. 때로는 깔때기형이 된다. 가장자리는 펴지거나 위로 조금 들리며 매끄럽거나 가는 줄무늬 홈선이 있으며 날카롭다. 표면은 습기가 있을 때 끈적임이 있으며 오렌지 황색 또는 황토색이며 오래되면 연한 색이다. 살은 부서지기 쉽고 백색이며, 표피 아래는 황색을 띤다. 맛은 맵다. 주름살은 자루에 대하여 바른 주름살이나 나중에 떨어진 주름살이 되고, 밀생하며 폭이 넓고 길이가 같다. 색은 백색이다가 연한 색이 된다. 자루는 높이 5~7㎝, 굵기 0.7~1.5㎝, 위로 가늘어지며 기부는 뾰족하다. 표면은 갈색을 띤 백색, 가끔 연한 색으로 그물 모양의 주름 무늬가 있다. 속은 치밀하며 갯솜질로 차 있다. 포자는 크기 7~10×6~8㎛로 난상의 구형이다. 포자문은 황백색. 낭상체는 방망이 모양이고 끝은 둔하거나 예리하며, 짧은 돌기가 있다. 크기는 55~60×6~8㎛이다.

생태 여름~가을 / 가문비나무, 분비나무, 사스래나무 숲의 땅에 단생한다. 가문비나무, 분비나무 또는 사스래나무와 외생균근을 형성한다.

분포 한국, 중국, 일본

458

쪼개무당버섯아재비

Russula ochroleucoides Kauffman

형태 균모는 지름 6~12㎝, 둥근 산 모양이다가 차차 편평해진다. 표면은 짚색을 띤 노란색이다가 황토색이 된다. 중앙은 무딘 황토색이고 건조성이며 미세한 가루상이다. 살은 단단하고 백색이며 냄새는 좋은 편이고 맛은 조금 쓰다. 주름살은 자루에 대하여 바른 주름살로 약간 밀생이며, 폭이 좁고 백색이다. 자루는 길이 4~6㎝, 굵기 1.5~2㎝로 원통형이고 단단하며 약간 가루상이다. 색은 백색이다. 포자는 크기 8.5~10×7~8㎛로 난형이며, 표면에 사마귀 반점이 있다. 돌기의 높이는 0.4~0.8㎛이고 거의 완전한 그물꼴을 형성한다. 포자문은 백색이다.
생태 여름~가을 / 낙엽 혼효림의 땅에 군생한다. 식용이다.
분포 한국, 중국, 북미

가죽껍질무당버섯

Russula olivacea (Schäff) Fr.

형태 균모는 지름 7~17cm, 둥근 산 모양이다가 차차 편평해지며 중앙은 약간 오목해진다. 표면은 습기가 있을 때 끈적임이 있으나 곧 건조해진다. 색은 진한 자홍색, 암자홍색 또는 혈홍색이다. 가장자리는 둔하고 반반하거나 뚜렷한 능선이 있다. 살은 치밀하고 부서지기 쉬우며 백색이다. 맛은 온화하다. 주름살은 자루에 대하여 바른 주름살 또는 내린 주름살로 약간 성기며 폭은 넓고, 길이가 같거나 짧은 주름살도 더러 끼어 있다. 가장자리에서는 갈라지고 주름살 사이에 횡맥이 있다. 색깔은 황색이다가 황갈색이 된다. 가장자리는 전연으로 홍색을 띤다. 자루는 높이 6~11cm, 굵기 1.3~3.4cm에 원주형이고, 상부의 한쪽이나 전체는 분홍색이며 아래로 연해져 백색이 된다. 표면에 주름진 무늬가 있고, 속은 처음에는 치밀하나 나중에 갯솜질이 된다. 포자는 크기 8~10 × 7~9μm로 아구형이며 표면에 가시 또는 혹이 연결되어 능선이 되거나 그물눈을 이룬다. 색은 연한 황색이다. 낭상체는 방추형으로 크기는 70~117×11~14μm이다. 포자문은 홍갈색-황색이다.

생태 여름~가을 / 잣나무 숲, 활엽수림, 혼효림의 땅에 군생 혹은 산생한다. 식용이다. 신갈나무 등과 외생균근을 형성한다.

분포 한국, 중국, 일본, 유럽, 북미

보라올리브무당버섯

Russula olivaceoviolacens Gill. ex Sacc. & Trotter

형태 균모는 지름 2~4cm, 둥근 산 모양이다가 차차 편평해지며 중앙이 들어간다. 표면은 흙빛의 자색이다가 자갈색이 되거나 올리브 갈색에서 전체가 고른 녹색이 된다. 표면은 습기가 있을 때 끈적임이 있고, 광택이 나며, 건조성이다. 밋밋하며 확대경으로 보았을 때 표피에 분명한 반점과 조각이 나타난다. 표피의 껍질은 잘 벗겨진다. 살은 잘 부서지고, 백색이며, 냄새가 좋고 맛은 온화하다. 주름살은 자루에 대하여 홈 파진 주름살로 폭이 넓으며, 약간 성기고 크림색이다. 자루는 길이 3.5~6cm, 굵기 1~1.5cm에 원통형이며 색은 백색이다. 기부는 약간 황갈색으로 물든다. 포자는 크기 6~8×5.5~7µm에 난형이며 표면은 많은 미세한 사마귀 반점이 그물꼴을 형성한다. 포자문은 연한 오렌지-노란색이다.

생태 여름~가을 / 혼효림의 풀숲에 군생한다. 식용 여부와 독성 여부는 알려지지 않았다. 드문 종.

분포 한국, 중국, 북미

461

홍보라무당버섯

Russula omiensis Hongo

형태 균모는 지름 3~4.5cm로 처음에는 둥근 산 모양이다가 차차 편평한 모양이 되며 중앙이 약간 오목해진다. 표면은 습기가 있을 때는 끈적거리고, 확대경으로 보면 미분상이며 암적자색이나 포도주색으로 중앙부가 진하나 부분적으로 적색, 올리브색 등이 섞여 있다. 가장자리는 처음에는 평탄하나 나중에 방사상의 알갱이 모양이 선을 나타낸다. 표피는 벗겨지기 쉽다. 살은 흰색이고 신맛이 있다. 주름살은 자루에 대하여 거의 떨어진 주름살로 간혹 분지되고 서로 맥상으로 연결된다. 색은 순백색이며 폭이 넓고 촘촘하다. 자루는 길이 5~6cm, 굵기 8~11mm로 상하가 같은 굵기 또는 아래쪽으로 가늘어진다. 색은 순백색인데 쭈글쭈글한 세로줄이 있다. 속은 갯솜질이다. 포자는 크기 9.5~12×7.5~10μm로 광타원형이나 아구형, 표면의 가시는 연락사가 연결되어 그물눈 모양을 만들고 있다.

생태 봄~가을 / 주로 서어나무나 참나무류의 숲속 땅에 난다.

분포 한국, 중국, 일본

바랜포자무당버섯

Russula pallidospora Blum ex Romagn.

형태 균모는 지름 5~8cm, 반구형이다가 차차 편평해지며 중앙이 들어가서 깔때기형이 된다. 표면은 고르고 무디며, 어릴 때 부분적으로 백색이었다가 황토-황갈색이 되며 얼룩이 생긴다. 표피는 벗겨지기 쉽다. 육질은 백색, 과일 냄새가 나고 맛은 온화하나 주름살의 살은 맵고 쓰다. 가장자리는 고르고 예리하다. 주름살은 자루에 대하여 좁은 올린 주름살이나 내린 주름살로 백색이다가 크림 황색이 되지만 부분적으로는 갈색이 된다. 가장자리는 전연. 자루는 길이 2~4cm, 굵기 1~2cm로 원통형이며 기부 쪽으로 약간 부풀고 막대형이다. 속은 차 있다가 빈다. 표면은 어릴 때 고르고 백색이며 가루상, 나중에 맥상의 주름이 생기고 얼룩지며 부분적으로 황색이나 갈색이 된다. 포자는 크기 6.9~8.8×6~8μm이고 아구형이며 표면의 장식물 돌기의 높이는 0.5μm이다. 표면의 사마귀 반점들은 늘어져 서로 연결된다. 담자기는 곤봉형이나 배불뚝형이고 크기는 55~65×12~14μm이다. 연낭상체는 방추형, 가는 곤봉형으로 크기는 35~105×6~9μm. 측낭상체는 연낭상체와 비슷하고 작은 돌기가 있다. 크기는 80~110×6~11μm이다.

생태 여름~가을 / 활엽수림의 땅에 군생한다.

분포 한국, 중국, 유럽

늪무당버섯

Russula paludosa Britz.

형태 균모는 지름 4~10㎝, 반구형이다가 둥근 산 모양을 거쳐 차차 편평해진다. 가끔 중앙은 무딘 톱니형이다. 표면은 약간 결절형이며, 건조할 때는 광택이 나고, 습기가 있을 때는 미끈거린다. 색은 밝은 주홍색이나 보라색-적색이고 가끔 중앙이 진하다. 가장자리는 고르고 예리하며 줄무늬 선이 있다. 표피는 중앙의 반절까지 벗겨진다. 육질은 백색, 표피 아래의 살은 적색이다. 냄새는 없고, 건조 시 사과 조각처럼 되며 맛은 온화하다가 약간 쓰다. 주름살은 자루에 대하여 좁은 올린 주름살로 색은 백색이다가 크림색, 밝은 노란색이 된다. 포크형이 있으며 가장자리는 전연이다. 자루는 길이 4~8㎝, 굵기 13~25㎜이고 원통형이나 막대형, 속은 차 있다가 빈다. 표면은 고른 상태서 맥상이며 부분적으로 백색, 분홍색, 홍색이다. 상처 시 황색의 얼룩이 생기고 가끔 기부의 위쪽부터 회색으로 변한다. 포자는 크기 7.5~10.5×6.5~8㎛로 아구형이나 타원형, 장식돌기의 높이는 1㎛이다. 표면의 사마귀 반점들은 연결사로 연결된다. 담자기는 곤봉형이며 크기는 40~50×10~13㎛, 연낭상체는 원통형이며 부속지가 있고 크기는 40~65×6~10㎛이다. 측낭상체는 연낭상체와 비슷하며 크기는 55~120×7~13㎛다.

생태 여름~가을 / 침엽수림, 혼효림의 땅에 군생한다.

분포 한국, 중국, 유럽, 북미

청이끼무당버섯

Russula parazurea Schäff.

형태 균모는 지름 4.5~6㎝, 반구형이다가 차차 편평해진다. 중앙은 무딘 톱니상, 깔때기형. 표면은 고르고 가루상, 회색이나 녹청색, 가끔 올리브색을 띤다. 표피는 절반까지 쉽게 벗겨진다. 가장자리는 고르고 오래되면 줄무늬 선이 생긴다. 육질은 백색, 냄새는 없고 맛은 온화하다. 주름살은 좁은 올린 주름살, 포크형, 백색이나 연한 노란색, 가장자리는 전연. 자루는 길이 3~5㎝, 굵기 8~15㎜, 원통형이나 약간 막대형. 기부로 가늘고 속은 차 있다가 빈다. 표면은 미세한 세로줄의 맥상, 어릴 때는 백색, 가루상이고 나중에 기부 위쪽으로 황토-갈색 얼룩이 생긴다. 포자는 6~7.5×4.9~6.1㎛, 아구형이나 타원형, 표면 장식돌기의 높이는 0.5㎛. 작은 사마귀 반점이 연결사로 그물꼴을 형성한다. 담자기는 가는 곤봉형, 35~45×7~11㎛, 연낭상체는 방추형에 부속지가 있으며 50~80×7~10㎛. 측낭상체는 연낭상체와 비슷하며 55~85×10~13㎛.

생태 여름~가을 / 활엽수림과 혼효림의 땅에 군생한다. 드문 종.

분포 한국, 중국, 유럽, 아시아

달팽이무당버섯

Russula pectinata Fr.

형태 균모는 지름 5~7㎝, 둥근 산 모양이다가 차차 편평해진다. 중앙부는 오목하다. 표면에 투명한 끈적액 층이 있으며, 마르면 투명하고 광택이 생긴다. 색은 황색 내지 다갈색. 표피는 쉽게 벗겨지고 가장자리는 얇게 펴지며, 사마귀로 이어진 능선이 있다. 살은 부서지기 쉽고 백색이나 회색을 띠며 표피 아래는 황색을 띤다. 오래되면 고약한 냄새가 난다. 주름살은 자루에 대하여 떨어진 주름살에 가깝고 약간 밀생, 주름살 사이는 횡맥으로 이어진다. 색은 백색. 자루의 언저리는 갈라진다. 자루는 길이 3~5㎝, 굵기 0.7~1.5㎝, 원주형이며 백색이다. 상부는 가루 모양, 하부에는 갈색 반점이 있으며, 속은 갯솜질로 차 있다가 빈다. 포자는 크기 9.5~10×7~8㎛, 아구형이며 표면에 가시가 있다. 포자문은 연한 황색. 낭상체는 방망이형으로 크기는 40~45×9~10㎛이다.

생태 여름~가을 / 잣나무 숲, 활엽수림, 혼효림의 땅에 군생 혹은 단생한다. 소나무 또는 신갈나무와 외생균근을 형성한다.

분포 한국, 중국

달팽이무당버섯아재비

Russula pectinatoides Peck

형태 균모는 지름 4~8cm, 반구형이다가 차차 편평해지며 중앙은 무딘 톱니상이다. 표면은 고르다가 나중에 방사상의 줄무늬 홈 선이 생긴다. 건조할 때는 광택이 없으나, 습기가 있을 때는 광택이 나고 끈적임이 있다. 색은 황토 노란색이었다가 황토-갈색이 되며, 중앙은 흑갈색, 가장자리 쪽은 칙칙한 크림색이다. 흔히 오렌지 노란색의 얼룩이 있다. 표피는 잘 벗겨진다. 가장자리는 줄무늬 홈선이 있다. 육질은 백색, 과일 냄새가 나고 맛은 온화하다. 주름살은 자루에 대하여 좁은 올린 주름살로 백색이다가 크림색이 된다. 가끔 적갈색의 얼룩이 있으며 포크형이 있다. 언저리는 전연. 자루는 길이 4~6cm, 굵기 1~2cm, 원통형이나 막대형, 속은 차 있다가 방처럼 빈다. 표면은 세로줄의 맥상이 있고, 백색이다가 희미한 회색이 된다. 기부에 오렌지색 또는 녹슨 적색의 얼룩이 있다. 포자는 크기 6.6~8.5×5.2~6.5μm로 타원형, 장식돌기의 높이는 1.2μm, 사마귀 반점들은 연락사로 연결된다. 담자기는 곤봉형이며 크기는 40~45×8~10μm. 연낭상체는 다소 방추형이며 부속지가 있다. 측낭상체는 연낭상체와 비슷하며 크기는 40~80×7~10μm이다.

생태 여름~가을 / 활엽수림과 혼효림에 군생한다.

분포 한국, 중국, 유럽, 북미, 아시아

노랑무당버섯아재비

Russula perlactea Murrill

형태 균모는 지름 3~8㎝, 처음에는 얕은 둥근 모양이다가 곧 편평해지며 중앙은 들어가서 배꼽처럼 된다. 표면은 순백색이며 중앙은 크림 노란색이다. 또한 건조성이고 밋밋하다. 주름살은 자루에 대하여 끝 붙은 주름살로 백색이며, 폭은 넓고 약간 밀생한다. 살은 백색, 냄새는 좋고 맛은 매우 맵다. 자루는 길이 2.5~8㎝, 굵기 1~1.5㎝로 부서지기 쉽고, 백색이다. 포자는 크기 9~10×7~8.5㎛, 난형이며 사마귀 반점이 덮여 있다. 돌기의 높이는 0.7~1.3㎛이고 사마귀 점들은 거의 분리되나 간혹 연락사로 미세한 그물꼴을 형성한다. 포자문은 백색이다.

생태 가을 / 혼효림의 땅에 군생한다. 식용할 수 없다.

분포 한국, 중국, 북미

노랑가루무당버섯

Russula persicina Krombh.

형태 균모는 지름 4~8cm, 둥근 산 모양이다가 편평한 모양이 된다. 중앙은 무딘 톱니상이다. 표면은 고른 상태였다가 맥상의 결절이 된다. 색은 적황색 혹은 보라빛 혈적색이나 가끔 부분적으로 퇴색한다. 건조할 때는 광택이 없으나 습기가 있을 때는 광택이 나고 미끈거린다. 가장자리는 고르고 예리하다. 표피는 벗겨지기 쉽다. 육질은 백색, 약간 과일 냄새가 나고 맛은 맵다. 주름살은 자루에 대하여 넓은 올린 주름살이나 가끔 내린 주름살로 백색이다가 크림색 또는 노란색이 되며 포크형이 있다. 가장자리는 전연. 자루는 길이 2~4.5cm, 굵기 8~15mm로 원통형이나 막대형, 속은 차 있다. 표면은 고르고 미세한 가루상, 세로줄의 맥상이고, 가끔 홍녹색이 곳곳에 얼룩을 형성한다. 기부는 약간 노란색이다가 황토색으로 변색되고 비비거나 상처 시에도 변색한다. 포자는 크기 7~8.8×5.7~6.9μm로 타원형, 장식돌기의 높이는 0.8μm, 사마귀 반점은 연락사로 서로 연결된 것도 있다. 담자기는 곤봉형이며 크기는 40~52×10~11μm. 연낭상체는 방추형에 크기는 40~70×7~12μm. 측낭상체는 연낭상체와 비슷하며 부속지가 있다. 크기는 55~115×8~11μm이다.

생태 여름~가을 / 활엽수림의 땅에 군생한다. 드문 종.

분포 한국, 중국, 유럽

색깔이무당버섯

Russula poichilochroa Sarnari
Russula metachora Sarnari

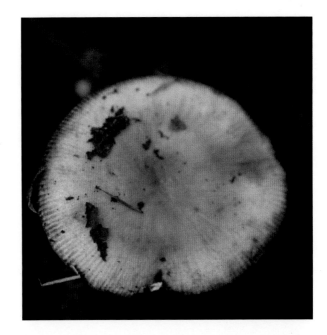

형태 균모는 지름 4~7.5cm, 처음에는 둥근 산 모양이다가 거의 편평하게 퍼지며 가운데가 약간 오목하게 들어가 얕은 깔때기형이 된다. 표면은 습기가 있을 때 아교질의 끈적함이 있다. 처음에는 거의 흰색, 분상이나 점차 크림색이나 탁한 황색, 황토색이 되며 때로는 반점 같은 얼룩이 생긴다. 살은 흰색, 상처를 받으면 황색으로 변한다. 주름살은 자루에 대하여 떨어진 주름살로 흰색이나 연한 크림색에서 결국 탁한 갈색이 되며 문지르면 연한 갈색으로 변한다. 어릴 때는 주름살에서 물방울이 분비되며, 폭이 약간 넓고 성기다. 자루는 길이 2~5cm, 굵기 7~15mm로 균모와 같은 색이고 속은 비어 있다. 포자는 크기 9~12×6.5~8.5μm, 난상의 아구형이며 표면에 다수의 사마귀 반점 또는 침이 있다.
생태 가을 / 소나무와 참나무류의 혼효림에 군생한다.
분포 한국, 중국, 일본

이파리무당버섯

Russula polyphylla Peck

형태 균모는 지름 8~20cm, 편평한 깔때기 모양이다. 백색에서 아이보리색이 되었다가 검은 갈색이 된다. 표면에 껍질 같은 인편이 중앙에 분포하고, 습할 시 점성이 있다. 살은 단단하고 백색이다. 심한 알칼리 냄새가 나며, 맛은 알칼리 맛이 강하고 좋지 않다. 주름살은 자루에 대하여 약간 내린 주름살로 매우 밀생하며, 얇고, 백색이나 분홍 살색이 있다. 자루는 길이 50~120mm, 굵기 15~35mm, 백색이나 연한 갈색 분홍으로 물든다. 포자는 크기 7~9×5.5~7μm, 난형 또는 타원형이며 표면에 사마귀 반점이 있다. 높이는 0.1~0.4μm. 사마귀 반점은 서로서로 분리된다. 포자문은 백색이다.

생태 여름~가을 / 자작나무와 팜나무 숲의 땅에 발생한다. 식용할 수 없다. 드문 종.

분포 한국, 북미

산무당버섯

Russula montana Schäffer

형태 균모는 지름 3.5~7cm, 중앙이 편평한 둥근 산 모양이다. 표면은 밋밋하며 짙은 적색이나 회적색 또는 적갈색, 약간 변색하기도 한다. 표피는 벗겨져서 방사상이 되기도 한다. 가장자리에 드물게 줄무늬 선이 있기도 하다. 살은 연하고 백색이며 냄새는 없거나 과일 냄새가 난다. 맛은 강한 매운맛이다. 주름살은 자루에 대하여 바른 주름살로 약간 밀생이며, 부서지기 쉽다. 색은 백색. 자루는 길이 2.5~5cm, 굵기 1~3.5cm로 원통형이다가 막대형이 된다. 색은 역시 백색. 포자는 크기 7~10×6~8μm, 아구형이며 표면에 사마귀 점이 있다. 돌기 높이는 0.4μm이고 완전한 그물꼴을 형성한다. 포자문 백색이나 약간 크림색이다.

생태 여름 / 침엽수림의 땅에 군생한다. 식용할 수 없다.

분포 한국, 중국, 북미

풍선무당버섯

Russula polycystis Sing.

형태 균모는 지름 4~10cm, 둥근 산 모양이다가 차차 편평해진다. 연한 크림 노란색, 담황갈색이었다가 아이보리색 또는 짚색이 된다. 습할 시 점성이 있고, 표면은 흔히 찢어져서 작은 그물꼴의 막편이 된다. 표피는 두껍고 질기거나 탄력성이 있으며 껍질은 거의 중앙까지 벗겨진다. 주름살은 자루에 약간 바른 주름살 또는 약간 내린 주름살로 촘촘하며 연한 크림 노란색이다. 자루는 길이 25~50mm, 굵기 10~20mm, 백색이나 연한 노란색이며, 표면은 가루상 또는 비듬상이다. 살은 단단하고 백색이며, 냄새는 없고 맛은 서서히 맵다. 포자는 크기 6.5~7.5×5~6.5μm, 류구형이며 표면의 사마귀 반점의 높이는 0.5~1μm이다. 사마귀 반점들은 연락사가 없어서 연결되지 않는다. 포자문은 크림색이다.

생태 여름 / 혼효림에 군생한다. 식용할 수 없다. 보통종은 아니다.

분포 한국, 북미

흰무당버섯사촌

Russula pseudodelica Lange

형태 균모는 지름 4.5~10cm이며 반구형이다가 차차 편평해지고 중앙부가 오목해져 깔때기형이 된다. 표면은 건조하고 약간 가루 모양이며 밀기울 모양으로 갈라진다. 색은 백색이다가 연한 황갈색 또는 탁한 황색이 된다. 가장자리는 처음에 아래로 감기고 나중에 펴지거나 위로 들려진다. 살은 치밀하고 백색이다. 주름살은 자루에 대하여 떨어진 주름살 또는 내린 주름살로 밀생이며, 폭이 좁으며 얇고, 가장자리는 갈라진다. 색은 백색이다가 황백색을 거쳐 황갈색이 된다. 자루는 길이 2~4.5 cm, 굵기 1.2~ 1.5cm이고 아래로 가늘어진다. 색은 백색, 하부에 주름 무늬가 있다. 속은 치밀하게 차 있다. 포자는 크기 8~9×6~7.5μm로 아구형이며 멜저액 반응에서 고립된 가시가 보이지만 그물눈은 없다. 포자문은 연한 홍갈 황색. 낭상체는 방망이 모양으로 꼭대기에 젖꼭지 같은 돌기가 있다. 크기는 51~63×8~8.5μm이다.

생태 여름~가을 / 잣나무, 활엽수, 혼효림의 땅에 군생 혹은 산생한다.

분포 한국, 중국

붉은무당버섯사촌

Russula pseudointegra Arnoult & Goris

형태 균모는 지름 4~10㎝, 반구형이다가 차차 편평해진다. 중앙은 무딘 톱니상이다. 표면은 고르고 약간 결절상이며 무디다. 습기가 있을 때 광택이 나고, 끈적임이 있으며 미끈거린다. 색은 짙은 적황색 또는 주홍 적색이나 가끔 오래되면 부분적으로 퇴색하여 크림색이나 노란색이 된다. 가장자리는 고르고 오래되면 줄무늬 홈선이 있다. 표피는 벗겨지기 쉽다. 육질은 백색이며 과일 냄새가 나고 맛은 온화하다. 주름살은 자루에 대하여 좁은 올린 주름살 또는 약간 홈 파진 주름살로 포크형이 있고, 백색이다가 오렌지 황토색이 된다. 가장자리는 전연. 자루는 길이 4~7㎝, 굵기 1.2~2㎝로 원통형이며 기부 쪽으로 가늘고, 속은 차 있다가 방 모양으로 빈다. 표면은 고르고, 기부로 맥상, 가루상이다. 색은 어릴 때 백색이나 오래되면 회색이다. 포자는 크기 6.6~8.2×6~7.4㎛로 아구형이며, 사마귀 반점은 서로 연결되어 그물꼴을 형성한다. 담자기는 곤봉형으로 크기는 40~60×10~14㎛. 연낭상체는 방추형이나 배불뚝형-곤봉형, 미세한 부속지가 있고 크기는 40~105×7~12㎛. 측낭상체는 연낭상체와 비슷하며 크기는 65~105×10~15㎛이다.

생태 여름~가을 / 활엽수림과 혼효림의 풀밭 속에 군생한다. 드문 종.

분포 한국, 중국, 유럽, 아시아

473

녹색포도무당버섯(녹색형)

Russula xerampelina var. **elaeodes** Bres.

형태 포도무당버섯(Russula xerampelina)보다 작고 녹색의 균모를 가진다. 포자도 훨씬 작다. 균모는 지름 5~9㎝, 둥근 산 모양이나 중앙은 들어가 있다. 올리브색이나 올리브 갈색으로 변하며, 가장자리는 분홍색, 중앙은 담배 색을 띤 갈색. 거의 매트상이며 광택이 있다. 표피는 쉽게 벗겨진다. 주름살은 비교적 촘촘하며, 밝은 크림색이었다가 크림 노란색이 된다. 자루는 단단하고 분명한 곤봉형이다. 상처 시 백색이 되며, 녹슨 갈색으로 물든다. 맛은 온화하다. 냄새는 신선할 때는 없지만 시간이 지나면 게 냄새가 난다. 포자는 크기 7~9(10)×3.5~7㎛, 표면에 뾰족한 사마귀 반점이 있다. 이 사마귀 점들은 분리되어 있지만 더러는 연결되어 있다.

생태 여름~가을 / 숲속의 땅에 군생한다.

분포 한국, 유럽, 북미

전나무무당버섯

Russula puellaris Fr.
Russula abietina Peck

형태 균모는 지름 2~4.5cm, 반구형이다가 차차 편평한 모양이 되고 중앙은 약간 들어간다. 표면은 옅은 자색, 회자색 혹은 종려나무 녹색 등 색이 다양하고, 중앙은 짙은 암색으로 끈적임이 있으며 밋밋하고 광택이 난다. 살은 백색이며 얇고 부드럽다. 가장자리는 연한 색이고 줄무늬 선이 있다. 주름살은 자루에 대하여 바른 혹은 떨어진 주름살로 백색이다가 옅은 황색이 되며 비교적 치밀하다. 자루는 길이 2~4cm, 굵기 0.5~0.7cm, 원주형이며 색은 백색이다. 속은 비어 있다. 포자는 크기 7.5~10.5×6.7~9μm로 아구형이고 옅은 황색이다. 표면은 사마귀 점이 있고 그물꼴이다.

생태 여름 / 혼효림의 땅에 군생 혹은 산생한다. 식용이며 외생균근을 형성한다.

분포 한국, 중국, 유럽

쓴맛무당버섯

Russula raoultii Quél.

형태 균모는 지름 2~6cm, 부서지기 쉽고, 레몬 노란색 혹은 노랑-담황갈색이다. 표면은 건조성이며 밋밋하고 껍질은 반 정도까지 벗겨진다. 주름살은 자루에 대하여 바른 주름살이며 밀생한다. 폭이 넓고 색은 백색이다. 자루는 길이 20~40mm, 굵기 5~10mm, 곤봉형이며 색은 백색이다가 회갈색으로 물든다. 살은 연하고 백색이며, 냄새는 좋으나 맛은 매우 쓰다. 포자는 크기 7~8.5×5.5~7μm, 난형이다. 표면의 사마귀 반점의 높이는 0.75μm 이고 완전한 그물꼴이다. 포자문은 백색이다.

생태 여름~가을 / 활엽수림의 땅에 군생한다. 식용할 수 없다. 보통종은 아니다.

분포 한국, 북미

청록색무당버섯

Russula redolens Burlingham

형태 균모는 지름 2.5~8cm, 둥근 산 모양이다가 편평해지나 중앙은 들어간다. 색은 짙은 청록색이다. 습기가 있을 때 끈적임이 있고, 표피는 절반 정도 또는 그 이상 쉽게 벗겨진다. 살은 백색 또는 약간 회색이며, 냄새는 채소 같은 강한 냄새기 난다. 맛은 온화하나 좋지 않다. 가장자리는 회녹색이나 백홍색이다. 주름살은 자루에 대하여 끝 붙은 주름살 또는 약간 바른 주름살로 밀생하며, 자루 근처에 포크형이 있다. 색은 연한 노란색이다. 자루는 길이 3~8cm, 굵기 1~1.5cm, 백색이며 마르고 무디다. 포자는 크기 6~8×4.5~6µm, 타원형이다. 표면의 사마귀 반점들은 서로 분리되어 있다. 포자문은 연한 크림색이다.

생태 여름~가을 / 활엽수림과 침엽수림의 땅에 군생한다. 식용 여부는 알려지지 않았다.

분포 한국, 중국, 북미

붉은막대무당버섯

Russula rhodopus Zvára

형태 균모는 지름 3.5~6㎝, 반구형이다가 차차 편평해진다. 중앙은 울퉁불퉁하다. 표면은 고른 상태나 약간 맥상 결절형, 건조하면 광택이 나고, 색은 적색 또는 혈적색. 가장자리는 고르고 예리하다. 표피는 중앙의 반절까지 벗겨진다. 살은 백색이며 과일 냄새가 나고 맛이 맵다. 주름살은 넓게 올린 주름살, 백색에서 크림색을 거쳐 연한 황토 노란색이 되며 많은 포크형. 가장자리는 전연. 자루는 길이 5~7㎝, 굵기 1.5~2.5㎝, 약간 막대형이며 기부는 두께 30㎜. 꼭대기와 기부는 백색, 자루 가운데는 적색. 포자는 6.7~9.3×6~7.6㎛, 아구형이나 타원형, 표면의 장식돌기 높이는 0.5㎛. 사마귀 반점들은 늘어져서 그물꼴을 형성한다. 담자기는 원통-곤봉형, 50~55×8~9㎛. 연낭상체는 방추형, 45~110×6~11㎛. 측낭상체는 연낭상체와 비슷하며 45~90×7~13㎛.

생태 여름~가을 / 침엽수림과 혼효림의 땅에 군생한다.

분포 한국, 중국, 유럽, 아시아

붉은옥수수무당버섯

Russula sardonia Fr.

형태 균모는 지름 40~80㎜, 반구형이다가 편평해진다. 가끔 중앙이 약간 볼록하거나 톱니상. 표면은 고르거나 결절상. 색은 검은 자적색이며 중앙은 가끔 거의 흑색. 건조 시 비단결, 습기 시 광택이 난다. 표피는 벗겨지기 쉽다. 살은 백색, 자르면 황변. 과실 냄새가 나고 맛이 맵다. 가장자리는 고르거나 줄무늬 선이 약간 있다. 주름살은 올린 주름살로 크림-노란색에서 점차 레몬-노란색이 되며 포크형. 가장자리는 전연. 자루는 길이 30~75㎜, 굵기 10~20㎜, 원통형. 표면은 백색이며 고르다가 맥상의 홈선이 세로로 생기며, 곳에 따라 보라색이 된다. 포자는 7~9×6~7.5㎛, 아구형 또는 광타원형, 장식물의 높이는 0.5㎛. 사마귀 반점은 그물꼴을 형성한다. 담자기는 곤봉형, 배불뚝형, 38~52×10~11㎛, 4-포자성. 연낭상체는 선단이 뾰족한 방추상, 38~100×6~11㎛, 측낭상체는 연낭상체와 비슷하며 55~130×7~12㎛.

생태 여름~가을 / 혼효림의 땅에 단생 혹은 군생한다.

분포 한국, 중국, 유럽, 북미

습지무당버섯

Russula rivulicola Ruots. & Vauras

형태 균모는 지름 3~7cm, 둥근 산 모양이다가 편평해지며, 쉽게 부서진다. 가장자리는 오래되면 줄무늬 홈선이 생긴다. 색은 짙은 적색이나 바로 변색한다. 흔히 중앙은 연한 노란색, 보통 전체가 구리-노란색이나 황갈색이 된다. 표피 껍질은 반절 또는 약간 더 벗겨진다. 주름살은 자루에 비교적 폭이 넓은 주름살이며, 광폭하고, 부서지기 쉽다. 주름살끼리 약간 맥상으로 연결된다. 색은 짙은 크림색 또는 오담 황갈색이다. 자루는 원통형 혹은 곤봉형이며 가늘고 유연하여 부서지기 쉽다. 오래되면 속이 빈다. 색은 오래되거나 습할 시 백색이나 매끈한 회색에서 회갈색이 된다. 맛은 온화하지만, 주름살 부분은 약간 맵고 쓰다. 냄새는 없다. 포자는 크기 7~8.5×6~7μm, 타원형이다. 표면의 사마귀 반점의 높이는 0.8μm이며 사마귀와 능선이 연결되어 그물꼴을 형성한다. 포자문은 연한 황토-노란색이다.

생태 여름~가을 / 습지, 자작나무 숲의 늪지에 발생한다.

분포 한국, 유럽

479

변덕장이무당버섯

Russula risigallina (Batsch) Sacc.
R. chamaeleontina (Lasch) Fr, Russula risigalina var. acetolens (Rauschert) Krieglst.

형태 균모는 지름 2.5~6cm, 반구형이다가 둥근 산 모양을 거쳐 편평해지지만, 울퉁불퉁하고 중앙은 움푹 파인다. 색깔은 카민색, 오렌지 적색 또는 살구색 등 다양한데 노란색 기미가 산재한다. 가장자리는 어릴 때는 고르고, 후에 줄무늬 선이 생긴다. 표피는 벗겨지기 쉽다. 살은 백색이며 신선할 때는 냄새가 없고 후에 꽃향기와 사과 냄새가 난다. 맛은 온화하다. 주름살은 자루에 대하여 끝 붙은 주름살로 유백색이나 황토색-달걀 노른자색, 노후하면 약간 갈색이 되며 많은 포크형이 있다. 가장자리는 전연. 자루는 길이 3~5.5cm, 굵기 8~15mm로 원통형이며 어릴 때는 속이 차 있다가 곧 빈다. 표면은 고르고 미세한 맥상의 결절형이고, 어릴 때 백색이나 노후하면 곳곳에 황토색 점상이 생긴다. 포자는 크기 6.5~8.4×5.6~7.1μm, 아구형이나 타원형이며 장식돌출의 높이는 0.8μm, 표면은 많은 사마귀 반점으로 덮여 있다. 어떤 것은 불분명한 맥상으로 연결된다. 담자기는 곤봉형이고 크기는 32~45×10~12μm, 4-포자성이다. 연낭상체 방추형으로 꼭대기에 부속물이 있고 크기는 40~70×6~12μm. 측낭상체는 연낭상체 비슷하며 크기는 60~75×8~12μm이다.

생태 여름~가을 / 활엽수림에 군생하며 드물게 침엽수림에도 발생한다.

분포 한국, 중국, 유럽, 북미, 아시아

변덕장이무당버섯(아재비형)

Russula risigalina var. **acetolens** (Rauschert) Krieglst.

형태 균모는 지름 2.5~5.5*cm*, 중앙이 편평한 산 모양이다가 전체가 편평해진다. 표면은 약간 물결형, 중앙은 울퉁불퉁하며 나머지는 고르다. 건조 시 비단결, 습할 시 광택. 표피는 벗겨지기 쉽고 색은 크림-레몬 노란색, 중앙은 노란색. 살은 백색, 냄새는 없으나 오래되면 시큼하며, 맛은 온화하다. 가장자리는 고르다가 늑골 줄무늬 선이 생긴다. 주름살은 좁은 올린 주름살, 색은 유백색이나 황토-노란색, 많은 포크형. 주름살 변두리는 약간 톱니상, 유백색. 자루는 길이 2~5*cm*, 굵기 6~10*mm*, 원통형, 속은 차차 비거나 방 모양이다. 표면에 세로줄의 맥상이 있다. 포자는 6.3~8.7×5.3~7.3*µm*, 아구형이나 타원형, 수많은 사마귀 점이 맥상으로 연결되지만 불분명하다. 장식돌기의 높이는 0.8*µm*. 담자기는 곤봉형, 배불뚝형, 35~43×11~15*µm*, 4-포자성. 연낭상체는 방추형, 송곳형, 꼭대기에 돌기가 있으며 50~60×7~10*µm*. 측낭상체도 연낭상체와 비슷하며 45~65×6~11*µm*.

생태 여름~가을 / 침엽수림과 활엽수림의 땅에 군생한다. 드문 종.

분포 한국, 중국, 유럽, 북미, 아시아

술잔무당버섯아재비

Russula risigallina var. **risigallina** (Batsch) Sacc.

형태 균모는 지름 3~6*cm*, 둥근 산 모양이다가 편평해지며 중앙이 들어간다. 색은 카민색, 살구색 등 다양한데 노란색 기미가 있다. 가장자리는 고르다가 줄무늬 선이 생긴다. 표피는 벗겨지기 쉽다. 살은 백색, 신선할 때는 냄새가 없고 후에 꽃향기와 사과 냄새가 난다. 맛은 온화하다. 주름살은 끝 붙은 주름살, 유백색이나 황토색-달걀 노른자색, 노후하면 약간 갈색. 많은 포크형이 있다. 가장자리는 톱니형. 자루는 길이 3~6*cm*, 굵기 8~15*mm*, 원통형, 속은 차차 빈다. 표면은 고르고 미세한 맥상의 결절형, 노후하면 황토색 점상이 생긴다. 포자는 6.5~8.5×5.5~7*µm*, 아구형이나 타원형, 장식돌출의 높이는 0.8*µm*. 표면은 많은 사마귀 반점이 있고 불분명한 맥상으로 연결된다. 담자기는 곤봉형, 30~45×10~12*µm*, 4-포자성. 연낭상체는 방추형, 꼭대기에 부속물이 있고 40~70×6~12.5*µm*. 측낭상체는 연낭상체와 비슷하다.

생태 여름~가을 / 활엽수림에 군생하며 드물게 침엽수림에도 발생한다.

분포 한국, 중국, 유럽, 북미, 아시아

장미무당버섯

Russula rosea Pers.
R. lepida Fr.

형태 균모는 지름 3.5~7cm, 둥근 산 모양이다가 차차 편평한 모양이 되며 중앙부는 조금 오목하다. 표면은 습기가 있을 때 끈적임이 있고, 장미 홍색, 혈홍색, 복사 홍색 등이며 중앙부는 진하고 가장자리로 가면서 점차 연해진다. 오래되면 퇴색된 반점이 나타난다. 가장자리는 얇고 날카로우며 매끄럽고, 오래되면 사마귀 반점의 줄로 된 능선이 나타난다. 살은 얇고 치밀하며 견실하다. 색은 백색으로 표피 아래는 홍색을 띠나 나중에 탁한 황색이 된다. 특이한 냄새는 없다. 주름살은 홈 파진 주름살 또는 내린 주름살, 빽빽하거나 성기고, 폭은 좁거나 약간 넓으며 갈라진다. 색은 황백색이다. 자루는 길이 3.5~7cm, 굵기 0.6~1.6cm이며 상하 굵기가 같다. 분홍빛의 백색 또는 분홍색 반점이 있다. 표면은 주름 무늬가 약간 있으며, 속은 차 있다가 나중에 빈다. 포자는 크기 8~9×6.5~8μm로 구형이며 표면에 가시가 있다. 포자문은 연한 황색. 측낭상체는 풍부하고 방망이형으로 크기는 57~101×8~10μm이다. 연낭상체는 원주형 또는 방망이형으로 꼭대기가 둔하거나 작은 돌기가 있다. 크기는 40~55×8~10μm이다.

생태 여름~가을 / 소나무, 활엽수, 신갈나무 숲, 혼효림 또는 가문비나무, 분비나무 숲의 땅에 군생 혹은 산생한다.

분포 한국, 중국, 일본

노랑장미무당버섯

Russula roseipes Secr. ex Bres.

형태 균모는 지름 4~7㎝, 둥근 산 모양이다가 차차 편평해지며 가운데가 들어간다. 표면은 장미 분홍색이다가 오렌지-장미색이 되며, 습기가 있을 때는 끈적임이 있고, 흔히 백색의 얼룩이 있으나 오래되면 퇴색한다. 건조성으로 무디고, 가루상이다. 표피가 가끔 갈라진다. 살은 연하고 백색이며, 냄새가 좋고 맛이 온화하다. 주름살은 자루에 대하여 바른 주름살로 길이가 같고, 연한 백황색이며 약간 성기다. 주름살의 변두리는 고르다. 자루는 길이 3~6㎝, 굵기 5~10㎜로 막대형이나 원통형, 장미-분홍색이 가미된 백색의 얼룩이 있다. 속은 해면질로 차 있다가 빈다. 포자는 크기 7.5~9.5×6~8㎛, 아구형이며 색은 황색이다. 표면은 사마귀 반점이 있고 돌기 높이는 0.5㎛. 담자기는 곤봉상이며 크기는 35~45×10~13㎛로 4-포자성이다. 소경(경자)의 길이는 2~4㎛로 연한 황색이다. 측낭상체는 무색이거나 옅은 황색이다. 포자문은 짙은 노란색이다.

생태 여름~가을 / 숲속의 땅에 산생 혹은 군생한다. 외생균근을 형성한다.

분포 한국, 중국, 북미

483

변색무당버섯

Russula rubescens Beardslee

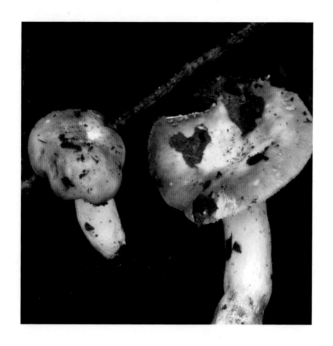

형태 균모는 지름 5~8cm이며 반구형이다가 차차 편평해지고 중앙부는 오목하다. 가장자리는 편평하고 얇으며 오래되면 능선이 나타난다. 표면은 습기가 있을 때 끈적임이 있다. 색깔은 홍색, 가장자리 쪽으로 연해지며, 나중에 퇴색하면 분홍색 또는 분홍 황색이 되면서 회색 또는 흑색의 반점이 나타난다. 표피는 벗겨지기 쉽다. 살은 중앙부가 두껍고 처음에는 유연하나 나중에는 부서지기 쉬우며, 백색이지만 만지면 분홍색이 되었다가 흑색으로 변한다. 주름살은 자루에 대하여 홈 파진 주름살로 밀생하며, 언저리는 갈라진다. 색은 백색이다가 연한 황색이 되고, 상처 시 분홍색에서 흑색으로 변한다. 자루는 길이 3~5cm, 굵기 1.3~2cm, 원주형이며 백색이다가 회색을 거쳐 흑색이 된다. 주름진 무늬가 있고, 속은 갯솜질이다. 포자는 크기 8~10×7~8.5µm로 아구형이며 표면에 가시가 있다. 포자문은 연한 황색. 낭상체는 방추형으로 크기는 50~57×9~10µm이다.

생태 여름 / 잣나무, 활엽수 혼효림의 땅에 단생한다.

분포 한국, 중국, 유럽

주홍색무당버섯

Russula rubra (Lam.) Fr.

형태 균모는 지름 4~7(11)*cm*로 어릴 때는 반구형이다가 둥근 산 모양을 거쳐 차차 편평해지며, 가운데가 오목하게 들어간다. 표면은 중앙이 진한 밝은 적색에 흰색의 미세한 털이 벨벳 모양으로 덮여 있다. 습기가 있을 때는 약간 끈적임이 있고 습윤해 보인다. 표피 아래는 때때로 적색을 띠고 치밀하나 이후 스펀지 모양이 되고 부서지기 쉽다. 가장자리에 줄무늬가 없다. 살은 흰색이며 맛이 매우 쓰고 매워서 참기 어려울 정도다. 주름살은 자루에 대하여 바른 주름살 또는 둥근 모양의 올린 주름살로 색은 크림색이나 밝은 황토색을 띠며 폭이 넓고 촘촘하다. 자루는 길이 3.5~6*cm*, 굵기 10~20*mm*로 상하가 같은 굵기지만 드물게 밑동 쪽으로 가늘어지거나 굵어진다. 속은 차 있으며, 흰색이나 때로는 밑동이 탁한 회색이다. 포자는 크기 6~8.8×6~7.5 *μm*로 아구형이며 표면에 사마귀가 점점이 덮여 있다.

생태 여름~가을 / 숲속의 땅에 난다.

분포 한국, 중국, 일본, 유럽

흰주홍무당버섯

Russula rubroalba (Sing.) Romagn.

형태 균모는 지름 5~8cm, 어릴 때는 반구형이다가 둥근 산 모양을 거쳐 차차 편평해지며 약간 톱니상이다. 표면은 고르고 자색이나 적황색, 가운데는 보다 연한 색이다. 표피는 약간 벗겨지기 쉽다. 가장자리는 고르다. 육질은 백색이며 상처 시 회색으로 변한다. 살은 과일 냄새가 나고 맛이 온화하다. 주름살은 자루에 대하여 홈 파진 주름살로 어릴 때 백색이다가 황색이 되며, 포크형이 있다. 가장자리는 전연. 자루는 길이 4~8cm, 굵기 1.2~2cm, 원통형에 기부로 가늘고 속은 차 있다가 나중에 방 모양으로 빈다. 표면은 미세한 강한 세로줄의 맥상이고 백색이다. 포자는 크기 6.7~9×5.7~7.6μm, 아구형이며 장식돌기의 높이는 0.5μm. 표면의 사마귀 반점들은 연결사로 연결되어 그물꼴을 형성한다. 담자기는 곤봉형이며 크기는 45~53×10~12μm, (2)4-포자성이다. 연낭상체는 방추형이나 곤봉형이며 꼭대기에 부속지가 있거나 없다. 크기는 35~90×6~12μm이다. 측낭상체의 크기는 50~95×9~11μm이다.

생태 늦봄~여름 / 숲속의 풀밭에 군생한다. 드문 종.

분포 한국, 중국, 유럽

혈색무당버섯

Russula sanguinea Fr.

형태 균모는 지름 4~10cm, 둥근 산 모양이다가 편평해지지만 가운데는 돌출한다. 습기가 있을 때는 끈적거리며 핏빛의 적색이다. 가장자리는 평탄하고 줄무늬 홈선이 있다. 살은 백색이고 치밀하며 매운맛이 있으나 냄새는 없다. 주름살은 자루에 대하여 올린 주름살 또는 약간 내린 주름살로 밀생하며 폭이 좁다. 색은 백색이다가 크림색이 된다. 자루는 길이 3~7cm, 굵기 0.9~3cm, 백색이다가 홍백색이 된다. 표면에 줄무늬 선이 있고 단단하며 속은 스펀지 같다. 포자는 크기 7~8×6~7μm, 거의 구형이며 표면에 많은 가시가 있다. 포자문은 백색에 가깝다.

생태 가을 / 소나무 숲의 모래땅에 군생하며 식물과 공생한다. 식용이며, 항암 성분이 있다. 외생균근을 형성한다.

분포 한국, 일본, 유럽, 북미, 호주

흙무당버섯

Russula senecis Imai

형태 균모는 지름 5~10cm, 둥근 산 모양이다가 차차 편평한 모양이 되고 가운데는 오목해진다. 표면은 황토-갈색 또는 탁한 황토색이다. 표면의 표피가 갈라져서 흰 살이 드러나기도 한다. 가장자리에는 줄무늬 홈선이 있다. 살은 냄새가 조금 나고 매운맛이다. 주름살은 자루에 대하여 끝 붙은 주름살로 백황색 또는 탁한 백색이다. 가장자리는 갈색 또는 흑갈색을 띤다. 자루는 길이 5~10cm, 굵기 1~1.5cm, 탁한 황색으로 갈색 또는 흑갈색의 미세한 반점이 있다. 속은 비어 있다. 포자는 지름 7.5~9μm의 구형이며 표면에 큰 가시와 날개 모양의 융기가 있다.

생태 여름~가을 / 활엽수림의 땅에 군생하며 식물과 공생한다. 독버섯이며 항암 성분이 있다. 외생균근을 형성한다.

분포 한국, 일본, 중국 등 전 세계

물고기무당버섯

Russula seperina Dupain

형태 균모는 지름 5~10㎝, 편평한 모양이다가 펴져서 중앙이 들어간다. 육질이고 밋밋하며, 광택이 난다. 색은 다양하여 적자색이나 중앙은 황토-황갈색 등이다. 가장자리에 줄무늬 선이 있다. 껍질은 반절 정도까지 벗겨진다. 주름살은 자루에 약간 내린 주름살이며 촘촘하고, 진한 황토색이지만 상처가 나거나 오래되면 회흑색이 된다. 살은 처음에는 백색이나 적색이 되었다가 회색 또는 흑색이 된다. 약간 물고기 냄새가 나고 맛은 온화하다. 자루는 길이 50~60㎜, 굵기 10~20㎜, 색은 백색이며 상처 시 적 분홍색에서 회색 또는 흑색이 된다. 포자는 크기 8~9.5×6.7~8㎛로 타원형이며 표면의 사마귀 반점의 높이는 0.5~1㎛이다. 잘 발달된 연결사로 그물꼴을 형성한다. 포자문은 짙은 황토색이다.

생태 여름 / 혼효림에 단생한다.

분포 한국, 유럽, 북미

다갈색무당버섯

Russula sericatula Romagn.

형태 균모는 지름 50~70mm, 어릴 때는 반구형, 후에 편평해지고 중앙은 톱니상이며 거의 깔때기형이 된다. 표면은 둔하고 고르며 여러 갈색 기가 있는데 적갈색, 분홍 갈색, 보라 갈색 등이다가 자갈색이 되며 때때로 와인-적색이 된다. 가장자리는 고르고 노쇠하면 약간 줄무늬 선이 나타난다. 표피는 중앙의 절반까지 벗겨진다. 살은 백색 빛의 노란색으로 변색하기도 하며, 약한 과일 냄새가 나고 맛은 온화하다. 주름살은 자루에 좁은 올린 주름살, 어릴 때 백색이며 후에 크림-노란색이나 진한 노란색이 된다. 포크형도 있으며 가장자리는 전연. 자루는 길이 50~70mm, 굵기 10~20mm, 원통형이며 속은 차 있다가 수(髓)처럼 된다. 표면은 미세한 세로줄 무늬의 맥상이고, 색은 백색인데 오래되면 칙칙한 노란색 얼룩이 생긴다. 포자는 크기 6.9~9.3×5.8~8μm, 류구형이다. 돌기물인 사마귀 반점은 늘어진 것과 흩어진 것 등이 짧은 연락사로 연결되기도 한다. 담자기는 곤봉형이며 크기는 40~50× 12~13μm, 4-포자성이다.

생태 여름~가을 / 단단한 나무숲의 땅에 단생, 드물게 군생한다. 보통종은 아니다.

분포 한국, 유럽

적자색비단무당버섯

Russula sericeonitens Kauffman

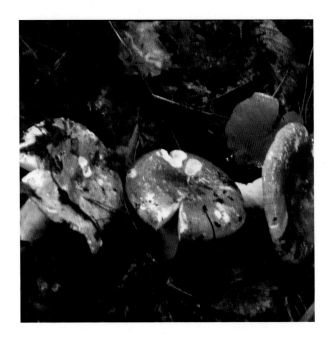

형태 균모는 지름 4~6cm, 둥근 산 모양이다가 차차 편평하게 펴지나 가운데가 들어간다. 표면은 짙은 자색, 중앙은 거의 흑색이다. 밋밋하고 비단결 같으며 빛이 난다. 표피의 껍질은 잘 벗겨진다. 살은 연하고 백색이며, 냄새는 없고 맛은 온화하다. 주름살은 자루에 대하여 끝 붙은 주름살로 약간 성기고, 폭은 넓으며 백색이다. 자루는 길이 3~7cm, 굵기 1~1.5cm로 원통형이고 백색이다. 포자는 크기 7~8×6~7μm로 난형이며 표면의 사마귀 반점들은 서로 분리된다. 돌기의 높이는 1.2μm이다. 포자문은 백색이다.
생태 여름~가을 / 혼효림에 군생한다. 식용이다.
분포 한국, 중국, 북미

491

숲무당버섯

Russula silvicola Shäffer

형태 균모는 지름 2~8cm, 둥근 산 모양이다가 차차 편평해진다. 색은 밝은 적색이다가 분홍빛의 적색 또는 붉은빛의 오렌지색이 된다. 표면은 밋밋하고 건조성이다. 표피의 껍질은 쉽게 벗겨진다. 살은 부드럽고 백색이며, 과일 냄새가 나고 매운맛이다. 주름살은 자루에 대하여 약간 밀생하며 폭이 넓으며 백색이다. 자루는 길이 2~8cm, 굵기 4~15mm로 막대형이며 백색이다. 속은 차 있다. 포자는 크기 6~10.5×5.5~9μm, 난형이며 표면의 사마귀 반점들은 부분적으로 또는 완전한 그물꼴을 형성한다. 사마귀의 높이는 1.2μm이다. 포자문은 백색이다.

생태 여름~가을 / 혼효림, 썩은 고목 옆의 땅에 군생한다. 식용할 수 없다.

분포 한국, 중국, 북미

숲무당버섯아재비

Russula silvestris (Sing.) Reumaux
Russula emetica var. silvestris Sing.

형태 균모는 지름 2.5~6.5㎝, 반구형이다가 둥근 산 모양을 거쳐 차차 편평해지고 중앙은 흔히 무딘 톱니상으로 물결형이다. 표면은 고르고, 건조할 때는 광택이 없고 습기가 있을 때는 미끈거리며 광택이 난다. 어릴 때 짙은 카민색에서 체리 적색이 되었다가 분홍색이 되고, 곳곳이 퇴색하여 크림색이나 백색이 된다. 가장자리에는 강한 줄무늬 선이 있다. 표피는 벗겨지기 쉽다. 육질은 백색이며 표피 아래도 백색이다. 냄새는 달콤하고 맛은 맵다. 주름살은 자루에 대하여 좁은 올린 주름살로 포크형이 있고, 녹색 빛이 나는 백색이다. 가장자리는 전연이나 오래되면 곳곳이 약간 무딘 톱니상이 된다. 자루는 길이 30~60㎜, 굵기 8~18㎜, 원통형이나 배불뚝형이며, 속은 차 있다. 표면은 백색에서 황토색이 되었다가 기부 쪽으로 황색이 되며 가는 세로줄의 맥상으로 연결된다. 포자는 크기 7.5~9.7×6.6~8.2㎛로 아구형 또는 광타원형이며, 표면 돌기의 높이는 1.1㎛이다. 사마귀 반점들은 연결사로 이어진다. 담자기는 곤봉형 또는 배불뚝형으로 크기는 30~45×10~11㎛이다. 연낭상체는 방추형, 꼭대기는 부속물을 함유하며 크기는 35~60×6~9㎛이다. 측낭상체는 연낭상체와 비슷하며 부속지가 있고 크기는 65~95×10~12㎛이다.

생태 여름~가을 / 활엽수림과 혼효림의 땅에 군생한다.

분포 한국, 중국, 유럽, 북미, 아시아, 호주

회갈색무당버섯

Russula sororia (Fr.) Romell

형태 균모는 지름 3~6(9)㎝, 처음에는 둥근 산 모양이다가 점차 넓은 둥근 산 모양을 거쳐 편평한 모양이 된다. 중앙이 오목해지면서 얕은 깔때기형이 되기도 한다. 표면은 습할 때 점성이 있고 담회갈색이며 가운데가 진하다. 가장자리는 안쪽으로 말리며 분명한 줄무늬 홈선이 있고, 홈선의 언저리에는 알갱이 모양으로 요철이 있다. 살은 흰색이며 불쾌한 냄새가 난다. 주름살은 자루에 대하여 올린 주름살 또는 끝 붙은 주름살이다. 색은 백색이며 폭이 약간 넓고 성기다. 자루는 길이 3~6㎝, 굵기 10~20㎜, 흰색이지만 아래쪽은 다소 회색을 띤다. 포자는 크기 7~8.5×5.5~6.5㎛, 류구형이며 표면에 침 모양의 돌기들이 가는 끈으로 연결되어 있다. 포자문은 연한 크림색이다.

생태 여름~가을 / 정원 내 나무 밑(습지), 숲속의 땅, 길가 등에 군생 또는 단생한다. 흔한 종.

분포 한국, 일본, 유럽, 북미, 아프리카

494

황변무당버섯

Russula velenovskyi Melzer & Zvara

형태 균모는 지름 3~7cm, 반구형이다가 둥근 산 모양을 거쳐 차차 편평해지며 중앙은 무딘 톱니상이나 가끔 물결형인 것도 있다. 표면은 고르고 다소 방사상의 맥상 또는 결절로 된 홈선이 있다. 건조할 때는 무디고, 습기가 있을 때는 끈적임이 있어서 미끈거리며 고르다. 색은 벽돌색에서 카민-적색이며 나중에 중앙의 바깥쪽부터 노란색으로 퇴색한다. 표피는 벗겨지기 쉽다. 육질은 백색, 냄새가 약간 나고 맛은 온화하다. 가장자리는 고르고 줄무늬 선이 있다. 주름살은 자루에 대하여 홈 파진 주름살로 어릴 때는 백색이다가 밝은 노란색을 거쳐 황토색 또는 노란색이 되며 포크형이 있다. 가장자리는 전연, 부분적으로 적색이다. 자루는 길이 3~6cm, 굵기 8~15mm로 원통형이며 속은 차 있다가 나중에 빈다. 표면은 미세한 세로줄의 맥상이며, 색은 백색이나 분홍색 또는 홍조색이 군데군데 있다. 포자는 크기 6.5~8.1×5.3~6.4μm, 타원형이다. 장식돌기의 높이는 0.5μm이고 사마귀 점들은 연결되어 약간 그물꼴을 형성한다. 담자기는 곤봉형이며 크기는 37~50×9~11μm, 연낭상체는 방추형으로 크기는 40~70×7~12μm이다. 측낭상체는 연낭상체와 비슷하고 크기는 35~75×6~12μm이다.

생태 여름~가을 / 활엽수림과 혼효림의 땅에 군생한다.

분포 한국, 중국, 유럽, 아시아

바랜황변무당버섯

Russula subdepallens Peck

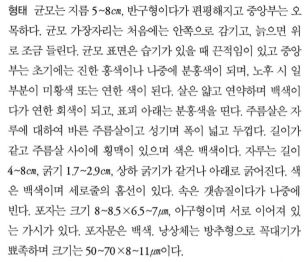

형태 균모는 지름 5~8cm, 반구형이다가 편평해지고 중앙부는 오목하다. 균모 가장자리는 처음에는 안쪽으로 감기고, 늙으면 위로 조금 들린다. 균모 표면은 습기가 있을 때 끈적임이 있고 중앙부는 초기에는 진한 홍색이나 나중에 분홍색이 되며, 노후 시 일부분이 미황색 또는 연한 색이 된다. 살은 얇고 연약하며 백색이다가 연한 회색이 되고, 표피 아래는 분홍색을 띤다. 주름살은 자루에 대하여 바른 주름살이고 성기며 폭이 넓고 두껍다. 길이가 같고 주름살 사이에 횡맥이 있으며 색은 백색이다. 자루는 길이 4~8cm, 굵기 1.7~2.9cm, 상하 굵기가 같거나 아래로 굵어진다. 색은 백색이며 세로줄의 홈선이 있다. 속은 갯솜질이다가 나중에 빈다. 포자는 크기 8~8.5×6.5~7㎛, 아구형이며 서로 이어져 있는 가시가 있다. 포자문은 백색. 낭상체는 방추형으로 꼭대기가 뾰족하며 크기는 50~70×8~11㎛이다.

생태 여름~가을 / 잣나무나 활엽수 혼효림의 땅에서 단생 혹은 군생한다. 식용이며 외생균근을 형성한다.

분포 한국

절구버섯아재비

Russula subnigricans Hongo

형태 균모는 지름 5~12cm, 처음에는 둥근 산 모양이다가 후에 중앙이 오목해지고 편평해지면서 결국에는 깔때기형이 된다. 표면은 건조하고 약간 비로드상. 색은 회갈색 또는 흑갈색이며 가장자리는 약간 연한 색이다. 표피는 벗겨지지 않는다. 살은 두껍고 단단하며, 흰색이다. 공기와 접촉하면 적변하지만 절구버섯처럼 흑변하지는 않는다. 다만 시간이 지나면 다소 회색이 될 때도 있다. 주름살은 자루에 대하여 바른 주름살 또는 약간 내린 주름살로 흰색 혹은 연한 크림색이다. 폭이 넓고 약간 성기며 상처를 받으면 적변한다. 자루는 길이 3~6cm, 굵기 10~20mm, 상하가 같은 굵기이거나 아래쪽이 가늘다. 색은 균모보다 연하다. 세로로 불명료하며 쭈글쭈글하고 속은 차 있다. 포자는 크기 7~9×6~7μm, 류구형 또는 구상의 난형이며 표면에 미세한 사마귀 반점이 가는 그물눈을 형성한다.

생태 여름~가을 / 참나무류나 서어나무류의 상록 활엽수림의 땅에 군생 혹은 단생한다. 치명적인 독버섯이다.

분포 한국, 일본

497

붉은무당버섯아재비

Russula subrubens (J.E. Lange) Bon
Russula chamiteae Kühn.

형태 균모는 지름 3~7cm, 어릴 때는 반구형이다가 둥근 산 모양을 거쳐 차차 불규칙한 편평형이 된다. 표면은 고르고 광택이 나며 습기가 있을 때는 약간 끈적임이 있고 매끈거린다. 어릴 때는 적색 또는 적자색, 중앙부터 가장자리 쪽으로 황토 갈색으로 퇴색한다. 가장자리는 오랫동안 아래로 말리며 고르고 예리하다. 표피는 중앙의 1/3까지 벗겨진다. 육질은 백색, 냄새가 나지만 맛은 온화하다. 주름살은 자루에 대하여 좁은 올린 주름살로, 어릴 때 백색이지만 이후 연한 황토색이 된다. 가장자리는 전연이다. 자루는 길이 1.5~5cm, 굵기 1~2cm, 원통형에 때때로 기부는 막대형이다. 표면은 고르고 전체가 미세한 세로줄의 맥상이다. 색은 위로부터 적색을 띤 백색이 되며, 오래되면 칙칙한 황색 얼룩이 생긴다. 속은 차 있다. 포자는 크기 7.2~9.9×6~7.7μm, 아구형 또는 타원형이다. 표면의 돌기 높이는 0.6μm이고 사마귀 점들은 대부분 연결되지만 간혹 떨어진 것도 있다. 담자기는 곤봉형이며 크기는 35~55×10~14μm이다. 연낭상체는 방추형이고 크기는 45~75×7~11μm, 꼭대기에 부속지가 있거나 없다. 측낭상체는 연낭상체와 비슷하며 크기는 60~70×8~11μm이다.

생태 여름 / 숲속의 땅에 군생한다. 드문 종.

분포 한국, 중국, 일본, 유럽

포크무당버섯아재비

Russula subterfurcata Romagn.

형태 균모는 지름 3.5~5cm, 어릴 때는 반구형이다가 차차 펴지며, 중앙은 톱니상이다. 표면은 고르고 비단결이며 크림 베이지색 또는 올리브 크림색이다가 올리브 갈색이 되며, 가장자리쪽은 더 연해서 거의 백색이다. 가장자리는 고르고 오래되면 줄무늬 선이 나타난다. 표피는 벗겨지기 쉽다. 육질은 어릴 때는 백색이며, 냄새가 약간 나지만 불분명하다. 맛은 온화하다. 주름살은 자루에 대하여 좁은 올린 주름살로 어릴 때 백색이다가 밝은 크림 황색이 되고, 포크형이 있으며 전연이다. 자루는 길이 2~3cm, 굵기 8~10mm, 원통형에 속이 차 있다. 표면은 미세한 세로줄의 맥상이 있고 색은 백색, 오래되면 군데군데 황토 갈색의 얼룩이 생긴다. 포자는 크기 5.9~7.4×5~6.5㎛, 아구형이며 표면의 사마귀 점들은 거의 단독으로 떨어지나 간혹 몇 개가 연결된 것도 있다. 장식돌기의 높이는 0.5㎛다. 담자기는 곤봉형이며 크기는 35~50×9~10㎛. 연낭상체는 방추형으로 크기는 45~70×8~13㎛이고 짧은 돌기의 부속지가 있다. 측낭상체는 연낭상체와 비슷하며 크기는 40~70×10~12㎛이다.

생태 여름~가을 / 숲속의 땅에 단생하거나 군생한다. 드문 종.

분포 한국, 중국, 유럽

쌍색포도무당버섯

Russula turci Bres.

형태 균모는 지름 4~7.5cm, 구형이다가 반구형을 거쳐 차차 편평해진다. 중앙은 무딘 톱니상이다. 표면은 고른 상태에서 약간 방사상으로 주름지며, 무디다. 건조할 때는 약간 가루상, 습기가 있을 때는 강한 끈적임이 있다. 색은 와인색이나 자갈색이며 중앙은 진한 색이다. 표피는 중앙까지 벗겨지기 쉽다. 육질은 백색이며 약간 요오드 냄새가 난다. 맛은 온화하다. 가장자리는 습기가 있을 때 줄무늬 선이 나타난다. 주름살은 자루에 대하여 좁은 올린 주름살이고 색은 백색이다가 오렌지색을 띤 연한 황토색이되며 포크형이 있다. 가장자리는 전연. 자루는 길이 3~5cm, 굵기 1.2~1.6cm로 원통형이며 속은 차 있다가 빈다. 표면은 미세한 세로줄의 맥상이며 백색인데 부분적으로는 분홍빛의 홍자색이다. 포자는 크기 6.7~9.2×5.9~7.4μm이고 아구형 또는 타원형이다. 장식돌기의 높이는 0.8μm, 표면의 사마귀 점들은 연결사로 연결되어 그물꼴을 형성한다. 담자기는 곤봉형으로 크기는 35~50×11~13μm, 연낭상체는 원통-곤봉형이나 방추형이며 크기는 40~100×7~13μm이다. 측낭상체는 방추형으로 크기는 40~60×10~12μm이다.

생태 여름~가을 / 숲속의 땅에 군생한다.

분포 한국, 중국, 유럽, 북미

애기무당버섯아재비

Russula subfoetens W.G. Sm.

형태 균모는 지름 5~10cm, 둥근 산 모양이지만 가운데가 들어가며, 둔한 꿀색을 띤 노란색에서 갈색이 된다. 습할 시 점성이 있다. 가장자리는 거친 결절상으로 줄무늬 선이 있다. 주름살은 자루에 대하여 바른 주름살이며 크림-노란색이나 흔히 갈색의 반점 등이 있다. 살은 연한 짚색, 절단 시 노란색이 되며 KOH 용액에서 밝은 황금색으로 변한다. 약간 좋지 않은 악취 냄새가 난다. 맛은 균모 표피는 맵고, 살은 온화하다. 자루는 길이 50~100mm, 굵기 10~25mm, 기부로 좁아지며 단단하다. 색은 연한 꿀색을 띤 노란색이다. 포자는 크기 7~9×5~6μm, 난형 혹은 타원형이다. 표면의 사마귀 반점의 높이는 0.3~0.7μm이고 연결사는 거의 없다. 포자문은 크림색이다.

생태 여름~가을 / 혼효림에 군생한다. 식용할 수 없다.

분포 한국, 북미

변덕무당버섯

Russula versicolor J. Schäff.

형태 균모는 지름 2~3.5cm, 둥근 산 모양을 거쳐서 차차 편평한 모양이 된다. 중앙부는 약간 오목하다. 표면은 습기가 있을 때 끈적임이 있고 암자색, 자홍색, 분홍색, 회녹색이지만 가끔 연한 녹색 또는 올리브 녹색을 띤다. 가장자리는 반반하고 매끄럽다. 살은 중앙부가 조금 두껍고 백색이다. 주름살의 살은 맵다. 주름살은 자루에 대하여 바른 주름살로 밀생하며 폭이 좁고 길이가 같다. 더러 갈라지고 색은 백색이다가 황색이 된다. 자루는 길이 4~4.5cm, 굵기 4~4.5mm로 상하 굵기가 같으며 색은 순백색이다. 주름 무늬가 조금 있고 속은 갯솜질로 차 있다가 나중에 빈다. 포자는 크기 7.5~9×6.5~7μm로 콩팥형이며 표면에 작은 혹이 있다. 포자문은 연한 황색. 낭상체는 방망이형으로 꼭대기가 둔하거나 뾰족하며 크기는 35~71×5~7μm이다.

생태 여름~가을 / 잣나무, 활엽수림, 혼효림의 땅에 산생한다.

분포 한국, 중국

조각무당버섯

Russula vesca Fr.

형태 균모는 지름 5~8(10)cm로 어릴 때는 반구형이다가 둥근 산 모양을 거쳐 차차 편평해지고 중앙이 약간 오목해져 간혹 낮은 깔때기형이 되기도 한다. 표면은 습기가 있을 때 끈적임이 있다. 색깔에 변화가 많으며, 갈색을 띤 살색이나 분홍 갈색, 때로는 적 갈색이나 약간 포도주색을 띠는 것도 있다. 성숙하면 흔히 가장 자리의 표피가 벗겨지거나 갈라져서 흰 바탕색이 드러난다. 살은 치밀하고 흰색이다. 주름살은 자루에 대하여 홈 파진 주름살로 흰색 또는 크림색이고 밀생하며 폭은 중간 정도거나 약간 좁다. 자루는 길이 3~7(10)cm, 굵기 10~15mm, 상하가 같은 굵기이거나 아래쪽이 가늘다. 표면에 쭈글쭈글한 세로줄이 있다. 색은 흰색 이나 분홍색를 띠며, 오래되면 흔히 갈색의 얼룩이 생긴다. 포자 는 크기 5.5~8×5~6.2μm로 아구형이나 타원형이며 표면에 사마 귀 반점이 덮여 있는데 일부는 서로 연결된다. 포자문은 유백색 이다.

생태 여름~가을 / 참나무류 등 활엽수림의 땅에 군생하거나 단 생한다.

분포 한국, 중국, 북반구 온대

황철나무무당버섯

Russula veternosa Fr.

형태 균모는 지름 5~12cm, 둥근 산 모양이다가 차차 편평한 모양이 된다. 중앙부는 오목하다. 표면은 습기가 있을 때 끈적임이 있고, 암혈홍색 내지 자홍색이나 중앙부는 퇴색하여 연한 황색 또는 탁한 백색이 된다. 표피층은 부분적으로 벗겨진다. 가장자리는 얇고 매끄러우며 오래되면 뚜렷한 능선이 나타난다. 살은 백색이나 표피 아래는 홍색을 띤다. 맛은 맵다. 주름살은 자루에 대하여 바른 주름살로 밀생하며, 앞부분이 넓고 뒷부분이 좁다. 길이가 같거나 간혹 짧은 주름살도 끼어 있고 일부분은 갈라진다. 색은 백색이다가 연한 홍갈색이 된다. 자루는 길이 7~8.5cm, 굵기 1.6~2cm, 상하 굵기가 같으며 색은 백색이다. 표면은 매끄러우며 부서지기 쉽고, 속은 갯솜질로 차 있으나 나중에 빈다. 포자는 지름 7~9μm로 구형이며 표면에 가시가 있다. 포자문은 짙은 갈황색. 낭상체는 방망이형으로 꼭대기는 둔하거나 뾰족하며 크기는 45~50×10~13μm이다.

생태 여름~가을 / 황철나무, 자작나무, 잣나무 숲 또는 활엽수림, 혼효림의 땅에 단생 혹은 군생한다.

분포 한국, 중국

포도주색무당버섯

Russula vinosa Lindblad

형태 균모는 지름 5~8cm, 반구형이다가 종 모양을 거쳐 둥근 산 모양이 되고, 이후 다시 편평해지나 중앙은 무딘 톱니상 또는 물결형이다. 표면은 고르며, 건조할 때는 무디고 습기가 있을 때는 광택이 나며 미끈거린다. 중앙은 검은 갈색을 띠는 포도주 적색에서 검은색이 된다. 표피는 쉽게 벗겨진다. 가장자리는 희미한 줄무늬 선이 있다. 육질은 백색, 표피 아래와 자루의 표면은 적색이고 말린 사과 냄새가 나며 맛은 온화하다. 주름살은 자루에 대하여 좁은 올린 주름살, 백색이다가 밝은 황토-노란색이 되며 포크형이 있다. 가장자리는 전연이며, 흑색이다. 자루는 길이 4~8cm, 굵기 1~2.5cm, 원통형에 속이 차 있다. 표면은 고른 상태에서 약간 세로줄의 맥상이 있고, 어릴 때는 백색이며 백색 가루가 분포하나 나중에는 매끈해지고 회흑색으로 변한다. 포자는 크기 8.4~10.9×7.1~9.2µm, 아구형이나 타원형이며 표면의 장식돌기 높이는 0.8µm이다. 사마귀 반점들은 따로 떨어져 있어서 불분명한 그물꼴을 형성한다. 연낭상체는 방추형이나 곤봉형이며 크기는 50~110×7~12µm, 측낭상체는 연낭상체와 비슷하며 크기는 35~125×8~14µm이다.

생태 여름~가을 / 혼효림의 땅에 군생한다.

분포 한국, 유럽, 북미, 아시아

보라무당버섯

Russula violacea Quél.

형태 균모는 지름 3~6.5cm, 반구형이다가 둥근 산 모양을 거쳐 거의 편평한 모양이 되며 가운데가 들어간다. 표면은 자색 또는 녹색이고 습기가 있을 때는 끈적임이 있다. 가장자리는 밋밋하거나 약간의 줄무늬 선이 있다. 살은 백색이며 매운맛이 난다. 주름살은 자루에 대하여 바른 주름살 또는 홈 파진 주름살이며, 처음 순백색이다가 우유 황색이 되고, 비교적 밀생하며 교차성 주름살이다. 자루는 길이 3~6cm, 굵기 0.5~1.3cm로 원주형이며 백색이다가 약간 황색이 된다. 속은 차 있으며 유연하다. 포자는 크기 8.1~8.5×6.5~7.3㎛, 아구형이며 표면에 미세한 작은 침이 있다. 낭상체는 융기형이며 크기는 40~69×9.5~14㎛이다.

생태 여름~가을 / 활엽수림의 땅에 단생 혹은 산생한다. 식용이다.

분포 한국, 중국, 유럽

자줏빛무당버섯

Russula violeipes Quél.
Russula heterophylla var. chloro Gillet

형태 균모는 지름 4~9㎝, 반구형이다가 둥근 산 모양을 거쳐 편
평한 모양이 되고, 중앙이 들어가서 깔때기 모양이 된다. 표면은
습기가 있을 때 끈적임이 있고 미세한 가루상. 처음에는 자실체
전체가 연한 황색이다가 나중에는 진하거나 연한 적자색의 크고
작은 반점이 생긴다. 성숙하면 가장자리에 다소 줄무늬 홈선이
나타난다. 살은 백색으로 단단하며, 과일 같은 향기가 난다. 주름
살은 자루에 대하여 거의 끝 붙은 주름살로 색은 연한 크림색이
다. 비교적 밀생하며 때때로 자루의 근처에서 2분지하고, 상처를
입으면 흰색 액체를 분비한다. 자루는 길이 4~10㎝, 굵기 1.5~
2.5㎝, 기부는 가늘고 약간 세로줄의 주름과 미세한 가루상이 있
다. 색은 백색 또는 연한 황색 바탕에 연한 홍자색이 있다. 포
자는 크기 7~9×5.5~7.5㎛, 아구형이며 표면에 그물눈이 있
다. 연낭상체는 크기 40~82×5.5~8.5㎛. 측낭상체는 67~105×
8.5~15.5㎛이다.
생태 여름~가을 / 침엽수림, 잡목림의 땅에 난다. 소금에 절여서
겨울에 식용한다.
분포 한국, 중국, 일본, 유럽

자줏빛무당버섯(녹청형)

Russula heterophylla var. **chloro** Gillet

형태 자실체는 균모의 지름 5~9.5cm, 편반구형 또는 편평형이며 중앙은 약간 들어간다. 색은 담녹색 또는 엷은 백황 녹색이다. 표면은 밋밋하고 점성이 있으며 가장자리에 줄무늬는 없다. 살은 백색이며 두껍고, 주름살은 백색 또는 담황 백색이며 바른 주름살 또는 내린 주름살이다. 밀생하며 길이가 다르다. 자루는 길이 3~6cm, 굵기 1~3cm로 짧으며 원주형이다. 색은 백색이다가 나중에 엷은 갈색이 된다. 포자는 사마귀 점이 있고 거의 구형이며 크기는 5~8×4~6.5μm이다.

생태 여름 / 활엽수림의 땅에 군생한다. 식용이며 외생균근을 형성한다.

분포 한국, 중국

황녹색무당버섯

Russula simulans Burlingham

형태 균모는 지름 4~10cm, 중앙이 편평한 둥근 산 모양이다. 표면은 밋밋하고 녹색 또는 연한 황녹색이나 라일락색 또는 자색빛의 희미한 살색이 섞여 있다. 표피는 절반 정도까지 벗겨진다. 살은 백색이며 냄새가 없고 맛은 약간 맵다. 주름살은 자루에 대하여 바른 주름살로 백색이며, 약간 밀생한다. 자루 근처는 포크형이 있다. 자루는 길이 5~8cm, 굵기 1~2cm로 백색이다. 포자는 크기 8.5~9.5×6~7μm, 난형이며 표면은 사마귀 점이 덮이고 부분적으로 연결된다. 사마귀 반점의 높이는 0.5~1μm이다. 포자문은 순백색이다.

생태 여름 / 낙엽수림의 땅에 군생한다. 식용이다.

분포 한국, 중국, 북미

507

기와버섯

Russula virescens (Schaeff.) Fr.
Russula virid-rubrolimbata Ying

형태 균모는 지름 6~10(13)*cm*, 어릴 때는 반구형이다가 편평해 지며 중앙이 들어가고 결국 낮은 깔때기형이 된다. 표면은 녹색 혹은 회녹색이며 수많은 다각형 또는 점상의 진한 무늬가 방사 상으로 산재한다. 때로는 무늬 부분이 약간 얇게 균열되기도 하고, 가장자리는 방사상으로 요철 홈선이 생기기도 한다. 살은 흰 색이며 어릴 때는 단단하다. 주름살은 자루에 대하여 올린 주름 살, 흰색 또는 약간 크림색을 띤다. 폭이 좁고 빽빽하다. 자루는 길이 5~10(10)*cm*, 굵기 20~30*mm*, 상하가 같은 굵기 또는 아래쪽 으로 가늘다. 속은 차 있다가 스펀지 모양이 된다. 표면은 흰색인 데 세로로 쭈글쭈글한 주름살이 나타난다. 포자는 크기 6~8.8× 4.9~6.5*μm*, 일부 그물눈이 만들어지고 점상 또는 능선상 사마귀 가 덮인다. 포자문은 유백색 또는 크림색이다.
생태 여름~가을 / 활엽수림의 땅, 특히 참나무류나 자작나무 숲 의 땅에 난다.
분포 한국, 북반구 온대

508

기와버섯(녹색형)

Russula virid-rubrolimbata Ying

형태 균모는 지름 4~8cm, 반구형이다가 둥근 산 모양을 거쳐 차차 편평해지고 중앙부는 들어간다. 표면은 끈적임이 없고 중앙부는 연한 종려나무 색이나 종려나무 녹색이며, 중앙은 가늘게 갈라져 거북이 등처럼 되며 가장자리로 점차 작아진다. 가장자리는 분홍색 또는 옅은 산호색 같은 홍색이며, 줄무늬 홈선이 있다. 살은 치밀하고 백색이며 변색하지 않는다. 맛은 매운맛이고 특별한 특징은 없다. 주름살은 자루에 대하여 바른 주름살 또는 떨어진 주름살로 색은 백색이며, 약간 밀생한다. 길이가 같고, 주름살이 교차하며 세로줄 무늬로 연결된다. 자루는 길이 3~6cm, 굵기 1~1.7cm로 백색이며, 상하가 같은 굵기거나 아래로 가늘다. 속은 육질이며 비어 있다. 포자문은 백색. 포자는 크기 6.3~9.7× 4.9~7.3μm, 아구형 혹은 광타원형이며 표면에 작은 사마귀 반점이 있다. 높이는 0.6~1.2μm. 담자기는 크기 36~47×7.3~10.9μm로 곤봉상이며, 2-포자성 또는 4-포자성이다. 측낭상체는 얇은 벽이 있고 방추형이며 꼭대기가 젖꼭지 모양이다. 또한 부속 물질을 함유한다.

생태 여름~가을 / 침엽수와 활엽수의 혼효림 땅에 군생한다. 식용이며 외생균근을 형성한다.

분포 한국, 중국, 유럽

포도무당버섯

Russula xerampelina (Schaeff.) Fr.
R. erythropus Fr. ex Pelt., Russula xerampelina var. barlare (Quél.) Melzer & Zvára

형태 균모는 지름 7~14cm이며 둥근 산 모양이다가 차차 편평한 모양이 되며 중앙부는 조금 오목하다. 표면은 보통 끈적임이 없으나 습기가 있을 때는 끈적임이 조금 있다. 색은 짙은 자갈색, 암홍색 또는 갈색이며 중앙부는 가끔 암색이다. 성숙한 다음에는 가는 융털로 덮인다. 가장자리는 둔하고 두꺼우며 매끄럽고, 오래되면 희미한 줄무늬 홈선이 나타난다. 살은 두껍고 치밀하며 백색인데, 오래되면 탁한 색 또는 황색이 된다. 맛은 게와 비슷하고 유화하다. 주름살은 자루에 대하여 바른 주름살이나 홈 파진 주름살로 처음에는 백색이다가 연한 황홍갈색이 된다. 조금 빽빽하거나 성기고, 길이가 같으며 자루 언저리에서 갈라진다. 자루는 높이 4~8cm, 굵기 1.3~2.5cm, 상하 굵기가 같거나 위로 가늘어지며 때로는 중앙부가 부풀고 주름 무늬가 있다. 색은 백색, 하부는 홍색을 띠고 상처 시에도 변색되지 않는다. 속은 차 있다가 나중에 빈다. 포자는 크기 7~10.5×6~9μm, 아구형에 연한 황색이며, 표면에 가는 선으로 이어진 굵은 혹이 있다. 포자문은 진한 황백색 또는 연한 홍갈색. 낭상체는 풍부하며 방추형으로 크기는 57~100×12.5μm이다.

생태 여름~가을 / 사스래나무 숲 또는 소나무, 활엽수, 혼효림의 땅에 군생 혹은 산생한다. 식용이며 소나무, 신갈나무와 외생균근을 형성한다.

분포 한국, 중국, 북미

510

부록

1. 신종 버섯

흰구멍그물버섯

Boletus alboporus D.H. Cho

형태: 균모는 지름 5~7.5㎝, 둥근 산 모양이었다가 편평한 모양이 된다. 표면은 암회색, 작은 주름이 많이 있어서 오글쪼글하다. 관공은 자루에 바른 관공이면서 다소 올린 관공이다. 관공의 구멍은 백색 또는 유백색에 작고 다소 밋밋하다. 관공은 길이 5~6㎜, 살은 백색에 두껍고 단단하다. 자루는 백색에 길이 12~15.5㎝, 굵기 1.5~2.5㎝이며, 아래쪽으로 굵어지고 밑동이 팽대해 있다. 속이 차 있고, 세로로 줄무늬 모양의 골이 생긴다. 오래되고 건조할 때는 약간 적갈색이다. 포자는 14~17×4~5.5㎛ 크기에 방추형 또는 긴 타원형이며, 벽이 두껍다. 드물게 3~4개의 기름방울이 있다.

생태: 여름 / 활엽수림의 땅에 군생한다.

분포: 한국

표본: CHO-9504(2005. 8. 13.), 지리산 국립공원에서 채집

Pieus: 5~7.5 *cm*, broad, convex to plane, grayish dark, rugolose, prominence and depression, protuberance. Context thick, solid, white. Tube slightly white, 5~6 *mm* long, small, slightly smooth, pores white, adnate, slightly adnexed. Stipe 12~125.5 *cm* long, 1.5~2.5 *cm* thick, white, downwards thick, bulbose, solid, longtudinal striate with furrow, reddish brown when dry. Spores 14~17×4~5.5 *μm* fusiforms, long elliptical, seldom faintly with 3~4 oil drops, cell wall thick, basidia 30~37.5×8.8~15.8 *μm* clavate, 4-spored, cystidia 15~17.5×8.8~10 *μm* flask-forms, hyphae from lamellae trama 13~37.5×1.3~5 *μm* wide.

Habitation: Clustered on soilsof broadleaved forests.

Distribution: Mt. Jiri of Korea

Specimens studied: CHO-9504 (13 August, 2005) collected Mt.Jiri of National Parkin Korea.

Pileo: 5~7.5 *cm* lato, convexo dein plano, atro-griseus, rugulosus, promineus, depressus, protuberans, Came crassa, solido, alba. Tubulis alba, 5~6 *mm* long, small, smooth, poris alba, adnate. Stipe 12~15.5 *cm* longo, 1.5~2.5 *cm* crasso, alba, downwards crassa, bulbossus, solido, longitudinaiter striato et sulcus, rubro-brunneus when exsiceatus. Sporis 14~17×4~5.5 *μm*, fusoides, elliptical, basidiis 30~37.5×8.8~15.8 *μm*, claviformis 4-sporis, cystidia 15~17.5×8.8~10 *μm*, amplus.

흑녹청그물버섯

Boletus nigrriaeruginosa D.H.Cho

형태: 균모는 지름 12~14cm, 넓게 펴진 둥근 산 모양이며 약간 오목하다. 가장자리는 녹색을 띠며 중앙은 연한 녹색을 띤다. 표면은 다소 주름이 있고 오글쪼글하다. 살은 백색이며 두껍다. 관공은 자루에 바른 관공이거나 떨어진 관공이며 길이는 1.5~2.5cm다. 구멍은 작고 황갈색으로, 멍들거나 건조해지면 적갈색이 된다. 자루는 길이 3~7cm, 굵기 1.3~2cm, 백색이며 상처를 입으면 황색으로 변한다. 표면에 세로로 깊은 고랑이 있다. 속이 차 있거나 스펀지 모양의 구멍이 있기도 하다. 포자의 크기는 13~18.5×5~6.8μm, 방추형으로 벽이 두껍고, 간혹 3~4개의 기름방울이 있다.

생태: 여름 / 활엽수림의 땅에 군생한다.

분포: 한국

표본: CHO-9505(2005. 8. 13.), 지리산 국립공원에서 채집

Pieus: 12~14cm broad, plane convex, lightly green, mosaic-shape, whitish green on disk, slightly depressed, rugolose, prominence and depression, protuberance. Contextthick, white, sponge-shaped. Tube 1.5~2.5cm long, yellowish brown, pores small, reddish brown when bruised and dry, adnate or remote. Stipe 3~7cm long, 1.3~2cm thick, white, solid tostuffed, sponge, deep furrow longitidunially on surface. changed yellow when burised. Spores

13~18.5×5~6.8 μm fusiform, with prominent, long elliptical, cell wall thick, seldom faintly with 3~4 oil drops, basidia 30~35×10~12.5 μm, clavate, 4-spored, cystidia 22.5~40×11.5~20 μm, fusiform, hyphae from lamellae 65~125×6.3~12.5 μm cylindrical.

Habitation: Scattered on the soilsof broadleaved forests.

Distribution: Mt.Jiri

Specimens studied: CHO-9505 (13 August 2005) collected Mt.Jiri of National Park in Korea.

Pileo: 12~14 cm lato, Plano convexo, lightly virdulus, mosaicus, albis-viridis on discoideus, slightly depressus rugolosus promineus et depressus protuberans. Came crassa, alba, spongiosus Tubulis 1.5~2.5 cm longo, xanth-brunneus, poris fetor, rubus-brunneus when bruised et exsiceatus, adnate, remote. Stipe 3~7 cm longo, 1.3~2 cm lato, alba, solide dein farctus, spongious, longitidunialiter lirelliformis on surface, xantho when bruised. Sporis 13~18.5×5~6.8 μm fusoides, longis elliptical, basidia 30~35×10~12.5 μm, claviformis, 4-sporis, cystidia 22.5~40×11.5~20 μm, fusoides.

Boletus tabicinus D.H.Cho

형태: 균모는 지름 2.5~8cm, 둥근 산 모양이다가 약간 편평한 모양이 된다. 표면은 레몬색을 띤 황색, 가장자리에는 미세한 털이 덮여 있다. 살은 황색이며 두껍다. 관공은 자루에 바른 관공이다가 떨어진 관공이 된다. 관공의 구멍은 황색이며 불규칙한 원형이다. 관공은 길이 0.5~1cm, 2~3개/mm이다. 자루는 길이 6.5~11cm, 굵기 8~13mm, 황색에 원주형이다. 다소 굽어 있고 밑동 쪽으로 약간 가늘어진다. 표면에는 세로로 크고 깊은 그물눈 모양이 있다. 속이 차 있으며 살은 표면과 같은 색이다. 포자는 크기 9~13.5× 3.5~4μm, 방추형-긴 타원형이다. 벽이 두껍고 희미한 기름방울을 몇 개 함유한다.

생태: 가을 / 활엽수림의 땅에 군생한다.

분포: 한국

표본: CHO-8015(2002. 7. 13.), 북한산 국립공원에서 채집

Pieus: 2.5~8cm broad, convex to slightly plane, yellow with lemon color, viroad, margin down curved. Context yellow, thick. Pores yellow, irreguarelly circle, tube 0.5~1cm long, 2~3/mm, adnate or remote. Context thick, yellow, taste and smell none. Stipe 6.5~11cm long, 8~13mm thick, slightly bent, cylindrical, slightly slender at base, large net and deep furrow net, yellowish, solid, concolorus in surface, roughly longitidunially net on surface. Spores

9~13.5×3.5~4μm, fusiforms, long elliptical, cell wall thick, seldom faintly with several oil drops, basidia 20~24.3×7.5~10μm, clavate, 4-spored, cheilocystidia 17.5~25×8.8~10μm, pleurocystidia 31.3~41.3×10~11.9μm clavate, hyphae from lamellae trama 1.3~2μm, wide.

Habitation: Clusteredon sandof broadleaved forest.

Distribution: Mt. Pukhan

Specimens Studied: CHO-8015 (13 July 2002) collected at Mt. Pukhan National Park of Korea.

Pileo: 2.5~8cm crassa, convexo dein slightly plano, xantho with lemon color, viroad, marginalis down curvulus. Carne xantho, crassa. Poris xantho, irreguarellis circulus, tubulis 0.5~1cm, longo, 2~3/mm, adnate or remote. Crane crassa, xantho, gustus et fetor none. Stipe 6.5~11cm longo, 8~13mm crassa, slightly flexus, cylindratus, slightly slender at base, grandis net deep lirelliformis net, xantho, solide concolori in surface, roughly longitudialiter neton surface. Sporis 9~13.5×3.5~4μm, fusoides, longis elliptical, basidia 20~24.3×7.5~10μm, clavate, 4-spored, cystidia 31.3~41.3×10~11.9μm, claviformis.

흰홀트산그물버섯

Xerocomus hortonii var. **albus** (D.H. Cho) D.H. Cho
Leccinum hortonii var. albus D.H. Cho

형태: 균모는 지름 3.5~6cm, 둥근 산 모양이었다가 둥근 산 모양이 되며 후에 편평해진
다. 표면은 작은 곰보형이며, 백색 또는 약간 갈색빛을 띠는 백색이다. 살은 얇고 노란
색이며 가장자리가 불규칙하다. 구멍은 크며 자루에 떨어진 관공, 검은 노란색-갈색이
다. 자루는 길이 4~6cm, 굵기 4~5mm, 속은 비어 있으며 황갈색이다. 섬유실의 백색 줄
무늬 선이 위쪽으로 있다. 포자는 크기 7~13×4.5~5.8μm, 방추형에 커다란 기름방울을
함유한다. 난아미로이드 반응이 있다. 담자기는 크기 15~20×7.5~10μm, 곤봉형이고,
낭상체는 30~31.3×7.5~15μm에 후라스코형 비슷하며 이물질을 함유한다. 균사는 크기
105~112×6.3~7.5μm, 원통형이다. 균모의 낭상체는 55~92.5×6.3~15μm 크기에 불규
칙하거나 원통형이며 이물질을 함유한다. 자루의 균사는 70~100×30~35μm 크기에 원
통형이다.

생태: 여름 / 참나무 숲의 땅에 군생한다.

분포: 한국(전주)

표본: CHO-12258(2009. 7. 28.), 전북 전주시에서 채집

517

Pieus: 3.5~6cm broad, convexo to convex-plane, later plane. Surface small-pox shaped, whitish or slightly whitish with brown. Context thin, yellowish. margin irregular. Pores remote, darker yelloish-brown, large. Surface small-pox shaped. Stipe 4~6cm long, 4~5mm thick, hollow, yellowish brown, striate fibrillose towards apex, white. Spores 7~13×4.5~5.8μm, with large drop, fusiform, nonamyloid. Basidia 15~20×7.5~10μm, clavate. Cystidia 30~31.3×7.5~15μm, subflask-shaped, with material. Hyphae from lamellae 105~112×6.3~7.5μm, cylindrical. Pellipellis 55~92.5×6.3~15μm, irregular, cylindrical with material or 138~75×4.5~6.3μm, cylindrlcal, wall thick. Hyphae from stipe 70~100×30~35μm, cylindrical.

Habitat: Gregarious on soils of Quercus forersts.

Distribution: Korea (Chonju city)

Studied specimens: CHO-12258 (28 July 2009) collected at Infu park of Choju in Korea.

Pileo: 3.5~6cm kato, convexo dein convexo-plano. Surface small-pox shaped, albus. Carne thin xanto. Poris remote, xantho-bruneus. Stipe 4~6cm longis, 4~5mm crasso, favosus, xantho-bruneus, striato, fbrillose. Sporis 7~13×4.5~5.8μm, fusiform, nonamyloid.

색바랜작은꾀꼬리버섯

Cantharellus minor f. pallid D.H.Cho

형태: 균모는 폭 0.6~1.5cm에 넓게 퍼진 둥근 산 모양 혹은 약간 오목한 모양이다가 후에 깔때기 모양이 된다. 균모의 중앙은 연한 황색이고 가장자리는 백황색이다. 가장자리는 불규칙한 이빨 모양이며 미모가 덮여 있다. 중앙에서 가장자리까지 줄무늬 선이 있다. 살은 얇고 균모와 같은 색이다. 거짓주름살은 자루에 내린 주름살이며 연한 황색에 성기다. 자루는 길이 1~3cm, 굵기 1.5~3mm에 원주형이며 굽어 있다. 색은 연한 황색. 속은 차 있거나 비어 있고 위쪽이 굵다. 포자는 크기 7~9×5~6μm, 아구형-광타원형이다.

생태: 여름~가을 / 참나무류 등 활엽수림의 땅에 군생 혹은 속생한다.

분포: 한국

표본: CHO-9577(2005. 8. 18.), 전북 운장산에서 채집

Pieus: 0.6~1.5cm crassa, infundibuliformis, plano convex or slightly convexo dein depressed, finally infundibuliformis, lightly xantho on discoideus marginalis pallid albixantho, irregularlaris dentatus, marginalis slightly down curvulus, striato from marginalis to discoideus. carnea, concoloris surface. Lamellaedecurrent, sparse, slightly xantho. Stipe 1~3cm longo, 1.5~3mm crassa, cylindratus, flexus, slightly xantho, solido dein favosus upwards crassa. Sporis 7~9×5~6μm, subglobose, broad elliptical, basidii 55~57.4×7~

8μm, irregularis clavaviformis, clamp connection present at base, hyphae from stipe trama 22.5~50×2.5~6.3μm, cylindriatus, clamp present.

Habitation: Clustered on soils with sands near oak trees.

Disyrubution: Mt. Unjang

Specimens studied: CHO-9577 (18 August 2005) collected at MT.Unjang of Chollabuk-do in Korea.

Pieus: 0.6~1.5cm broad, funnel-shaped, plane convex or slightly convex to depressed, finally funnel-shaped, slightly yellow on disk, margin pallid whitish yellow, irregularly denticular, margin slightly down curved, striate from disk to margin. Context thin, concolorlous in surface. Lamellae decurrent, sparse, slightly yellow. Stipe 1~3cm long, 1.5~3mm thick, cylindrical, bent, slightly yellow, solid to hollow, upwartds thick. Spores 7~9×5~6μm, subglobose, broad elliptical, basidia 55~57.4×7~8.8μm, irregularly clavate, clamp connection at base, hyphae from lamellae trama 39.4~56.3×4.4~8.8μm, cylindrical, clamp connection present, hyphae from pileus trama 25~30×2.5~5μm, cylindrical, clamp connection present, hyphae from stipe trama 22.5~50×2.5~6.3μm, cylindrical, clamp connection present.

2. 한국의 버섯

A. 한국 균류의 다양성

한국 균류의 다양성은 많은 사람들에게 연구되어 정확히 얼마나 많은 종류가 서식하는지 가늠하기가 쉽지 않다. 한국의 균류를 어디부터 어디까지 포함할 것인가에 따라 달라지기 때문이다. 본서에서는 자실체를 뚜렷이 형성하는 종류 중에서 자실체가 균사로 되어 있는 것을 중심으로 다루었다. 주로 진균류(Eumycota)와 변형균류(Myxomycota)를 중심으로 하였다. 국내에서는 진균류인 담자균문과 자낭균문이 주로 연구되고 있으나 변형균류문에 대한 연구는 일부 극소수인 것으로 보고되었다.

전 세계적으로 50,000종이 넘는 균류 중에서 버섯이라 칭하는 종류는 20,000종으로 추측하고 있다. 여기에는 담자기에 4개의 포자를 만드는 담자균과 자낭에 8개의 포자를 만드는 자낭균 두 그룹으로 나눌 수가 있다. 흔히 우리가 버섯이라 칭하는 것에는 담자균류를 지칭하는 경우가 많다.

한국의 균류 연구는 일제시대에 재배에 관한 연구가 시작되면서 균류의 다양성에 관한 연구도 시작되었다. 주로 분류학적 연구였고 본격적인 연구가 시작된 것은 1970년 한국균학회가 창립되면서부터였다. 한국에서 발행된 각종 버섯도감과 균류 목록, 북한의 조선포자식물, 중국의 장백산 버섯도감을 고려할 때 4,000 종류 넘게 연구된 것으로 추측된다. 그러나 이것은 한국에 자생하는 종류의 20~30%에도 미치지 못하는 숫자다. 앞으로 지속적인 연구가 계속된다면 버섯의 종수는 적어도 10,000종에 육박하리라 추정하고 있다.

B. 한국 버섯의 지정학적 특성

균류 중 버섯류가 발생하는 조건 중에서 온도와 습도는 매우 중요한 요소이다. 거기에 한 가지를 더하자면 식생이 풍부한가의 여부다. 다행히도 한국은 3면이 바다로 둘러싸인 반도국가이며 국토의 60~70%가 산지로 된 나라이다. 식생은 난대성 활엽수림에서 한대성 침엽수림에 이르기까지 다양한 식생으로 이루어져 있다. 우리 한반도는 북방계버섯과 남방계버섯이 교차할 수 있는 지형학적 특성을 가지고 있다. 북방계버섯류인 송이, 팽나무버섯류는 남쪽으로 이동하고 남방계버섯인 그물버섯류, 광대버섯류는 북쪽으로 이동하고 있다. 그래서 한반도는 북방계버섯류와 남방계버섯류가 교차하는 지역이라 생각할 수가 있다. 이것은 버섯들의 교잡이 일어날 확률이 높다는 것을 의미한다. 식물에서는 이와 같은 현상이 일어나면서 내성이 강한 식물이 만들어졌다. 그러므로 버섯도 오랜 세월에 걸쳐서 병해충에 강한 버섯이 생길 수 있다고 기대해볼 수 있다.

C. 한국에 버섯 종이 다양한 이유

버섯은 식물과 더불어 진화해온 생물이다. 이것은 버섯과 식물이 아주 밀접한 관계를 가지고 있다는 것이다. 예를 들면 식물과 공생하는 송이버섯 등이 대표적이라 할 수 있다. 한국에 자생하는 버섯의 종류가 많은 것은 식물상이 풍부하기 때문이다. 빙하시대의 영향을 크게 받지 않았으며 춥고 더운 것이 확연히 구분되기 때문에 열대와 한대 양쪽에 적응된 식물이 많은 편인데 산림이나 초원 등에 의존하여 살아가는 버섯에게는 더없이 좋은 환경이 제공되는 셈이다. 봄, 여름, 가을, 겨울의 사계절이 뚜렷한 기후로 여름에는 몬순 기후의 특성상 무덥고 비가 많이 내리기 때문에 자연히 열대성 버섯이 많이 발생한다. 반면 겨울에는 며칠씩 추웠다 풀렸다 반복되는 기후라 남방계의 열대성버섯과 북방계의 한대성 버섯이 모두 발생할 수 있는 여건이 이루어짐으로써 버섯의 발생이 풍부해지는 것이다. 지금까지 보고된 버섯을 보면 북반구의 한국, 일본, 중국, 북아메리카와 남반구의 오스트레일리아, 남아메리카에 분포하는 종류가 있다는 것을 보면 알 수 있다.

보통 6월 중순에 장마가 시작되면서 장마 이후 기온도 크게 올라간다. 7월 하순에 장마가 끝나고 무더위가 계속되면 그때는 광대버섯류, 벚꽃버섯류, 그물버섯류가 많이 발생한다. 다른 종류의 버섯류도 이때 많이 발생한다. 태풍이 남쪽에서 올라오는 시기가 되면 기온도 떨어지면서 북쪽이 원산지인 송이과의 송이버섯류가 발생하기 시작하여 추석 무렵에 절정을 이룬다. 가을철로 접어들면 끈적버섯류, 싸리버섯류 등의 버섯류가 발생한다. 온도가 더 내려가는 12월 초순경부터 초봄까지 팽나무버섯이 발생하기 시작한다.

D. 한국의 버섯과 세계의 버섯

한국에는 전 세계에 분포하는 모든 종이 발생하고 있다. 물론 종류와 개체 수, 빈도에는 많은 차이가 있지만 세계의 모든 버섯이 발생한다고 볼 수 있다. 그중에서 북아메리카 동부-동아시아에 분포하는 종과 북아메리카 서부-동아시아에 분포하는 종이 우리의 관심을 끈다. 현재 지리적으로 정반대의 지역이다. 이 정반대의 지역에 같은 종이 분포한다는 것은 지리적으로 이 두 지역이 동일한 지역이었다가 지각 변동으로 분리되었기 때문이라는 것을 추정해볼 수도 있다. 이것은 생물학적으로 생물의 분포상을 통하여 생물의 진화의 한 단면을 알 수 있는 좋은 본보기가 된다.

참고문헌

사이트

한국: http://mushroom.ndsl.kr

영국: http://www.indexfungorum.org

한국

이지열, 2007, 『버섯생활백과』, 경원미디어.

이지열, 1988, 『원색 한국의 버섯』, 아카데미.

이태수, 2016, 『식용 · 약용 · 독버섯과 한국버섯목록』, 한택식물원.

윤영범 · 리영웅 · 현운형 · 박원학, 1987, 『조선포자식물1 (균류편1)』, 과학백과사전출판사.

윤영범 · 현운형, 1089, 『조선포자식물(균류편 2)』, 과학백과사전종합출판사.

조덕현, 2001, 『버섯』, 지성사.

조덕현, 2003, 『원색 한국의 버섯』, 아카데미서적.

조덕현, 2007, 『조덕현의 재미있는 독버섯 이야기』, 양문.

조덕현, 2009, 『한국의 식용 · 독버섯 도감』, 일진사.

유럽 및 미국

Park, Seong-Sick and Duck-Hyun Cho, The Mycoflora of Higher Fungi in Mt.Paekdu and Adjacent Areas, 1992. Korean Mycol.20:11-28

Cho, Duck-Hyun, 2009. Flora of Mushrooms of Mt.Backdu in Korea, Asian Mycological Congress 2009 (AMC 2009):Symposium Abstracts, B-035(p-109), Chungching (Taiwan).

Cho, Duck-Hyun, 2010. Four New Species of Mushrooms from Korea, International Mycologica Congress 9 (IMC-9), Edinburgh (U.K).

Cho, Duck-Hyun, 2007. Some New Species of Cantharellus (Cantharellaceae) from Korea, Kor.J. Nat. Conser. 5(4): 239-244.

Baron, G.L. 2014. Mushrooms of Ontario and Eastern Canada, George Barron.

Baroni, T.J. 2017. Mushrooms of the Northeastern United States and Eastern Canada, Timber Press Field Guide.

Bessette, A.E., A.R. Bessette, D.W. Fischer, 1996. Mushrooms of Northeastern North America, Syracuse University Press.

Bessette, A.E., O.K. Miller, Jr. A.R. Bessette, H.H. Miller, 1984, Mushrooms of North America in Color, Syracuse University Press.

Boertmann, D. et al. 1992. Nordic Macromycetes vol. 2, Nordsvamp–Copenhagen.

Breitenbach, J. and Kränzlin, F. 1986. Fungi of Switzerland. Vols. 2, Verlag Mykologia, Lucerne.

Breitenbach, J. and Kränzlin, F. 1991. Fungi of Switzerland. Vols. 3, Verlag Mykologia, Lucerne.

Breitenbach, J. and Kränzlin, F. 1995. Fungi of Switzerland. Vols. 4, Verlag Mykologia, Lucerne.

Breitenbach, J. and Kränzlin, F. 2005. Fungi of Switzerland. Vols. 6, Verlag Mykologia, Lucerne.

Buczacki, S. 1992. Mushrooms and Toadstools of Britain and Europe, Harper Collins Publishers.

Buczacki, S. 2012. Collins Fungi Guide, Collins

Cetto Bruno, 1987. Enzyklopadie der Pilze, 2. BLV Verlagsgesellschaft, Munchen Wein Zurich.

Cetto Bruno, 1987–1988. Enzyklopadie der Pilze, (2–3). BLV, Verlagsgesellschaft, Munchen Wein Zurich.

Courtecuisse, R. & B. Duhem. 1995. Collins Field Guide, Mushrooms & Toadstools of Britain & Europe, Harper Collins Publishers.

Courtecuisse, R. & B. Duhem. 1994. Des Chamignons de France, Eclectis.

Courtecuisse, R. 1994. Guide des Champignons de France et DEurope,

Davis, R.M., R. Sommer, and J.A. Menge, 2012. Field Guide to Mushrooms of Weastern North America, University of California Press.

Dahncke, R.M, 1994. Grundschule fur Pilzsammler, At Verlag.

Dennis E. Desjarin, Michael G. Wood, Fredericka. Stevens, 2015, California, Mushrooms, Timber Press.

Evenson, V.S. and D.B. Gardens, 2015. Mushrooms of the Rocky Mountain Region (Colorado, New Mexico, Utah, Wyoming), Timber Press Field Guide.

Foulds, N. 1999. Mushrooms of Northeast North America, George Barron.

Hall, I.R., S.L. Stephenson, P.K. Buchanan, W. YUn, A.L. 2003. Cole, Edible and Poisonous Mushrooms of the World, Timber Press, Portland. Cambridge.

Huffman,D.M., L.H. Tiffany, G. Knaphus, R.A. Healy, 2008. Mushrooms and Other Fungi of the Middcontinenta United States, University of Iowa Press.

Jacobson, J.H. 2015. Mushrooms and other Fungi of Alaska, Windy Ridge Publishing.

Kibby,G, 2017. Mushrooms and Toadstools of Britain & Europe, Vol.1, Published in Great Britain in 2017 by Geoffrey Kibby.

Kirk. P.M, P.F. Cannon, J.C. David & J.A. Stalpers, 2001, Dictionary of the Fungi 10th Edition, CABI Publishing.

Laursen, G.A. Mcarthur, N. 2016. Alaskas, Mushrooms, Alaska Northwest Books.

Lincoff, G.H. 1992, The Audubon Society Field Guide to North American Mushroom, Alfred A. Knof.

Linton, A. 2016. Mushrooms of the Britain And Europe, Reed New Holland Publishers.

Mahapatra, A.K., S.S. Tripathy, V. Kaviyarasan, 2013. Mushroom Diversity in Eastern Ghats of India, Chief Executive Regional Plant Resource Center.

Marren Peter, 2012. Mushroos, British Wildlife.

Matheny, P. B. & N.L. Bougher, Fungi of Australia, Australian Government (Department of the Environment and Energy).

Michael R. Davis, Robert Sommer, John A. Menge, 2012, Mushrooms of Western North America.

Miller, Jr. O.K. and H.H. Miller, 2006, North American Mushrooms, Falcon Guide.

Moser, M. and W.Julich, 1986. Farbatlas der Basidiomyceten, Gustav Fischer Verlag.

Nylen, 2002. Svampar i skog dch mark, Prisma.

Overall, A. 2017. Fungi, Gomer Press Ltd, Llandysul, Ceredigion.

Petrini, O. & E. Horak, 1995. Taxonomic Monographs of Agaricales, J. Cramer.

Phillips, R. 1981. Mushroom and other fungi of great Britain & Europe. Ward Lock Ltd. UK.

Phillips, R. 1991. Mushrooms of North America, Little, Brown and Company.

Phillips. R, 2006, Mushrooms, Macmillan.

Russell, B. 2006. Field Guide to Wild Mushrooms of Pennsylvania and the Mid-Atlantic, The Pennsylvania State University Press.

Russell, B. 2006. Field Guide to Wild Mushrooms, The Pennsylvania State.

Schwab, A. 2012. Mushrooming with Confidence, Merlin Unwin Books Ltd.

Siegel, N. and C. Schwarz, 2016, Mushrooms of the Redwood Coast, Ten Speed Press Berkeley.

Singer, R. 1986. The Agaricales in Modern Taxonomy, 4th ed. Koeltz Scientific Books, Koenigstein.

Spooner, B. and p. Roberts, 2005. Fungi. Colins.

Sterry, P. and B. Hughes, 2009. Collins Complete Guide to British Mushrooms & Toadsrools, Collins.

Sturgeon,W. E., Appalachian Mushrooms a field guide, Ohio University Press.

Trudell, S. and J. Ammirati, 2009. Mushrooms of the Pacific Northwest. Timber Press Field Guide.

Vasilyeva, L.N. 2008. Macrofungi Associated Oaks of Eastern North America, West Virginia Press.

Westhuizen, van der, G.CA., A. Eicker, 1994. Mushrooms of Southern Africa, Struck.

Wood, E., J. Dunkelma, M.Schuyl, K. Mosely, M. Dunkelma, 2017, Grassland Fungi a field guide. Monmouthsire Meadows Group.

일본

伊藤誠哉, 1955, 日本菌類誌 第2券 擔子菌類 第4號, 養賢堂.

本鄕次雄, 1989, 本鄕次雄教授論文選集, 滋賀大學教育學部生物研究室.

本鄕次雄・上田俊穗・伊澤正名, 1994, きの乙, 山と溪谷社工藤伸一・長澤榮史・手塚豊, 2009, 東北きのこ圖鑑, 家の光協會.

R. Imazeki and T. Hongo, 1987, Colored Illustrations of Mushroom of Japan, vol.1, Hoikusha Publishing
    Co. Ltd.

중국

嗚聲華・周文能・王也珍, 2002, 臺灣高等眞菌, 國立自然科學博物館.

卵餞豊, 2000, 中國大型眞菌, 河南科學技術出版社.

Liu Xudong, 2004, Coloratlas of the Macrogfungi in China 2, China Forestry Publishing House.

색인

조덕현
(조덕현버섯박물관, 버섯 전문 칼럼니스트, 한국에코과학클럽)

- 경희대학교 학사
- 고려대학교 대학원 석사, 박사
- 영국 레딩(Reading)대학 식물학과
- 일본 가고시마(鹿兒島)대학 농학부
- 일본 오이타(大分)버섯연구소에서 연구

- 우석대학교 교수(보건복지대학 학장)
- 광주보건대학 교수
- 경희대학교 자연사박물관 객원교수
- 한국자연환경보전협회 회장
- 한국자원식물학회 회장
- 세계버섯축제 조직위원장
- 한국과학기술 앰버서더
- 전라북도 양육 출산협의회 대표
- 새로마지 친선대사(인구보건복지협회)
- 전라북도 농업기술원 겸임연구관
- 숲해설가 강사(광주, 대전, 충북)
- WCC총회 실무위원

- **버섯 DB 구축**
  한국의 버섯(북한버섯 포함): http://mushroom.ndsl.kr
  가상버섯 박물관: http://biodiversity.re.kr

- **저서**
  『균학개론』(공역)
  『한국의 버섯』
  『암에 도전하는 동충하초』(공저)
  『버섯』(중앙일보 우수도서)
  『원색한국버섯도감』
  『푸른 아이 버섯』
  『제주도 버섯』(공저)
  『자연을 보는 눈 "버섯"』
  『나는 버섯을 겪는다』
  『조덕현의 재미있는 독버섯 이야기』(과학창의재단)
  『집요한 과학씨, 모든 버섯의 정체를 밝히다』
  『한국의 식용, 독버섯 도감』(학술원 추천도서)
  『옹기종기 가지각색 버섯』

『한국의 버섯도감 I』(공저)
『버섯과 함께한 40년』
『버섯수첩』
『백두산의 버섯도감 1, 2』(세종우수학술도서)
『한국의 균류 1: 자낭균류』
『한국의 균류 2: 담자균류』
『한국의 균류 3: 담자균류』(학술원 추천도서)
『한국의 균류 4: 담자균류』
외 10여 권

- **논문**
  『The Mycoflor of Higher Fungi in Mt.Baekdu and Adjacent Areas(I)』외 200여 편

- **방송**
  마이산 1억 년의 비밀(KBS 전주방송총국)
  과학의 미래(YTN 신년특집)
  갑사(MBC)
  숲속의 잔치(버섯)(KBS)
  어린이 과학탐험(SBS)
  싱싱농수산(KBS)
  신간소개(HCN서초방송)

- **수상**
  황조근조훈장(대한민국)
  자랑스러운 전북인 대상(학술 · 언론부문, 전라북도)
  사이버명예의 전당(전라북도)
  전북대상(학술 · 언론부문, 전북일보)
  교육부장관상(교육부)
  제8회 과학기술 우수논문상(한국과학기술단체총연합회)
  한국자원식물학회 공로패(한국자원식물학회)
  우석대학교 공로패 2회(우석대학교)
  자연환경보전협회 공로패(한국자연환경보전협회)